U0366569

生物技术类专业规划教材
编审委员会

教育部高职高专规划教材

分子生物学基础

第二版

臧　晋　蔡庄红　主编
杨百梅　主审

化学工业出版社
·北京·

本书的编写充分考虑高职高专教学的特点，内容简明扼要、重点突出、图文并茂、文字流畅。全书共分8章，内容包括生物遗传与变异的基本规律和分子基础，基因和基因组的结构、功能及基因突变的机理，染色体变异、DNA重组和转座的机制，DNA的复制、转录、翻译和基因表达的调控，核酸的分子杂交和基因工程技术等。本书并附有分子生物学的相关实验。

本书可作为生物技术、农学、医学等专业高职高专、成人大专和工科应用型本科学生的分子生物学教材，也可作为相关专业的本科学生、教师和科研人员的参考书。

图书在版编目（CIP）数据

分子生物学基础/臧晋，蔡庄红主编．—2版．—北京：化学工业出版社，2012.5（2023.9重印）
教育部高职高专规划教材
ISBN 978-7-122-13786-9

Ⅰ．分…　Ⅱ．①臧…②蔡…　Ⅲ．分子生物学-高等职业教育-教材　Ⅳ．Q7

中国版本图书馆CIP数据核字（2012）第046497号

责任编辑：陈有华　　　　文字编辑：周　倜
责任校对：宋　夏　　　　装帧设计：杨　北

出版发行：化学工业出版社（北京市东城区青年湖南街13号　邮政编码100011）
印　　装：北京建宏印刷有限公司
787mm×1092mm　1/16　印张14　字数338千字　2023年9月北京第2版第8次印刷

购书咨询：010-64518888　　　　售后服务：010-64518899
网　　址：http://www.cip.com.cn
凡购买本书，如有缺损质量问题，本社销售中心负责调换。

定　　价：38.00元

前　言

《分子生物学基础》第一版自出版以来，受到了相关院校广大师生的普遍欢迎。根据分子生物学近几年的新发展和各校在使用中提出的意见，我们在第一版的基础上进行了修订，增补了部分新内容。第二章增补了第四节，DNA复制的过程；第三章增补了第一节，遗传、变异、环境；第四章第四节转录后的加工，增补了RNA的剪接、编辑和再编码；第五章增补了第四节，蛋白质的运输；第七章修改了第二节，真核生物基因表达DNA水平的调控；增加了分子生物学实验的内容。

本书可作为生物技术、农学、医学等专业高职高专、成人大专和工科应用型本科学生的分子生物学教材，也可作为相关专业的本科学生、教师和科研人员的参考书。

全书共分8章，第一章、第二章由臧晋、于艳琴编写，第三章、第四章由赵蓉编写，第五章、第六章由蔡庄红、李杰编写，第七章、第八章和实验内容由李继红、程爽编写。全书由臧晋统稿，由杨百梅教授主审。

本书在编写过程中，得到了化学工业出版社的大力支持，再此表示衷心感谢!

分子生物学领域涉及的知识广泛，发展迅速，限于编者知识水平，本书难免有不足之处，敬请读者提出宝贵意见。

编　者

2012年1月

第一版前言

生命科学是21世纪自然科学的带头学科之一，而分子生物学是生命科学中发展最迅速、取得成果最多的学科之一。分子生物学是研究核酸、蛋白质等生物大分子的结构与功能，并从分子水平上阐述蛋白质与核酸、蛋白质与蛋白质之间相互作用的关系及其基因表达调控机制的科学。自分子生物学建立半个多世纪以来，生物技术得到了迅猛地发展和广泛地应用。随着对蛋白质、核酸等生物大分子的组成、结构、性质和功能认识的不断深入，逐步揭示了生物遗传、变异的本质和规律，使得无论是传统的诱变和杂交育种，还是现代的原生质体融合和基因工程育种，其目的性和有效性都得到了极大地提高。从转基因动植物产品到利用基因工程菌高密度培养技术生产蛋白质、肽类药物等生理活性物质，生物技术已广泛应用于化工、医药、食品、材料、能源、冶金、环保等诸多领域。因此，生物技术是世界各国优先发展的高新技术之一，它不仅在近期内能开辟大量新的产业，而且为解决人类社会所面临的许多重大问题，如人口和食物、能源和资源、疾病和保健、环境和发展等问题发挥重要作用，展示美好的前景。分子生物学已经深入到生物学科的各个领域之中，并正在产生一系列新的分子科学，改变了或正在改变着整个生物学的面貌。在生物技术类专业的教学活动中，分子生物学是十分重要的专业基础课之一。作为高职高专和工科应用型本科生物技术类专业的大学生，将是生产实践中生物技术具体的实施者和应用者，掌握必备的分子生物学基础知识，对于学好专业课，熟练掌握和运用生物技术的基本原理和关键技术是非常重要的。

为适应高职和高专工科应用型本科教学的特点，本书编写坚持“以应用为目的，以必需、够用为度”的原则，以遗传信息的传递和表达为主线，以核酸和相关蛋白质的结构、功能及其相互间作用的关系为重点，简明扼要地阐述了分子生物学的核心内容和基本理论。主要内容包括生物遗传与变异的基本规律和分子基础，基因和基因组的结构、功能及基因突变的机理，染色体变异、DNA重组和转座的机制，DNA的复制、转录、翻译和基因表达的调控，核酸分子杂交和基因工程技术等。

全书共分8章，第一章、第二章由于艳琴编写，第三章、第四章由臧晋编写，第五章、第七章由蔡庄红编写，第六章、第八章由苑宇哲编写。全书由臧晋负责统稿，由杨百梅教授主审。

本书在编写过程中，得到了化学工业出版社的大力支持，在此表示衷心感谢！

分子生物学的内容十分丰富而繁杂，本书的特点是将最基本而核心的内容汇集一体，取材新颖、简明扼要、条理清晰、语言精练、基本概念准确，具有一定的可读性和适用性，是指导学生在有限时间掌握分子生物学基础知识的理想教材。尽管编著者们付出了极大的辛勤劳动，努力把本教材编写成新颖实用、特色鲜明、质量上乘的佳作，但限于自身水平有限，仍免不了有不当之处。我们真诚地欢迎广大师生和读者批评指正，以便再版时改进。

编　者

2006年3月

目 录

第一章 绪 论

【学习目标】

1. 理解分子生物学的广义和狭义的定义；

2. 掌握分子生物学的主要研究内容；

3. 了解分子生物学在生物学科中的地位；

4. 了解分子生物学的发展史和发展趋势。

第一节 概 述

生物学经历了一个漫长的研究历程。从最早的研究动植物形态解剖和分类开始，以后随着细胞学、遗传学、微生物学、生理学、生物化学的发展，研究进入了细胞水平。到20世纪50年代以来，以生物大分子为研究目标，分子生物学开始形成了独立的学科，并迅速成为现代生物学领域中最具活力的学科，是人类从分子水平上真正揭开生物世界的奥秘，由被动地适应自然界转向主动地改造和重组自然界的学科。以下分别介绍关于分子生物学的概念、研究内容、性质以及地位、作用等。

一、分子生物学的基本含义

分子生物学从成为一门独立学科以来，随相关学科的飞速发展，与其他学科的渗透越来越深入，物理学与化学的理论、术语和方法不断地用于生物学的研究。而且随着DNA的结构与功能、RNA在蛋白质合成中的功能、蛋白质的结构与功能、遗传密码及其基因表达调控的本质等重要问题相继被阐明，这些分子水平的生物学研究正越来越多地影响着传统生物科学的各个领域。

广义上讲，分子生物学包括对蛋白质和核酸等生物大分子结构和功能的研究，以及从分子水平上阐述生命的现象和生物学规律。例如，蛋白质的结构、运动和功能，酶的作用机理和动力学，膜蛋白结构与功能和跨膜运输等。从这个角度看，分子生物学几乎包括了生物学领域的许多方面。但实际上，随研究的深入，这些内容已逐步发展成了各自独立的学科。因此，目前人们常采用狭义的概念，分子生物学主要是研究生物体主要遗传物质——基因或DNA的结构与功能、复制、转录、表达和调节控制等过程的科学。当然也涉及与这些过程有关的蛋白质和酶的结构与功能的研究。

二、分子生物学的主要研究内容

分子生物学产生的初始，主要有两个方向：一个为构象学派，主要研究生物大分子的结构，特别是蛋白质的三维结构或构象；另一个为信息学派，主要研究生物信息的传递和复制。20世纪50年代初期，两种学派汇合并与其他学科融合，形成了现代分子生物学。它的研究内容主要有以下几个方面。

1. DNA 的复制、转录和翻译

DNA 或基因在各种催化酶与蛋白质因子的相互作用下，按照中心法则的规定进行半保留复制、转录并翻译成有功能的蛋白质的过程。同时，对 mRNA 分子前体加工、编辑以及多肽链的正确折叠进行了一定探索。

2. 基因表达调控的研究

已知蛋白质分子参与并控制了细胞的一切代谢活动。而决定蛋白质结构和合成时序的信息都由核酸（主要是脱氧核糖核酸）分子编码，表现为特定的核苷酸序列，所以基因表达实质上就是遗传信息的转录和翻译。在个体生长发育过程中生物遗传信息的表达按一定的时序发生变化（时序调节），并随着内外环境的变化而不断加以修正（环境调控）。基因表达的调控主要发生在转录水平或翻译水平上。原核生物的基因组和染色体结构都比真核生物简单，转录和翻译在同一时间和空间内发生，基因表达的调控主要发生在转录水平；真核生物有细胞核结构，转录和翻译过程在时间和空间上都被分隔开，且在转录和翻译后都有复杂的信息加工过程，其基因表达的调控可以发生在各种不同的水平上。基因表达调控主要表现在信号转导研究、转录因子研究及 RNA 剪接三个方面。

3. DNA 重组技术

DNA 重组技术是 20 世纪 70 年代初兴起的一门技术科学，目的是将不同的 DNA 片段（如某个基因或基因的一部分）按照人们的设计定向连接起来，在特定的受体细胞中与载体同时复制并得到表达，产生影响受体细胞的新的遗传性状。它在生产实践中有着广泛的应用前景。

首先，可被用于大量生产某些在正常细胞代谢中产量很低的多肽（如激素、干扰素、酶类及抗体等），可提高产量，降低成本，使许多有价值的多肽类物质得到广泛应用。其次，DNA 重组技术可用于定向改造某些生物的基因组结构，使它们所具有的特殊经济价值或功能得以成千上万倍地提高。第三，DNA 重组技术还可用来进行基础研究。分子生物学研究的核心是遗传信息的结构、传递和控制。在整个过程中，无论对启动子还是转录因子的分析与研究，均离不开 DNA 重组技术。

4. 结构分子生物学

生物大分子，无论是核酸、蛋白质还是多糖，在发挥生物学功能时都必须具备两个前提：一是具有特定的空间结构（三维结构）；二是在它发挥生物学功能的过程中必定存在结构和构象的变化。结构分子生物学的发展就是研究生物大分子特定的空间结构以及结构的运动变化与其生物学功能关系的科学。它包括结构的测定、结构运动变化规律的探索、结构与功能相互关系三个方向的研究。近年来科学家不断研究发现了大量新的生物大分子静态结构，并逐步深化对其动态功能的认识。

5. 基因与基因组以及功能基因组的研究

基因的研究一直是影响整个分子生物学发展的主线。在不同的历史时期对基因的研究有不同的内容，主要包括从染色体水平上以及 DNA 大分子水平上的研究。最新的数据表明，已有数十种原核生物及酵母菌、线虫、果蝇和高等植物拟南芥等多种真核生物基因组被基本破译，这极大地丰富了人类的知识宝库，加快了人类认识自然和改造自然的步伐。虽然完成某一生物的基因组计划就意味着该物种所有遗传密码已经为人类所掌握，但测定基因组序列只是了解基因的第一步，因为基因组计划不可能直接阐明基因的功能，更不能预测该基因所编码蛋白质的功能与活性，所以，并不能指导人们充分准确地利用这些基因的产物。于是，科学家又在基因组计划的基础上提出了“蛋白质组计划”（又称“后基因组计划”或“功能基因组计划”），旨在快速、高效、大规模地鉴定基因的产物和功能。

三、课程的性质、地位和作用

分子生物学是一门理论与实践密切结合的学科。它通过大量的实验，从微观水平探索各种生命现象，揭开生命的奥秘。在提高学科自身水平的同时，丰富了其他学科的新方法、新思路，促使其他学科在理论和方法上得到发展和提高。

回顾分子生物学的发展历史，正是由于遗传学、微生物学和生物化学的相互渗透，才推动了分子生物学的前进。首先，微生物学转化实验确定了DNA是遗传物质，解决了遗传物质基础问题；沃森和克里克于1953年用X射线衍射得出DNA双螺旋分子结构模型，解决了遗传的机制问题；之后，DNA半保留复制以及遗传信息传递的“中心法则”，解释了遗传信息的传递问题；随着DNA重组技术和单克隆抗体杂交瘤技术的产生和发展，分子生物学的发展逐渐走向成熟。在我国基础学科发展规划中，把细胞生物学、分子生物学、神经生物学和生态学并列为生命科学的四大基础学科，反映了现代生命科学的发展趋势。

第二节 分子生物学发展简史

分子生物学是研究核酸、蛋白质等生物大分子的形态、结构特征及其重要性、规律性和相互关系的科学。像其他任何一门学科一样，它不是一个孤立的体系，其建立和发展根植于相关学科的发展，并且在发展中与其他学科相互渗透以致更加密不可分。

一、分子生物学的建立和发展

由于无数分子生物学家的不懈追求与刻苦研究，使人们从分子水平上认识了遗传物质的结构、功能以及复制、转录与翻译等具体过程，并从分子水平上对遗传物质进行改造，为更深入了解遗传物质获得重大意义。其发展过程概括为如下三个阶段。

1. 准备和酝酿阶段

人们对于遗传物质确定的探索过程以及对遗传信息如何传递的认识是分子生物学的准备和酝酿阶段。

1944年，微生物学家Avery等在对肺炎双球菌的转化实验中证实了DNA是生物遗传的物质基础。

1950年，Chargaff以不同来源DNA碱基组成的数据得出胸腺嘧啶的摩尔含量总是等于腺嘌呤的摩尔含量的Chargaff规则。

1952年，Hershey和Chase用同位素示踪技术，将T_2噬菌体侵染大肠杆菌细胞，证实了主要是核酸进入细菌内。烟草花叶病毒的重建实验也证明，病毒的遗传物质是核酸而不是蛋白质。至此，DNA作为遗传物质才被普遍地接受。

1953年，Watson和Crick推导出DNA双螺旋结构模型，为人类充分揭示遗传信息的传递规律奠定了坚实的理论基础。

1954年，Gamnow从理论上研究了遗传密码的编码规律。Crick在前人研究工作的基础上，提出了中心法则理论，对分子生物学的研究起了重要的推动作用。

1958年，Meselson和Stahl应用同位素和超速离心法证明DNA的半保留复制。

1960年，Marmur和Dofy发现了DNA的复性作用，确定了核酸杂交反应的专一性和可靠性。

1962年，Arber第一个证明了限制性内切核酸酶的存在，并由Nathans和Smith应用于DNA图谱和序列分析。

2. 现代分子生物学的建立和发展阶段

对DNA重组技术的认识和建立，是分子生物学发展的又一里程碑。

1967年，Gellert发现了DNA连接酶。

1970年，Smith和Wilcox等分离到第一种限制性内切核酸酶。同年Temin和Baltimore在RNA肿瘤病毒中发现了逆转录酶。证实了Temin在1964年提出的“前病毒假说”。逆转录酶已成为目前分子生物学研究中的一个重要工具酶。

1972～1973年，全球重组DNA时代到来。Boyer和Berg等发展了重组DNA技术，并完成了第一个细菌基因的克隆，开创了基因工程的新纪元。

3. 初步认识生命本质并开始改造生命的深入发展阶段

DNA重组技术在生产实践领域的应用以及基因组学、蛋白质组学的研究是分子生物学发展的高深阶段。

1979年，Solomon和Bodmer最先提出至少有200个限制性片段长度多态性（RFLP）可作为连接人整个基因组图谱的基础。

1980年，Wigler等把非选择性基因导入哺乳动物细胞；Cohen和Boyer获得第一项克隆技术的美国专利。

1983年，Herrera-Estrella等用Ti质粒作为转基因载体转化植物细胞获得成功。

1985年，Saiki等发明了聚合酶链反应（PCR）；Sinsheimer首先提出人类基因组图谱制作计划设想。

1987年，Hooper和Kuehn等分别用胚基细胞进行哺乳动物胚的转基因操作，取得重大进展。

1988年，人类基因组计划启动，同时先后开展多种模式生物的基因组测序。标志着生命科学研究进入“基因组学”时代。

1989年，Greider等在纤毛原生动物中发现了端粒酶是以内源性RNA为模板的逆转录酶；Hiatt等首次报道了在植物中亦可产生单克隆抗体。

1990～1992年，转基因玉米及转基因小麦诞生。农作物基因工程开始变为现实。

1994年，Wilkins和Williams等首次提出了“蛋白质组”的概念。

1997年，Wilmut等首次不经过受精，用成年母羊体细胞的遗传物质成功地获得克隆羊——多莉；Willard等首次构建了人染色体（HACs）。

1998年，GenBank公布了最新人的“基因图谱98”，代表了30181条基因定位的信息；Venter对人类基因组计划提出新的战略——全基因组随机测序，毛细管电泳测序仪启动。

到目前为止，人们已完成包括人和水稻等重要模式生物的基因组测序工作。生命科学进入“蛋白质组学”的新的发展阶段。

二、分子生物学与其他学科的关系

分子生物学与生物化学、生物分类学、细胞生物学、遗传学、发育生物学等多种学科，经过相互杂交、相互渗透而产生出来。它们之间既有相似性，又有着区别。

1. 分子生物学与生物化学

分子生物学是从分子水平研究生命现象。生物化学是从分子水平研究生命现象的化学本质。在研究方向上，分子生物学主要是研究蛋白质、核酸和其他生物大分子的结构与功能，以及它们之间的相互作用，着重解决细胞中遗传信息传递和代谢调节的问题。而生物化学主要研究生物大分子、小分子在生命活动中的代谢过程，即重点是分子的代谢转化。

从学科范畴上讲，分子生物学包括生物化学；从研究的基本内容讲，遗传信息从DNA到蛋白质的过程，其许多内容又属于生物化学的范畴。

2. 分子生物学与细胞生物学

细胞生物学是在细胞、细胞超微结构和分子水平等不同层次上，以研究细胞结构和功能以及生命活动为主的基础学科。分子生物学是细胞生物学的主要发展方向，也就是说，在分子水平上探索细胞的基本生命规律，把细胞看成是物质、能量、信息过程的结合，并且着重研究细胞中的遗传物质的结构和功能以及遗传信息的传递和调节等过程。

3. 遗传学与分子生物学

遗传学是分子生物学发展以来受影响最大的学科。孟德尔著名的皱皮豌豆和圆粒豌豆子代分离实验以及由此得到的遗传规律，纷纷在近20年内得到分子水平上的解释。越来越多的遗传学原理正在被分子水平的实验所证实或被摈弃，许多遗传疾病已经得到控制或矫正，许多经典遗传学无法解决的问题和无法破译的奥秘，也相继被攻克，分子遗传学已成为人类了解、阐明和改造自然界的重要武器。

4. 生物分类学与分子生物学

生物的分类和进化研究是生物学中最古老的领域，它们同样由于分子生物学的渗透而获得了新生。过去研究生物的分类和进化，主要依靠生物体的形态，并辅以生理特征，来探讨生物间亲缘关系的远近。现在，反映不同生命活动中更为本质的核酸、蛋白质序列间的比较，已被大量用于分类和进化的研究。由于核酸技术的进步，科学家已经可能从已灭绝生物的化石里提取极为微量的DNA分子，并进行深入的研究，以此确证这些生物在进化树上的地位。

5. 发育生物学与分子生物学

分子生物学还对发育生物学研究产生了巨大的影响。人们早就知道，个体生长发育所需的全部信息都是储存在DNA序列中的，如果受精卵中的遗传信息不能按照一定的时空顺序表达，个体发育规律就会被打乱，高度有序的生物世界就不复存在。大量分子水平的实验证明，同源转换区（homeobox）及同源转换结构域（homeolomain）在个体发育过程中发挥了举足轻重的作用。专家估计，这个领域的研究将为发育生物学带来一场革命。

三、分子生物学的现状与展望

分子生物学的发展至今已有约50多年的历史，在人类文明史上只是非常短暂的历史瞬间，但它的建立及发展却使整个生物学的面貌发生了巨大变化。

人类基因组的测序，射线衍射及其他高分子研究技术对生物大分子的三维构象的研究，重组技术的应用，使千千万万生物工作者手中有了基因工程手段这个武器。近年来，全世界范围内转基因植物的大田试验已超过2500多次，已有200多种植物被转化成功，进入规模化生产。

人类基因组DNA测序计划已提前5年完成了。当前，人类基因组研究的重点正在由结构向功能转移，一个以基因组功能研究为主要研究内容的“后基因组”（post-genome）时代已经到来。它的主要任务是研究细胞全部基因的表达图式和全部蛋白图式，或者说是“从基因组到蛋白质组”。由此，分子生物学研究的重点又回到了蛋白质上来，生物信息学也应运而生。生命科学又进入了一个全新的时代。

1. 功能基因组学

功能基因组学（functional genonucs）依赖于对DNA序列的认识，应用基因组学的知识和工具人们能够了解和认识影响整个生命过程的特定序列表达谱。例如酿酒酵母（*S. cerevisiae*）16条染色体全部序列已于1996年完成，基因组全长12086kb，含有5885个可能编码蛋白质的基因、140个编码rRNA基因、40个编码snRNA基因和275个tRNA基因，共计6340个基因。功能基因组学就是进一步研究这些基因在一定条件下，譬如在孢子形成期，同时有多少基因协同表达才能完成这一发育过程，这就需要适应这一时期的全套基因表达谱（gene expression pattern）。目前用于检测分化细胞基因表达谱的方法，有基因表达连续分析（serial analysis of gene expression，SAGE）、微阵列法（microarray）、有序差异显示（ordered differential display，ODD）和DNA芯片（DNA chips）技术等。

功能基因组学也包括了在测序后对基因功能的研究。酵母有许多功能重复的基因，分布在染色体两端，当处于丰富培养基条件时，这些基因似乎是多余的，但环境改变时就显示出其功能。基因丰余现象实际上是对环境的适应，丰余基因的存在为进化适应提供了可选择的余地。在基因组全序列中还保留了基因组进化的遗迹，表明基因重复常发生在近中心粒区和染色体臂中段。

总之，功能基因组学的任务，是对成千上万的基因表达进行分析和比较，从基因组整体水平上阐述基因活动的规律；核心问题是基因组的多样性和进化规律，基因组的表达及其调控，模式生物体基因组研究等。这门新学科的形成，是在后基因组时代生物学家的研究重点从揭示生命的所有遗传信息转移到在整体水平上对生物功能研究的重要标志。

2. 蛋白质组学

1994年Wilkins等首先提出了蛋白质组（proteome）的概念，随后，得到国际生物学界的广泛承认。其定义为：蛋白质组指的是一个基因组所表达的全部蛋白质（proteome indicates the proteins expressed by a genome）；“proteome”由蛋白质一词的前几个字母“prote”和基因组一词的后几个字母“ome”拼接而成。

蛋白质组学是以蛋白质组为研究对象，研究细胞内所有蛋白质及其动态变化规律的科学。蛋白质组与基因组不同，基因组基本上是固定不变的，即同一生物不同细胞中基因组基本上是一样的，人类的基因总数是6万～10万个。单从DNA序列并不能回答某个基因的表达时间、表达量、蛋白质翻译后加工和修饰等情况以及它们的亚细胞分布等。这些问题可望在蛋白质组研究中找到答案，因为蛋白质组是动态的，有它的时空性、可调节性，进而能够在细胞和生命有机体的整体水平上阐明生命现象的本质和活动规律。蛋白质组研究的数据与基因组数据的整合，将对功能基因组的研究发挥重要的作用。

1997年，Cordwell和Humphery-Smith提出了功能蛋白质组（functional proteome）的概念，指在特定时间、特定环境和实验条件下基因组活跃表达的蛋白质。

功能蛋白质组只是总蛋白质组的一部分，通过对功能蛋白质组的研究，既能阐明某一群体蛋白质的功能，也能丰富总蛋白质数据库，是从生物大分子水平到细胞水平研究的重要桥梁。无论是蛋白质组学还是功能蛋白质组学，都要求首先分离亚细胞结构、细胞或组织等不同生命结构层次的蛋白质，获得蛋白质谱。从质谱技术测得完整蛋白质的相对分子质量、肽质谱以及部分肽序列等数据，通过相应数据库的搜寻来鉴定蛋白质。此外，再对蛋白质翻译后修饰的类型和程度进行分析，在蛋白质组定性和定量分析的基础上建立蛋白质组数据库。

1997年构建成了第一个完整的蛋白质组数据库——酵母蛋白质数据库（yeast protein database，YPD）。随着新思路和新技术不断涌现，这门新兴学科将会不断完善，发展成后基因组时代的带头学科。

3. 生物信息学

人类基因组计划大量序列信息的积累，导致了生物信息学（bioinformatics）这门全新学科的产生，对DNA和蛋白质序列资料中各种类型信息进行识别、存储、分析、模拟和转输。它由数据库、计算机网络和应用软件三大部分组成。

随着DNA大规模自动测序的迅猛发展，所建立的核苷酸序列数据库已存有数百种生物的cDNA和基因组DNA序列的信息。

在蛋白质组计划中，由于蛋白质组随发育阶段和所处环境而变化，mRNA的丰度与蛋白质的丰度不是显著相关，以及需要经受翻译后的修饰，因而对蛋白质的生物信息学研究，在内容上有许多特殊之处。现在建立的数据库，有蛋白质序列、蛋白质域、二维电泳、三维结构、翻译后修饰、代谢及相互作用等。目前通用的软件主要包括蛋白质质量与蛋白质序列标记、模拟酶解、翻译后修饰等。

当今生命科学的潮流是利用生物信息学研究基因产物——蛋白质的性质与功能并推测基因的功能。传统的基因组分析是得到连续的DNA序列信息，而蛋白质组连续系（proteomic contigs）则是基于多重相对分子质量、等电点范围、空间结构和分子构象等参数，构建活细胞内全部蛋白质表达的图像，从而使人们研究不同条件下细胞和组织乃至整个生命体的活动成为可能。

习 题

1. 解释分子生物学广义的与狭义的定义。
2. 现代分子生物学的主要研究内容有哪几方面？
3. 简述分子生物学在生物学科中的地位。
4. 谈谈你对蛋白质组学以及功能基因组学的理解。

第二章 DNA的结构、复制和修复

【学习目标】

1. 掌握原核生物与真核生物染色体组成、结构的特点；
2. 理解真核生物DNA的组成、结构与其功能的适应性；
3. 掌握DNA复制的机制以及相关酶和蛋白质因子的作用；
4. 掌握DNA损伤与修复的类型和机制。

俗话说，“种瓜得瓜，种豆得豆”，这其中就包含了一个生物学的道理在里面，即生物具有代代相传的本领。然而是什么因素决定了生物有着代代相传的遗传特点呢？现代遗传学的实验证实，存在于染色体中的DNA是遗传信息的载体，即生物细胞内以DNA作为遗传物质，控制了生物的性状遗传。也有以RNA作为遗传物质的（如部分病毒）。DNA作为遗传物质的概念起源于1944年Avery等首次证实DNA是细菌遗传性状的转化因子。之后，于1952年Hershey和Chase等利用大肠杆菌噬菌体实验证实了DNA是遗传物质的本质。

DNA序列由不同的核苷酸排列而成，遗传信息就存在于其中。生物体DNA分子上的遗传信息通过表达产生各种蛋白质来实现其功能。DNA在履行其遗传物质的使命时既具有稳定性又具有灵活性。DNA是通过碱基互补配对形成的双链分子，碱基互补是其复制、转录、表达遗传信息的基础。复制过程中，通过碱基互补配对机制把遗传信息准确地传递给子代，而且DNA在生理状态下很稳定，表明DNA适于作为遗传物质。作为生物进化的基础，DNA分子也会少量发生突变（mutation），这种突变还可稳定地遗传。

第一节 染 色 体

一、染色体概述

由于亲代能够将自己的遗传物质DNA以染色体（chromosome）的形式传给子代，保持了物种的稳定性和连续性，因此，人们普遍认为染色体在遗传上起着主要作用。同一物种内每条染色体所带DNA的量是一定的，但不同染色体或不同物种之间的变化很大，从上百万个到几亿个核苷酸不等。人X染色体就带有1.28亿个核苷酸对，而Y染色体只带有0.19亿个核苷酸对。由于细胞内的DNA主要在染色体上，所以说遗传物质的主要载体是染色体。

染色体在不同的细胞周期有不同的形态表现。在细胞大部分时间的分裂间期表现为染色质（chromatin）。染色质是细胞核内可以被碱性染料着色的一类非定形物质。它以双链DNA为骨架，与组蛋白（histone）、非组蛋白（nonhistone）以及少量的各种RNA等共同组成丝状结构。在染色质中，DNA和组蛋白的组成非常稳定，非组蛋白和RNA随细胞生理状态的不同而有变化。在细胞分裂期，染色质纤丝经多级螺旋化形成一种有固定形态的复杂的立体结构的染色体。染色体和染色质在化学组成上（DNA和组蛋白等）没有什么不同，主要在于它们的空间构象不同，反映了它们在细胞周期的不同阶段有不同功能。

染色体只在细胞分裂期，人们才能在光学显微镜下观察到这些结构。它们存在于细胞核，呈棒状的可染色结构，故称为染色体。细胞分裂时，每条染色体都复制生成一条与母链完全一样的链，形成同源染色体对。

作为遗传物质，染色体具有以下特征：①分子结构相对稳定；②能够自我复制，使亲代、子代之间保持连续性；③能够指导蛋白质的合成；④能够产生可遗传的变异。

二、原核生物的染色体

细菌染色体位于细胞内的核区（nuclear area）中，核区外没有核膜，所以有原核之称。细菌细胞中一般只有一条或几条染色体，大都是双链DNA分子所组成的一个封闭的环，其长度从250～35000μm不等。这种染色体都是裸露的，没有组蛋白和其他蛋白质结合，也不形成核小体结构。因此它们的染色体具有一个显著特点，就是比较易于接受带有相同或不同物种的基因或DNA片段的插入。

1. 细菌染色体形态结构

大肠杆菌染色体长为1333μm，而要装入长约2μm、宽约1μm的细胞中，为此DNA必定以折叠或螺旋状态存在。有实验证明：在DNA分子进行折叠或螺旋过程中还依赖于RNA分子的作用。如300μm的环状DNA［图2-1（a）］，通过RNA分子的连接作用将DNA片段结合起来形成环（loop），从而导致DNA长度缩短为25μm［图2-1（b）］，在活体大肠杆菌染色体上约有50多个这样的环。接着每个环内DNA进一步螺旋，使DNA长度进一步缩短为1.5μm，而形成更高级结构的染色体［图2-1（c）］。因此，细菌的染色体不是一条裸露的DNA链，而是以高度的组装形式存在，同时这种组装不仅是为了适应细菌细胞的狭小空间，而且还要有利于染色体功能的实现，便于染色体复制和基因表达。

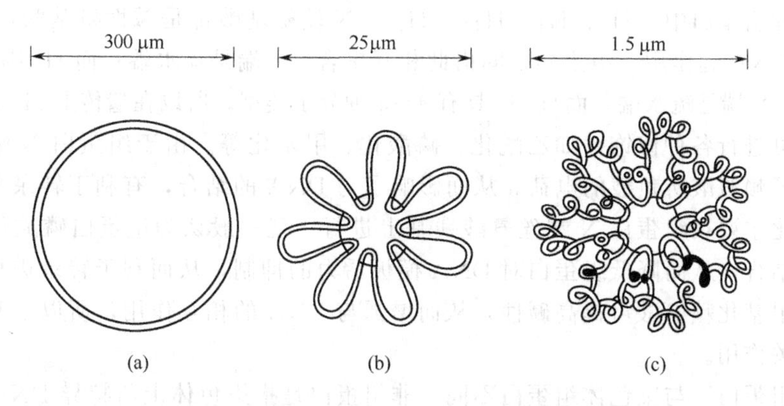

图2-1 大肠杆菌（*E. coli*）染色体的基本结构

2. 原核生物DNA基因组的组织结构特点

（1）结构简练 原核DNA分子的绝大部分是用来编码蛋白质的，只有非常小的一部分不转录，这与真核DNA的冗余现象不同。在ΦX174噬菌体中不转录部分只占4%左右，在T_4噬菌体DNA中占5.1%，而且，这些不转录DNA序列通常是控制基因表达的序列，如ΦX174的H基因和A基因之间（3906～3973位核苷酸）就包括了RNA聚合酶结合位点、转录终止信号区及核糖体结合位点等基因表达调控元件。

(2) 基因种类和数量较少 原核细胞中染色体一般只有一条双链DNA分子，且大都带有单拷贝基因，且多以重叠基因的形式存在，只有很少数的基因（如rRNA基因）是以多拷贝形式存在的；整个染色体DNA几乎全部由功能基因与调控序列所组成；几乎每个基因序列都与它所编码的蛋白质序列呈线性对应状态。

(3) 以操纵子为转录单元 原核生物DNA序列中功能相关的RNA和蛋白质基因，往往丛集在基因组的一个或几个特定部位，形成功能单位或转录单元，它们可被一起转录为含多个mRNA的分子，叫多顺反子mRNA。ΦX174及G4基因组中就含有数个多顺反子。功能相关的基因串联在一起转录产生一条多顺反子mRNA链，然后再翻译成各种蛋白质。在大肠杆菌中，由几个结构基因及其操纵基因、启动基因组成的操纵子常作为转录功能单位，如组氨酸操纵子转录成一条多顺反子mRNA，再翻译成组氨酸合成途径中的9个酶。

三、真核生物染色体的组成

真核生物在结构、功能上远远比原核生物复杂。从单细胞的酵母菌到高等哺乳动物，真核生物细胞都有一个共同特点，即具有细胞核。同时细胞之间已有很大分化。不同类型的细胞，执行着不同的功能。但共同的特点为，真核细胞（除性细胞外）的染色体均为二倍体。而生殖细胞（即性细胞）的染色体数目是体细胞的一半，被称为单倍体。

真核生物基因表达调控复杂不仅因为真核生物基因组的复杂性，也与染色体结构有关。近年来，通过分离胸腺、肝或其他细胞的核，用去垢剂去除核膜再离心收集染色质进行生化分析，确定染色质的主要成分是DNA和组蛋白，还有非组蛋白及少量RNA。

1. 染色体蛋白质

(1) 组蛋白 组蛋白是真核生物染色体的基本结构蛋白，富含带正电荷的Arg和Lys等碱性氨基酸，等电点一般在pH 10.0以上，属碱性蛋白质，可以和酸性的DNA非特异性紧密结合，而且一般不要求特殊的核苷酸序列，通常用0.25mol/L HCl或H_2SO_4从染色质中分离得到。真核生物染色体的组蛋白有5种，即H_1、H_3、H_{2A}、H_{2B}和H_4。

其中4种组蛋白中（H_3、H_4、H_{2A}、H_{2B}）N端氨基酸都是碱性氨基酸，碱性N端借静电引力与DNA起作用，组蛋白之间借此相互聚合，C端是疏水端；而H_1则相反，C端是碱性氨基酸，N端是疏水端，而且H_1具有4～5种分子类型，所以在遗传上H_1保守性最少。

组蛋白可进行各种修饰，如乙酰化、磷酸化、甲基化等。由于组蛋白N端赖氨酸的乙酰化，改变了赖氨酸所负载的电荷，从而影响了与DNA的结合，有利于转录的进行，而组蛋白的磷酸化主要在组蛋白N端丝氨酸残基上进行。现一般认为组蛋白磷酸化可减弱组蛋白与核酸的结合，从而降低组蛋白对DNA模板活力的抑制，从而利于转录进行。而甲基化组蛋白，如甲基化赖氨酸可提高碱性，从而增强与DNA的相互作用，所以甲基化与上述乙酰化是负相关作用。

(2) 非组蛋白 与染色体组蛋白不同，非组蛋白是指染色体上与特异DNA序列相结合的蛋白质，所以又称序列特异性DNA结合蛋白（sequence-specificDNA-binding proteins）。一般来说，非组蛋白所含酸性氨基酸的量超过碱性氨基酸的量，所以带负电荷。

非组蛋白和组蛋白不同，它具有种属和组织特异性，而且在活动的染色质中比不活动的染色质中含量要高。非组蛋白在整个细胞周期中都进行合成，而不像组蛋白仅在S期和DNA复制同步进行。

非组蛋白的功能：①能帮助DNA分子折叠，以形成不同的结构域，从而有利于DNA的复制和基因的转录；②协助启动DNA复制；③特异性地控制基因转录，调节基因表达。

非组蛋白和组蛋白一样可以被磷酸化，这被认为是基因表达和调控的重要环节。

2. 染色质和核小体

1974年Kornberg等根据染色质的酶切降解和电镜观察，发现了被称为核小体或核粒(nucleosome)的染色质基本结构单位，确立了染色质基本结构单位的核小体模型。

(1) 核小体结构的主要实验证据　用温和的方法破坏细胞核，将染色质铺展在电镜铜网上，通过电镜观察，未经处理的染色质自然结构为30nm的纤丝，经盐溶液处理后解聚的染色质呈现一系列核小体相互连接的串珠状结构，念珠的直径为10nm；用微球菌核酸酶(micrococcal nuclease)消化染色质，经过蔗糖梯度离心及琼脂糖凝胶电泳分析发现，如果完全酶解，切下的片段都是200bp的单体；如果部分酶解，则得到的片段是以200bp为单位的单体、二体(400bp)、三体(600bp)，等等。蔗糖梯度离心得到的不同组分，在波长260nm的吸收峰的大小和电镜下所见到的单体、二体、三体的核小体完全一致；应用X射线衍射、中子散射及电镜三维重建技术，研究染色质结晶颗粒，发现颗粒是直径为11nm、高6.0nm的扁圆柱体，具有二分对称性(dyad symmetry)，核心组蛋白的构成是两个H_3分子和两个H_4分子先形成四聚体，然后再与两个由H_{2A}和H_{2B}构成的异二聚体(heterodimer)结合成八聚体。八聚体连接的顺序是：H_{2A}—H_{2B}—H_4—H_3—H_3—H_4—H_{2B}—H_{2A}，这种连接顺序与4种组蛋白分子的亲和力实验结果完全一致。用SV40病毒感染细胞，病毒DNA进入细胞后，与宿主的组蛋白结合，形成串珠状微小染色体，电镜观察SV40 DNA为环状，周长1500nm，约5.0kb。若200bp相当于一个核小体，则可形成25个核小体，实际观察到23个，与推断基本一致。如用0.25mol/L盐酸将SV40溶解，可在电镜下直接看到组蛋白的聚合体，若除去组蛋白，则完全伸展的DNA长度恰好为5.0kb。

(2) 核小体结构要点　每个核小体单位包括200bp左右的DNA、一个组蛋白八聚体以及一个分子的组蛋白H_1；组蛋白八聚体构成核小体的核心结构，相对分子质量100000，由H_{2A}、H_{2B}、H_3和H_4各两个分子所组成；DNA分子以左手方向盘绕八聚体两圈，每圈83bp，共166bp。用微球菌核酸酶水解，可得到不含组蛋白H_1的146bp的DNA片段(1.75圈)。一个分子的组蛋白H_1与DNA结合，锁住核小体DNA的进出口，从而稳定了核小体的结构；两个相邻核小体之间以连接DNA(linkerDNA)相连，长度为0～80bp不等(图2-2)。

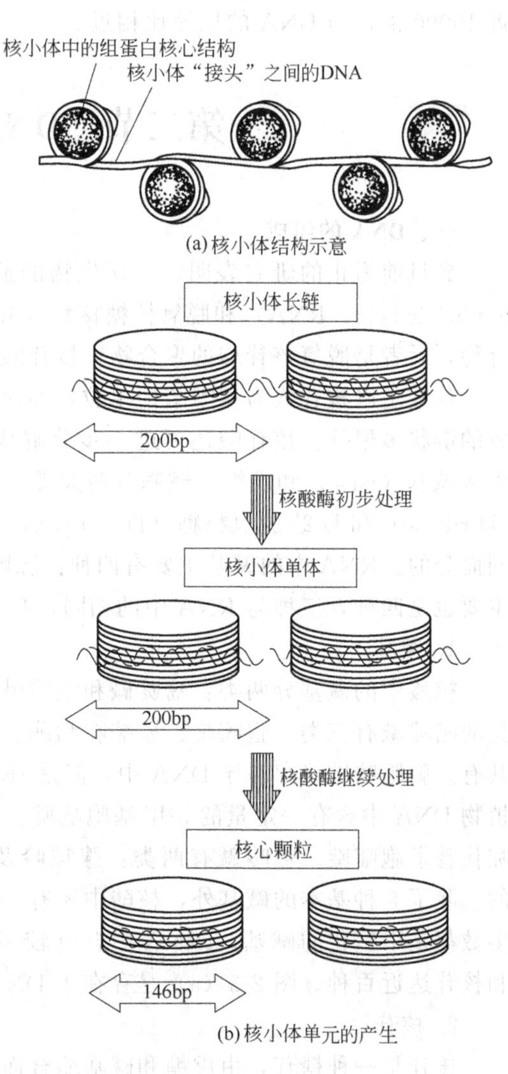

图2-2　核小体单体的存在及核心颗粒的形成

真核生物的染色体在细胞周期的大部分时间里都以染色质的形式存在。染色质是一种纤维状结构，由最基本单位的核小体成串排列而成。核小体单位串联成的微丝需要进一步折叠，压缩成染色质丝和染色体。这里有一系列的结构等级：DNA 和组蛋白构成核小体，核小体再绕成一个中空螺旋管成为染色质丝，染色质再与许多非蛋白结合成染色体结构。

核小体的形成是染色体中 DNA 压缩的第一个阶段。在核小体中 DNA 盘绕组蛋白八聚体核心，从而使分子收缩成原来的 1/7。在电镜下观察染色质，可以看到 10nm 及 30nm 两类不同的纤丝构造，其中 10nm 纤丝是由核小体串联成的染色质细丝，主要在低离子强度及无 H_1 情况下产生。当离子强度较高且有 H_1 存在时，以 30nm 纤维为主，它是由 10nm 的染色质细丝盘绕成螺旋管状的粗丝，通称螺线管（solenoid）。螺线管的每一螺旋包含 6 个核小体，其压缩比为 6。这种螺线管是分裂间期染色质和分裂中期染色体的基本组分。染色质和染色体可能是一个多层次的螺旋结构，上述螺线管可进一步压缩形成超螺旋。有迹象表明：中期染色质是一细长、中空的圆筒，直径为 4000nm，由 30nm 螺线管缠绕而成，压缩比是 40。这个超螺旋圆筒进一步压缩 1/5 便成为染色体单体，总压缩比是 7×6×40×5，将近 10000 倍，与 DNA 的压缩比相近。

第二节 DNA 的组成和结构

一、DNA 的组成

到目前为止的研究表明，一切生物的遗传物质都是核酸。核酸分两类：核糖核酸（ribonucleic acid，RNA）和脱氧核糖核酸（deoxyribonucleic acid，DNA）。前者是核苷酸的聚合物，后者是脱氧核苷酸的聚合物。核苷酸由含氮有机碱（碱基）、戊糖和磷酸组成。

核酸是以核苷酸为基本结构单位，通过 3′,5′-磷酸二酯键（phosplxxtiester linkage）形成的链状多聚体。核苷酸还可进一步分解成核苷（nudeoside）和磷酸。核苷再进一步分解生成碱基（base）和戊糖。碱基分两大类：嘌呤碱与嘧啶碱。核酸中的戊糖有两类：D-核糖（D-ribose）和 D-2′-脱氧核糖（D-2′-deoxyribose）。核酸的分类就是根据所含戊糖种类的不同而分的。RNA 中的碱基主要有四种：腺嘌呤、鸟嘌呤、胞嘧啶、尿嘧啶；DNA 中的碱基主要也是四种，三种与 RNA 中的相同，只是胸腺嘧啶代替了尿嘧啶。

1. 碱基

核酸中的碱基分两类：嘧啶碱和嘌呤碱。嘧啶碱是母体化合物嘧啶的衍生物。核酸中常见的嘧啶碱有三类：胞嘧啶、尿嘧啶和胸腺嘧啶。其中胞嘧啶为 DNA 和 RNA 两类核酸所共有。胸腺嘧啶只存在于 DNA 中，但是 tRNA 中也有少量存在；尿嘧啶只存在于 RNA 中。植物 DNA 中含有一定量的 5-甲基胞嘧啶。在一些大肠杆菌噬菌体 DNA 中，5-羟甲基胞嘧啶代替了胞嘧啶。嘌呤碱有两类：腺嘌呤及鸟嘌呤。嘌呤碱是由母体化合物嘌呤衍生而来的。除了 5 种基本的碱基外，核酸中还有一些含量甚少的稀有碱基。稀有碱基种类极多，大多数都是甲基化的碱基。tRNA 中含有较多的稀有碱基，可高达 10%。目前已知稀有碱基和核苷达近百种。图 2-3（a）是存在于 DNA 和 RNA 分子中的 5 种含氮碱基的结构式。

2. 核苷

核苷是一种糖苷，由戊糖和碱基缩合而成。糖与碱基之间以糖苷键相连接。糖的第一位碳原子（C1）与嘧啶碱的第一位氮原子（N1）或与嘌呤碱的第九位氮原子（N9）相连接。

所以，糖与碱基间的连接键是N—C键，一般称之为*N*-糖苷键；核苷中的D-核糖及D-2′-脱氧核糖均为呋喃型环状结构。糖环中的C1是不对称碳原子，所以有α及β两种构型。但核酸分子中的糖苷键均为β-糖苷键。应用X射线衍射法已证明，核苷中的碱基与糖环平面互相垂直。

根据核苷中所含戊糖［图2-3（b）］的不同，将核苷分成两大类：核糖核苷和脱氧核糖核苷。对核苷进行命名时，必须先冠以碱基的名称，例如腺嘌呤核苷、腺嘌呤脱氧核苷等。

RNA中含有某些修饰和异构化的核苷。核糖也能被修饰，主要是甲基化修饰。tRNA和rRNA中还含少量假尿嘧啶核苷ψ，在它的结构中，核糖不是与尿嘧啶的第一位氮（N1）相连接，而是与第五位碳（C5）相连接。细胞内有特异的异构化酶催化尿嘧啶核苷转变为假尿嘧啶核苷。

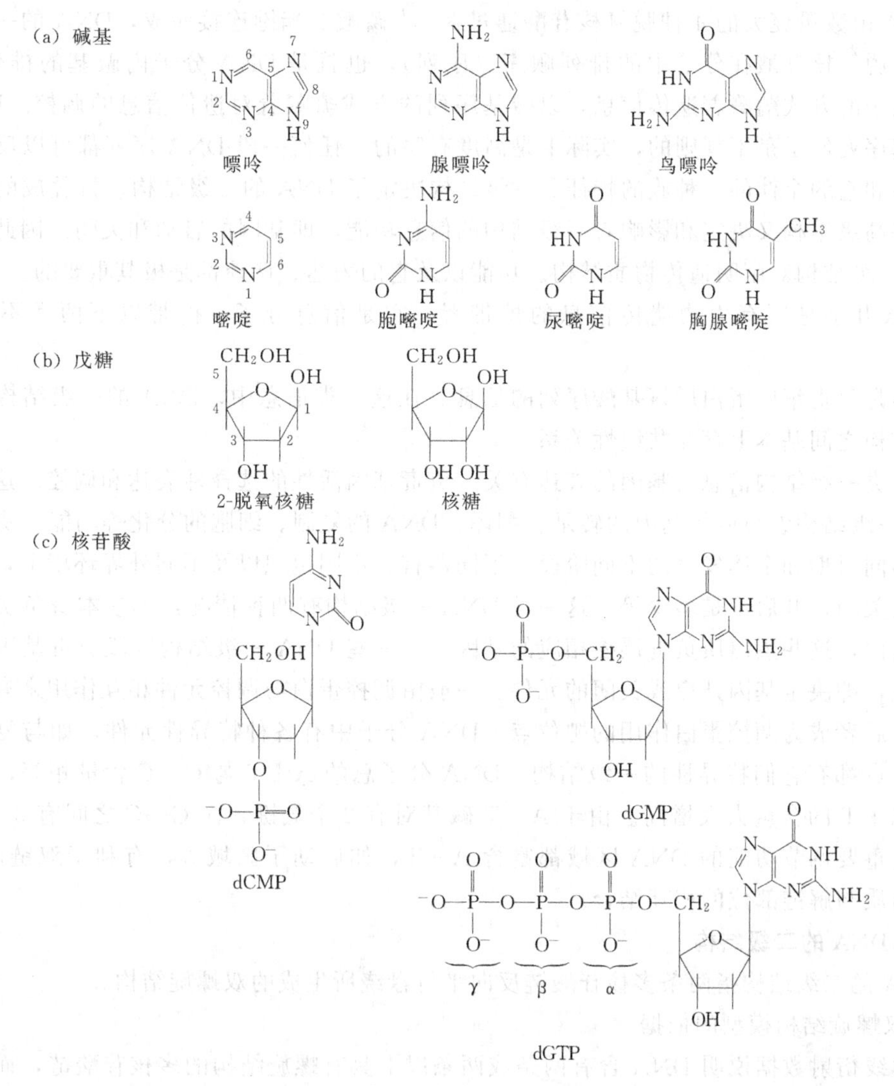

图2-3　碱基、戊糖和核苷酸的结构

3. 核苷酸

核苷的磷酸酯叫做核苷酸，分为（核糖）核苷酸［(ribo)nucleotide］和脱氧（核糖）核苷酸［deoxy(ribo)nucleotide］两大类，分别构成RNA和DNA的基本结构单位。所有的核苷酸都可在其5′位置连接一个以上的磷酸基团；从戊糖开始的第一个、第二个、第三个磷酸残基依次称为α、β、γ。α和β及β和γ之间的键是高能键，为许多细胞活动提供能量来源。核苷三磷酸缩写为NTP，核苷二磷酸缩写为NDP。5′-核苷三磷酸是核酸合成的前体。细胞内还有各种游离的核苷酸和核苷酸衍生物，它们都具有重要的生理功能。因此，对于核酸和蛋白质系统，核苷酸相当于氨基酸，碱基相当于氨基酸的功能基。几种核苷酸的结构式见图2-3（c）。

核糖核苷的糖环上有3个自由羟基，能形成3种不同的核苷酸。脱氧核苷的糖环上只有2个自由羟基，所以只能形成两种核苷酸。生物体内游离存在核苷酸多是5′-核苷酸。用碱水解RNA时，可得到2′-核糖核苷酸与3′-核糖核苷酸的混合物。

二、DNA的一级结构

DNA由数量庞大的4种脱氧核苷酸通过3′,5′-磷酸二酯键连接而成，DNA的一级结构就是这些脱氧核苷酸在分子中的排列顺序（序列），也就是DNA分子内碱基的排列顺序。它以密码子的方式蕴藏着遗传信息，以碱基序列的方式蕴藏着对遗传信息的调控。DNA分子中碱基序列似乎是不规则的，实际上是高度有序的。任何一段DNA序列都可以反映出功能特异性和它的个体的、种族的特征。一级结构决定了DNA的二级结构、折叠成的空间结构。这些高级结构又决定和影响着一级结构的信息功能，即基因的启动和关闭。因此，研究DNA的一级结构对阐明遗传物质结构、功能以及它的表达、调控都是极其重要的。

DNA几乎是所有生物遗传信息的携带者。它是信息分子，携带以下两类不同的遗传信息。

一类是负责编码蛋白质氨基酸序列的信息。在这一类信息中，DNA的一级结构与蛋白质一级结构之间基本上存在共线性关系。

另一类一级结构信息与基因的表达有关，负责基因活性的选择性表达和调控。这一部分DNA的一级结构参与调控基因的转录、翻译、DNA的复制、细胞的分化等功能，决定细胞周期的不同时期和个体发育的不同阶段、不同器官、不同组织以及不同外界环境下，基因是开启还是关闭，开启量是多少等。这一类DNA一级结构有两种情况：①它本身负责编码某些调控蛋白，这些蛋白质负责调控相应的基因；②一些DNA一级结构区段负责基因表达的调控位点，即决定基因开启或关闭的元件。一般由调控蛋白与调控元件相互作用来有效地控制基因。后者成为调控蛋白作用的靶位点。DNA分子中有各种特异性元件，如与复制有关的各种位点都有它们特异性的一级结构。DNA分子总的A+T与G+C含量相等，但在某些区域A+T的含量大大增高。由于A—T碱基对有2个氢键，而G—C之间有3个氢键，在很多有重要调节功能的DNA区域都富含A—T，如启动子区域等，有利于双链的解开，某些蛋白质与解链部位的相互结合。

三、DNA的二级结构

DNA的二级结构指两条多核苷酸链反向平行盘绕所生成的双螺旋结构。

1. 双螺旋结构模型的依据

X射线衍射数据说明DNA含有两条或两条以上具有螺旋结构的多核苷酸链，而且沿纤维长轴有0.34nm和3.4nm两个重要的周期性变化。Choqoe等应用色谱法对多种生物DNA的碱基组成进行了分析，发现DNA中的腺嘌呤数目与胸腺嘧啶的数目相等，胞嘧啶（包括5-甲基胞嘧啶）的数目和鸟嘌呤的数目相等。后来又有人证明腺嘌呤和胸腺嘧啶间可以生成2个氢键；而胞嘧啶和鸟嘌呤之间可以生成3个氢键。用电位滴定法证明DNA的磷酸基可以滴定，而嘌呤和嘧啶的可解离基团则不能滴定，说明它们是由氢键连接起来的。由此得出 DNA 双螺旋模型的要点如下。

主链：DNA 主链由脱氧核糖和磷酸相互间隔连接而成，从 3′,5′-磷酸二酯键的方向来看，双螺旋中 2 条多聚脱氧核苷酸链是反向平行的。2 条主链处于螺旋的外侧，碱基处于螺旋的内侧，且主链是亲水性的。2 条主链形成右手螺旋，有共同的螺旋轴，螺旋的直径是 2nm。

碱基配对特征：由于受几何形状限制，只有 A 和 T 配对、G 和 C 配对，其形状才能正好适合双螺旋的大小，安置在双螺旋内，不会使螺旋有任何畸变或丧失对称性。这两种碱基对还有另一个特征，就是处于一个平面具有二次旋转对称性，即一个碱基对旋转 180°并不影响双螺旋对称性。这意味着 A—T、T—A、G—C 和 C—G 四种碱基对形式都允许处在这种几何形状中，即双螺旋结构只限定配对方式，并不限定碱基的排列顺序。

碱基：碱基环是一个共轭环，碱基对构成的平面与螺旋轴近似垂直，螺旋轴穿过碱基平面，相邻碱基对沿螺旋转 36°角，上升 0.34nm。因此，每 10 对碱基绕轴旋转一圈组成一节螺旋，螺距 3.4nm。

大沟和小沟：沿螺旋轴方向观察，可以看到配对的碱基并没有充满螺旋的空间。由于碱基对与糖环的连接都是在碱基对的同侧，故这种不对称的连接导致双螺旋表面形成 2 个凹下去的沟，一个宽一个窄，分别称为大沟和小沟。糖-磷酸骨架构成大沟和小沟的两壁，碱基对边就是沟底，而螺旋轴通过碱基对中央。因此，大、小两沟的深度差不多，亦即从螺旋圆柱面至碱基对边之间的横向距离大致相等。双螺旋表面的沟对 DNA 与蛋白质的相互识别和结合都是很重要的。因为只有在沟内才能接触到碱基的顺序，而在双螺旋的表面则是脱氧核糖和磷酸的重复结构，似乎并无信息可言。当然，大沟和小沟之间存在着明显的差别：大沟的空间可容纳其他分子“阅读”沟内的碱基顺序信息，并可使其氮原子、氧原子与蛋白质的氨基酸侧链形成氢键而结合；而小沟没有足够大的空间与蛋白质分子识别和结合，但是在 B-DNA 的小沟内可观察到水合结构。图 2-4 是 DNA 双螺旋模型。

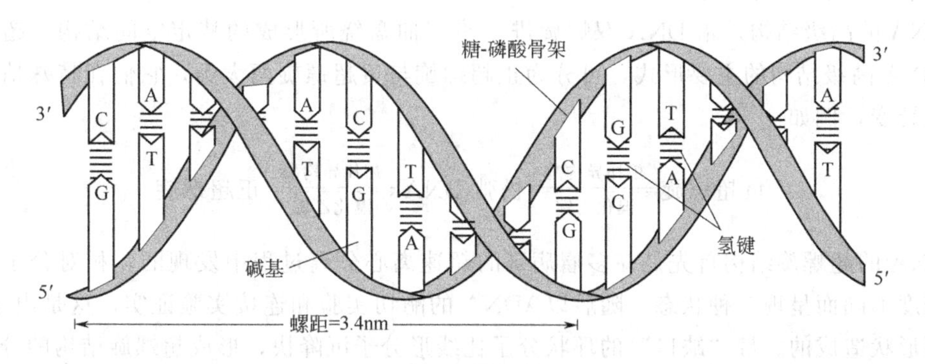

图 2-4　DNA 双螺旋模型

2. DNA 双螺旋的种类

（1）右手螺旋的多重构象　以上所述的双螺旋特征是属于 B 型 DNA 双螺旋结构。这是从生理盐水中抽提出的 DNA 纤维，在 92%相对湿度下进行 X 射线衍射分析得出的构象。实际上在溶液中的 DNA 的确呈这一构象，这也是最常见的 DNA 构象。但是，研究表明，DNA 的结构是动态的。在以钠反离子、钾反离子，相对湿度为 75%条件时，DNA 分子的 X 射线衍射图给出的是 A 型构象。这一构象较 B 型螺旋拧得紧一些，碱基平面对螺旋轴倾斜 20°，大沟深度超过小沟深度将近 5 倍。A 型构象不仅出现于脱水 DNA 中，还出现在 RNA 双链区（由于 RNA 有 2′-羟基，故阻碍它形成 B 型结构）和 A-RNA 杂交分子中。所以，B 型构象和 A 型构象是 DNA 分子的 2 个基本的构象。除 A-DNA 螺旋、B-DNA 螺旋外，还存在 B′-DNA 和 D-DNA 等不同形式。表 2-1 列举了几种主要 DNA 的结构参数。

表 2-1 不同螺旋形式 DNA 分子主要参数比较

双螺旋	碱基倾角/(°)	碱基间距/nm	螺旋直径/nm	每轮碱基数	螺旋方向
A-DNA	20	0.26	2.6	11	右
B-DNA	6	0.34	2.0	10	右
Z-DNA	7	0.37	1.8	12	左

（2）左手螺旋　在 DNA 单链中存在嘌呤与嘧啶交替排列的顺序（CGCGCG 或 CACACA）时，则会出现左手双螺旋结构。在主链中各个磷酸根呈锯齿状排列，犹如“之”字形一样，因此叫做 Z 型构象（采用 zigzag 第一个字母）。Z 型结构是所有 DNA 结构每圈螺旋碱基对最多的，因而有最少扭曲结构。比如，真核细胞中常出现胞嘧啶第 5 位碳原子的甲基化，形成局部疏水区，这一区域伸入 B-DNA 的大沟中，使 B-DNA 不稳定而转变为 Z-DNA。

抗体可以区分 Z 型 DNA 和 B 型 DNA。这些抗体与果蝇染色体的特殊区域以及其他生物体的细胞核结合。在果蝇中，结合的区域比染色体有更为展开的结构，说明 Z-DNA 的存在是一种自然现象。

可以看出，DNA 构象的多变性，或者说 DNA 二级结构的多态性，是在不同条件和具有特殊序列结构时才呈现出来的，说明 DNA 是一个可变的动态分子，以多变的构象实现内涵丰富的生物学功能。

四、DNA 的高级结构

DNA 的高级结构是指 DNA 双螺旋进一步扭曲盘绕所形成的特定空间结构。超螺旋结构是 DNA 高级结构的主要形式，可分为正超螺旋与负超螺旋两大类，它们在特殊情况下可以相互转变，例如：

$$\text{负超螺旋} \underset{\text{溴化乙锭}}{\overset{\text{拓扑异构酶}}{\rightleftharpoons}} \text{松弛 DNA} \underset{\text{溴化乙锭}}{\overset{\text{拓扑异构酶}}{\rightleftharpoons}} \text{正超螺旋}$$

DNA 的超螺旋结构首先是在多瘤病毒的超速离心分离过程中发现的，相对分子质量相同，密度不同而呈现三种状态。随后以 λDNA 的酶切实验和连接实验证实，这是由于 DNA 的不同形状造成的。带“缺口”的环状分子比线形分子沉降快，形成超螺旋结构的分子比带“缺口”的分子沉降快，这是由于带“缺口”的 DNA 已经解了几圈螺旋而使结构变得比超螺旋疏松，但仍比线状致密的缘故。因为 DNA 取 B 型构象时，每圈有 10 个碱基对，不受任何张力影响，DNA 分子处于松弛状态，没有链的扭曲。但是，带“缺口”的双链 DNA，在增加或减少几圈螺旋后两端封闭，产生的张力不能随着链的转动而除去，只能迫使环状分子旋转扭曲，原子位置重排，形成超螺旋结构进行补偿。由解旋而形成的超螺旋为右手超螺旋，又称负超螺旋；由增旋形成的超螺旋为左手超螺旋，又称正超螺旋。

DNA 分子的这种变化可以用一个数学公式来表示：

$$L=T+W$$

式中，L 为连接数，是指环形 DNA 分子两条链间交叉的次数，只要不发生链的断裂，L 是常量；T 为双螺旋的盘绕数（twisting number），T 是变量；W 为超螺旋数（writhing number），W 是变量。

如某个 B-DNA 共有 1350bp，由表 2-1 知，每一螺旋含 10bp，所以，L 和 T 都是 135，这时 $W=0$，不存在超螺旋。若将 DNA 分子的一端固定，另一端朝双螺旋相反方向旋转 5 圈后使两端封闭（此时 T 为 130），分子内张力可以按两种方式分布，一种方式是在分子内保留一个单链区，即 L 也减为 130，W 仍然为 0。由于 DNA 趋向于保持 B-DNA，因此张力分布的另一种方式是使 L 维持原来的 135，L 即是定值，为了满足上述方程，W 就必须等于 -5，该 DNA 分子就成为超盘绕 5 次的负超螺旋。

DNA 的线性序列负载遗传信息，而紧缩的超螺旋结构存储着生物学过程必需的能量和信息，是一种重要的功能态，对复制、转录、重组等重要生物学过程的研究，往往需要首先对超螺旋 DNA 的了解，才能进而更多地揭示这些过程的本质。例如，许多病毒的复制都要经过具有超螺旋的双链环状 DNA 阶段；具有超螺旋的 SV40 DNA，在体外转录是非对称的，而松弛型是对称的，改变超螺旋水平的菌株，生长会变得缓慢；超螺旋产生的局部张力，可以影响双链 DNA 的结构，形成 Z-DNA、发夹状和十字状等构象，还可能使正常细胞中的 DNA 回文结构从规则的螺旋中凸出来，成为一个容易识别的信号。

第三节　DNA 的复制

DNA 作为生命的遗传物质，为生命的遗传提供了物质基础。而染色体 DNA 的自我复制以及转录和翻译成为特定的蛋白质，以执行各种生物功能，才使后代表现出与亲代相似的遗传特性。DNA 的复制是通过半保留方式进行，是以一个亲代 DNA 分子为模板合成子代 DNA 链的过程。细胞分裂时，通过 DNA 准确地自我复制，亲代细胞所含的遗传信息就原原本本地传送到子代细胞，完成其作为遗传信息载体的使命。

一、DNA 的半保留复制机理

1953 年 Waston 和 Crick 提出的 DNA 双螺旋结构模型，主要论据是碱基配对理论，认为 DNA 双链是互补的。DNA 双螺旋一条链上的核苷酸排列顺序决定了另一条链上核苷酸排列顺序。即 DNA 分子的每一条链都含有合成它的互补链所需的全部信息。在复制过程中，首先是双链解旋并分开，之后以每条链为模板在其上合成新的互补链，其结果是由一条链可以形成互补的两条链。这样新形成的两条双链 DNA 分子与原来 DNA 分子的碱基顺序完全一样。在此过程中，每个子代分子的一条链来自亲代 DNA，另一条链则是新合成的，这种复制方式被称为 DNA 的半保留复制。

1958 年，Meselson 和 Stahl 研究了经 ^{15}N 标记 3 个世代的大肠杆菌 DNA，首次证明了 DNA 的半保留复制。他们将大肠杆菌长期在以 ^{15}N 作氮源的培养基中培养，得到 ^{15}N-DNA。由于该 DNA 分子的密度比普通 DNA（^{14}N-DNA）的密度要大，在氯化铯密度梯度离心时，这两种 DNA 形成位置不同的区带。他们用普通培养基（含 ^{14}N 的氮源）培养经 ^{15}N 标记的大肠杆菌，经过一代以后，所有 DNA 的密度都在 ^{15}N-DNA 和 ^{14}N-DNA 之间，即形成了一半 ^{15}N 和一半 ^{14}N 的杂合分子，两代后出现等量的 ^{14}N 分子和 ^{15}N-^{14}N 杂合分子。若再继续培养，可以看到^{14}N-DNA分子增多，说明DNA分子在复制时均可被分成两个亚单位，分别构成子代分子的一半，这些亚单位经过许多代复制仍然保持着完整性。现已查明，无论是原核生物还是真核生物，其DNA都是以半保留复制方式遗传的。DNA的这种半保留复制保证了DNA在代谢上的稳定性。经过许多代的复制，DNA多核苷酸链仍可完整地存在于后代而不被分解掉。这种稳定性与DNA的遗传功能相符。

二、DNA复制的起点、方向和速度

DNA在复制时，首先在一定位置解开双链，这个复制起点呈现叉子的形式，称为复制叉。一般把生物体能独立进行复制的单位称为复制子。实验证明，复制在起始阶段进行控制，一旦复制开始，就连续进行下去，直到整个复制子完成复制，每个复制子由一个复制起点控制。

原核生物的复制起始点通常在它染色体的一个特定位点，并且只有一个起始点，因此，原核生物的染色体只有一个复制子。真核生物染色体的多个位点可以起始复制，有多个复制起始点，因此是多复制子（表2-2）。且多个复制子并不是同时起作用，而是在特定时间，只有一部分复制子（不超过15%）在进行复制过程。

关于DNA复制的方向和速度，最为普遍的就是双向等速进行（图2-5）。某些环状DNA偶尔从一个复制起始点形成一个复制叉，单向复制。而腺病毒则从两个起始点相向进行复制。

表2-2 部分生物复制子的比较

物　种	细胞内复制子数目/个	平均长度/kb	复制子移动速度/(bp/min)
大肠杆菌	1	4200	50000
酵母菌	500	40	
果蝇	3500	40	2600
蟾蜍	15000	200	500
蚕豆	35000	300	

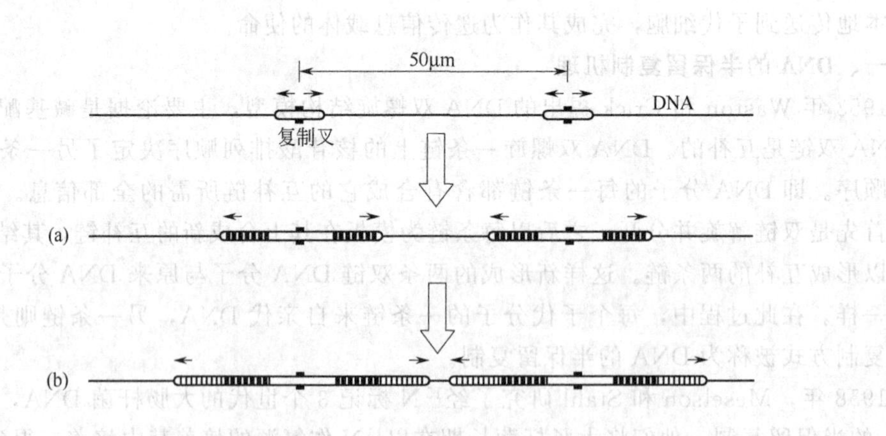

图2-5 放射性实验证明DNA的复制是从固定的起始点双向等速进行

三、DNA复制的几种主要方式

DNA复制以半保留方式进行。但是复制过程产生的结构主要依赖模板和复制叉的关系，关键是模板呈线状或环状，以及复制叉上进行的是双链复制还是单链复制。

1. 线性 DNA 双链的复制

复制叉生长方向有单一起点的单向（如腺病毒）和双向（如噬菌体），以及多个起始点的双向。DNA 双向复制时复制叉处呈“眼”形。线性 DNA 复制中 RNA 引物被切除后，留下 5′端部分单链 DNA，不能为 DNA 聚合酶所作用，使子链短于母链。T_4 和 T_7 噬菌体 DNA 通过其末端的简并性，使不同链的 3′端因互补而结合，其缺口被聚合酶作用填满，再经 DNA 连接酶作用生成二联体。这个过程可重复进行直到生成原长 20 多倍的多联体，并由噬菌体 DNA 编码的核酸酶特异切割形成单位长度的 DNA 分子。Φ290 噬菌体和腺病毒基因组的末端含反向重复序列，复制时，5′端首先与末端蛋白共价结合，开始互补链的合成。当另一条链完全被置换后，两端通过发夹结构相连，形成一个大部分序列互补的单链环形 DNA 分子，复制从其内部的起始位点开始按前导链方式双向进行，经过环形结构到达分子的另一部分，经双链结构交错切割后生成完整的子链病毒。除了环形部分发生重排之外，所生成的新 DNA 分子带有母链的全部遗传信息。

2. 环状 DNA 双链的复制

（1）θ形复制　θ形（图 2-6）复制可以是双向或单向的，大多为等速双向复制，少数为不等速双向复制。两个共价封闭的互相盘绕的 DNA 双链在拓扑异构酶作用下从起始点（ori）开始形成 DNA 切口和封闭，DNA 的一条或两条主链骨架有暂时的切断，是 DNA 超旋或解旋，有利于复制叉向前移动。前导链 DNA 开始复制前，复制原点的核酸序列被转录生成短 RNA 链，作为起始 DNA 复制的引物。

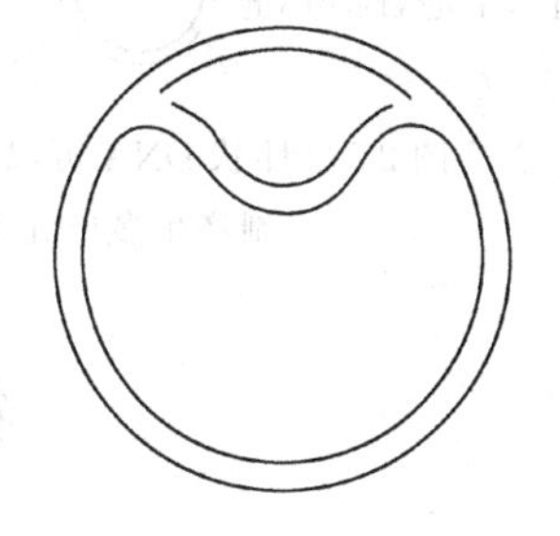

图 2-6　DNA 复制的θ形结构

（2）滚动环复制　它是很多病毒、细菌因子以及真核生物中基因放大的基础。如 ΦX174、T_4 噬菌体等的 DNA 都以这种方式进行复制。

如图 2-7 所示，当双链 DNA 复制时，首先（＋）链 DNA 复制起始点被特异性蛋白质进行单链切断，产生一个缺口，3′端和 5′端游离出来。（＋）链的 5′端从双链脱离开，并可能附着在膜结构上。以（－）链为模板，（＋）链 3′-OH 端为引物和新链的生长端，DNA 聚合酶Ⅲ催化逐个脱氧核糖核苷酸的聚合反应。3′端不断延伸，复制不断进行，不断取代原有的（＋）链，被取代的（＋）链从（－）链上剥离出来。（＋）链从 3′-OH 端不断合成，（－）链似乎在滚动，（＋）链 5′端成为越来越长的“尾巴”。（＋）链被滚动出一定长度后，作为模板，重新不连续地合成新的（－）链，最后两者形成线性的（＋/－）双链分子，或者进一步两端相连，形成环状双链分子。这种双链 DNA 是滚动环复制的中间产物，称为复制型Ⅰ（replicative form，RFⅠ）。通过这种滚动环复制方式合成的 DNA，有些病毒子代分子是单链的，有些是双链的，有的是环状的或线状的。

（3）D 形复制　线粒体和叶绿体具有双链环状 DNA，在电镜中观察到，线粒体 DNA 的复制叉曾呈现出 D 形。在复制开始时，双链环状 DNA 在特定 ori 位点出现一个复制泡（replicative bubble），双链解链。复制泡的亲代分子中以（－）链作为模板，合成一条新链，并且将亲代分子的（＋）链置换出来，新链与它的模板形成部分双链。这样，在线粒体 DNA 的复制过程中，出现一条单链和一条双链组成的三元泡结构，称为置换环（displacement loop）或 D 环（图 2-8）。

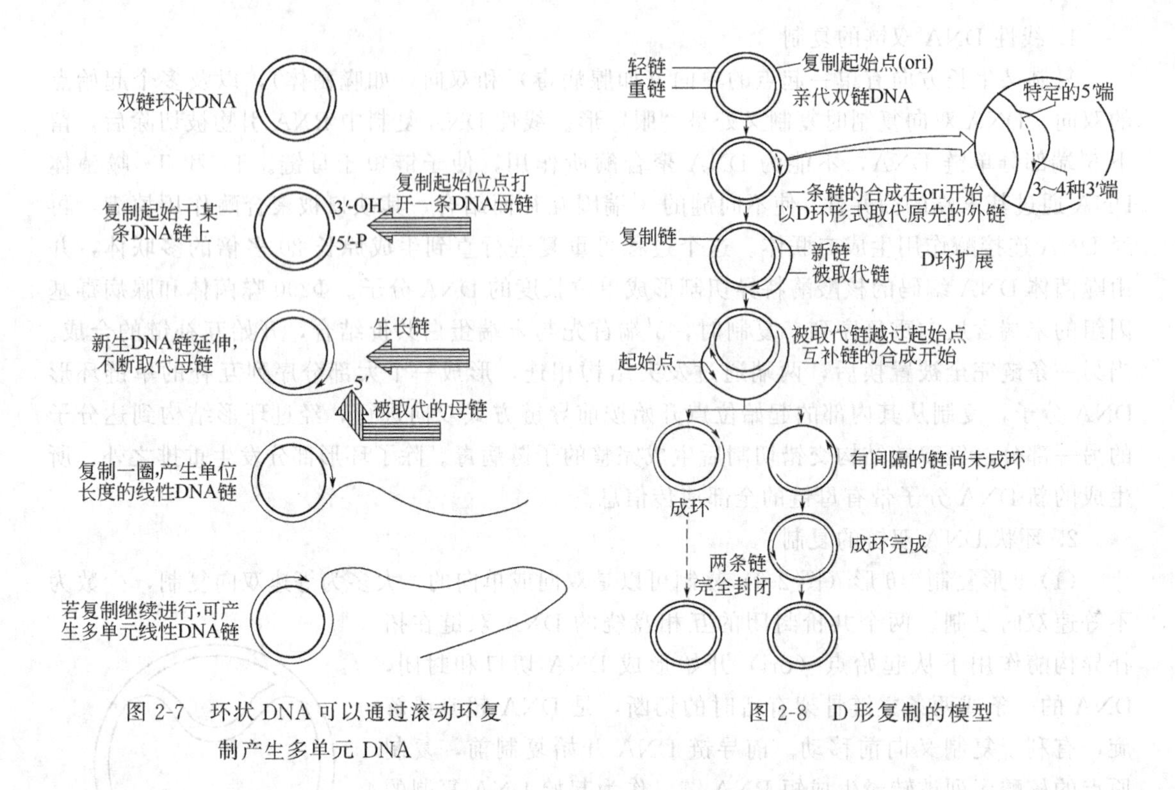

图 2-7　环状 DNA 可以通过滚动环复制产生多单元 DNA

图 2-8　D 形复制的模型

第四节　DNA 的复制过程

研究 DNA 复制的大部分知识是利用制备的 DNA 以及完成复制所必需的相关蛋白及其因子构成的体外系统而获得的。原核生物的染色体大而脆弱，只能用小且简单的噬菌体和质粒 DNA 作为研究复制的模型。遗传上简单的噬菌体 ΦX174 为 *E. coli* 染色体复制的研究提供了最佳模型，因为它完全依赖于寄主的复制因子进行自我复制。

大肠杆菌染色体DNA 的复制过程分为三个阶段：起始、延伸和终止。期间的反应和参与作用的酶与辅助因子各有不同。在 DNA 合成的生长点即复制叉上，分布着各种各样与复制有关的酶和蛋白质因子，它们构成的复合物称为复制体（replisome）。DNA 复制的过程表现在其复制体结构的变化上。

一、复制的起始

大肠杆菌的复制起点由 245 bp 构成，称为 ori，其序列和控制元件在细菌复制起点中十分保守。有两组短的重复序列，即三个 13bp 和四个 9bp 的重复序列（图 2-9）。

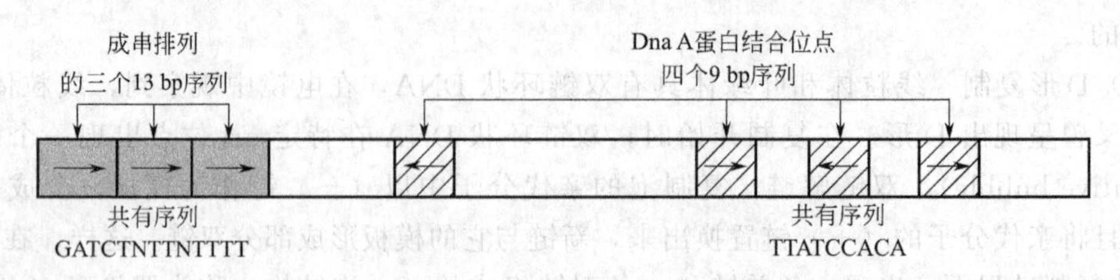

图 2-9　大肠杆菌复制起点成串排列的重复序列

四个 9bp 重复序列为 Dna A 蛋白的结合位点，20～40 个 Dna A 蛋白各带一个 ATP 聚集结合在此位点上，DNA 缠绕其上，形成起始复合物。HU 蛋白是细菌细胞的类组蛋白，可与 DNA 结合，促使双链 DNA 弯曲。受其影响，邻近三个成串富含 AT 的 13 bp 序列被解链而成为开链复合物，所需能量由 ATP 供给。Dna B 六聚体随即在 Dna C 帮助下结合于解链区。借助水解 ATP 的能量，双链沿 5′→3′方向移动解链，形成前引发复合物（prepriming complex）。解链还需要 DNA 旋转酶（拓扑异构酶Ⅱ）。

复制起始要求 DNA 呈负超螺旋，且起点附近基因处于复制状态。因为 DnaA 只能与负超螺旋的 DNA 相结合。DNA 被解链后，即可由引物合成酶（Dna C 蛋白）在起点邻近处合成一段 RNA——突环形 RNA，使起点结构转变为有利于 Dna A 的结合（图 2-10）。与复制起始有关的酶和辅助因子列于表 2-3。

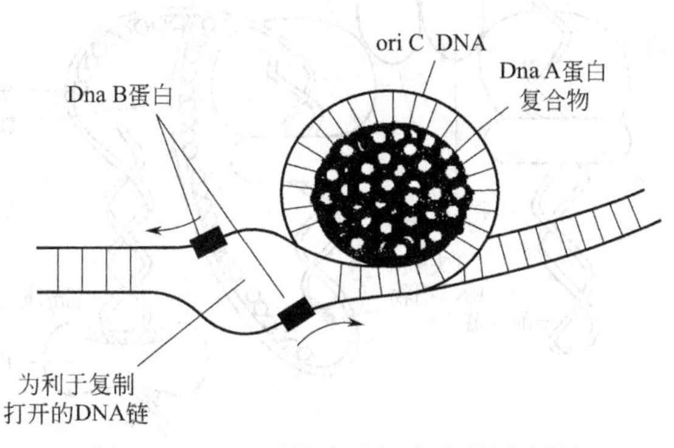

图 2-10　Dna A 蛋白的结合作用示意图

表 2-3　大肠杆菌起点与复制起始有关的酶与辅助因子

蛋白质	相对分子质量	亚基数目	功　能
Dna A	52000	1	识别起点序列，在起点特异位置解开双链
Dna B	300000	6	解开 DNA 双链
Dna C	29000	1	帮助 Dna B 结合于起点
HU	19000	2	类组蛋白，DNA 结合蛋白，促进起始
引物合成酶(Dna C)	60000	1	合成 RNA 引物
单链结合蛋白(SSB)	75600	4	结合单链 DNA
RNA 聚合酶	454000	5	促进 Dna A 活性
DNA 旋转酶(拓扑异构酶Ⅱ)	400000	4	释放 DNA 解链过程产生的扭曲张力
Dam 甲基化酶	32000	1	使起点 GATC 序列的腺嘌呤甲基化

二、复制的延伸

复制的延伸阶段同时进行着前导链和滞后链的合成。前者持续合成，后者分段合成。当亲代 DNA 双链解开，由 SSB 稳定并形成复制叉之后，前导链与滞后链的合成便有所不同。

前导链开始合成后通常都一直继续下去。先由引物合成酶合成一段 RNA 引物，前导链的引物比冈崎片段引物略长，为 10～60 nt[1]。某些质粒和线粒体 DNA 由 RNA 聚合酶合成引物，其长度可以更长。随后 DNA 聚合酶Ⅲ即在引物的 3′末端添加 dNTP。前导链的合成与复制叉的移动保持同步。滞后链分段合成，需要不断合成冈崎片段的 RNA 引物，然后由 DNA 聚合酶Ⅲ聚合 dNTP。滞后链合成的复杂性在于如何保持它与前导链合成的协调一致。

[1] nt，核苷酸（nucleotide）的缩写。

由于DNA的两条互补链方向相反，为使滞后链能与前导链被同一个DNA聚合酶Ⅲ的不对称二聚体所聚合，滞后链绕成了一个突环形构象，如图2-11所示。

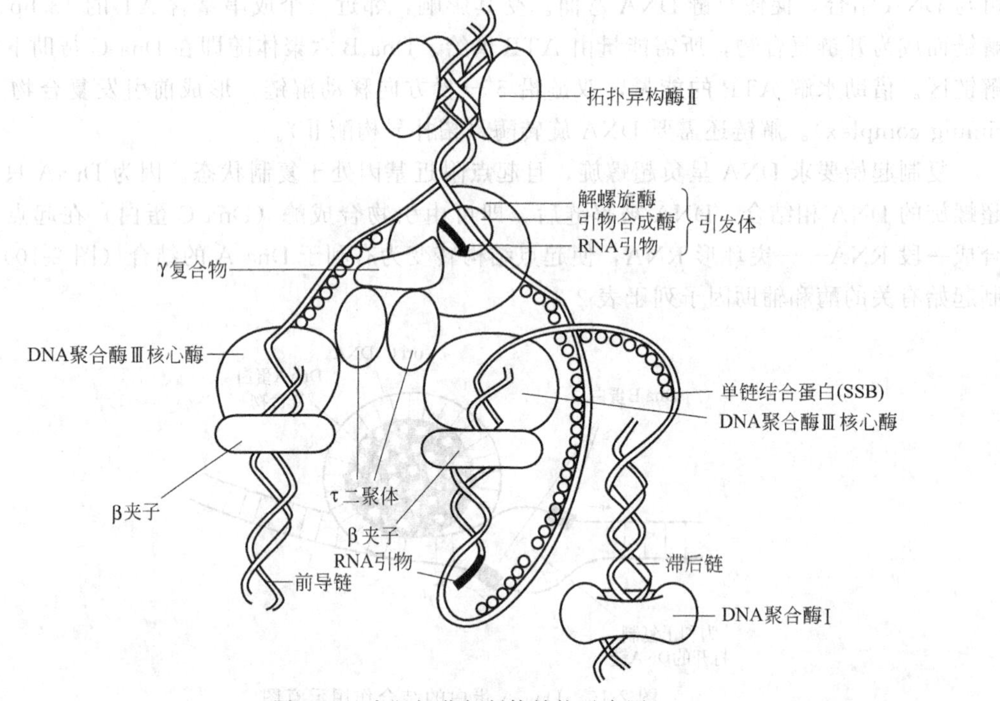

图2-11 大肠杆菌复制体结构示意图

β夹子装置器由β亚基和γ复合物共同组成。当引物合成酶在适当位置合成出RNA引物后，两个β亚基在γ复合物（$\gamma_2\delta\delta'\chi\phi$）协助下将引物与模板的双链夹住（β夹子装置器的作用）。此时β亚基二聚体的构象在空间上像个环形，能套在双链分子上，并使其能灵活地滑动。进行这个过程需要能量，γ亚基具有ATP酶活性，可分解ATP以提供能量。完成冈崎片段合成后，β夹子从DNA双链分子脱离下来仍依赖于γ复合物水解ATP供能。由于合成滞后链的模板链在复制的酶复合体上绕成了一个回折的环形，因此，前导链与滞后链能同时在DNA聚合酶Ⅲ的不对称二聚体上被复制合成。β夹子的功能在于将DNA聚合酶Ⅲ的核心酶束缚在DNA模板上，使其持续合成DNA。它与γ复合物的δ亚基以及核心酶亚基有高亲和力，但随着β夹子构象的改变，亲和力大小也在变化。当冈崎片段合成结束时，β夹子与γ复合物短暂解离，并在其帮助下脱落，使β夹子得以反复发挥作用。

Dna B蛋白有两个功能：一是解螺旋酶的功能，解开DNA双螺旋；二是活化引物合成酶，促使其合成RNA引物。由Dna B解螺旋酶和Dna C引物合成酶构成复制体中的引发体（primosome）。在某些噬菌体DNA的复制过程中，引发体还包括一些辅助蛋白，例如ΦX174，含有6个前引发蛋白：Dna B、Dna C、Dna T、Pri A、Pri B和Pri C。先是Pri A识别引发体装配位点，与Pri B和Pri C一起结合其上，然后由Dna T引入Dna B和Dna C后，形成前引发体（preprimosome），再结合Dna G，最终形成引发体。无论是哪一种引发体，都能依赖ATP沿复制叉运动方向在DNA链上移动，并合成冈崎片段的RNA引物。DNA聚合酶Ⅲ在模板链上合成冈崎片段，遇到上一个冈崎片段时即停止合成，β亚基随即脱开，此停顿可能是合成RNA引物的信号，再由引物合成酶合成引物，并被β夹子带到核心酶上，开始下一个冈崎片段的合成。

三、复制的终止

细菌环状染色体的两个复制叉向前推移，最后在终止区（terminus region）相遇并停止复制，该区含有多个约22 bp的终止子（terminator）位点。大肠杆菌有6个终止子位点（ter A到ter F），与ter位点结合的蛋白质称为Tus。Tus-ter复合物阻止一个方向的复制叉前移，即不允许对侧复制叉超过中点后过量复制。在正常情况下，两个复制叉前移速度相等，到达终止区后都停止复制；然而如果其中一个复制叉前移受阻，另一个复制叉复制过半后，则受到对侧Tus-ter复合物的阻挡，以便等待前一复制叉的汇合。即终止子的功能对于复制并非必需，它只是使环状染色体的两半边各自复制。因为两半边的阅读基因方向是相反的，如果让复制叉超过中点后继续复制就与转录方向对撞。

两个复制叉在终止区相遇后停止复制，复制体解体，其间仍有50～100bp未被复制，由修复方式填补空缺，其后两条链解开。此时两个环状染色体互相缠绕，成为连锁体。此连锁体在细胞分裂前必须解开，否则将导致细胞不能分裂而死亡。大肠杆菌分开连锁环需要拓扑异构酶Ⅳ（属于Ⅱ型拓扑异构酶）参与作用。该酶两个亚基分别由基因*parC*和*par E*编码。每次作用可以使DNA两链断开再连接，因而使两个连锁的闭环双链DNA彼此解开（图2-12）。其他环状染色体，包括某些真核生物病毒，复制终止也以类似的方式进行。

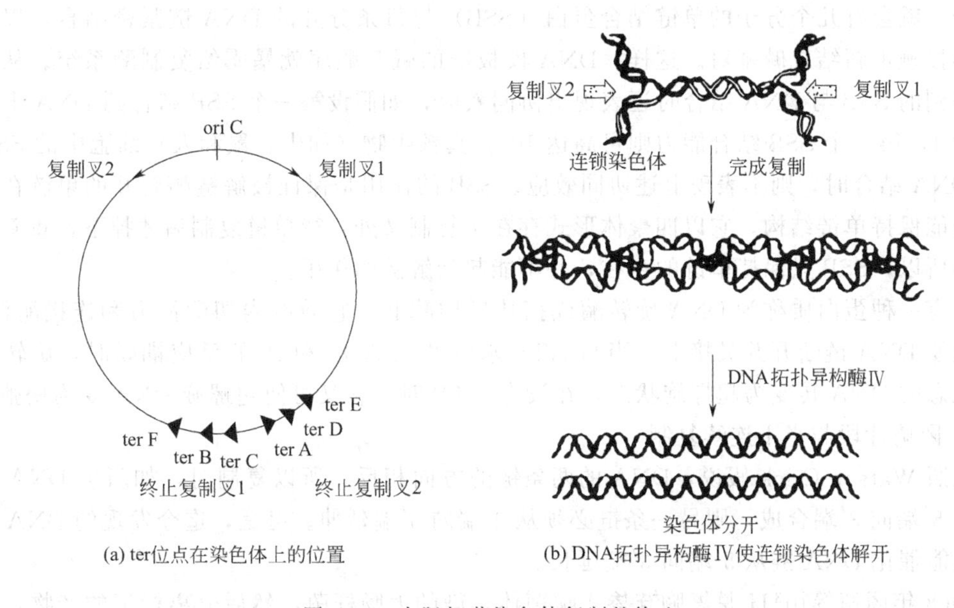

图2-12　大肠杆菌染色体复制的终止

四、单链环状噬菌体DNA复制

大肠杆菌单链DNA噬菌体有丝状噬菌体（M13、fl、fd）和角体噬菌体（ΦX174、G4、S13）两类，它们的复制各有特点又有类同，其中以ΦX174的复制研究较为详尽。

ΦX174噬菌体的基因组由单链DNA组成，称病毒型或正链。感染宿主细胞后的复制分为三个阶段：①以噬菌体正链为模板复制双链环状DNA分子，在ΦX174感染后1 min内主要是这种复制方式；②由RF型双链DNA复制RF型双链DNA，噬菌体基因大量表达，感染后1～20 min内是此种方式，约产生60个RF型双链DNA，RF型复制需要噬菌体基因编码的A蛋白；③由RF型DNA分子以滚动环复制产生噬菌体正链。ΦX174噬菌体DNA的基因A在复制调控中起着关键作用。

第五节　原核生物和真核生物 DNA 的复制特点

前面简单介绍了 DNA 复制的几种主要形式，在此通过原核生物和真核生物 DNA 复制的实例，具体说明 DNA 的复制过程及特点。

一、原核生物 DNA 的复制特点

1. DNA 双螺旋的解旋

DNA 双螺旋分子具有紧密缠绕的结构，编码碱基位于分子的内部，因此在复制时，母本 DNA 的两条链应至少分开一部分，才能使 DNA 复制酶系统“阅读”模板链的碱基顺序。使 DNA 双螺旋解旋并使两条链保持分开的状态是个极其复杂的过程，现在已找到一些酶和蛋白质，它们或者能使 DNA 双链变得易于解开，或者可以使超螺旋分子松弛。

DNA 解链酶或解螺旋酶（DNA helicase）能使复制叉前方的 DNA 双链解开一短段，每解开一个碱基对需要两个分子 ATP 水解成 ADP 和 Pi 以供给能量。一旦有一段碱基顺序已经解开，就会有几个分子的单链结合蛋白（SSB）与每条分开的 DNA 链紧密结合，以防止它们再接触重新结成碱基对。这样，DNA 模板链的碱基顺序就暴露给复制酶系统。从原核生物得到的 SSB 与 DNA 结合时还表现出协同效应，如假设第一个 SSB 结合到 DNA 上去的能力为 1，第二个 SSB 结合能力则可高达 10^3。真核生物（如牛、鼠和人）细胞中的 SSB 与单链 DNA 结合时，则不表现上述协同效应。SSB 的作用是保证被解链酶解开的单链在复制完成前能保持单链结构，它以四聚体形式存在于复制叉处，待单链复制后才掉下，重新循环使用。所以，SSB 只保持单链的存在，并不能起到解链的作用。

还有一种蛋白质称为 DNA 旋转酶或拓扑异构酶Ⅱ，它兼有内切酶活力和连接酶活力，能迅速使 DNA 链断开并又接上，当与 ATP 水解产生 ADP 和 Pi 的反应耦联时，旋转酶可使松弛态的 DNA 转变为超螺旋状态，在没有 ATP 时，它又可使超螺旋 DNA 变为松弛态。

2. 冈崎片段与半不连续复制

按照 Watson-Crick 假说，DNA 的两条链的方向相反，所以复制时，如新生 DNA 的一条链从 5′端向 3′端合成，则另一条链必须从 3′端向 5′端延伸。可是，迄今发现的 DNA 聚合酶都只能催化 DNA 链从 5′端向 3′端延长。

1968 年冈崎等用 ^3H 脱氧胸苷掺入噬菌体感染的大肠杆菌，然后分离标记的产物，发现短时间内首先合成的是较短的片段，接着出现较大的分子，一般把较短的片段称为冈崎片段。进一步的研究证明，冈崎片段在细菌和真核细胞中普遍存在。细菌的冈崎片段较长，有 1000～2000 个核苷酸。冈崎的重要发现以及后来许多其他人的研究成果，使人们认识到 DNA 的半不连续复制过程：新 DNA 的一条链是按 5′→3′方向（与复制叉移动的方向一致）连续合成的，称为前导链（leadingstrand）；另一条链的合成则是不连续的，即先按 3′→5′方向（与复制叉移动的方向相反）合成若干短片段（冈崎片段），再通过酶的作用将这些短片段连在一起构成第二条子链，称为后随链。DNA 的半不连续复制模式见图 2-13。

3. DNA 复制的引发与终止

在细胞提取物中合成冈崎片段时，不仅需要 dATP、dGTP、dCTP 和 dTTP 四种前体，还需要一个与模板 DNA 的碱基顺序互补的 RNA 短片段当作引物。有许多实验结果能证明

RNA引物的存在。在多瘤病毒的体外系统中合成的冈崎片段是一个5′端约10个核苷酸长度的、以3′-三磷酸为结尾的RNA。这是一个强有力的证据。

目前已知的聚合酶都只能延长已存在的DNA链，而不能从头合成DNA链，那么一个新DNA的复制是怎样开始的呢？研究发现，DNA复制时，往往先由RNA聚合酶在DNA模板上合成一段RNA引物，再由DNA聚合酶从RNA引物的3′端开始合成新的DNA链。对于前导链来说，这一引发过程比较简单，只要有一段RNA引物，DNA聚合酶就能以此为起点一直合成下去。但对于滞后链来说，引发过程就十分复杂，需要多种蛋白质和酶的协同作用，还牵涉到冈崎片段的形成和连接。

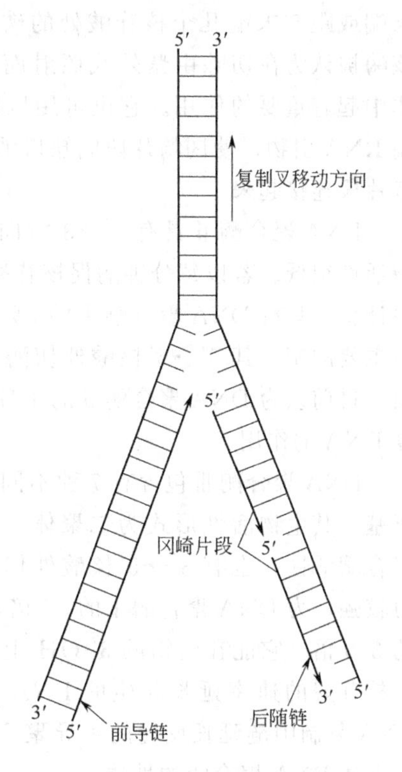

图2-13　DNA的半不连续复制

RNA引物的合成称作“引发”。引发是一个十分复杂的过程。已经有证据表明大肠杆菌、枯草杆菌、猿猴病毒SV40和淋巴细胞DNA复制后随链的引发需要一种称为“引物体”的RNA合成系统，引物体是由引物合成酶和另外几种蛋白质共同组成的。它可以沿模板链向分叉的方向前进，并断断续续地引发生成后随链的引物RNA短链。引物RNA一般只含少数核苷酸残基通过DNA聚合酶Ⅲ，在引物的3′端逐个加上1000～2000个与模板链碱基顺序互补的脱氧核苷酸以完成冈崎片段的合成。然后通过DNA聚合酶Ⅰ的5′→3′外切酶活性将RNA引物上的核苷酸单位逐个除去。每个核苷酸单位被切除后立即被与模板链相应位置碱基互补的脱氧核苷酸补上。这后一反应是利用前面的冈崎片段作为引物通过聚合酶Ⅰ的聚合酶活性完成的。各个冈崎片段的合成都不需要特异的起始部位，因为冈崎片段只具有暂时的功能。在复制的后阶段，这些小片段将连接成DNA大分子的多核苷酸长链，起始部位即不再有任何意义（图2-14）。

一般来说，链的终止不需要特定的信号，大肠杆菌（*E. coli*）的两个复制叉进行双向复制，会合点就是复制终止点，一般位于oriC的相对处。在复制叉会合点两侧约100kb处，各有一个终止区，即terD、terA或terC、terB，分别是向一个方向移动的复制叉的终止点。每个复制叉必须越过另一复制叉的终止点才能到达自己的终止点。4个ter序列都含有1个23bp的共同序列。这一共同序列也出现在某些质粒的复制终止点，可以造成体外实验的复制终止。Tus蛋白（相对分子质量36000）能识别和结合于终止点的23bp序列。结合后的Tus蛋白具有反解链酶的活性，以阻止解链酶的解链作用，从而抑制复制叉的前进。前导链可以连续地合成复制终止点。Tus蛋白只能阻止一个方向运动的复制叉，要为来自相反方向的复制叉让道。最后，Tus蛋白使复制叉停止运动，并造成复制体解体。

4. DNA聚合酶

DNA聚合酶Ⅰ不是复制大肠杆菌染色体的主要聚合酶，它有3′→5′核酸外切酶活性，这种活性和聚合酶活性紧密结合在一起，既可合成DNA链，又能降解DNA，保证了DNA复制的准确性。另外，它还有5′→3′核酸外切酶的功能，可作用于双链DNA，又可水解5′

末端或距5′末端几个核苷酸处的磷酸二酯键，因而该酶被认为在切除由紫外线照射而形成的嘧啶二聚体中起着重要的作用。它也可用以除去冈崎片段5′端RNA引物，使冈崎片段间缺口消失，保证连接酶将片段连接起来。

DNA聚合酶Ⅱ具有5′→3′方向聚合酶活性，但酶活性很低。若以每分钟酶促核苷酸掺入DNA的效率计算，只有DNA聚合酶Ⅰ的5%，故也不是复制中主要的酶。其3′→5′核酸外切酶活性可起校正作用。目前认为DNA聚合酶Ⅱ的生理功能主要是起修复DNA的作用。

DNA聚合酶Ⅲ包含有7种不同的亚单位和9个亚基，其生物活性形式为二聚体。它有5′→3′方向聚合酶活性，也有3′→5′核酸外切酶活性。它的活力较强，为DNA聚合酶Ⅰ的15倍，DNA聚合酶Ⅱ的300倍。它能在引物的3′-OH上以每分钟约5万个核苷酸的速率延长新生的DNA链，是大肠杆菌DNA复制中链延长反应的主导聚合酶。表2-4介绍了上述DNA聚合酶的性质。

5. DNA连接酶

各冈崎片段通过DNA连接酶相互连接最终形成后随链。DNA连接酶催化一个DNA链的5′-磷酸根与另一个DNA链的3′-羟基形成磷酸二酯键，但是这两个链必需都与同一个互补链结合，而且两个链必须是相邻的；反应需要供给能量，细菌DNA连接酶以NAD^+为能量来源，动物细胞和某些噬菌体以ATP为能量来源。

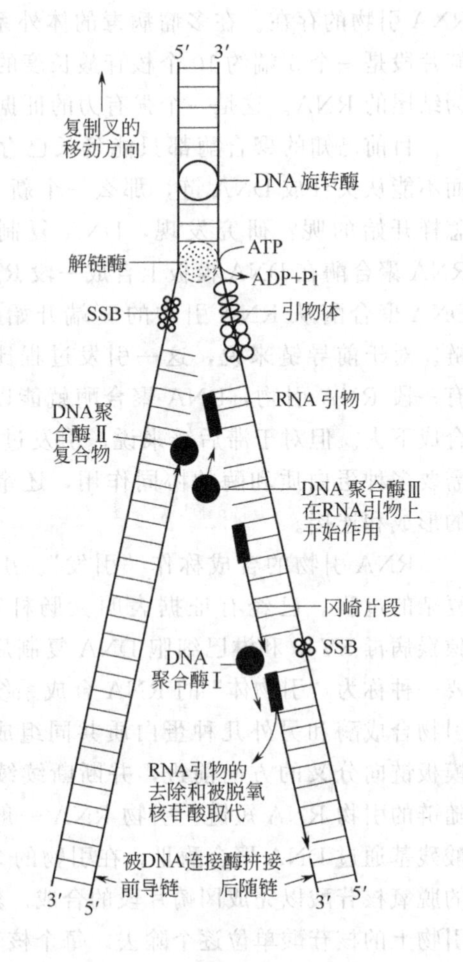

图2-14　大肠杆菌染色体DNA双向复制示意

表2-4　大肠杆菌DNA聚合酶Ⅰ、聚合酶Ⅱ和聚合酶Ⅲ的性质比较

性　质	聚合酶Ⅰ	聚合酶Ⅱ	聚合酶Ⅲ	性　质	聚合酶Ⅰ	聚合酶Ⅱ	聚合酶Ⅲ
3′→5′外切	+	+	+	细胞内分子数	400		10～20
5′→3′外切	+	—	—	生物学活性	1	0.05	15
新生链合成	—	—	+	已知的结构基因	*pol A*	*pol B*	*pol C*(*dna E*,*dna N*,*dna Z*,*dna X*,*dna Q*等)
相对分子质量/$\times10^3$	103	90	900				

二、真核生物DNA的复制特点

真核生物DNA的结构相当复杂，直到近年来应用一些新技术和体外复制体系对其研究才有了较大的进展。真核细胞DNA复制的基本过程十分近似于原核细胞的复制，二者相比之下，主要有以下不同之处。

① 真核细胞的每条染色体含有多个复制起始点。复制子的大小变化很大，为5～300kb。复制可以在几个复制起始点上同时进行，复制起始点不是一成不变的。在发育过程中，活化的细胞有更多的复制起始点。例如，果蝇在胚胎发育早期，其最大染色体上有

6000个复制叉，大约每10kb就有一个。

② 真核生物染色体在全部复制完成之前，各个复制起始点不能开始新一轮的复制。而在原核生物中，复制起始点上可以连续开始新的复制事件，表现为一个复制子内套叠有多个复制叉。

③ 真核生物DNA的复制起点被称为自主复制序列（ARS），长约150bp，含有几个复制起始必需的保守区。其复制起始需起点识别复合物（ORC）参与，并需ATP。真核生物复制叉的移动速度大约只有50bp/s，还不到大肠杆菌的1/20。因此，人类DNA中每隔$3\times10^4\sim3\times10^5$bp就有一个复制起始位点。

④ 真核生物有多种DNA聚合酶。在真核细胞中主要有5种DNA聚合酶，分别称为DNA聚合酶α、DNA聚合酶β、DNA聚合酶γ、DNA聚合酶δ和DNA聚合酶ε。真核细胞的DNA聚合酶和细菌DNA聚合酶基本性质相同，均以dNTP为底物，需Mg^{2+}激活，聚合时必须有模板链和具有3′-OH末端的引物链，链的延伸方向为5′→3′。但真核细胞的DNA聚合酶一般都不具有核酸外切酶活性，推测一定有另外的酶在DNA复制中起校对作用。DNA聚合酶α的功能主要是引物合成；DNA聚合酶β活性水平稳定，可能主要在DNA损伤的修复中起作用；DNA聚合酶δ是主要负责DNA复制的酶，参与先导链和滞后链的合成；而DNA聚合酶ε的主要功能可能是在去掉RNA引物后把缺口补全。

⑤ 端粒的复制。线性染色体的末端DNA称为端粒，端粒的功能主要是稳定染色体末端结构，防止染色体之间的末端连接。复制由一种特殊的酶——端粒酶所催化。真核生物线性染色体在复制后，不能像原核生物那样填补5′末端的空缺，从而会使5′末端序列因此缩短。而端粒酶可以外加重复单位到5′末端上，维持端粒一定的长度。

三、DNA复制的调控

原核细胞的生长速度和增殖速度取决于培养条件，但在生长速度、增殖速度不同的细胞中DNA链延伸的速度几乎是恒定的，只是复制叉的数量不同。迅速分裂的细胞具较多复制叉，而分裂缓慢的细胞复制叉较少并出现复制的间隙。细胞内复制叉的多少决定了复制起始频率的高低，这可能是原核细胞复制的调控机制。复制起始频率的直接调控因子是蛋白质和RNA。

1. 大肠杆菌染色体DNA的复制调控

染色体的复制与细胞分裂一般是同步的，但染色体的复制与细胞分裂不直接耦联。复制起始不依赖于细胞分裂，而复制的终止则能引发细胞分裂。在一定生长速度范围内，细胞与染色体的质量之比相对恒定，这是由活化物、阻遏物和去阻遏物及它们的相互作用所制约的。复制的功能单位——复制子——由起始物位点和复制起点两部分组成。起始物位点编码复制调节蛋白质，复制起点与调节蛋白质相互作用并启动复制。起始物位点突变使复制停止并导致细胞死亡。

2. ColE1质粒DNA的复制调控

ColE1是一个6646bp的小质粒，在宿主细胞内拷贝数为20～30。ColE1 DNA复制不依赖于其本身编码的蛋白质，而完全依靠宿主DNA聚合酶。质粒DNA编码两个负调控因子Rop蛋白和反义RNA（RNA_1），它们控制了起始DNA复制所必需的引物合成。引物RNA前体的转录起始于复制起点上游555个核苷酸处，需经RNaseH加工后产生有555个核苷酸的引物，然后由DNA聚合酶Ⅰ在引物的3′末端起始DNA合成。RNA_1的编码区在引物RNA编码区的5′末端，转录方向与引物RNA相反，因此与引物RNA的5′末端互补。

RNA 通过氢键配对与引物 RNA 前体相互作用，阻止了 RNaseH 加工引物前体，使其不能转化为有活性的引物而对复制起负调控作用。

RNA_1 不仅控制质粒的拷贝数而且决定了质粒的不相容性。RNA_1 与引物 RNA 分子的相互作用是可逆的，因此细胞内 RNA_1 的浓度决定了 ColE1 质粒的复制起始频率。另一个负调控因子 Rop 蛋白能提高 RNA_1 与引物前体的相互作用，从而加强了 RNA_1 的负调控作用。

3. 真核细胞 DNA 的复制调控

真核细胞的生活周期可分为 4 个时期：G_1 期、S 期、G_2 期和 M 期。G_1 期是复制预备期，S 期为复制期，G_2 期为有丝分裂准备期，M 期为有丝分裂期。DNA 复制只发生在 S 期。真核细胞中 DNA 复制有如下 3 个水平的调控。

(1) 细胞生活周期水平调控　也称为限制点调控，即决定细胞停留在 G_1 期还是进入 S 期。许多外部因素和细胞因子参与限制点调控。促细胞分裂剂、致癌剂、外科切除等都可诱发细胞由 G_1 期进入 S 期。一些细胞质因子（如四磷酸二腺苷和聚 ADP-核糖）也可诱导 DNA 的复制。

(2) 染色体水平调控　决定不同染色体或同一染色体不同部位的复制子按一定顺序在 S 期起始复制，这种有序复制的机理目前还不清楚。

(3) 复制子水平调控　决定复制的起始与否。这种调控从单细胞生物到高等生物是高度保守的。此外，真核生物复制起始还包括转录活化、复制起始复合物的合成和引物合成等阶段，许多参与复制起始蛋白的功能与原核生物中相类似。酵母染色体复制只发生于 S 期，各个复制子按专一的时间顺序活化，在 S 期的不同阶段起始复制。研究由 3 个复制起点 (ARS1、ARS2 和 10Z) 构建的质粒发现，酵母复制起始受时序调控，也受 α 因子和 *cdc* 基因调控。已克隆的 ARS 片段中都有 14bp 的核心序列，其中序列为 A（或 T）TTTATPuTTA（或 T）的 11 个核苷酸是高度保守的，这个区域的点突变使 ARS 失去复制起始功能。

第六节　DNA 的损伤与修复

一个物种之所以能够一代代地遗传下去，是因为 DNA 能够稳定的复制。如果 DNA 不能稳定且忠实地复制，那么，物种也就不能存在。另外，在进化过程中，受到各种外界因素的影响，导致 DNA 复制的差错或碱基突变，使生物具有多样性。

一、DNA 的损伤来源

DNA 的损伤指在生物体生命过程中 DNA 双螺旋结构发生的任何改变。DNA 结构发生的改变分为两种：一是单个碱基的改变；二是双螺旋结构发生的异常扭曲。单个碱基的改变只影响 DNA 的序列而不影响整体构象，当 DNA 双螺旋被分开时并不影响转录或复制，只通过序列的变化影响子代的遗传信息。双螺旋结构的异常扭曲可对 DNA 复制或转录产生生理性伤害。引起 DNA 损伤的因素很多，包括自发性损伤、物理损伤和化学损伤。

1. DNA 分子的自发性损伤

复制过程中的损伤指碱基配对时产生的误差，即经过 DNA 聚合酶的“校正”和单链结合蛋白等综合校对因素的作用仍未被校正的 DNA 的损伤。例如，大肠杆菌 DNA 复制无

DNA 聚合酶校正时发生碱基误配率为 10^{-2}～10^{-1}，经 DNA 聚合酶的识别校正之后为 10^{-6}～10^{-5}，再经过 DNA 结合蛋白和其他因素作用误配率可以降到复制完成后的 10^{-10}。在影响复制过程的因素中，任意环节出现问题，误配率都会增高，尤其是 DNA 聚合酶本身的功能和底物的改变，例如二价阳离子的改变等。碱基自发性化学改变的这类损伤包括五种因素：碱基之间的互变异构、碱基脱氨基、自发脱嘌呤和脱嘧啶、活性氧引起的诱变及细胞代谢产物对 DNA 的损伤等。

(1) 碱基之间的互变异构 DNA 分子中的 4 种碱基自发地使氢原子改变位置，产生互变异构体，进一步使碱基配对的方式发生改变，这样在复制后的子链上就可能出现错误。例如，腺嘌呤的互变异构体 A′可以与 C 配对，胸腺嘧啶的互变异构体 T′与 G 配对，当 DNA 复制时，如果模板链上存在这些互变异构体，在子链上就可能发生错误，形成损伤。

(2) 碱基脱氨基 脱氧试剂包括：羟胺，是一种体外诱变剂；亚硫酸盐，主要改变 DNA 分子单链区的 C→U；亚硝酸盐，主要使 C→U，也使 A 和 G 脱去氨基，但特异性较差，可引起体内外的广泛诱变。

(3) 自发脱嘌呤和脱嘧啶 DNA 分子在生理条件下可通过自发性水解，使嘌呤碱和嘧啶碱从磷酸脱氧核糖骨架上脱落下来。据统计，一个哺乳动物细胞在 37℃、20h 内通过自发水解可从 DNA 链上脱落约 1000 个嘌呤碱和 500 个嘧啶碱。在一个长寿命的哺乳动物细胞（如人神经细胞）的整个生活周期中自发性脱嘌呤数约为 10^8 个嘌呤碱，占细胞 DNA 中总嘌呤数的 30%。每个细胞每小时脱去的嘌呤碱和嘧啶碱数分别平均为 580 个和 29 个。

(4) 活性氧引起的诱变 活性氧为氧分子电子数大于 O_2 的 O_2。8-oxoG（GO）是一种氧化碱基（7,8-二氢-8-氧代鸟嘌呤），可与 C、A 配对，而 DNA 聚合酶Ⅰ、DNA 聚合酶Ⅱ的校正活性不能校正其错配，造成 GC—TA 的颠换，这种损伤可以积累。

(5) 细胞代谢产物对 DNA 的损伤 H_2O_2 是细胞呼吸的副产物，氧化性非常活跃，在造成 DNA 氧化损伤时，可产生胸腺嘧啶乙二醇、胸苷乙二醇和羟甲基尿嘧啶等，此类损伤一般能被修复。损伤的碱基通过泌尿系统排出。有些糖分子如葡萄糖和碱基的氧化产物 6-磷酸葡萄糖能与 DNA 反应，产生明显的结构上以及生物学方面的变化。

2. 物理因素引起的DNA损伤

紫外线（UV）照射引起的DNA损伤主要是形成嘧啶二聚体，DNA 分子最易于吸收的波长在 260nm 左右，当受到大剂量的 UV 照射后，一条链上相邻的两个嘧啶核苷酸共价结合，形成环丁烷型嘧啶二聚体。形成嘧啶二聚体的反应可逆，较长的波长（280nm）有利于嘧啶二聚体的形成，较短波长（240nm）有利于其解聚。嘧啶二聚体的生成位置和频率与侧翼的碱基序列有一定关系。当人的皮肤暴露在阳光下，每小时由于 UV 照射产生嘧啶二聚体的频率为 5×10^4 个/细胞。由于 UV 穿透力有限，故对人的伤害主要是皮肤。紫外线照射影响微生物的存活。

电离辐射对 DNA 的损伤有直接效应和间接效应两种途径。前者指辐射对 DNA 分子直接聚积能量，引起理化性质改变；后者指电离辐射对 DNA 存在的环境中其他成分（主要是水）聚积能量，引起 DNA 分子的变化。水是活细胞的主要成分，水经辐射解离后可产生许多不稳定的高活性自由基，如 OH·自由基。受电离辐射后的 DNA 分子，碱基和糖环都可发生一系列化学变化，生成各种过氧化物，使碱基破坏或脱落。脱氧戊糖受 OH·自由基作用后，每个氢原子和羟基上的氢都能与 OH·反应，从糖环上夺去氢原子使其分解，最后引起 DNA 的链断裂。对这一类的影响嘧啶碱比嘌呤碱敏感，游离的碱基比核酸链中的碱基敏感。

DNA受到电离辐射后另一个严重的生物学后果是链断裂。链断裂包括双链断裂和单链断裂。脱氧戊糖的破坏和磷酸二酯键的水解均会引起链断裂；碱基的破坏或脱落也可间接引起链断裂。DNA大分子链断裂数受照射剂量影响，DNA链断裂数随着照射剂量的增大而增加。电离辐射除了能引起DNA的碱基损伤和链断裂外，还能引起DNA的交联，包括DNA的链间交联、DNA-蛋白质的交联等。DNA分子中一条链上的碱基与另一条链上碱基以共价键结合时称DNA链间交联。DNA与蛋白质以共价键结合，称为DNA蛋白质交联。

3. 化学因素引起的DNA损伤

(1) 烷化剂对DNA的损伤　烷化剂是一类亲电子的化合物，极容易与生物体中的有机物大分子的亲核位点起反应。当烷化剂和DNA作用时，就可以将烷基加到核酸的碱基上去。DNA中的亲核位点主要有：腺嘌呤中的N1、N3、N6、N7；鸟嘌呤中的N1、N2、N3、N7和O6；胞嘧啶中的N3、N4和O4；胸腺嘧啶中的N3、O2和O4。其中鸟嘌呤的N7位和腺嘌呤的N3位最容易被烷基化，DNA链上的磷酸二酯键中的氧也容易被烷基化。

烷化剂有两类：一类（如甲基甲烷磺酸）只作用于一个碱基，形成单加合物；另一类(如氮芥）能同时与DNA分子中两个不同的亲核位点反应，如果这两个位点在同一条链上，则产生链内交联，若两个受作用的碱基位于两条核苷酸链上，则形成链间交联。鸟嘌呤对烷化剂中的乙基甲烷磺酸等较敏感。嘌呤环的N7位被烷基化后，会使嘌呤环离子化。离子化形式的烷基化鸟嘌呤可与T配对，而不与C配对，结果使G—C配对转换成A—T配对，造成DNA的损伤。烷基化鸟嘌呤的糖苷键很不稳定，裂解后导致碱基脱落，形成DNA上无碱基位点。这种位点在复制过程中任何碱基都有可能插入，从而造成碱基对转换或颠换。DNA链上的磷酸二酯键若被烷基化，则形成不稳定的磷酸三酯键，在糖环与磷酸基之间发生水解，导致链断裂。

(2) 碱基类似物对DNA的损伤　碱基类似物是一类结构与碱基相似的人工合成化合物，由于它们的结构与碱基相似，进入细胞后能替代正常的碱基掺入到DNA链中，干扰DNA的正常合成。5-溴尿嘧啶（5-BU）是胸腺嘧啶环上的甲基被溴取代的一种最常见的碱基类似物，与U的结构非常相似，能与A配对。5-BU有酮式和烯醇式两种形态，当处于烯醇式时，可与G配对，且存在概率高于酮式形态，因此一旦掺入到DNA链中，通过互变异构在复制中产生突变，引起A—T→C—C的转换。另一个常见的碱基类似物是2-氨基嘌呤(2-AP)，在正常的酮式状态时与T配对，在烯醇式状态时与C配对。在某些植物体的代谢过程中，能产生个别的毒性化合物，其中包括DNA损伤剂。

二、DNA的修复

DNA在生长细胞和非生长细胞中都会产生不同程度的损伤。细胞为了自身的稳定遗传，在长期的进化中建立和发展了一套完整的修复DNA损伤的机制。大肠杆菌对DNA损伤的修复系统有以下几种：错配修复、碱基切除修复、核苷酸切除修复和DNA的直接修复。

1. 错配修复

E. coli 避免突变的主要途径之一就是甲基指导的错配修复系统。这个系统是非特异性的，它能修复引起DNA双螺旋轻微扭曲的任何扭伤，包括错配、移码、碱基类似物的掺入和某些类型微小扭曲的烷基化损伤。

甲基介导的错配修复系统需 *dam* 基因编码的Dam甲基化酶，将5′-GATC序列中腺苷酸的N6位甲基化。甲基化的时间在DNA合成以后。一旦复制叉通过复制起始位点，母链就会在开始DNA合成前的几秒内甚至几分钟被甲基化。而新链可能保持短暂的未甲基化状态。错配修复系统能够通过$G^mATC/CTAG$的半甲基化状态正确区分模板链和新合成链，而与错配碱基的距离无关。图2-15显示甲基介导的错配修复系统的作用模型。首先，MutS蛋白结合到由于碱基错配而引起的轻微扭曲的地方（AC处），接着2分子的MutH蛋白与MutS结合，DNA分子通过这个复合物在两个方向上滑动，消耗ATP，形成含有错配碱基的环状结构。当MutH遇到$G^mATC/CTAG$序列时，切断未甲基化的那条链，这条链接着降解，DNA pol Ⅲ重新合成正确的新链。

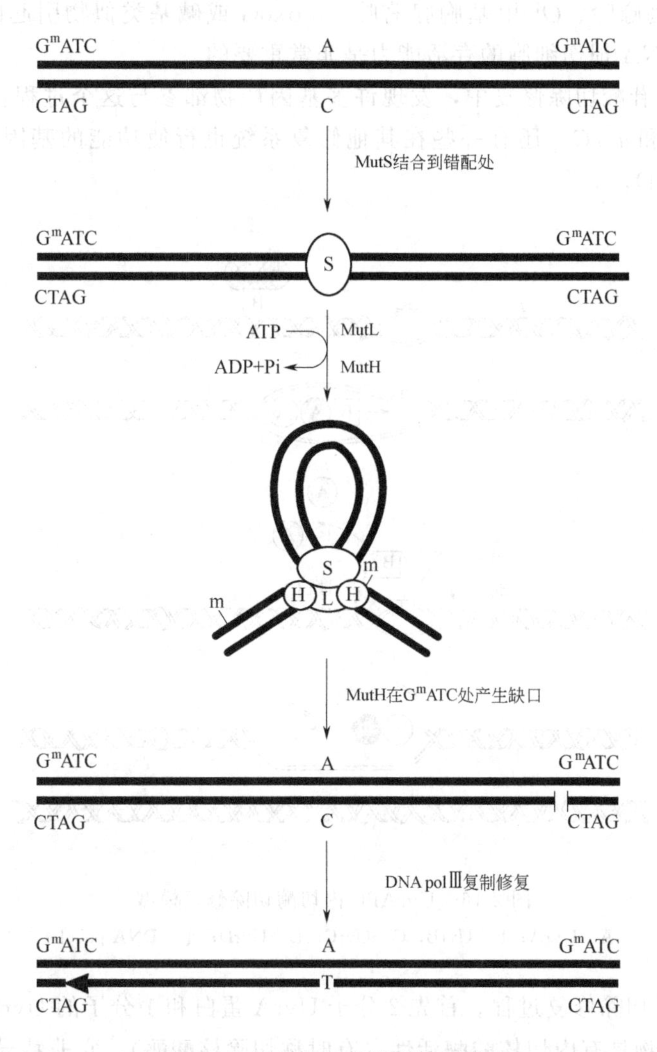

图2-15　甲基介导的错配修复模型

所有生物可能都存在错配修复系统。事实上，人的错配修复系统是有缺陷的，这就导致了癌症的发生。肿瘤基因和抑制肿瘤基因突变会引起癌变过程。例如，携带错配修复基因突变的人更易发展成某些类型的癌症，像结肠癌、卵巢癌、子宫癌和肾癌等。可是大多数真核生物和大多数细菌都没有甲基化酶，所以不能利用GATC的甲基化指导错配修复系统。

2. 碱基切除修复

碱基切除是一种在细胞中存在较普遍的修复过程。在细胞中都有不同类型、能识别受损核酸位点的糖苷水解酶，它能特意性切除受损核苷酸上的 *N*-*β*-糖苷键，在 DNA 链上形成去嘌呤或去嘧啶位点（AP 位点）。DNA 分子中一旦产生了 AP 位点，核酸内切酶就会把受损核酸的糖苷-磷酸键切开，并移去包括 AP 位点核苷酸在内的小片段 DNA，由 DNA 聚合酶Ⅰ合成新的片段，最终由 DNA 连接酶把两者连成新的被修复的 DNA 链。

3. 核苷酸切除修复

核苷酸切除修复系统几乎能够修复紫外线照射引起的各种损伤，包括环丁烷二聚体、6-4损伤、碱基-糖基交联等引起 DNA 双螺旋大扭曲（major distortion），而不能修复由于碱基错配、O^6-甲基鸟嘌呤、O^4-甲基胸腺嘧啶、8-oxoG 或碱基类似物引起的 DNA 双螺旋微小扭曲，对提高 DNA 损伤细胞的存活能力是非常重要的。

在 *E. coli* 的核苷酸切除修复中，发现许多基因产物都参与这个过程。参与修复的基因包括 *uvrA*、*uvrB* 和 *uvrC*，还有一些在其他修复系统也行使功能的基因，像 *polA*、*uvrD* 和 *lig*（连接酶基因）。

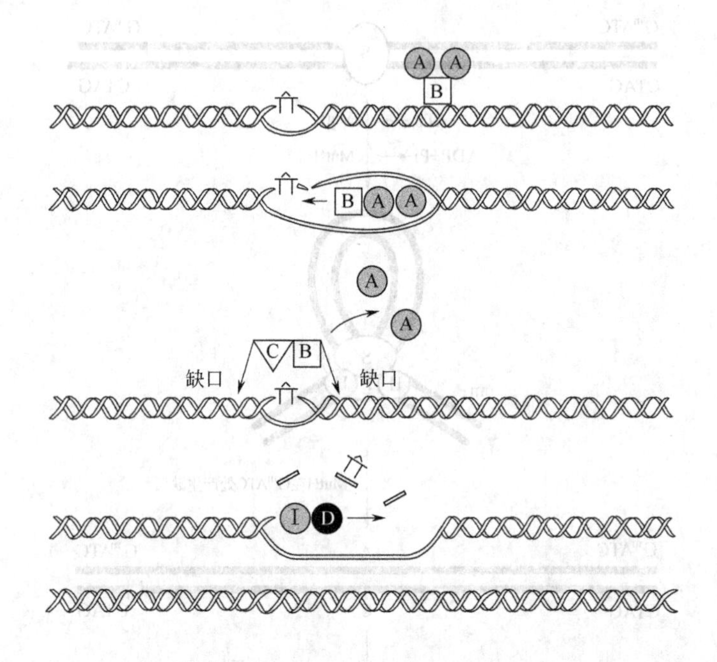

图 2-16 UvrABC 内切酶切除修复模型

A—UvrA；B—UvrB；C—UvrC；D—UvrD；Ⅰ—DNA polⅠ

图 2-16 表示了切除修复过程。首先 2 分子 UvrA 蛋白和 1 分子的 UvrB 蛋白结合成一个复合物，这个复合物具有内切核酸酶活性（有时称切除核酸酶），它非特异性地结合在 DNA 上，接着复合物沿分子移动，当遇到 DNA 损伤引起链扭曲的位置（图 2-16 中⍑），就停止移动，UvrB 蛋白结合到损伤处，UvrC 和 UvrB 结合，UvrA 蛋白游离，UvrC 和 UvrB 蛋白结合导致 UvrB 蛋白从损伤处 3′端切除 DNA 链上的 4 个核苷酸，而 UvrC 蛋白从 5′端切除 7 个核苷酸，这个过程需要 UvrD 解旋酶（UvrD helicase）帮助除去受损伤的核苷酸(⍑)，DNA polⅠ与 UvrD 蛋白结合，以未切链为模板重新合成被切除的 DNA 链，最后由 DNA 连接酶帮助封闭“缺口”，完成 DNA 的切除修复。

细胞切除修复系统和癌症的发生有一定关系。有一种称为着色性干皮病的遗传病，患者对日光或紫外线特别敏感，容易诱发皮肤癌，有分析表明，患者皮肤中缺乏核苷酸切除修复有关的酶，因此对紫外线引起的DNA损伤不能修复。

4. DNA的直接修复

大肠杆菌细胞中有光复活修复系统，不需切除碱基或核苷酸，而直接由可见光激活细胞内的DNA光解酶，分解因紫外光照射而产生的胸腺嘧啶二聚体。即在生物体内，光解酶首先识别DNA上的二聚体，结合成酶-DNA复合物，利用可见光的能量，使DNA分子上受损的部位恢复正常，然后酶从DNA上释放。图2-17为DNA分子上的胸腺嘧啶二聚体结构。

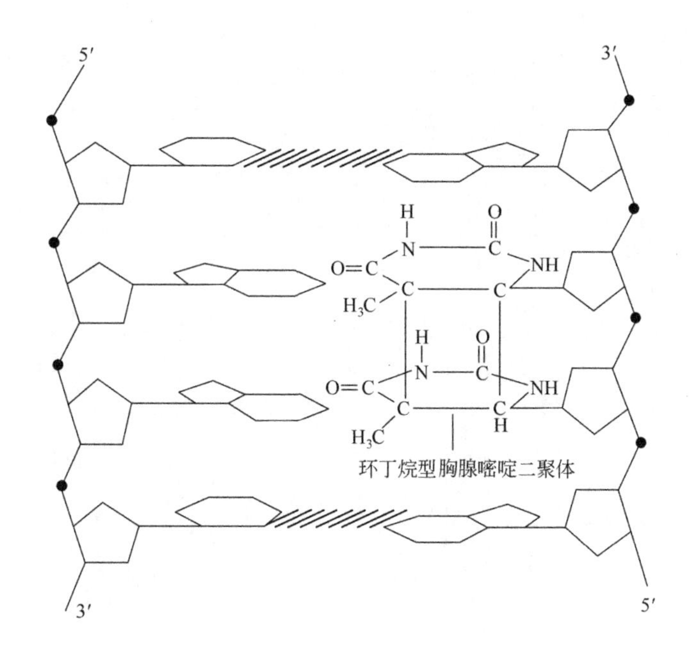

图2-17 DNA分子上的胸腺嘧啶二聚体结构

生物体内还广泛存在着O^6-甲基鸟嘌呤-DNA甲基转移酶（MGMT）直接修复O^6-甲基鸟嘌呤，使其被烷基化的碱基脱去甲基，以防止形成G—T配对。这种损伤可在MGMT作用下，将甲基转移到酶自身的半胱氨酸残基上，从而得以修复。甲基转移酶由此而失活，但却成为其自身基因和另一些修复酶基因转录的活化物，以促进它们的表达。因此，MGMT能防止DNA链烷基化导致的死亡和突变效应。MGMT存在于酵母和人类细胞中。

习　题

1. 阐述原核生物染色体和真核生物染色体的组成及结构特点。

2. 原核生物DNA基因组有何特点？

3. 研究DNA的一级结构有何重要的生物学意义？

4. DNA双螺旋结构有哪些形式？叙述DNA双螺旋模型结构要点。

5. 什么是DNA的高级结构？有哪些类型？

6. 解释：复制子，冈崎片段，DNA的半保留复制，半不连续复制，引发体，复制子体。

7. 简述DNA复制的几种主要方式。

8. 简述DNA复制的过程

9. 阐述参与复制过程的主要酶和蛋白质因子及其作用特点。

10. 真核细胞中DNA复制水平的调控有哪些类型？

11. 引起DNA损伤的因素有哪些？叙述DNA损伤修复的类型及其特点。

第三章 遗传与变异

【学习目标】

1. 掌握原核生物和真核生物遗传变异的基本规律；
2. 明确原核生物和真核生物杂交及基因重组的分子基础；
3. 掌握基因、基因组的结构和功能，明确基因突变的机理；
4. 掌握染色体变异、DNA 重组和转座的特征及机制。

第一节 遗传、变异、环境

一、生物的遗传和变异

自然界的生物形形色色、种类繁多，然而从最简单的有生命的物质到最高等的人类，都具有共同的属性，就是遗传和变异。遗传和变异是生物界的普遍现象。在探讨遗传和变异的规律以前，首先要了解什么是遗传，什么是变异。

什么是遗传？遗传就是保持上下代的相似性。即在一定条件下，亲代的性状能遗传给后代，子代的性状基本上和亲代相似。“种瓜得瓜，种豆得豆”是遗传现象最简单的说明。生物正因为有这种特性，所以一个优良品种的后代仍是优良品种，否则生产上就不可能有品种，因此生物的遗传性是一个比较稳定的属性。

什么是变异？亲代与子代之间或同一亲本后代个体之间的差异，称为变异。虽然同一对亲本的后代基本上类似于亲本，但仔细区分，个体间仍有差异。同一米曲霉菌株的后代，其菌丝生长有快有慢，菌落颜色有深有浅，这就是变异。变异是普遍存在的，自然界没有两个完全相同的生物，即使同型双生子也是如此。正是因为有变异，才形成了生物的多样性。

遗传和变异是相互联系的。生物有遗传，所以物种能保持相对稳定，有变异，才能适应各种环境的变化。生物通过变异和遗传，才能从简单到复杂，从低级到高级发展，形成形形色色的生物。生产上新菌种的选育也是通过变异、遗传，再经过筛选而得到的。

二、遗传的变异和不遗传的变异

是不是所有的变异都能遗传？变异有的能遗传，有的不能遗传。同一酒精酵母菌种，使用相同的培养基液态深层培养，在充分供氧条件下酒精产量很低，在限制供氧条件下酒精产量较高，这是不遗传的变异。同一青霉素生产菌种，在 25℃ 恒温培养条件下青霉素的产率较低，在菌体对数生长期后培养温度降至 20℃ 条件下，可获得较高的青霉素产率，这也是不遗传的变异。也就是说由环境条件引起的变异一般是不能遗传给后代的，这种变异又叫做彷徨变异。

遗传的变异是指这类变异一旦发生以后，就能通过繁殖而传递给后代。例如，某细菌对噬菌体敏感变成抗噬菌体，某酵母菌由不耐高浓度基质变成耐高浓度基质，某黑曲霉孢子的颜色由黑色变成灰白色等，这类变异一旦发生，就能继续从后代中出现，这是遗传的变异。再如黄色短杆菌的生物素缺陷型菌株就具备了谷氨酸生产能力，枯草芽孢杆菌的腺嘌呤和鸟嘌呤营养缺陷型菌株就具备了肌苷的生产能力，这类变异也是遗传的变异。由于生物体中存在控制性状的遗传物质——基因，所以凡是由于基因或基因型的改变而引起的变异都是遗传的变异。因此，杂交、基因突变或染色体变异的后代变异都是遗传的变异。

在自然界这两类变异是同时存在的，有时可以表现在同一性状上。例如黑曲霉孢子的颜色由黑色变成灰白色，可能是基因突变所引起的，也可能是由于培养基营养成分不足造成的。如是前者则为遗传的变异；如是后者则为不遗传的变异，它的后代在营养成分充足的培养基中仍能长出黑色孢子。遗传学所研究的主要是遗传的变异及其规律，不遗传的变异没有什么意义。而生产过程优化控制研究的主要是不遗传的变异，以使良好的遗传性状能得到充分的发展。

正确区分遗传的变异与不遗传的变异在理论上和实践上都有很大意义。只有正确区分这两类变异才能得出可靠的遗传规律，在选择中才能得到预定的效果，在菌种选育试验中才能正确鉴别菌种的优劣。

三、遗传和环境

生物的任何性状并不是以现成的方式从上代传递到下代，所有性状都是在个体发育过程中重新形成起来的。亲代通过遗传物质的传递，使子代具有和亲代相似的遗传物质基础，在一定的环境条件中表现出某种特定的性状。遗传学上把一个个体某一性状的遗传物质基础称基因型，表现出来的性状称表现型。基因型是个体内部的遗传物质结构，肉眼是看不到的；表现型是外部表现的性状，是可以见到的。

基因型是个体发育的根据。生物性状的发育，首先决定于该个体是否有形成该性状的遗传物质基础，即基因型。但基因型只是发育的可能性，由可能性变为现实性，还需一定的条件。例如，用某黑曲霉菌株生产淀粉酶，在以葡萄糖为唯一碳源的培养基中培养没有淀粉酶的产生，而在以淀粉为碳源的培养基中培养会产生大量的淀粉酶，说明该菌株具有产生淀粉酶的遗传基础，外在的培养条件不适宜时该性状不会表现出来。又如，某谷氨酸生产菌在生物素丰富的培养基中培养不会积累谷氨酸，在限制生物素含量的培养中培养就会大量积累谷氨酸，表明该菌株具有生产谷氨酸的能力。这一情况说明该菌株积累谷氨酸这个表现型的形成，一方面要有必要的遗传物质基础，另一方面要有适宜的环境条件。

由此可以知道，基因型＋环境$\xrightarrow{\text{(发育)}}$表现型。基因型是性状发育的内因，环境是外因。表现型是基因型和环境相互作用的产物，优良性状的基因型需适宜环境条件的配合才能表现出来。基因型变了，可以引起表现型的改变，环境条件变化也可能使表现型发生变化。在实际生产过程，需严格进行生产条件的监测与控制，使生产菌的优良性状能充分表现出来。

不同生物对环境的反应是不一样的，同一生物对环境的反应也是不一样的。有的表现型比较稳定，不易受环境条件的影响，有的表现型易随环境条件的改变而改变。例如北京棒状杆菌有许多变种，有的菌株细胞膜透性不受温度变化的影响，进而温度变化不会引起其谷氨酸生产能力的变化；而有的菌株细胞膜透性会随温度的变化而显著改善，使谷氨酸生产能力显著提高。

可见表现型对不同环境的反应是由于它们的遗传物质基础不同，基因型决定了生物对于不同的环境变化会发生什么反应。遗传学上把一个基因型在不同环境条件下的可能反应叫做反应规范，也就是基因型反应的可能幅度。要知道一个基因型的反应规范，只有把此个体放在各种可能的环境条件下才能知道。对某生产菌基因型的反应规范知道得越清楚，就越能控制性状的发育。

环境条件能否引起基因型的改变？强烈的环境条件，如各种辐射线、化学诱变剂等可以引起基因型的改变，从而引起表现型的改变，这是已被公认的了。问题在于一般环境条件的改变（非强烈因素的作用）能否引起遗传物质的变化。这里有两种情况，一种是环境条件的改变没有超出该个体原来遗传物质的反应范围，那么遗传物质就不会变化。另一种情况是环境条件的变化超出了反应范围，但不足以致死。在这种情况下，首先必须是生理过程发生变化，是否能影响到遗传物质，则还需更多的试验证据，现在还是争论中的问题。

第二节 原核生物的遗传规律

病毒和噬菌体（寄生在细菌中的病毒）的结构非常简单，仅由一个核酸（DNA 或 RNA）的芯子和一个蛋白质的外壳组成，是一种还不构成一个细胞的生物类型。而类病毒的结构比病毒还要简单，仅由几十个至几百个核苷酸组成，没有蛋白质等其他生物大分子。它们共同的特点是不能独立生活，必须进入动植物细胞或细菌的细胞内才能生存繁殖。

细菌、蓝绿藻与放线菌等是具有原核细胞结构的原核生物。它们的结构简单，遗传物质就是一条或几条裸露在细胞质中的双链 DNA（环状或线状），没有核膜，没有真正的细胞核，故称原核，不具有一些为真核生物所特有的细胞器（如线粒体、质体等）。细胞分裂方式也比较简单，一般是通过“二分体分裂”的方式进行繁殖的。

无论病毒或细菌都有繁殖快、生长周期短、容易检出突变型等特点，是遗传学研究和基因工程应用中的好材料。

一、噬菌体的繁殖和遗传

1. 噬菌体的繁殖

噬菌体是一种比细菌小而且无细胞结构的简单生物，它寄生在细菌细胞内，破坏宿主的细胞。噬菌体分烈性和温和性两类，且生活史各不相同。

(1) 烈性噬菌体　烈性噬菌体（virulent phage）是使宿主菌发生裂解的噬菌体。它在侵染细菌时，先吸附到菌体表面的特异受体上，由噬菌体所产生酶的作用下，在细菌细胞壁上形成一个微孔，把它的头部中所含的遗传物质（核酸）注入到菌体内，它的蛋白质外壳却留在宿主细胞外面。这时宿主细胞的 DNA 立即停止活动，由噬菌体的 DNA 指导合成作用，产生一批噬菌体 DNA 和蛋白质外壳，最终形成新的噬菌体。在 37℃下，大概 40min，就可产生 100 个子代噬菌体。最后细菌细胞被裂解，释放出这些子代噬菌体，再感染周围的细菌，培养一段时间后就可在长满细菌的不透明菌苔上看到一个圆形的透明区——噬菌斑（plaque）。噬菌斑的大小和透明程度是随噬菌体的品系而不同的，人们往往把原来的品系称为野生型，而把变异的品系称为突变型。

(2) 温和噬菌体　还有一类噬菌体感染细菌后，除偶然情况外，一般不出现溶菌现象，这类噬菌体被称为温和噬菌体（temperate phage）。温和噬菌体感染细菌后，可采取两种增殖周期中的一种：一种是溶菌周期，细菌受到感染后，菌体内噬菌体迅速增殖，菌体被裂解，噬菌体释放出来；另一种是所谓的溶源周期，细菌受噬菌体感染后，好像未被感染一样，细菌继续增殖。

有些细菌带有某种噬菌体，但并不立即导致溶菌，这种现象称为溶源性（lysogeny），而这样的细菌称为溶源性细菌或溶源菌（lysogenic bacteria）。受温和噬菌体感染的细菌，几乎都成为溶源菌，而且能把这种特性传给子代细胞。细菌细胞内含有无感染能力的噬菌体，处于这种状态的噬菌体称为原噬菌体（prophage）。溶源菌中原噬菌体的存在形式有两种：一种是在染色体外以游离形式存在；另一种是整合到细菌染色体上。原噬菌体在细菌细胞中采取哪一种形式存在，视噬菌体的种类而定。P_1 噬菌体以游离状态存在，而 λ 以及 Φ80、μ 等噬菌体以整合状态存在。

2. 噬菌体的基因重组

从野生型噬菌体可以分离出突变型，各突变型的性状可以传给其后裔。用两种突变型噬菌体感染同一宿主菌，它们的后裔可以出现重组子。以烈性噬菌体 T_2 的两对性状及其重组为例说明。

第一对性状有关宿主范围（host range，h）。野生型 h^+ 噬菌体能侵染和裂解 *E. coli* 菌株 B，但不能侵染 *E. coli* 菌株 B/2，因为 *E. coli* B/2 的细胞表面能阻止 T_2 噬菌体对它的吸附。所以把 T_2 噬菌体接种到 B 和 B/2 的混合培养物时，噬菌斑是半透明的。突变型 h 噬菌体的宿主范围扩大了，除了能够侵染菌株 B 外，还能侵染菌株 B/2，所以接种到 B 和 B/2 的混合培养物后，能够形成透明的噬菌斑。

另一对性状是有关噬菌斑形态。野生型 r^+ 噬菌体在侵染细菌后，形成小噬菌斑，直径约 1mm，周边有朦胧混浊的光环。光环是这样形成的：早期受侵染的细菌裂解后，形成侵染中心，由此释放的噬菌体数量增多，往往有 2 个以上的噬菌体侵染一个细菌，这时出现溶菌阻碍现象（lysis inhibition），使宿主菌的裂解延迟，所以侵染中心的外周形成朦胧混浊的光环。从众多的野生型小噬菌斑中，偶尔会出现直径约 2mm 的大噬菌斑，这是由称为快速溶菌的突变型 r 噬菌体引起的。r 噬菌体即使有 2 个以上侵入宿主菌，也不会出现溶菌阻碍现象，所以 r 噬菌体形成的噬菌斑不仅大，而且边缘清晰。

进行重组实验时，把上述两个亲本噬菌体（rh^+ 和 r^+h）去感染菌株 B，噬菌体的浓度要高，使有高比例的细菌同时受到两种噬菌体的感染（称为混合感染或复感染，mixed 或 double infection）。把释放出来的噬菌体（子代噬菌体）接种在同时长有菌株 B 和菌种 B/2 的培养基上，可以看到 4 种噬菌斑（表 3-1）。

表 3-1 $rh^+ \times r^+h$ 出现的 4 种噬菌斑

表现型	基因型	遗传关系
半透明，大	rh^+	同一种亲本
透明，小，有朦胧混浊光环	r^+h	同另一亲本
透明，大，有朦胧混浊光环	rh	重组
半透明，小，有朦胧混浊光环	r^+h^+	重组

4 种噬菌斑中，半透明而大（rh^+）和透明而小且有朦胧混浊光环（r^+h）的是亲本突变型，透明而大且有朦胧混浊光环（rh）和半透明而小且有朦胧混浊光环（r^+h^+）的是重组型。利用出现不同噬菌斑的数目，可以做重组值的计算，并可以利用重组值估计基因的位置和基因间的距离。重组值可用下式计算：

$$重组值=\frac{重组噬菌斑数}{总噬菌斑数}=\frac{(h^+r^+)+(rh)}{总噬菌斑数}$$

二、细菌的繁殖和遗传

1. 细菌的繁殖

细菌通常以二分体的分裂方式进行无性繁殖，称作裂殖。裂殖形成的子细胞常大小相等，称同形裂殖。在陈旧的培养基中也会出现大小不等的子细胞，称异形裂殖。通过电子显微镜和遗传学的研究已证明，细菌中亦存在有性接合，不过其频率较低，大量地仍以裂殖为主。

细菌通常每 20min 繁殖一代，每生长和分裂一个世代，细胞内染色体就要复制一次（图 3-1）。细菌的环状 DNA 经常是通过一个附着点附着在细胞内陷的细胞膜上。染色体复制时，细胞延长，附着点分成两个，两个子染色体分别附在两个附着点上，细胞膜在两个子染色体附着点之间生长，使子染色体拉开分向两边，中间细胞膜凹陷向中央生长形成两个细胞，2 个子细胞各含有一个子染色体，成为两个细菌。显然细菌的细胞分裂看不到纺锤体，不存在有丝分裂过程。因此，高等生物细胞的有丝分裂和细菌分裂是完全不同的，而唯一相同的只是两者的染色体都是随着细胞分裂而精确复制并分到两个子细胞中去。

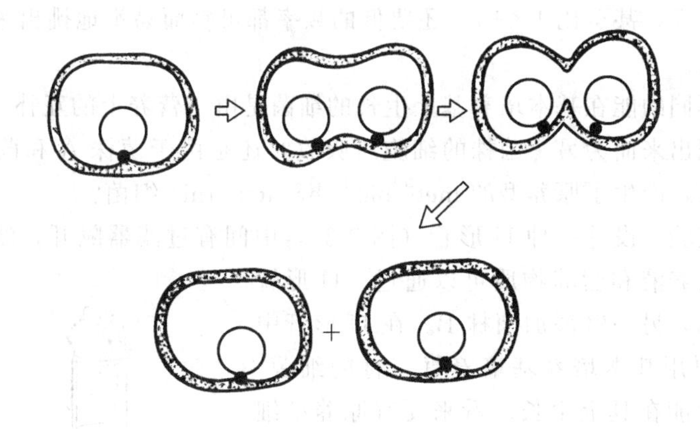

图 3-1 细菌的裂殖过程

2. 细菌的杂交和基因重组

(1) 细菌的杂交 细菌主要是无性繁殖。直到 1946 年，Lederberg 和 Tatum 研究了大肠杆菌 K12 中的两个菌株 A 和 B，结果发现它们可以进行杂交。菌株 A 的特点是不能合成甲硫氨酸和生物素，用 met^-、bio^- 表示；它在仅含碳源、氮源、无机盐及水的基本培养基上是不能生长的。同样，菌株 B 是不能合成苏氨酸、亮氨酸和硫胺的突变型，用 thr^-、leu^-、thi^- 表示，也不能在基本培养基上生长。它们的基因型表示如下。

菌株 A：$met^- \ bio^- \ thr^+ \ leu^+ \ thi^+$

菌株 B：$met^+ \ bio^+ \ thr^- \ leu^- \ thi^-$

三个字母取自于某种营养物质英文名称最前面三个字母，右上角“－”表示缺陷之意，右上角“＋”是正常之意。

Lederberg 和 Tatum 先把两种菌株分别涂布在基本培养基平板上，培养几天后都没有任何菌落生长。若是把菌株 A 和菌株 B 混合培养在含有以上五种物质的液体培养基中，几个小时后，离心洗涤细胞并涂布在基本培养基上，发现长出了菌落，频率是 1×10^{-7}（图 3-2）。

1×10^{-7}是一个很低的数值，从 1000 万个细胞中挑出来一个，在果蝇等传统实验材料

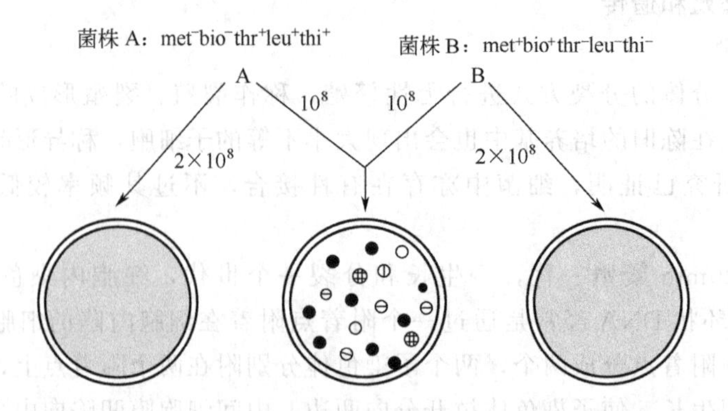

图 3-2 细菌的杂交现象

中很难做到这一点。可是在细菌中，应用只有原养型（met^+ bio^+ thr^+ leu^+ thi^+）能在基本培养基上生长的道理，甚至比 1×10^{-7} 还要低的频率都可轻而易举地挑出来，所以这种选择技术是非常有用的。

这种与亲代不同的能在基本培养基上生长的细菌是由于营养上的互补，即一些物质从一个菌株的细胞中漏出来而为另一菌株的细胞所吸收？还是由于菌株 A 和菌株 B 交换了遗传物质，经杂交重组，产生了原养型的 met^+ bio^+ thr^+ leu^+ thi^+ 细菌？

再来看一个实验：设计一种 U 形管（图 3-3），中间有过滤器隔开，滤器的孔很小，细菌不能通过，但培养液和营养物质可以通过。U 形管的一臂添加菌株 A，另一臂添加菌株 B。在 U 形管中培养一段时间，再用基本培养基培养每一臂的细菌，发现没有一个细菌能在其上生长。看来要有原养型细胞的形成，两个菌株间的直接接触是必不可少的。

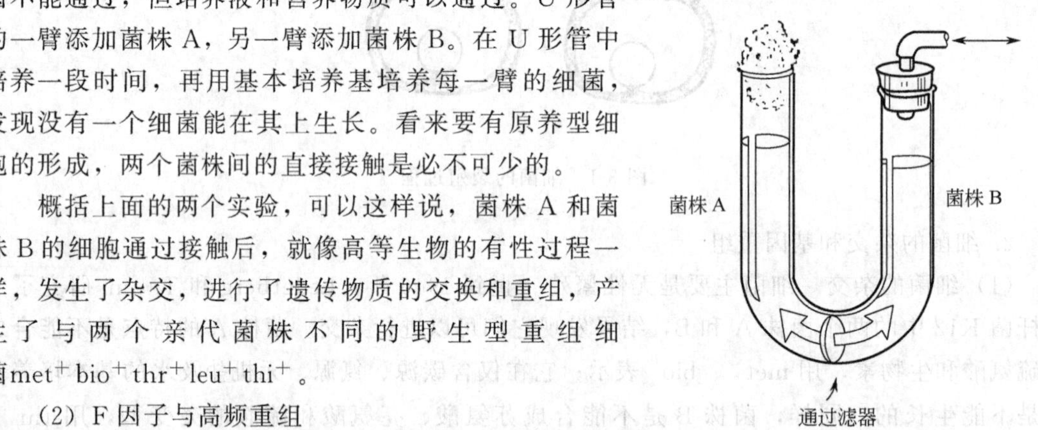

图 3-3 U 形管培养细菌不发生杂交

概括上面的两个实验，可以这样说，菌株 A 和菌株 B 的细胞通过接触后，就像高等生物的有性过程一样，发生了杂交，进行了遗传物质的交换和重组，产生了与两个亲代菌株不同的野生型重组细菌 met^+ bio^+ thr^+ leu^+ thi^+。

（2）F 因子与高频重组

① F 因子。Hayes 用与 Lederberg 的实验相似的菌株 A、菌株 B 做杂交实验，所不同的是他用链霉素处理菌株 A 或菌株 B，而不杀死它们，但阻碍它们的分裂。结果发现，处理过的菌株 A 和未处理的菌株 B 混合与处理过的菌株 B 和未处理的菌株 A 混合，情况大不相同。前一种处理和混合在基本培养基上可以出现菌落，后一种处理和混合在基本培养基上不产生菌落。

怎样解释这种情况？原来菌株 A 和菌株 B 杂交时，提供遗传物质不是相互的。这里的菌株 A 只能作供体，菌株 B 只能作受体。供体经链霉素处理后不能分裂，但仍能转移基因，只要受体未受处理，就能接受基因，并进一步分裂繁殖，形成菌落。相反，若不处理供体而处理受体，受体不能分裂，所以当然不可能出现杂种菌落。这种供体和受体情况有点像高等生物上的雄雌性别。进一步的研究证明，供体和受体间的行为不同是由一个可转移的 F 因子所引起的。F 因子也称性因子或致育因子。它存在于供体中，所以供体可写作 F^+，受体没有 F 因子，写作 F^-。但当 F^- 接受 F^+ 所提供的 F 因子时，就能变为供体（图 3-4）。但是，当 F^+ 向 F^- 提供 F 因子时，不一定转移细菌的基因，所以 $F^+ \times F^-$ 杂交后重组的频率不高。

② 高频重组。后来 Cavalli 和 Hayes 先后在菌株 A 中发现了一种高频重组菌株 Hfr。它们能跟 F^- 的菌株杂交，并能得到频率很高的重组细菌，频率要比一般的 $F^+ \times F^-$ 高出上千倍。经研究证明，Hfr 和 F^+ 不同之处是 Hfr 中的 F 因子整合在细菌的染色体上（图3-5），但一般 F^+ 中的 F 因子是存在于细胞质中的质粒。

Hfr 之所以能成为高频重组的供体，是由处在染色体上的 F 因子在接合开始，首先在其序列内一条单链的某处打开一个缺口，易使染色体开环成线状，中断的 F 因子处在线状染色体的两端，其中一端是原点或转移起点。

转移时，染色体从原点开始以线性方式进入 F^- 受体菌。离原点近的基因先进入 F^- 细菌，离原点远的基因较迟进入，F 因子部分序列先进入受体菌。此外，不是每次转移都能使线性的染色体全部进入受体菌，转移是可以中断的。所以，靠近原点的基因转移频率高，而远的基因转移频率低，F 因子的序列也经常不会全部进入受体菌，常导致高频杂交后的重组菌仍是 F^-。利用中断杂交法，测得重组值后，可以做出基因连锁图。

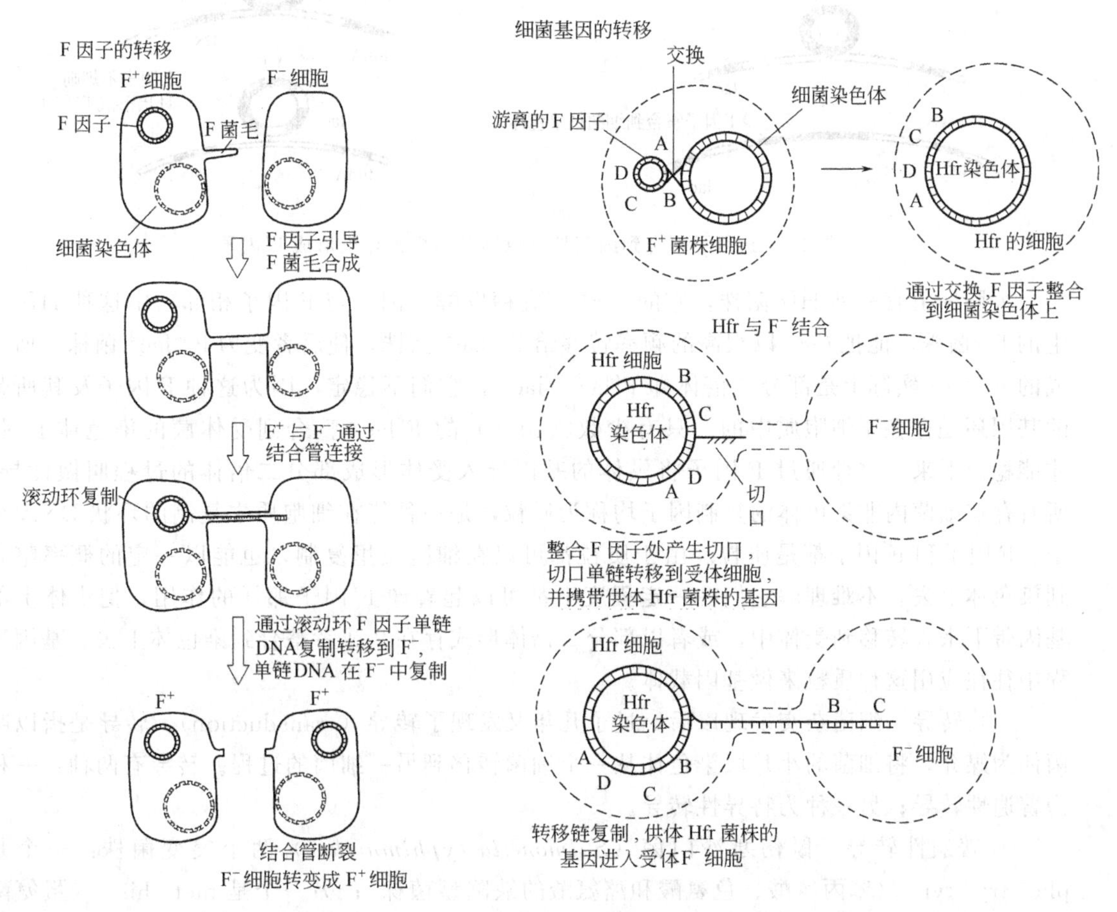

图 3-4 $F^+ \times F^-$ 杂交

图 3-5 Hfr 细胞的形成和 Hfr$\times F^-$ 杂交

F因子能结合到染色体上，这与F因子的DNA结构有关。F因子的DNA由原点、配对区和致育区三部分构成（图3-6）。

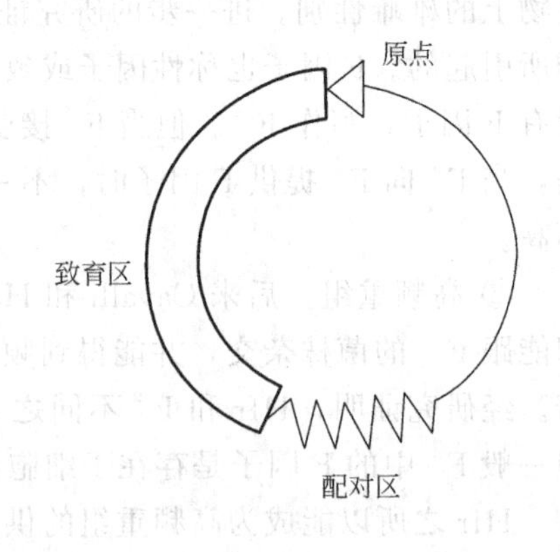

图3-6 F因子的DNA结构

对于F因子和中断杂交试验的研究，使人们了解到基因是有次序地排列在染色体上。利用Hfr菌株和受体菌的“中断杂交实验”可做出连锁图，进行基因定位。

（3）F'因子与性导 F^+与Hfr两种菌株可以相互转换，也就是说F因子既可以插入到染色体中去，形成Hfr菌株，有时又可通过有规则的交换和剪切，从染色体上完整地游离下来形成F^+菌株，但是偶尔也会出现不规则的环出，形成的F因子携带了相邻细菌染色体的基因（图3-7）。这种带有插入细菌基因的环状F因子称为F'因子（F' facter）。

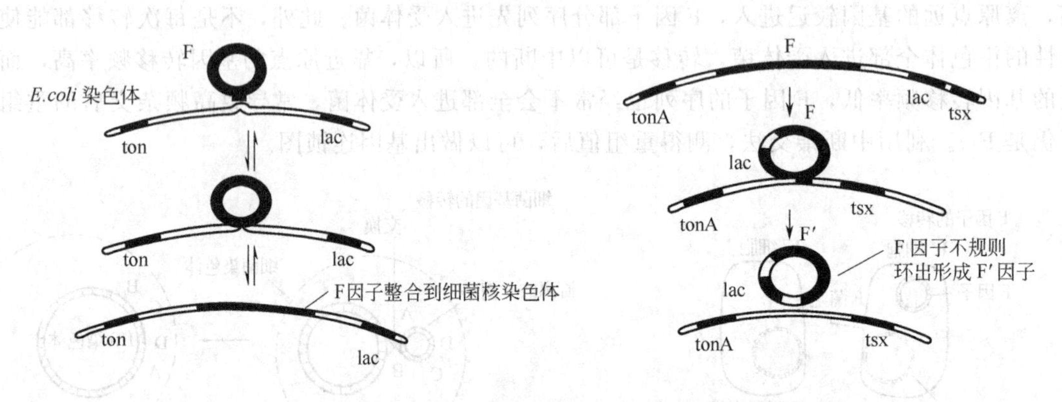

图3-7 F因子整合到细菌核染色体及不规则环出形成F'因子

大肠杆菌有一种Hfr菌株，它的lac^+（乳糖发酵基因）与F因子相邻。由这种Hfr产生的F^+菌株，能把lac^+以很高的频率转移给F^- lac^-菌株，使后者变为F^+ lac^+菌株。所形成的F^+ lac^+实际上是部分二倍体即$F'lac^+/lac^-$，它们不稳定，因为这种F因子及其所带的基因还是存在于细胞质中的。只有少数（10^{-3}）的$F'lac^+$整合到受体菌的染色体上时，才能稳定下来。这种通过F因子将供体的基因导入受体形成部分二倍体的过程叫做性导。所有存在细菌内非染色体的复制因子均称为质粒，是一种能在细胞质中复制的环状DNA分子。F因子和F'因子都是质粒。由于质粒都可以在细胞质里复制，也能以一定的概率整合到染色体上去。不难理解它们在一定程度上都可以起着像F'因子那样的作用，把供体上的基因带下来，转移到受体中，或者以部分二倍体形式存在，或者整合到染色体上去。基因工程中往往应用这种质粒来做基因载体。

（4）转导 细菌杂交发现以后，过了几年又发现了转导（transduction）。转导是指以噬菌体为媒介，将细菌的小片段染色体从一个细菌转移到另一细菌的过程。转导有两种：一种为普遍性转导；另一种为特异性转导。

① 普遍性转导。鼠伤寒沙门菌（*Salmonella typhimurium*）两个突变菌株：一个是phe^- try^- tyr^-（苯丙氨酸、色氨酸和酪氨酸的缺陷型菌株）；另一个是met^- his^-（蛋氨酸和组氨酸的缺陷型菌株）。将这两菌株分别在基本培养基上培养时，没有发现野生型细胞。

然而把这两菌株放入U形管的两臂，中间有一滤板隔开，防止细胞接触，却得到了野生型细胞。这说明沙门菌的基因重组并不是通过细胞接合，而是通过过滤因子（filterable agent）而发生的。以后发现此因子就是噬菌体 P_{22}，一种已知的沙门菌的温和噬菌体。

该实验虽然没有证明沙门菌中有接合现象，却发现了由噬菌体介导的基因转移过程——转导。现在知道，P_{22}感染供体细菌细胞时，供体染色体断裂成小片段，在形成噬菌体颗粒时，偶尔错误地把供体染色体的片段组合到头部，而不是它们自己的遗传物质。因为决定感染细菌能力的是外壳蛋白质，所以这种病毒或转导颗粒（transducing particles）可以吸附到受体细菌细胞上，注入它们的内容物，此内容物是供体细菌的部分基因。当转导中的噬菌体内容物注入一个受体细胞后，形成一个部分二倍体，然后导入的供体菌基因通过重组整合到受体菌的染色体上（图3-8）。

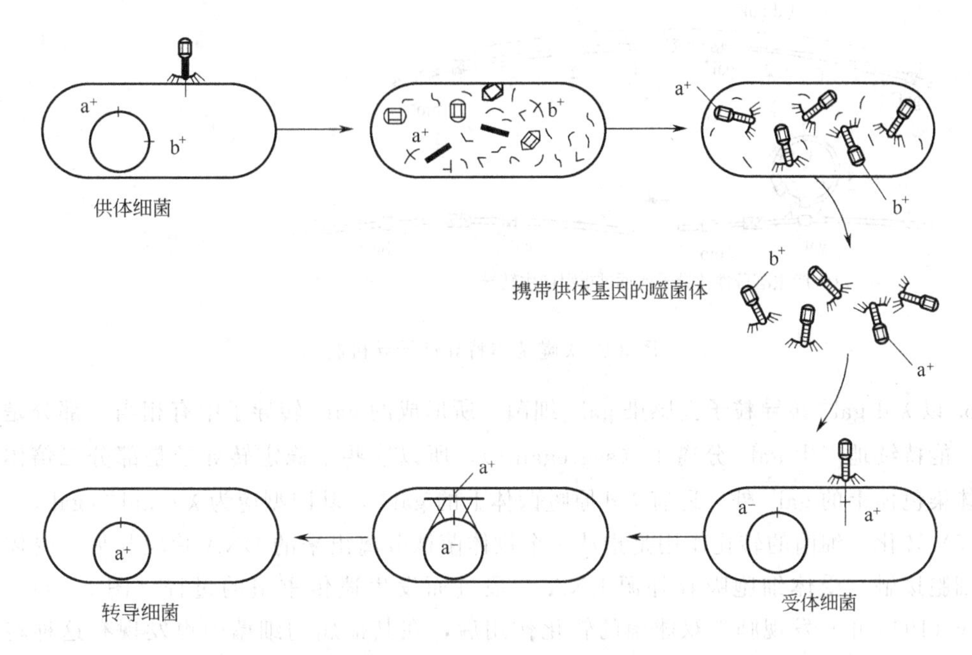

图3-8　P_{22}噬菌体的普遍性转导示意

一般来说，根据转导实验构建的遗传学图与依照接合实验做成的遗传学图是一致的，但前者更为精细些。上述 P_{22}、P_1 这一类噬菌体可以转移细菌染色体的很多不同部分，所以称为普遍性转导（generalized transduction）。

② 特异性转导。以另一类噬菌体为例，它们所进行的转导是特异性转导（specialized transduction）或局限性转导（restricted transduction），这类噬菌体只转移细菌染色体的特定部分。λ噬菌体是特异转导者（transducer）的一个很好例子。大肠杆菌的一个溶源菌株 K_{12}(λ) 可由紫外光诱导，用来进行转导。唯一成功地转导为 gal^+ 基因座位。根据实验知道，λ总是附着在供体的 gal^+ 基因座位的邻近位置，特异性转导供体的 gal^+ 基因给受体（图3-9）。转导过程中有下列一些值得注意的特点。

a. 所有 gal^+ 转导子（transductants）对λ噬菌体的超数感染（superinfection）都是免疫的，但 gal^+ 转导子在菌体裂解时不能产生成熟的λ噬菌体，可见带有 gal^+ 的λ噬菌体是有缺陷的，记作λ d gal^+（λ-defective gal^+）。λ d gal^+ 转导粒子（transducing particles）约丧失25%的噬菌体染色体，但具有完整的λ外壳，所以仍能感染细菌。

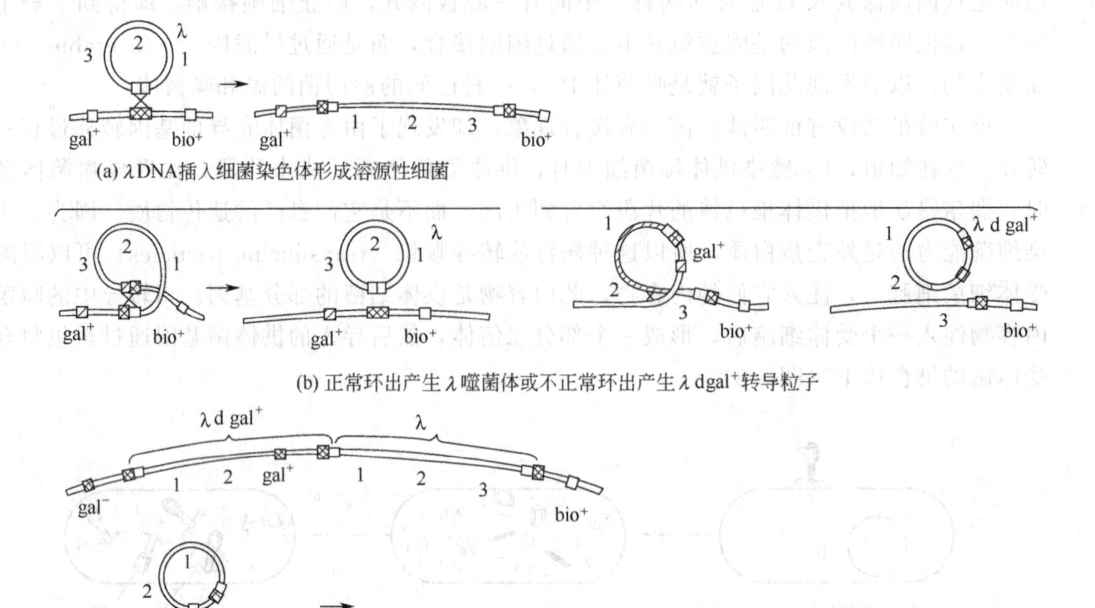

图 3-9　λ噬菌体特异性转导机制

b. 以λ d gal⁺转导粒子去感染 gal⁻细菌，所形成的 gal⁺转导子中有相当一部分是不稳定的，能持续地产生 gal⁻分离子（segregants），所以这些不稳定转导子是部分二倍体，除了受体染色体上的 gal⁻外，还有λ d 原噬菌体上的 gal⁺，基因型应为λ d gal⁺/gal⁻。

（5）转化　细菌的转化作用是指从一个供体菌株分离出来的 DNA 片段与另一受体菌株的活细胞接触，受体细胞吸收外源 DNA 片段进而发生遗传重组的过程（图 3-10）。自从 Awery（1944 年）发现肺炎双球菌的转化作用后，在其他属的细菌中也发现有这种转化作用，说明在细菌中转化作用是一种十分普遍的现象。进一步研究发现，细菌转化的频率较低，大约只有 1%的受体细胞可吸收外源 DNA。转化频率低的原因可能是如下两点。

① 受体细菌的细胞壁并非任何区域都允许外源 DNA 片段通过，而只是在特定区域形成临时性通道，因此将这一区域称为受体部位（receptor site），而在受体细胞表面这一部位的数目是有限的。

② 外源 DNA 除受体部位允许通过外还必须有酶或蛋白质分子以及能量等的协同作用。实验证明，利用某些影响酶的因素［如阻碍蛋白质形成的氯霉素（chloramphenical）和阻碍能量产生的二硝基苯（dinitrophenol）］均可抑制转化作用。显然外源 DNA 只有在酶促旺盛的受体细胞部位进入。这种能接受外源 DNA 分子并被转化的细菌称为感受态细胞（competence cell），而促进转化作用的酶或蛋白质分子称为感受态因子（competence factor）。

转化时供体细菌 DNA 断裂成小片段，这些片段平均长度约为 20000 个核苷酸对，外源 DNA 片段进入受体后可以和受体染色体形成部分二倍体，有可能发生重组，从而使受体细胞发生稳定的遗传转化。转化过程包括几个连续的阶段：a. 供体双链 DNA 分子和受体细胞表面受体部位进行可逆性结合；b. 供体 DNA 片段被吸入受体细胞，并要防止被受体 DNA

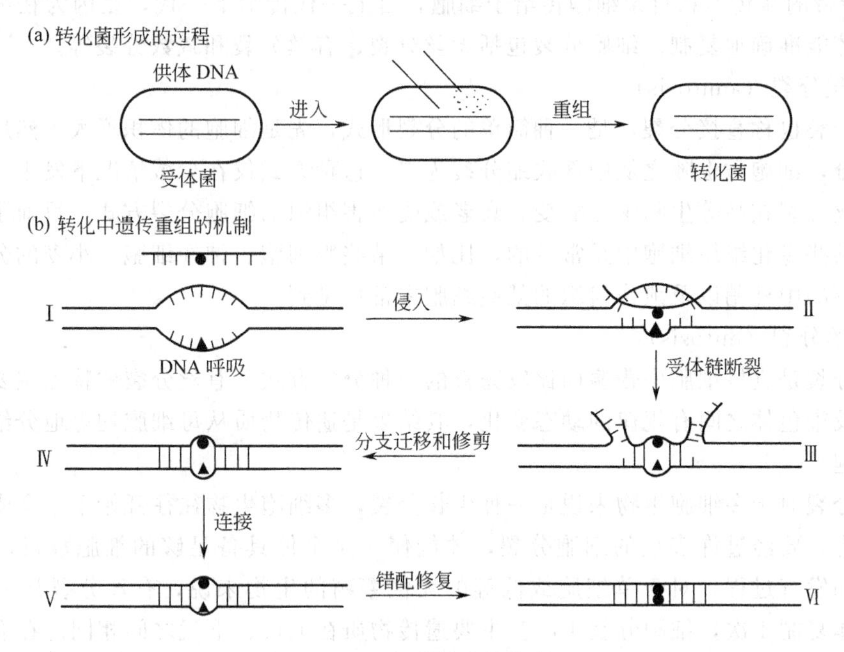

图 3-10　细菌转化的机制

酶破坏；c. 供体 DNA 进入受体后，立即从双链 DNA 转变成单链 DNA，其中一条单链被降解；d. 未被降解的单链 DNA 部分地或整个地插入受体细胞的 DNA 链中与同源区段形成杂合的 DNA 分子；e. 杂合 DNA 经复制、分离以后，形成一个受体亲代类型的 DNA 和一个供体与受体 DNA 结合的杂种双链 DNA，从而导致基因重组形成各种类型的转化子（transformant）。

(6) 遗传学规律的普遍性　以前人们认为细菌的分裂是无丝的（amitotic），那时自然不会想到细菌会有类似于性过程的现象。现在由于细菌和病毒遗传学的迅速发展，不仅了解到细菌和病毒的染色体结构，还知道了细菌和病毒染色体的复制形式，而且还发现细菌有类似于性过程的现象，以及细菌和病毒的基因连锁和基因重组。通过学习细菌和病毒的遗传分析，不仅能使人们认识到遗传规律在微生物和高等生物中的一致性，而且还使人们意识到通过学习细菌和病毒的遗传分析方法，对实验设计和结果分析具有相当大的帮助。

第三节　真核生物的遗传规律

原核生物遗传结构简单——全部基因排列在一条环状（也有线状）的核酸链（DNA 或 RNA）上，自然遗传规律也比较简单。真核生物的细胞结构复杂，染色体结构也复杂，而且数目多。在细胞分裂过程中，细胞核和染色体有明显的变化过程，这些使真核生物具有比原核生物较复杂的遗传规律。

一、真核生物的繁殖

现在地球上生活的细胞及其增殖都是以细胞分裂的方式产生的。有性生殖生物体的性细胞也是通过细胞减数分裂而形成的，它们经过各种形式的结合而产生下一代个体。所以说细胞分裂是实现生物体的生长、繁殖以及世代之间物质与机能连续性的一种必要方式。遗传物质 DNA 所带的遗传信息自亲细胞传给子细胞，自上一代传给下一代，是因为在细胞分裂过程中染色体能准确地复制。细胞分裂包括无丝分裂、有丝分裂和减数分裂等。

1. 无丝分裂（amitosis）

无丝分裂也称直接分裂，是一种简单的分裂形式，先是细胞的体积增大，然后核延伸缢裂成两部分，细胞质也随之从中部收缩分裂为二。这种方式仅在少数情况下发生，过去不少人认为无丝分裂在高等生物中是病变、衰老或受伤害组织的细胞分裂方式。目前了解到，无丝分裂在某些专化组织细胞中是常见的，比如，某些腺细胞、神经细胞、小麦的分蘖节和胚乳、向日葵的中柱鞘以及愈伤组织的某些细胞中常可见到。

2. 有丝分裂（mitosis）

有丝分裂是真核细胞中普遍而比较完善的一种分裂方式。有丝分裂的特点主要在于分裂过程中核及染色体之间有规律的动态变化，其结果是遗传物质从母细胞均等地分给两个新形成的子细胞。

有丝分裂对于多细胞生物来说是一种生长分裂，多细胞生物往往开始于一个受精卵、仅是 1 个细胞，要经过许多次的细胞分裂，才能使一个个体具备足够的细胞数目，完成其生长、分化和发育过程。对于单细胞或低等的无性繁殖的生物来说，有丝分裂是一种繁殖分裂。染色体复制 1 次，细胞分裂 1 次。主要遗传物质在上代、下代之间相同。在有丝分裂过程中，细胞核与细胞质都有很大的变化，以核内染色体形态上的变化尤其明显，染色体变化是连续的，也有一定的周期性，造成了细胞周期。

细胞周期包括间期和分裂期。间期又可分为 G_1 期、S 期和 G_2 期。分裂期（图 3-11）又分为前期、中期、后期和末期。

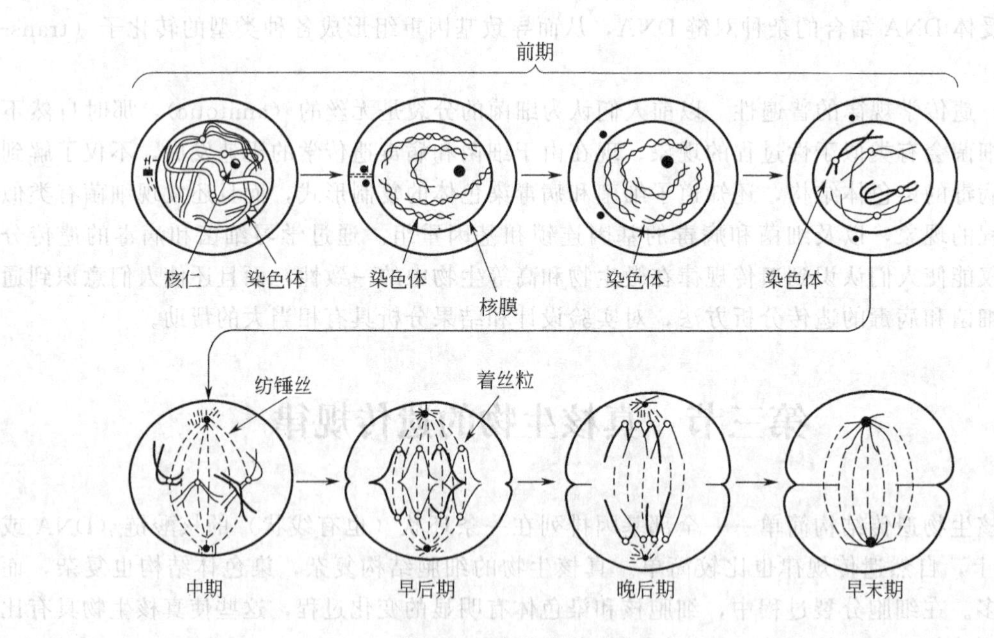

图 3-11　有丝分裂过程示意

(1) 间期（interphase）　是细胞有丝分裂之前阶段，虽然细胞核在形态上没有什么显著的变化，但许多重要的合成过程，包括细胞质内各种物质的合成和 DNA 的复制，均在这一阶段进行。间期又可分为三个时期，G_1 期（gap1 phase），主要进行各种 RNA 和蛋白质的合成；S期（synthesis phase），主要进行DNA的复制，结果DNA量即染色质的量增加了1倍，G_2期（gap2 phase），较短，是进一步为分裂期做准备，这时细胞中积累以后形成纺锤体的微管蛋白等前体物质，并储存了能量。整个间期往往占一个细胞周期的90％的时间。

（2）分裂期

① 前期（prophase）。分裂开始于前期，这时在S期已经加倍的染色质包含两条染色单体的纤丝不断地螺旋化，变短、变粗，形成染色体。核仁变小直至逐渐消失。中心体（动物和低等植物）一分为二分别移向细胞的两端，最后核膜溃解，出现纺锤体。

② 中期（metaphase）。各条染色体移到细胞中央平面——赤道板附近，它们的着丝粒的位置均处在赤道板上。

③ 后期（anaphase）。每一个染色体的着丝粒分裂为二，使并列的两个染色单体在纺锤丝的牵引下各移向一极。

④ 末期（telophase）。两组染色体分别移向两极后，染色体逐渐解螺旋，纺锤体逐步消失，重现核膜和核仁。

在染色体分裂的后期至末期这段时间里，细胞质还要进行分裂，称胞质分割。动物细胞依靠细胞膜在赤道面向里收缩，最后把细胞分成两个。植物细胞，在两组染色体分开之后，中间残留的纺锤丝形成细胞板，继而形成细胞壁和细胞膜，细胞间即隔成两个子细胞。生物体经过一次又一次的有丝分裂，细胞数目虽不断地增加，但是每一个细胞中的染色体数目是维持不变的。

3．减数分裂

真核生物在进行有性生殖时，在形成配子的过程中，要经过一种特殊的细胞分裂过程——减数分裂。这个过程的特点是，染色体复制一次，细胞连续分裂两次（减数分裂Ⅰ、减数分裂Ⅱ），结果一个母细胞分成四个子细胞，每个子细胞内的染色体数减少为一半，也就是说原来是二倍体体细胞，减数分裂后就变成了单倍体生殖细胞。如人的体细胞中染色体数为$2n=46$，生殖细胞染色体数$n=23$。此外，同对的染色体之间可以发生遗传物质的交换，这样通过遗传物质的重新组合，使新形成的性细胞之间在遗传上可能出现质的差异，这样便为杂种后代的多样性准备了条件。

构成减数分裂的两次连续分裂通常称为减数第一分裂和减数第二分裂，它们都可划分为前期、中期、后期、末期四个连续的时期，习惯上以前期Ⅰ、中期Ⅰ、后期Ⅰ、末期Ⅰ、前期Ⅱ、中期Ⅱ、后期Ⅱ、末期Ⅱ等来表示（图3-12）。

减数第一分裂：

（1）前期Ⅰ

① 细线期。进入减数分裂的细胞，染色体纤丝已在间期复制，每一个染色体已有两个染色单体，由于太细长，还看不出双重性，染色纤丝开始螺旋化。

② 偶线期。染色体的形态和细线期差不多，这时形态、特性上相同的各对染色体（即同源染色体）开始配对，同源染色体配对是减数分裂的特点。一般有丝分裂没有此过程。

③ 粗线期。同源染色体配对完成，这时每一组染色体看上去是两条，实际上含有一对同源染色体（也就是四条染色单体），故称双价体。双价体上有两个并列排着的着丝粒，它们分别属于2个同源染色体。由于染色体的螺旋化程度加深，染色体细丝逐渐可见。由于配对，从外观上看染色体数目由$2n$条→n组。

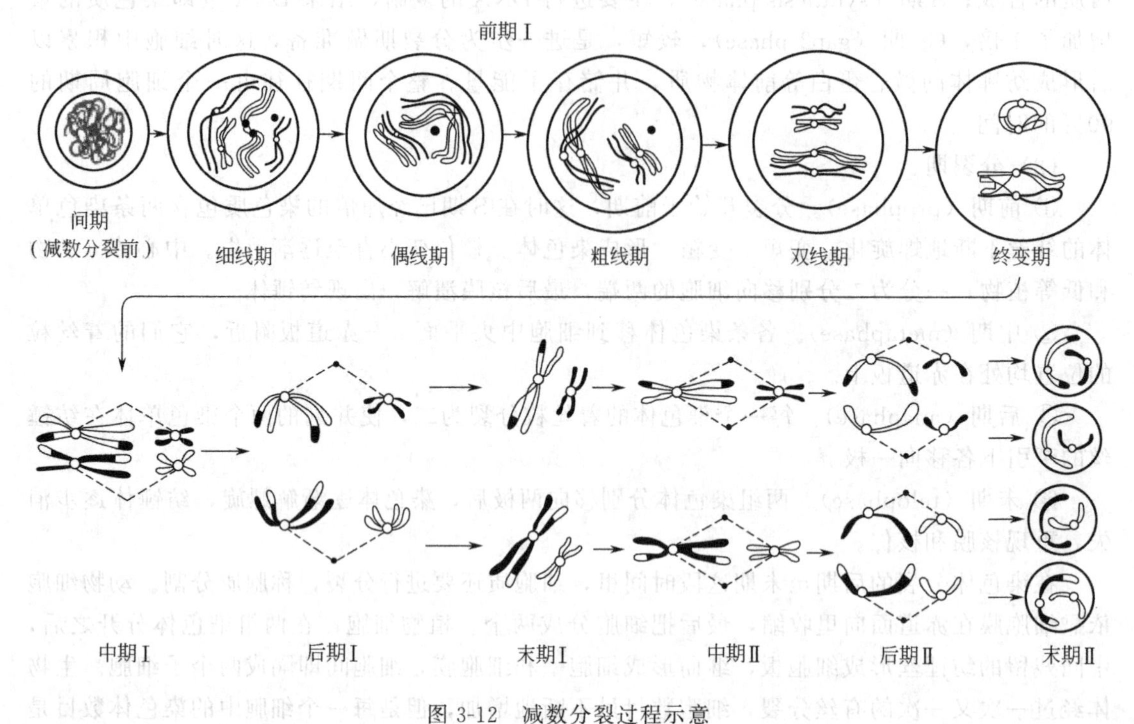

图 3-12 减数分裂过程示意

④ 双线期。双价体中两条同源染色体一部分分开，另一部分又相互连接，此过程称交叉。交叉最终导致交换的结果。

⑤ 终变期。也称浓缩期，染色体进一步螺旋化，染色体变粗、变短，核膜开始消失，双价体移向赤道板。

(2) 中期Ⅰ 各个双价体排列在赤道板上，由于纺锤体的作用，双价体上的两个着丝粒渐渐分开，1 对同源染色体开始分离，但仍有交叉连接着，交叉逐渐端化。

(3) 后期Ⅰ 由于纺锤体的作用，双价体中的两条同源染色体分开，分别移向一极，每条染色体的着丝粒不分裂，包含着两个染色单体。因此，每一极只得到 n 条染色体，所形成的 2 个子细胞，各含 n 条染色体，所谓的减数就发生在这时候（请注意和有丝分裂的区别，有丝分裂后期是着丝粒分开，两个染色单体分别移向一极，因此数目没有减少）。

(4) 末期Ⅰ 染色体到达两极，并逐渐解旋，核仁重建，核膜重建，胞质分裂，形成两个子细胞，各自含有 n 条染色体。

(5) 减数分裂间期 这是指第一次减数分裂和第二次减数分裂组之间的时期，由于不需要复制染色体，这个时期很短，有的生物不经这个时期而直接进入第二次减数分裂。

减数第二分裂：

(6) 前期Ⅱ 情况与有丝分裂前期相似，每条染色体含有两条染色单体，它是由于第一次分裂后期Ⅰ着丝粒没有分裂而保存下来的，这时整个细胞的染色体数目是 n。

(7) 中期Ⅱ 各条染色体排列在赤道板上。

(8) 后期Ⅱ 着丝粒一分为二，姊妹染色单体各移向一极。

(9) 末期Ⅱ 染色体逐渐解螺旋，核膜和核仁重新出现。

经过减数分裂过程（包括减数第一分裂、减数第二分裂），一个 $2n$ 的体细胞形成四个染

色体数目减半为 n 的子细胞。它们再经过一个发育阶段，便形成配子细胞。

总结以上细胞分裂过程，可以看出有丝分裂中染色体能自体复制，然后均等地分配到两个子细胞中，保证了每个细胞世代染色体数目和类型的恒定性。减数分裂时，染色体复制一次，细胞却连续分裂两次，染色体数减半，为受精做好了准备。所以减数分裂和受精，保证了有性生殖过程中染色体数目的恒定性。同时，由于减数分裂过程中同源染色体间的联合和交叉所导致的交换，产生了生物界形形色色的个体。所以，减数分裂是真核生物遗传的基本规律，是遗传物质分离、自由组合和连锁交换规律的基础。

二、真核生物的遗传规律

几乎和达尔文发表划时代的巨著——《物种起源》同时，遗传学的奠基人孟德尔（Gregor Mendel，1822—1884 年）在奥国布隆的修道院的小小园地里，进行了大量的植物杂交实验。他用普通豌豆（*Pisum sativum*）作为主要的实验材料，这是因为：豌豆在自然条件下是自花授粉植物，花中的雌蕊一般只能由自己的花粉授粉；如果需要，进行人工杂交也很容易，只要在花没有完全成熟之前，打开花冠，去掉花粉囊，然后授予另一品种的花粉就行；豌豆品系间有少数明显可以区别的性状，如种子的颜色为黄色或绿色，种子的形状为圆的或皱的，植株茎有长的或短的，花色有紫色或白色，豆荚有分节的或不分节的，荚色是黄色或绿色以及花是顶生或侧生的。取材恰当，设计合理、计数精确与科学的分析，终于使孟德尔取得了前人所未能取得的成就，奠定了当今遗传学的基础。

1. 显性与隐性性状

孟德尔试验的结果，发现了一对性状之间有显性和隐性现象。例如，开紫花的品系和开白花的品系杂交，所得到的杂种（称子一代或 F_1）长成的植株全是开紫花的，而且颜色的深浅几乎和紫花的亲本完全一样。这样，紫色的性状在杂种中呈现出来称显性，而白色的性状没有表现出来称为隐性。同样，孟德尔发现，在豌豆中种子圆形对皱形等其他几对性状也有此现象。孟德尔在论文中指出：“凡是那些性状，它们在杂交时完全传给后代，且本身造成杂种表现性状的就称为显性，而那些在这一过程中潜伏起来的，就称为隐性。”

孟德尔对遗传性状的显性；隐性现象的阐明，不但为以后的分离规律与自由组合规律的发现与阐明提供了基础。更重要的是形成了遗传性状的决定者——遗传因子（后来称之为基因）的“颗粒性”的概念。原论文中，用“潜伏起来”来说明隐性是准确的，这证明隐性的决定者是存在的，只不过由于造成杂种性状的显性存在，它只得暂时潜伏一下。

2. 分离与自由组合规律

（1）分离规律　孟德尔让 F_1 代杂种自交。例如，让圆种子品系和皱种子品系杂交而得到的杂种 F_1（由于显性其表现当然是圆种子）共 253 粒播种长成植株后让其自交，结果得到 7344 颗子二代（F_2）种子，其中有 5474 颗是圆形的、1850 颗是皱的。所以 F_2 代种子形状之比，即圆：皱＝2.96：1，接近于 3：1。所有其他几对性状的杂种 F_2 代均有近似于 3/4：1/4的分离比。

孟德尔的结论是：①在子一代中，两个不相容而对立的亲代的性状只出现一个；②在子一代中潜伏的性状在子二代中以 1/4 的比例出现。

分离规律从表面上看起来是后代中重新分离出原属隐性性状的个体，实质上是杂种在产生雌雄配子时，决定显性性状的基因和决定隐性性状的基因分离，形成雌雄配子各有两种（一种含显性基因，一种含隐性基因），各占 1/2，以后随机结合，使得子二代基因型分离比为 1∶2∶1。其中隐性纯合体的表型与原隐性亲本一样，显性纯合体和杂合体的表型则是同显性亲本一样，所以子二代表型分离比是 3∶1（图 3-13）。

（2）自由组合规律　孟德尔进一步用包括两对不同性状的两个豌豆品系进行杂交实验，一个品系所结的种子是圆形的，而子叶是黄色的；另一个品系所结的种子是皱形的，而子叶是绿色的。杂交出的子一代种子全是黄色圆形的。这个结果与上述的一对性状的两个品系之间杂交的情况相似，只不过这时是两对性状，黄色对绿色是显性，圆形对皱形是显性。由这种杂种 F_1 代种子长出的植株开花时让其自交，得到 F_2 代 556 颗豌豆中，不仅有两个亲本（实际上是祖代）的性状，而且还出现了两个新的重组类型，共四种类型。它们是黄色圆形 315 颗，黄色皱形 101 颗，绿色圆形 108 颗与绿色皱形 32 颗，四种类型的比例近似为9∶3∶3∶1。

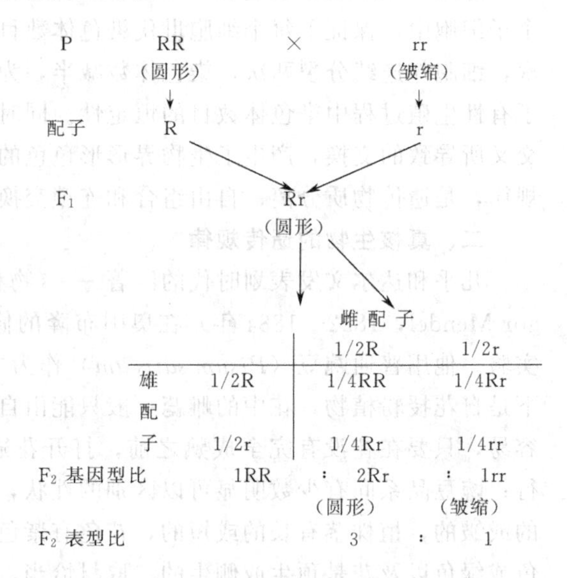

图 3-13　一对等位基因的分离规律（豌豆）

解释这个结果并不难，孟德尔指出：由亲代的花粉或胚珠供给子一代并决定它们种子的颜色和形状的两组遗传单位并不是合在一起的，传给子二代的是要发生随机的分离和组合的。具体地说种子的黄色和绿色是一对相对性状，决定它们的基因分别用 Y（通常用大写字母代表显性）和 y（通常用小写字母代表隐性）表示；而种子圆和皱是另一对相对性状，决定它们的基因分别用 R 和 r 表示。亲本黄色圆形的基因型是 YYRR，它们产生的配子均为 YR。另一亲本绿色皱形的基因型为 yyrr，它们产生的配子均为 yr。它们的子一代杂种的基因型应该是 YyRr，由于显隐性关系，子一代杂种的表现型为黄色圆形。子一代杂种 YyRr 在形成配子时，根据分离规律 Y 和 y 分离，也就是说有 1/2 配子带有 Y，另外 1/2 配子带有 y；同样 R 和 r 分离，即 1/2 配子带有 R 和 1/2 配子带有 r。可是每一个配子中既要带一个有关种子颜色的基因，又要带一个有关种子形状的基因，而各对性状中的每个基因分配到某一个配子中去的机会是独立的。并不因为原来亲本 RY 在一起、ry 在一起而会多一点，而是亲本类型配子和新类型的配子一样多，即 YR、Yr、yR 和 yr 的比例是一样的。由于雌雄各有 4 种配子，即出现四种组合配子，配子之间可能的组合数为 16。显然其中一部分基因型内容是一样的，所以实际上可合并为 9 种基因型，又由于显隐性的关系，表现型为 4 种，它们的比例是黄色圆形∶黄色皱形∶绿色圆形∶绿色皱形为9∶3∶3∶1（图 3-14）。

孟德尔的自由组合规律，其结果是F_2代出现了新的组合类型：绿色圆形、黄色皱形。说明决定颜色的因子和决定形状的因子可以自由组合，其原因是杂种在产生雌雄配子时，决定种子形状的基因和决定种子颜色的基因各自独立分配到各个配子里去的结果。

孟德尔的自由组合规律还可以引申到更多基因对杂合体的后代各种类型的数目的预测。如子一代是 3 对基因的杂合体，那么就会产生雌雄各 8 种配子，有 64 种配子组合，其表型的比例是二项式 $(3+1)^3$ 的展开。同理可以推导出 4 对、5 对或更多的基因杂合体的后代情况，列于表 3-2。

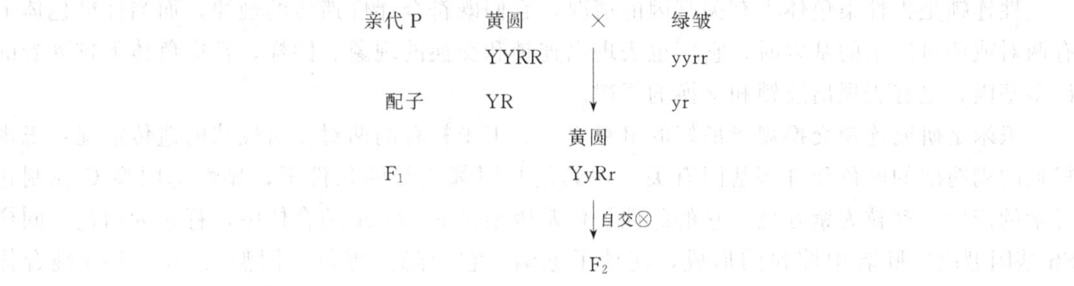

结合方式	1/4 YR	1/4 Yr	1/4 yR	1/4 yr
1/4 YR	1/16 YYRR 黄圆	1/16 YYRr 黄圆	1/16 YyRR 黄圆	1/16 YyRr 黄圆
1/4 Yr	1/16 YYRr 黄圆	1/16 YYrr 黄皱	1/16 YyRr 黄圆	1/16 Yyrr 黄皱
1/4 yR	1/16 YyRR 黄圆	1/16 YyRr 黄圆	1/16 yyRR 绿圆	1/16 yyRr 绿圆
1/4 yr	1/16 YyRr 黄圆	1/16 Yyrr 黄皱	1/16 yyRr 绿圆	1/16 yyrr 绿皱
总计：9/16 黄圆：3/16 黄皱：3/16 绿圆：1/16 绿皱				

图 3-14 豌豆两对等位基因的自由组合规律

表 3-2 杂交中包括的基因对数与基因型和表型的关系

杂交中包括的基因对数	显性完全时子二代的表型数	子一代杂种形成的配子数	子二代的基因型数	子一代配子的可能组合数	分离比
1	2	2	3	4	$(3+1)^1$
2	4	4	9	16	$(3+1)^2$
3	8	8	27	64	$(3+1)^3$
4	16	16	81	256	$(3+1)^4$
……	……	……	……	……	……
n	2^n	2^n	3^n	4^n	$(3+1)^n$

3. 连锁与交换规律

大量实验论证了染色体是基因的载体。但是，任何生物染色体的数目是有限的，而基因的数目却很多。例如，玉米的染色体是 10 对，确知的基因已有 400 多个；人类的染色体是 23 对，而基因数目大约有 50000 个，这都说明基因的数目大大超过了染色体的数目。因此，每个染色体上必然带有许多基因，显然凡位于同一染色体上的基因通常不能进行独立分配，它们必然随着这条染色体作为一个共同的行动单位而传递，从而表现了另一种遗传现象，即连锁遗传（linkage）。同一条染色体上的基因构成一个基因连锁群（linkage group），它们在遗传的过程中不可能独立分配，而是随着这条染色体作为一个整体共同传递到子代中去，这叫做完全连锁（complete linkage）。在生物界完全连锁的例子是很少见的，典型的例子是雄果蝇和雌蚕的连锁遗传。

不完全连锁（incomplete linkage）是指连锁的非等位基因在配子形成过程中发生了交换，这样就出现了和完全连锁不同的遗传现象。这种结果除了产生大量亲本型外，还会出现少量的重组型。应当指出，一对连锁基因重组频率的多少是固定的，但不同连锁基因间重组频率是不同的，这反映了不同基因在染色体上的相对距离。重组型出现是染色体交换的结果，所谓交换（crossing over）是指两条同源染色体对应片段间发生了交叉和交换，从而导致了等位基因间的交换。

性连锁是指性染色体上有关基因的情况，它们既符合伴性遗传的规律，而当性染色体上有两对或两对以上的基因时，它们也表现出连锁和交换的现象。同样，常染色体上排列着的许多基因，也有表现出连锁和交换的规律。

玉米是研究连锁交换规律最好的材料之一。玉米籽粒的两对相对性状的遗传情况：玉米籽粒的糊粉层的颜色和许多基因有关，在其他基因都正常的条件下，显性基因型C控制花青素的产生，籽粒为紫红色。它的隐性等位基因型是c，在cc纯合体中，籽粒为白色。同样Sh基因型决定胚乳中淀粉的形成，使种子饱满。它的隐性等位基因型为sh，shsh纯合体中，不能使淀粉糖转化成淀粉，种子成熟时，因为失水、收缩，出现皱缩形状。

现将种子紫红色且饱满的品系CCShSh和无色皱缩的品系ccshsh杂交（图3-15），子一代的籽粒全为紫红色饱满，它们是杂合体CcShsh。再将子一代和双隐性的个体ccshsh测交，由于后者只产生csh配子，可以检验子一代杂合体产生配子的情况。假如c和sh是处在不同的染色体上，那么根据自由组合规律可产生CSh、Csh、cSh和csh四种配子的数目应该相等。而实际的结果，是亲本类型占了96.4%，而重组类型只有3.6%，显然不符合自由结合规律。

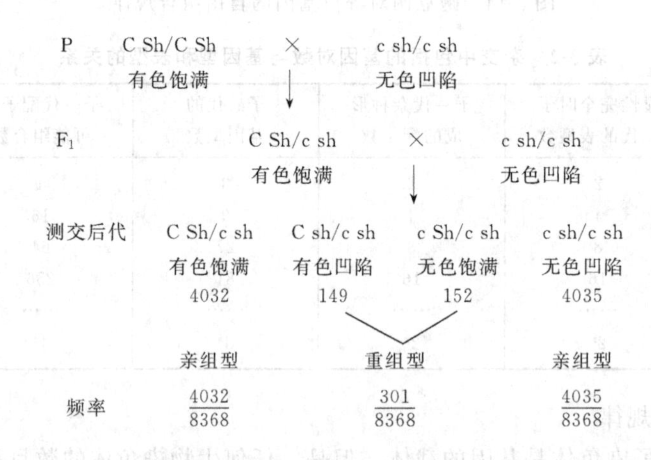

图3-15 玉米两对相对性状的遗传分析

经过研究，原来c和sh是同处于玉米第九个染色体上的两个连锁的基因型，c和sh是在常染色体上的连锁，它们之间遗传图距比较近。杂合体在减数分裂时，只有少数（约7.2%）的细胞在第九对同源染色体之间进行了非姊妹染色单体的交换，而每一对同源染色体之间的交换结果，只有一半的染色单体在sh与c之间发生了重组，故在所形成的配子中，约有3.6%是含重组合cSh或Csh的染色体，所以sh与c之间的交换值是3.6（图3-16）。

早在20世纪初，摩尔根等在研究果蝇时就察觉到，靠得比较近的基因重组频率低于较远的基因。斯图德文特通过实验证实了这一点，并提出两个基因位点之间的重组频率，可以作为它们之间的遗传距离，他建议把重组值的百分之一作为图距的一个单位，连锁的基因按照相互间距离以及各点之间的关系在染色体上作直线排列。

4. 重组与交换的分子基础

重组与交换是遗传学基本规律之一。研究这一规律不仅是遗传分析的重要手段，也是动

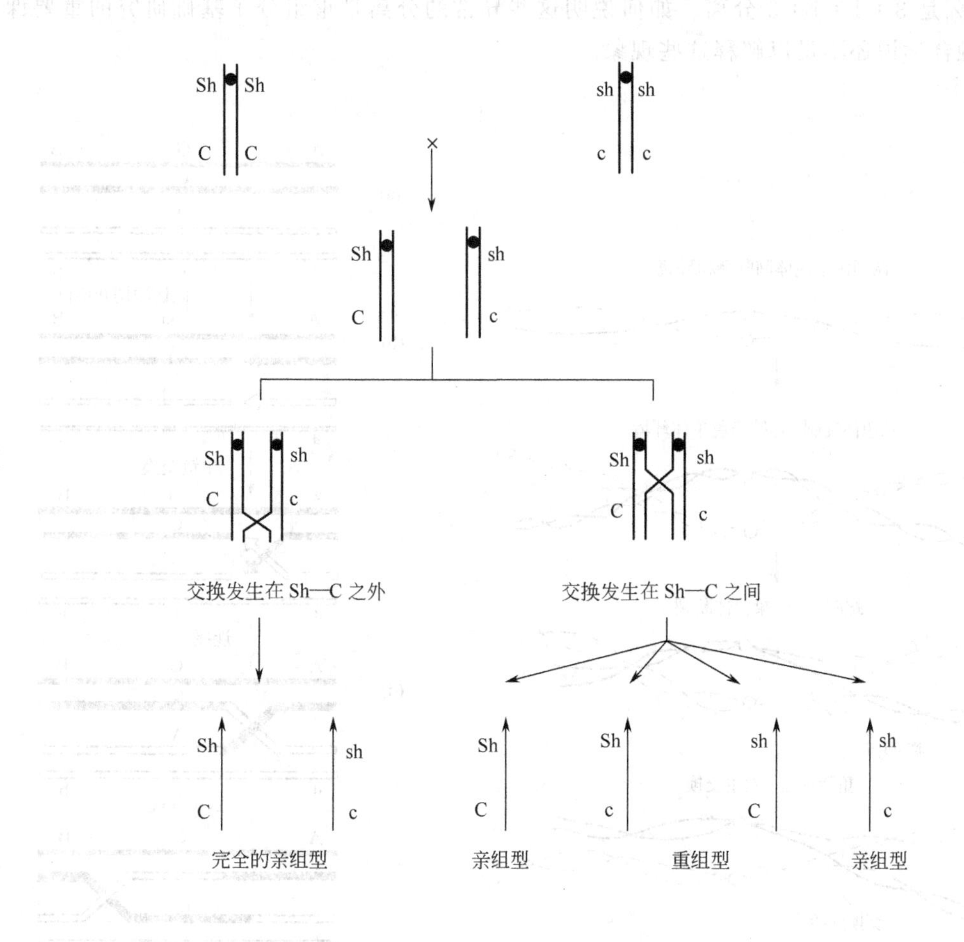

图 3-16 玉米两对等位基因的连锁与交换

物、植物、微生物育种和现代基因工程技术的理论基础。如何进行更好的基因重组，并使好的基因组合保留下来，以满足人类的需要，这就使得人们不得不花时间去研究重组的机理。长期以来，能说明重组机理的理论不多，直到近年，人们才有了能说明问题的理论。这里介绍断裂融合学说和杂种 DNA 学说。

（1）断裂融合学说　这个学说是由达林顿最先提出的（图 3-17），他认为减数分裂前期Ⅰ的偶线期，一对同源染色体相互吸引形成螺旋，联合配对，而当一个染色体分成两个单体时，染色单体又相互排斥，这时由于斥力代替引力，平衡被破坏，只有当两个非姊妹染色单体在相同的位置上断裂，螺旋部分松开，平衡才得以恢复。这时一个染色单体的断裂端跟另一非姊妹染色单体的相应断裂端相接愈合，形成了重组染色单体。这样，在每发生一次断裂愈合所形成的四个染色单体中，两个是亲代类型，两个是重组类型。这个学说能较好地说明一般的交换规律。但是自然界还常有一些异常的分离，它们不像正常的 4∶4 分离，或像交换后的 2∶2∶2∶2 分离，而是属于一种异常的分离。例如，有人对粪壳菌的子囊类型进行了研究，野生型 g^{+}（+）产生黑色的孢子，突变型 g^{-} 产生灰色的孢子。研究者将 $g^{+}\times g^{-}$ 的杂交中，考察了 20 万个子囊，除发现绝大多数是 4∶4 的非交换型或正常的 2∶2∶2∶2 交换型，还有少数异常的交换型，这些交换型约有 0.06％是 5∶3 分离，0.05％是 6∶2 分离，0.008%是3∶1∶1∶3分离。如何说明这些异常的分离是重组分子基础研究的重要课题，断裂融合学说还不足以解释这些现象。

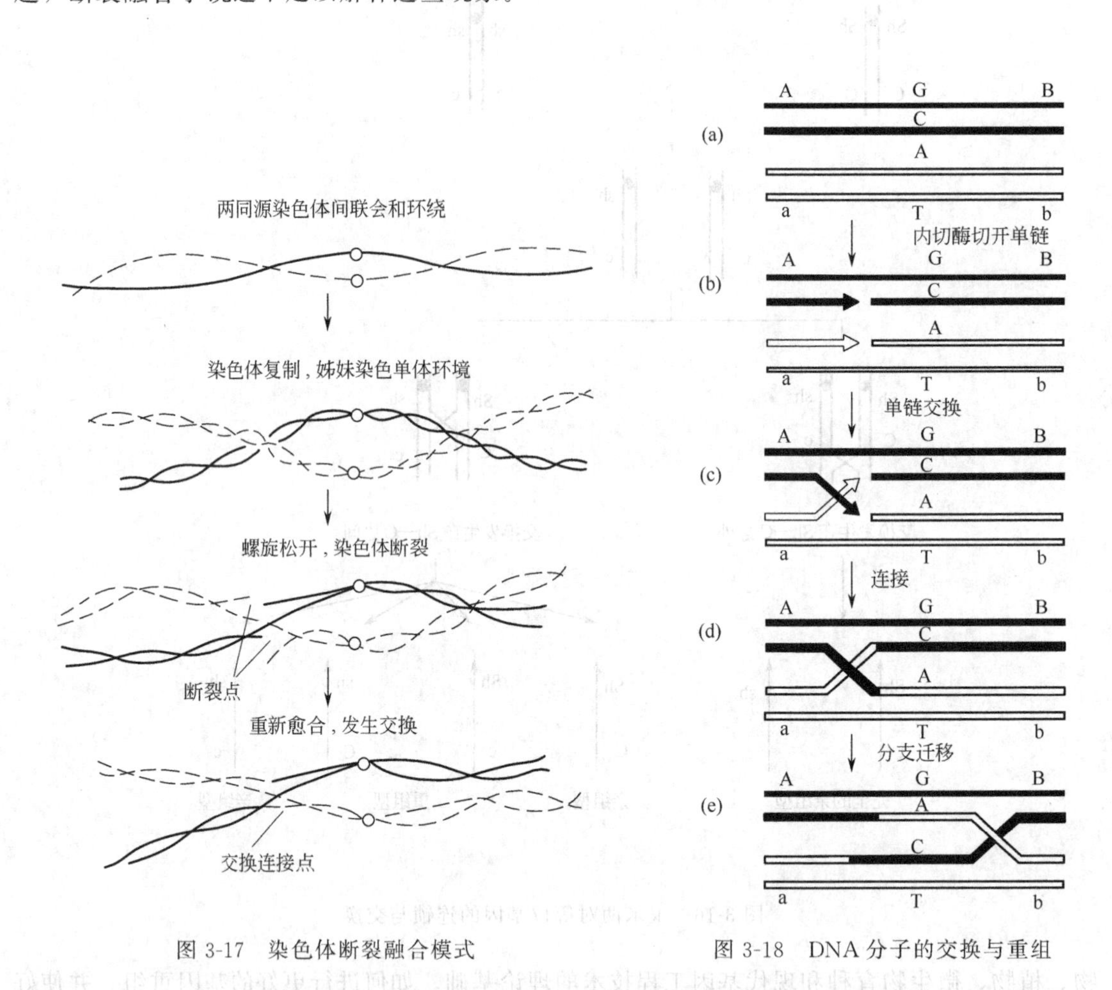

图 3-17 染色体断裂融合模式

图 3-18 DNA 分子的交换与重组

(2) 杂种 DNA 学说 该学说是至今一个能解释上面这种异常情况的学说。其观点是在晚偶线期染色体配对时，同源 DNA 分子配合在一起，经过内切酶的作用，切开断裂点，使两个非姊妹染色体 DNA 双链分子各有一条链断裂，以后再在连接酶的作用下，一个断裂点以交替的方式跟另一个断裂点相互联结，形成两个杂种的 DNA 分子（图 3-18）。杂种的 DNA 分子中有不相称的碱基对，如 G—A 对和 C—T 对等。这种不相称的碱基对是不稳定的，它们在 DNA 分子中会处于歪斜状况，很容易为核酸外切酶所切除，形成缺口，在多聚酶作用下，又能合成互补的碱基，再在连接酶作用下，成为连续的核苷酸链完成修复，这个过程也叫基因的转换。切除和修复可以进行，也可以不进行。就是进行的话，也可以向不同方向发展，例如 G—A 的碱基对可以去掉 A，变成 G—C 对，也可以去掉 G，变成 T—A 对。如果 G—C 是野生型的话，则 T—A 是突变型。这样一来，就会造成像图 3-19 所示那样各种异常的分离。杂种 DNA 理论是断裂愈合理论的补充和发展，两种理论加在一起，可以初步解释正常的交换重组和异常的交换重组。杂种 DNA 理论还说明，重组是一个酶促过程，是在内切酶、连接酶、外切酶、多聚酶等协同作用下完成的。对于重组机理的研究，还远没有完成，本质的问题还有待深入研究。

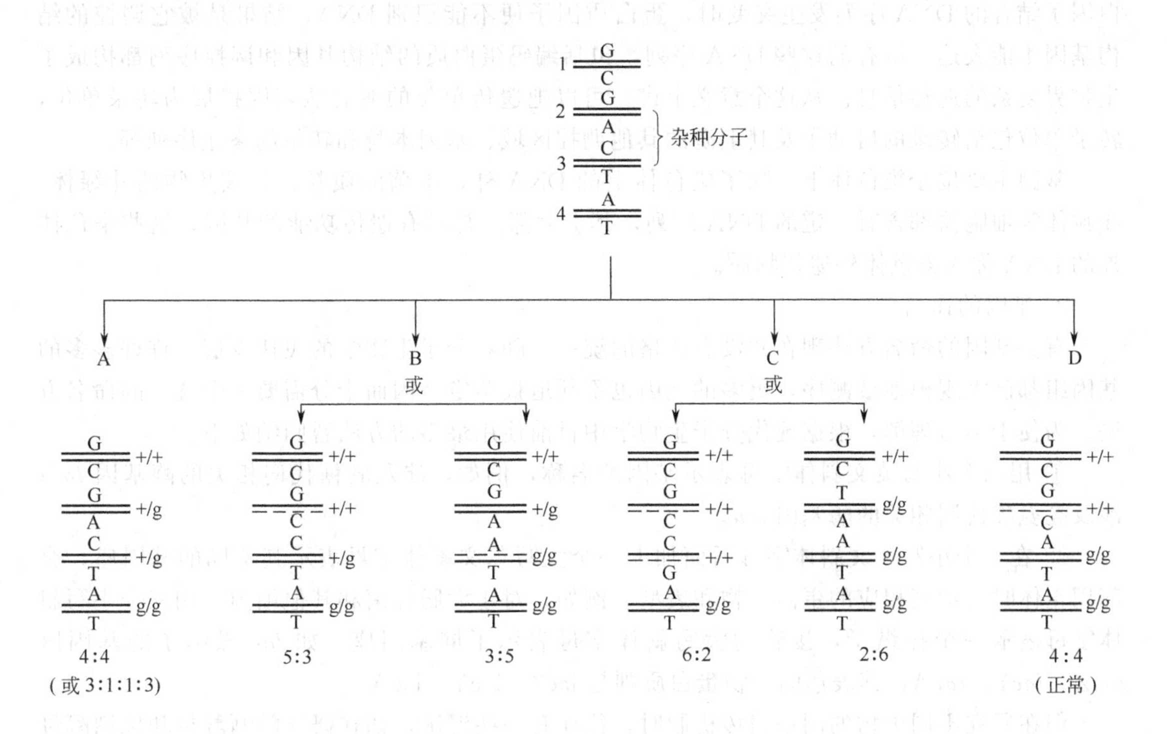

图 3-19 重组 DNA 分子各种异常的分离

第四节 基因、基因组与基因突变

一、基因的类型和特性

1. 基因的概念

基因(gene)是生物的 DNA 或 RNA 分子中具有遗传效应的核苷酸序列，是遗传的基本单位。包括编码蛋白质和 tRNA、rRNA 及其他小分子 RNA 的结构基因，以及具有调节控制作用的调控基因。基因可以通过复制、转录和翻译来决定蛋白质的生物合成，进而实现对遗传性状发育的控制。基因还可以发生突变和重组，导致产生有利、中性、有害或致死的变异。

DNA 是遗传的物质基础，基因主要位于染色体上的 DNA 分子中。DNA 由不同的核苷酸按一定的顺序排列而成，遗传信息存在于其中。由于 DNA 的核苷酸序列能决定它所对应的蛋白质氨基酸序列，而生物体的各种表型是通过产生许多特殊功能的蛋白质来实现的，因此基因也被简单地定义为能产生一个特定蛋白质的 DNA 序列。

DNA 分子上不同的区域功能不同，并不是所有的序列都有编码功能，在原核生物中结构基因占整个基因组 DNA 的大部分，而在真核生物中可能只占一小部分。除了已发现的和目前人类尚未发现的有编码功能的基因序列以外，在结构基因之间还含有大量没有编码功能的间隔区，其中包括与复制、转录、翻译过程有关的，能被调控分子识别的序列。一个基因是否表达是受到与编码区域邻近的 DNA 序列以及结合于其上的蛋白质因子控制的。当与蛋白因子结合的DNA序列发生突变时，蛋白质因子便不能识别DNA，结果是被它调控的结构基因不能表达。所有的这些DNA序列，包括编码蛋白质的结构基因和调控序列都构成了生物界复杂的遗传信息。从这个意义上讲，可以把遗传单位的概念从基因扩展为转录单位，转录单位包括转录的启动子及其上游的其他调控区域、基因本身和转录的终止序列等。

基因主要位于染色体上，除了染色体上的DNA外，细菌的质粒、真核生物的叶绿体、线粒体等细胞器都含有一定的DNA序列，其上大部分是具有遗传功能的基因，这些染色体外的DNA称为染色体外遗传物质。

2. 基因的命名

有关基因的命名方法现在并没有严格的统一。随着分子生物学的飞速发展，许许多多的基因组都已大规模地被测序，更多的基因也不断地被鉴定。因而十分需要一个统一的命名方法。为便于学习理解，根据现代分子生物学中目前使用最多的方法暂归纳如下。

① 用三个小写英文斜体字母表示基因的名称，例如，涉及乳糖代谢相关的酶基因 *lac*；涉及亮氨酸代谢相关的酶基因 *leu*。

② 在三个小写英文斜体字母后面加上一个大写英文斜体字母表示其不同的基因座，全部用正体时表示其相应的蛋白产物和表型。例如，对于大肠杆菌和其他细菌，用三个小写斜体字母表示一个操纵子，接着的大写斜体字母表示不同基因座。如 *lac* 操纵子的基因座 *lacZ*、*lacY*、*lacA*，其表达的产物蛋白质则是 lacZ、lacY、lacA。

但在研究不同生物的同一遗传机制时，往往有一些混淆，如在研究酿酒酵母和粟酒酵母的细胞周期有关基因的命名中就有这种现象。此外，许多基因在不同的实验中从相同组织里被分离出好几次，因而具有不同的名称。例如，重要的果蝇发育基因 *torpedo*，在筛选不同表型的过程中，它曾三次被鉴定，并命名为三种不同的名称，这些都需小心辨认。

③ 对于质粒和其他染色体外成分，如果是自然产生的质粒，用三个英文正体字母表示，第一个字母大写，例如 ColE1；但如果是重组质粒，则在两个大写字母之前加一个 p，大写字母表示构建该质粒的研究者或单位，例如 pSC101（SC 代表 Stanley Cohen）及 pMT555（MT 代表 Manchester Technology）。

④ 对果蝇基因命名的例子最繁多，特别是在发育生物学中。对突变表型的表示用1～4个字母代表。例如，基因 *white*(*w*)、*tailless*(*tll*)、*hedgehog*(*hh*)，而相应的蛋白质则为 White、Tailless、Hedgehog。

⑤ 对于酵母，一般用三个大写英文斜体字母表示基因的功能，后面的数字表示不同的基因座。例如，啤酒酵母基因 *GAL*4、*CDC*28，其表达的蛋白质则是 GAL4、CDC28。但也有例外，例如，非洲粟酒酵母基因是 *gal*4、*cal*4、*cdc*2，蛋白质则为 Gal4、Cal4、Cdc2。

⑥ 线虫用三个小写英文斜体字母表示突变表型，如存在不止一个基因座，则在连字符后用数字表示，如基因 *unc*-86、*ced*-9，其表达的蛋白质则是 UNC-86、CED-9。

⑦ 目前还没有适用于植物的惯用命名法，但大多数也用1～3个小写字母表示。

⑧ 脊椎动物一般用描述基因功能的1～4个小写英文斜体字母和数字表示其基因的功能。例如，基因 *sey*、*myc*，相应的蛋白质为 Sey、Myc。

⑨ 人类基因的命名方法与脊椎动物相似，但需大写斜体。例如基因是 *MYC*、*ENO*1，相应的蛋白质则为 MYC、ENO1。

3. 断裂基因

多数真核生物和少数低等生物的基因组中，在基因的编码序列之间含有大量的不编码序列，从而隔断了对应于蛋白质的氨基酸序列，这种不连续的基因又称为断裂基因或割裂基因(split gene)。指基因的编码序列在DNA分子上不连续排列，而被不编码的序列所隔开。

构成断裂基因的DNA序列分为两类：基因中编码的序列称为外显子（exon)，外显子是基因中对应于信使RNA编码序列的区域；不编码的间隔序列称为内含子（intron)，内含子是在信使RNA被转录后的剪接加工中被去除的区域。断裂基因由一系列交替存在的外显子和内含子构成，基因的两端起始和结束于外显子，对应于其转录产物信使RNA的5′端和3′端。如果一个基因具有n个内含子，则相应也含有$n+1$个外显子。

DNA和相应信使RNA结构上的差异在真核生物中普遍存在，某些低等真核生物的线粒体以及叶绿体DNA中也发现有断裂基因，但也有一些真核生物的结构基因不含内含子，如在酵母基因组中大部分的基因是不中断的。断裂基因在细菌中较为少见，在某些原核生物(如古细菌和大肠杆菌）的噬菌体中也发现了断裂基因。在真细菌的基因组中不存在断裂基因，与原核生物的基因一样直接对应于其蛋白质产物，如组蛋白基因和干扰素基因等。

在基因的表达过程中，DNA经过转录产生了精确对应于DNA序列的RNA拷贝，但这个RNA只是一个前体分子，不能直接用于表达蛋白质，必须从mRNA原初转录产物中去除内含子序列，以产生一个只由外显子构成的信使RNA。从原初转录产物中除去内含子的过程叫做RNA的剪接（剪接过程的详细内容参见第四章)。经过剪接后，所有的外显子按其在DNA上相同的顺序连接在同一个RNA分子上。剪接是一个分子内的反应，来源于不同RNA分子的外显子不能连接在一起。

通过比较剪接加工后的mRNA与DNA的分子杂交，研究其结构，经电镜观察，如果DNA分子中含有内含子，因为其mRNA中没有相应的序列，在所形成的RNA-DNA杂交双链的某一部位就会出现不能配对的单链环，即是内含子。此法还可确定内含子在基因中的位置和大小（图3-20)。

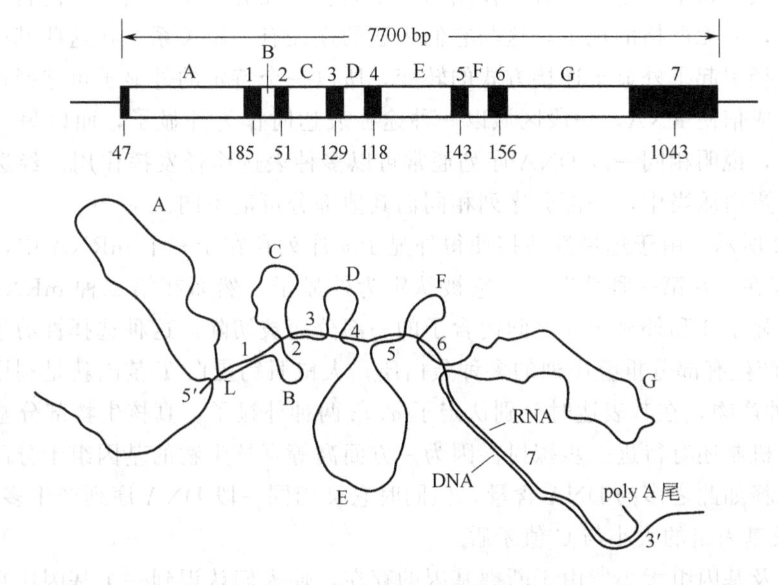

图3-20 鸡卵清蛋白基因中存在非编码的内含子区

L及1～7区为外显子；A～G区为内含子

断裂基因的内含子无论在数量和大小上都有很大差异，但大多数断裂基因都有共同的性质：外显子在基因中的排列顺序与它在成熟 mRNA 产物中的排列顺序相同；每种断裂基因在所有组织中都具有相同的内含子成分；核基因的内含子通常在所有的可读框中都含有无义密码子（nonsense codon），因此一般没有编码功能；在内含子上发生的突变不影响蛋白质的结构，所以其突变往往对生物体没有影响，但也有例外，如某些发生在内含子上的突变可通过抑制外显子的相互剪接，从而干扰了正确的信使 RNA 产生。

4. 重叠基因

（1）原核生物的重叠基因　1976 年 Barrell 等发现，在噬菌体 ΦX174 单链环形 DNA 的序列组织上有一个最显著的特点，即 *E* 基因的 237 个核苷酸完全包括在含有 456 个核苷酸的 *D* 基因之内。1977 年 Sanger 又发现 *B* 基因的 260 个核苷酸完全位于含 1546 个核苷酸的 *A* 基因之内，*K* 基因则跨越在 *A* 基因和 *C* 基因之间，表明噬菌体 ΦX174 单链环形 DNA 含有重叠基因和基因内基因（图 3-21）。这些重叠在一起的基因表达时使用了不同的阅读框，因此，虽然 DNA 序列相同，但表达的蛋白质不同。在基因重叠的情况下，共同序列上发生的突变可能影响其中一个基因的功能，也可能影响两个基因。在重叠基因中还有一种情况：当一个基因包含在另一个基因之中时，两个基因使用相同的阅读框。小基因可独立地表达一种蛋白质，相当于整个基因表达的蛋白质的一部分，最终结果类似于一个完整的蛋白质发生了部分的断裂。在一些病毒或线粒体基因中，两个邻近的基因以一种巧妙的方式发生重叠，并以不同的阅读框被阅读和表达，因此一段相同的 DNA 序列可以编码两个非同源蛋白质。重叠的距离通常相对较短，所以大部分序列仍然有独立的编码对应蛋白质的功能。

重叠基因及基因内基因的现象反映了原核生物利用有限的遗传资源表达更多生物功能的能力。

（2）真核生物的重叠基因　通常情况下真核生物基因组中很少有重叠基因。由于断裂基因的每个外显子可编码一段氨基酸序列，对应于整个蛋白质分子上的相应部分，而内含子不在最终的蛋白质产物中表达，二者的作用迥然不同。但在有些基因当中，内含子和外显子的区分是相对的，并无严格的规定，这与它们表达的途径有一定关系。在这些基因中，选择性的基因表达途径引起了外显子连接方式的转变，所以一个特定的外显子可选择性地与不同的外显子连接形成信使 RNA，一段区域以一种途径表达时作为外显子，而以另一种途径表达时作为内含子，说明相同一段 DNA 序列通常可以多种表达途径发挥作用。经选择性表达途径产生的两种蛋白质当中，一部分序列相同而其他部分可能不同。

如图 3-22 所示，由于选择性剪接使得外显子 4 序列存在于一个 mRNA 中，而在另一个 mRNA 中不存在。在第一种情况下，它被认定为外显子；然而在第二种 mRNA 的剪接时，它却被作为外显子 3 和外显子 5 之间内含子的一部分而被切除。这种选择性剪接可由相同一段 DNA 序列产生有部分重叠序列的多种蛋白质。大鼠肌钙蛋白 *T* 基因就是利用这种方式产生了 α、β 两种产物，在其表达时分别认定了 α、β 两种外显子。真核生物部分基因的表达采用这种方式的机制还有待进一步探讨。因为一方面高等真核生物的基因组十分巨大，无法用已知的功能解释如此之多的 DNA 含量，但同时它又用同一段 DNA 序列产生多种表达产物。

5. 基因及基因组的大小与 C 值矛盾

（1）基因及基因组大小　由于断裂基因的存在，使人们认识到一个基因比它实际编码蛋白质的序列要大得多。与整个基因相比，真正编码蛋白质的序列很短。外显子的大小与基因的大小并没有必然的联系。因此，基因可能是由一些编码较小的独立蛋白质分区的单位在进化过程中加合起来的。也有一些较大的外显子编码不翻译的5′区域和3′区域。

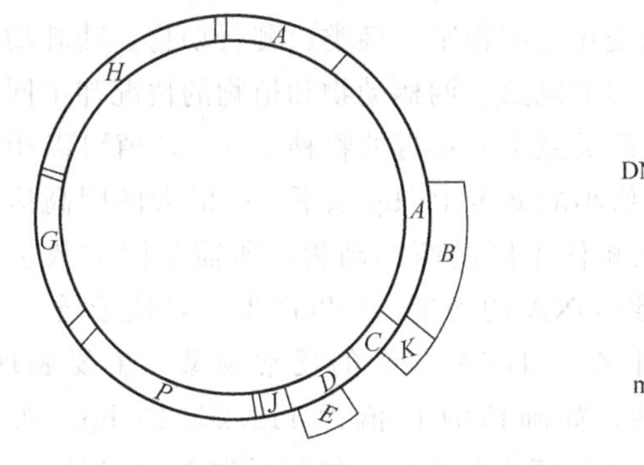

图 3-21 ΦX174 的重叠基因

外显子1 外显子3 外显子5
DNA
外显子2 外显子4
选择性剪接
mRNA

图 3-22 选择性剪接可产生不同的 RNA 产物

基因的大小取决于它所包含的内含子的长度，一些基因的内含子特别长，例如哺乳动物的二氢叶酸还原酶基因含有6个外显子，其 mRNA 的长度虽为2.0kb，但它含有极长的内含子，使其基因的总长度长达25～31kb。由于内含子通常比外显子大很多，导致整个基因比其编码区域也大很多。而且内含子之间区别也很大，其大小从200个碱基对左右到上万个碱基对。在一些极端的例子中，甚至有50～60kb的内含子。比较基因的长度和由它们编码的 mRNA 的长度来看，在酵母中 mRNA 分子大小的变化范围与其基因大小的变化范围并没有什么不同，但是在哺乳动物中的情况有明显不同，它们的 mRNA 分子常常不到10kb，而与之相比，基因的大小常常达到100kb。

基因的大小还与它所包含内含子的数目有关。在不同的基因中，内含子的数目变化很大，有些断裂基因含有一个或少数几个内含子，如珠蛋白基因；某些基因含有较多的内含子，例如鸡卵清蛋白基因有7个内含子，伴清蛋白基因含有16个内含子。

表3-3总结了一些生物体的平均基因大小，当比较不同物种时，可以看出从低等真核生物到高等真核生物 mRNA 的平均大小略有增加，而基因的平均大小和外显子数目明显增加。在哺乳动物、昆虫、鸟类中，基因的平均长度将近是其 mRNA 长度的5倍。

表 3-3 不同生物的平均基因大小

种　类	平均外显子数目/个	平均基因长度/kb	平均 mRNA 长度/kb
酵母	1	1.6	1.6
真菌	3	1.5	1.5
藻虫	4	4.0	3.0
果蝇	4	11.3	2.7
鸡	9	13.9	2.4
哺乳动物	7	16.6	2.2

(2) C值与C值矛盾　生物体的一个特征是其单倍体基因组的全部 DNA 含量总是相对恒定的，通常称为该物种的C值。真核生物基因组的C值（C-value）：指生物单倍体基因组中的 DNA 含量，以 bp 或 pg 表示（$1pg=10^{-12}g$）。不同物种的C值差异很大，最小的支原体只有 10^6 bp，而最大的如某些显花植物和两栖动物可达 10^{11} bp。随着生物的进化，生物体的结构和功能越来越复杂，其C值就越大，例如真菌和高等植物同属于真核生物，但后者的C值却大得多。这一点是不难理解的，因为结构和功能越复杂，所需要的基因产物的种

类也越多，即需要的基因越多，因而C值越大。

然而在另一方面，随着进化，生物体复杂性和DNA含量之间的关系变得模糊，出现了很多令人费解的现象。一些物种基因组大小的变化范围很窄，鸟类、爬行动物、哺乳动物各门内基因组大小的范围只有两倍的变化。但大多数昆虫、两栖动物和植物的情况却不同，在结构和功能很相似的同一类生物中，甚至在亲缘关系十分接近的物种之间，C值可以相差数十倍乃至上百倍。突出的例子是两栖动物，C值小的低至10^9 bp以下，C值大的则高达10^{11} bp，而哺乳动物的C值均为10^9 bp。人们很难相信不同的两栖动物，所需基因的数量会有100倍的差别。由于无法用已知功能解释基因组DNA的含量，所以产生了C值矛盾。

C值矛盾（C-value paradox）是指真核生物中DNA含量的反常现象。主要表现为：①C值不随生物的进化程度和复杂性而增加，如肺鱼的C值为112.2×10^9 bp，而人是3.2×10^9 bp，与牛相近；②亲缘关系密切的生物C值相差甚大，如豌豆为14×10^9 bp，而蚕豆为2×10^9 bp；③高等真核生物具有比用于遗传高得多的C值，如人的染色体组DNA含量在理论上包含300万个基因，但有实际用途的基因只有5万～10万个。

二、基因组

基因组是指细胞或生物体中，一套完整单倍体的遗传物质的总和；或指原核生物染色体、质粒，真核生物的单倍染色体组、细胞器或病毒中，所含有的一整套基因。

1. 原核生物的基因组

原核生物的基因组包括染色体基因组和染色体外的质粒基因组等。

（1）原核生物的染色体基因组　是指其环状或线状的双链DNA分子所含有的全部基因。

E. coli 染色体基因组（*E. coli* chromosome genome）是指存在于*E. coli*染色体上的全部基因。*E. coli*染色体相对聚集形成致密的类核（nucleoid），但无核膜，类核中央由RNA和支架蛋白组成，外围是双链闭环的DNA超螺旋。其双链环状的DNA分子约含4.2×10^6 bp，相对分子质量为2.67×10^9，约含4000个基因。它的蛋白质结构基因大都为单拷贝基因，功能相关的基因大多集中在一起组成操纵子，其中的结构基因为多顺反子，即数个结构基因串联在一起，受同一调节区调节。数个操纵子又由一个共同的调节基因（regulator gene）所调控。与复制有关的酶和蛋白质基因分散排列在整个染色体的不同区域中，rRNA基因是多拷贝基因，并由16S rRNA、23S rRNA、5S rRNA基因组成一个转录单位，其间有的还插有tRNA基因。tRNA基因有单拷贝、双拷贝、多拷贝的形式。基因组中具有多种功能的识别区域，如复制起始区、复制终止区、转录启动区、终止区等。这些区域具有特殊的序列，如反向重复序列等。

（2）质粒基因组　指核染色体外质粒的基因组，大约有几十种。细菌的质粒DNA呈环状或线状的双链结构，1×10^3～300×10^3 bp，相对分子质量为1×10^6～200×10^6，质粒基因可通过复制、转录、翻译，从而赋予寄主细胞某种性状，许多性状已作为DNA重组技术中的较为成熟的选择标记。

2. 真核生物基因组

真核生物基因组（eucaryotic genome）指真核生物的核基因组，包括染色体基因组和核内的染色体外基因，以及细胞质的线粒体、叶绿体基因组等。

（1）真核生物染色体基因组　真核生物染色体基因组（eucaryotic chromosome genome）为真核生物单倍体染色体所含有的一整套基因。由于进化程度的不同，不同种类的真核生物基因组的大小及复杂程度相差甚大。存在于细胞核中的染色体DNA为线状双链，分子量较高，并表现C值矛盾。在组成上有单一序列和不同程度的重复序列、编码基因之间的间隔序列以及基因内的内含子。

真核生物基因组可形成单拷贝基因、寡拷贝基因、多拷贝基因以及断裂基因，有的还具有转座基因，其基因复制在细胞核中以多复制子形式进行，基因表达可在核、质中分别进行，调控机制比原核细胞复杂，功能相关的基因不构成操纵子。

真核生物基因组与原核基因组相比，其区别可总结如下：①真核生物基因组远远大于原核生物基因组，且具有相当的复杂度；②细胞核中的DNA与蛋白质结合，形成的染色体存在于核内；③基因组中不编码区域远远多于编码区域；大部分基因有内含子，因此基因的编码区域不连续；存在着重复序列，重复次数从几次到几百万次不等；④基因组中以多复制起点的形式复制；⑤转录产物为单顺反子；⑥真核生物基因组与原核基因组相同，也存在着可移动的因子。真核生物的不同基因组之间也具有一定的相关性，如基因特性相似，基因结构及组成类同，遗传信息传递方向的普遍性，遗传密码的通用性等。

(2) 线粒体基因组　线粒体基因组（mitochondrial genome，mtDNA）在不同的生物体中，线粒体的大小、基因排列、转录合成、遗传密码都有所不同。动物细胞线粒体基因组较小，例如人、鼠、牛都是16.5kb。与核DNA相比，线粒体DNA所占比例很少，不到1%。酵母线粒体基因组很大，例如酿酒酵母为84kb。正在生长的细胞中线粒体DNA比例高达18%。植物线粒体DNA的大小差异很大，最小都有100kb。

所有的mtDNA都是双链环状分子，与细菌质粒DNA的结构相似。mtDNA的相对分子质量为$1\times10^3\sim2\times10^5$；动物mtDNA较小，而植物的mtDNA较大。

线粒体基因组包含以下基因及基因簇：rRNA基因、tRNA基因、ATPase基因、细胞色素COXase基因。线粒体是半自主性的细胞器，其自身基因组只能编码部分所需产物，许多重要物质的产生需由核基因组与线粒体基因组共同互作。例如，酵母线粒体中的ATP酶是由两个F_0和F_1组成的复合体，跨膜因子F_0的三个亚基由线粒体基因组编码，而可溶性的F_1-ATP酶的5个亚基由核基因组编码。细胞色素c氧化酶的各亚基也是由两个基因组共同编码的；细胞色素bc_1复合物中的一个亚基来源于线粒体基因组，而另6个亚基来源于核基因组。

迄今为止，已知生物的遗传密码通用性主要适合于核DNA编码的蛋白质，mtDNA编码蛋白质的遗传密码与核DNA编码蛋白质的遗传密码并不完全相同。

(3) 叶绿体基因组（chloroplast genome）　叶绿体也属于半自主性的细胞器，其自身的基因产物不能完全满足功能上的需要，必须有核基因产物的协同作用（核质互作）。大多数叶绿体基因产物是类囊体膜的成分或与氧化还原反应有关。有些复合物与线粒体复合物一样，一部分亚基由叶绿体基因组编码而另一部分由核基因组编码。例如，1,5-二磷酸核酮糖羧化酶-加氧酶（rubisco）是地球上已知存在量最大的蛋白质，占类囊体可溶性蛋白大约80%，叶片可溶性蛋白的50%。rubisco全酶由8个大亚基（LSU）和8个小亚基（SSU）组成，活性中心位于大亚基上，小亚基主要起着调节功能。研究发现，小亚基由核基因编码，大亚基由叶绿体基因组编码。在叶绿体中也有只由一个基因组编码的蛋白质。在已鉴定的叶绿体基因中，大约45个基因的产物为RNA，27个基因的产物是与基因表达有关的蛋白，18个基因编码类囊体膜的蛋白质，还有10个基因的产物与光合电子传递功能有关。

叶绿体基因组比较大，在高等植物中通常为140kb，在低等真核生物中高达200kb。叶绿体DNA以双链环状分子的形式存在，与核DNA不同，叶绿体DNA不含5-甲基胞嘧啶，也不与组蛋白结合，在CsCl密度梯度离心中的浮力密度为1.697g/ml，相当于37%的G+C含量，不同植物在36%～40%之间，低于植物的核DNA，因此，可用CsCl密度梯度离心法将叶绿体DNA分离。

大多数植物叶绿体DNA都有数万碱基对的两个反向重复序列（IR），IR把环状的DNA分子分隔成两个大小不同的单拷贝区：大单拷贝区78.5～100kb（LSC），小单拷贝区12～76kb（SSC）。所有不同植物叶绿体基因组中的rRNA基因（4.5S、5S、16S、23S）都位于IR区内，其中还含有部分的tRNA基因。

根据叶绿体基因组数目，可将其分为三种类型：Ⅰ型，只含单拷贝rRNA基因；Ⅱ型，含2个拷贝rRNA基因；Ⅲ型，含3个拷贝rRNA基因，仅见于裸藻。Ⅱ型是大多数高等植物叶绿体基因组的结构。

蛋白质双向电泳结果显示：叶绿体中总共大约有220多种蛋白质，基质中有150多种，其余的存在于类囊体及其他部位。烟草叶绿体基因组最多只能编码80多种蛋白质，因此，叶绿体蛋白质的半数以上是由核基因组编码的，并在细胞质中合成，最后运输到叶绿体中。

有关线粒体与叶绿体基因组结构与功能目前在分子水平上已经研究的比较详细。

3. 真核生物DNA序列组织

根据DNA复性动力学研究，真核生物的DNA序列可以分为下列4种类型。

① 单拷贝序列。又称非重复序列，在一个基因组中只有一个拷贝，真核生物的大多数编码基因都是单拷贝的。在复性动力学中对应于慢复性组分。

② 轻度重复序列。在一个基因组中有2～10个拷贝（有时被视为非重复序列），如蛋白基因和酵母tRNA基因。在复性动力学中也对应于慢复性组分。

③ 中度重复序列。有十个至几百个拷贝，一般是不编码的序列，例如人类基因组中的Alu序列等。中度重复序列可能在基因表达调控中起重要作用，包括DNA复制的起始基因、开启基因或关闭基因的活性、促进或终止转录等。该序列的平均长度约300bp，它们在一起构成了基因序列家族与非重复序列相间排列。对应于中间复性组分。

④ 高度重复序列。有几百个到几百万个拷贝，是一些重复数百次的基因，如rRNA基因和某些tRNA基因，而大多数是重复程度更高的序列，如卫星DNA等。高度重复序列对应于快复性组分。

不同生物中非重复基因占基因组的比例差别很大。原核生物含有完全不重复的DNA，低等真核生物的大部分DNA是非重复的，重复组分不超过20%，且基本是中等重复组分。在动物细胞中，接近一半的基因组DNA是中等重复组分或高度重复组分。而植物和两栖动物的非重复DNA只占基因组的很小一部分，中等重复和高度重复的组分达80%。

真核生物基因组的序列组织形式千差万别。在一些多倍体植物中没有非重复序列，复性最慢的组分也有2～3个拷贝。而在螃蟹基因组中，没有中等重复的DNA，只有高度重复DNA和非重复DNA。低等真核生物没有高度重复序列。

在简单的生物体中，非重复DNA的长度随基因组大小的增加而增加。但很少有非重复DNA组分超过2×10^9bp的生物体。当基因组的大小在3×10^9bp（如哺乳动物）以上时，随着基因组大小的进一步增加，非重复DNA组分将不再增加，只是重复组分的数量和比例的增加。基因组非重复DNA的含量与生物体的复杂性一致，例如大肠杆菌为4.2×10^6bp，秀丽隐杆线虫为6.6×10^7bp，果蝇约为1×10^8bp，哺乳动物为2×10^9bp。

三、基因突变

由前述所知，作为遗传物质的DNA有三个主要功能：①通过复制将遗传信息由亲代传给子代；②通过转录使遗传信息在子代得以表达；③通过变异在自然选择过程中获得新的遗传信息。变异是DNA的核苷酸序列改变的结果，变异包括基因突变、染色体结构和数目的变化，以及由于不同DNA分子之间的交换而引起的遗传重组。基因突变（mutation）是基因内的遗传物质发生可遗传的结构和数量的变化，通常产生一定的表型。广义的突变包括染色体畸变和基因突变。遗传重组也导致可遗传的变异，因此，染色体畸变、基因突变、遗传重组是可遗传变异的基础。

1. 基因突变的类型

基因突变有以下多种类型。碱基对置换是指DNA错配碱基在复制后被固定下来，由原来的一个碱基对被另一个碱基对所取代，又称为点突变。碱基对置换有转换和颠换两种类型。转换是在两种嘧啶或两种嘌呤之间的互换；颠换发生在嘧啶与嘌呤或嘌呤与嘧啶之间的互换。碱基替换通常仅发生在一个碱基上，偶尔也有几个碱基同时被替换。转换发生的频率一般比颠换高1倍左右。插入突变指在基因的序列中插入了一个碱基或一段外来DNA导致的突变。例如，大肠杆菌的噬菌体Mu-1、插入序列（IS）或转座子都可能诱发插入突变。插入突变有两种方式：①拷贝或复制移动，指一个位点上的序列被复制后插入到另一位点；②非拷贝移换，DNA序列从一个位点直接移动到另一位点。

同义突变是基因突变改变了密码子的组成，但由于密码子的简并性而未改变所编码氨基酸的突变。例如，基因中的密码CTA突变为CTG，则所转录的mRNA中将由GAU变为GAC，但它们都是天冬氨酸的密码子。因此同义突变不改变基因产物的序列，对发生突变的染色体组既无益处也无害处，故又称无声突变或中性突变。错义突变是基因突变改变了所编码的氨基酸的种类或位置的突变，能不同程度地影响蛋白质或酶的活性。当氨基酸密码子变为终止密码子时，称为无义突变，它导致翻译提前结束。移码突变是由于一个或多个非三整倍数的核苷酸对插入或缺失，导致编码区该位点后的三联体密码子阅读框架改变，从而使后面的氨基酸都发生错误，使该基因产物完全失活；如出现终止密码子则也可使翻译提前结束。缺失突变指一个或多个碱基从一段DNA序列中被删除，或较长核苷酸序列丢失引起的突变，这种突变难以被回复。渗漏突变是突变基因的产物尚有部分活性的错义突变，是表型界于野生型与完全突变型之间的某种状态。从突变型又恢复到原先野生型的突变过程称为回复突变。DNA分子上任意位点发生突变的频率并不相等，突变热点是指在某些位点发生突变的频率远远高于其平均数。突变热点的形成与造成突变的机制有关。

2. 诱变剂的作用

在自然条件下发生的突变称为自发突变。自发突变的频率非常低，大肠杆菌和果蝇的基因突变率都在10^{-10}左右。能够提高突变率的物理因子或化学因子称为诱变剂（mutagen）。对DNA分子的诱变主要有物理诱变剂和化学诱变剂两种，前者通过高能离子化辐射，导致吸收X射线或γ射线，引起目标分子电子转移，这些电子会引起DNA发生广泛的化学变异，包括断链、碱基及糖环的损伤等。非离子化辐射引起目标分子内的分子振动或促进电子进入较高能级态，形成新的化学键。化学诱变剂主要是通过对碱基的修饰或插入其中，从而改变其配对特性而诱发的突变。许多天然的、合成的有机和无机的化学物质均可与DNA发生反应改变其特性。许多诱变剂的作用机制已经清楚。最常见的诱变剂有以下几类。

（1）碱基类似物　是与DNA正常碱基结构类似的化合物（base analog），能在DNA复制时取代正常碱基掺入并与互补链的碱基配对。但这些类似物易发生互变异构，在复制时改变配对性质，引起碱基对置换。所有碱基类似物引起的置换都是转换，而非颠换。5-BU 是胸腺嘧啶的类似物，在通常情况下以酮式（keto）结构存在，能与腺嘌呤配对；但它有时以烯醇式（enol）结构存在，则与鸟嘌呤配对（图 3-23）。胸腺嘧啶也有酮式和烯醇式互变异构现象，但其烯醇式发生率极低。而 5-BU 中由于溴原子负电性很强，其烯醇式发生率很高，显著提高了诱变力，结果使 AT 对转变为 GC 对。

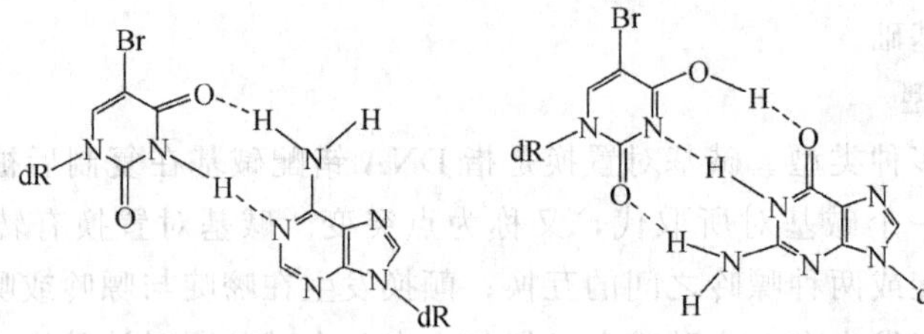

5-BU(keto) A 5-BU(enol) G

图 3-23 5-BU 酮式和烯醇式具有不同的配对性质

（2）碱基的修饰剂 某些化学诱变剂通过对 DNA 分子上碱基的修饰（base modifier），改变其配对性质。例如，亚硝酸能脱去碱基上的氨基。当腺嘌呤脱氨后成为次黄嘌呤（Ⅰ），后者与胞嘧啶配对，而不与胸腺嘧啶配对；胞嘧啶脱氨后成为尿嘧啶，与腺嘌呤配对等。经过两次的复制以后，分别由于 A 和 C 的脱氨，而使 AT 对转换为 GC 对，或 GC 对转换为 AT 对。鸟嘌呤脱氨后成为黄嘌呤（X），后者仍与胞嘧啶配对，经复制后恢复正常，不引起碱基对置换。

羟胺（NH_2OH）与 DNA 分子上的碱基作用十分特异，它只与胞嘧啶作用，生成 4-羟胺胞嘧啶（HC），能与腺嘌呤配对，结果使 GC 对变为 AT 对（图 3-24）。

烷化剂（alkylating agent）是一类极强的化学诱变剂，较常见的有氮芥、硫芥、乙基甲烷磺酸（EMS）、乙基乙烷磺酸（EES）和亚硝基胍（NTG）等。烷化剂能使 DNA 碱基上

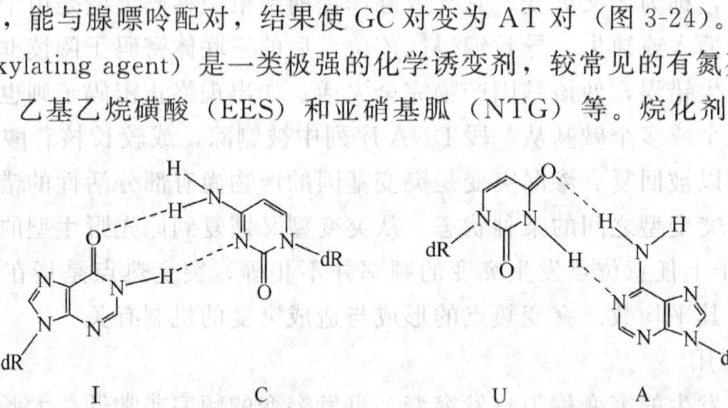

I C U A

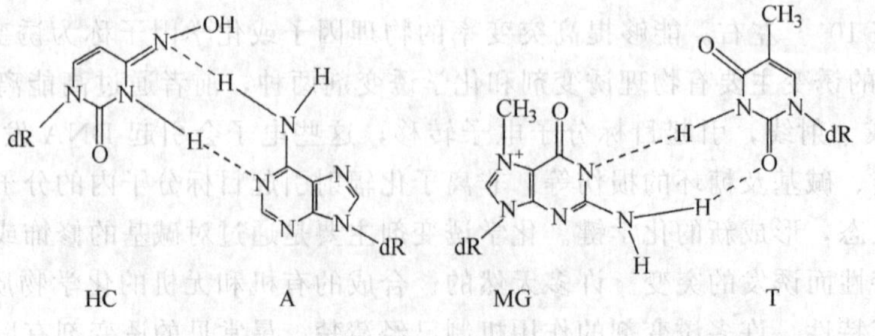

HC A MG T

图 3-24 化学修饰剂改变碱基的配对性质

氮原子烷基化，最常见是鸟嘌呤第7位氮原子的烷基化，它引起分子电荷分布的变化而改变碱基配对性质，如7-甲基鸟嘌呤（MG）与胸腺嘧啶配对（图3-24）。而直接与配对有关基团的烷基化可以完全阻断复制时的碱基配对。氮芥、硫芥能使DNA同一条链或两条不同DNA链上鸟嘌呤交联成二聚体，交联的结果是阻止了正常的修复，因此交联剂往往是强致癌剂。亚硝基胍在适宜条件下可使大肠杆菌每个细胞都发生一个以上的突变，典型的变化是在DNA复制叉部位出现多个成簇突变。当精确控制培养条件和加入亚硝基胍的时间与剂量时，可选择性地使细胞DNA特殊片段发生突变。此外，烷基化后的嘌呤和脱氧核糖结合的糖苷键变得不稳定，容易使嘌呤脱落而造成突变。

（3）嵌入染料　一些扁平的稠环分子，例如吖啶橙、原黄素、溴化乙锭等染料，可插入到DNA分子碱基对之间，故称为嵌入染料（intercalating dye）。这些扁平分子插入DNA后正好占据了一对碱基的位置，将碱基对间的距离撑大约一倍。嵌入染料插入碱基重复位点处时，可造成两条链错位，复制时新合成的链或增加了核苷酸的插入，或使核苷酸缺失，结果造成移码突变。

（4）紫外线和电离辐射　引起DNA损伤的最重要的方式之一是紫外线。紫外线的高能量可以使相邻嘧啶之间双键打开形成二聚体，主要产生环丁烷结构和6-4光产物，即一个嘧啶的第6位碳原子与相邻嘧啶第4位碳原子间的连接，并使DNA产生弯曲（bend）和纽结（kink）。电离辐射（X射线、γ射线等）的作用比较复杂，除射线的直接效应外，还通过对水的电离形成自由基起作用（间接效应）。大剂量照射时，使DNA链出现双链断裂或单链断裂而发生严重的突变。紫外线和电离辐射都是极强的诱变剂。

3. 诱变剂和致癌剂的检测

现代医学和生物学的研究表明，人类癌症的发生是由于某些调节正常细胞分裂的基因缺陷或变异所致，这些基因包括原癌基因和抑癌基因。肿瘤的发生是细胞生长失控的结果，能转移的恶性肿瘤称为癌。控制细胞分裂的基因由于突变或肿瘤病毒的入侵而失去其调节功能，原癌基因成为癌基因，抑癌基因失去抑制细胞恶性生长的能力。因此，细胞癌变与修复机制的受损坏以及突变率的提高有关。

存在于食品、日用品和环境中的诱变剂和致癌剂对人类健康十分有害。Ames发明了一种检测方法，称为Ames实验。该方法采用鼠伤寒沙门杆菌的营养缺陷型菌株，其组氨酸生物合成途径一个酶的基因发生突变而使该酶失活，将该菌与待测物置于无组氨酸的培养基中培养，如果待测物具有诱变作用，就可使营养缺陷型细菌因恢复突变而产生菌落，根据菌落的多少可判断诱变力的强弱。由Ames试剂和动物实验的结果发现，致癌物质中90%都有诱变作用，因此，90%的诱变剂有致癌作用。许多化合物需在体内经过代谢活化才有诱变作用，在测试时可将待测物与肝提取物一起保温，使其转化，这样可使潜在的诱变剂也能被检测出来。大肠杆菌的SOS反应可以使处于溶源状态的λ噬菌体激活，从而裂解宿主细胞产生噬菌斑。通常引起细菌SOS反应的化合物对高等动物都是致癌的。Devoret根据此原理，利用溶源菌被诱导产生噬菌斑的方法来检测致癌剂，简化了检测手段。

第五节　染色体变异和DNA重组

一、染色体结构和数目变异

1. 染色体结构变异

许多染色体水平的变异在显微镜中可以直接观察到。习惯上把染色体结构的改变分为四种主要的类型：缺失、重复、倒位和易位。

（1）缺失　染色体臂发生两处的断裂，中间部分丢失，然后断裂处愈合，相互配对，由于一条染色体缺少一个片段，同源染色体的另一条相应部分无法配对，拱了起来形成弧状的缺失圈，如图 3-25。

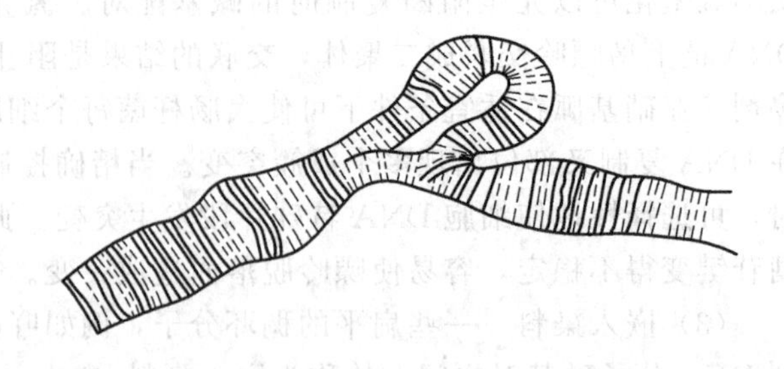

图 3-25　染色体缺失所形成的弧状缺失圈

缺失的一段中如果含有严重影响生物体正常生活力的因子或者缺失的部分太大，个体通常死亡。如果缺失部分对生活力的影响不严重，个体能存活，常会出现拟显性现象。例如，一对同源染色体上分别含有等位基因 A 和 a，A 是显性基因，a 是隐性基因。如果发生包括基因 A 在内的片段丢失，a 基因由于没有显性基因的掩盖，于是表现出拟显性性状 a。

（2）重复　重复是指一个染色体除了正常的组成之外，还多了一些额外的染色体片段。重复可以在同一个染色体上，也可以在不同染色体上。存在重复的染色体片段，在同源染色体配对时，出现和缺失时类似的拱形结构，这是由于重复的部分无法配对，拱了出来（图 3-26）。通常重复的危害比缺失轻些，因此在自然群体中广泛出现。有人提出一种进化的理论，认为新基因可以通过重复产生，并且随着突变又扩大了生物的功能范围，有利于生物适应不断变化着的环境，并逐渐保留和发展起来。

（3）倒位　倒位是指染色体断裂的某一片段倒转了位置又重新愈合的情况。倒位之后，虽然染色质含量没有什么变化，但由于基因的排列顺序的变化，也会造成遗传效应。在倒位的纯合体中，同源染色体都是倒位的，可以正常联合配对，减数分裂是正常的，看不出有什么遗传效应。但倒位的杂合体减数分裂比较复杂，在粗线期会产生倒位环（图 3-27）。如果在倒位环内发生交换，就会产生双着丝点的染色体，在减数分裂后期会形成桥和无着丝点的断片。无着丝点的断片不能以正常方式移动和分裂，会在细胞分裂过程中丢失。具有两个着丝点的染色体桥也会断裂造成缺失和重复及没有生活力的配子。

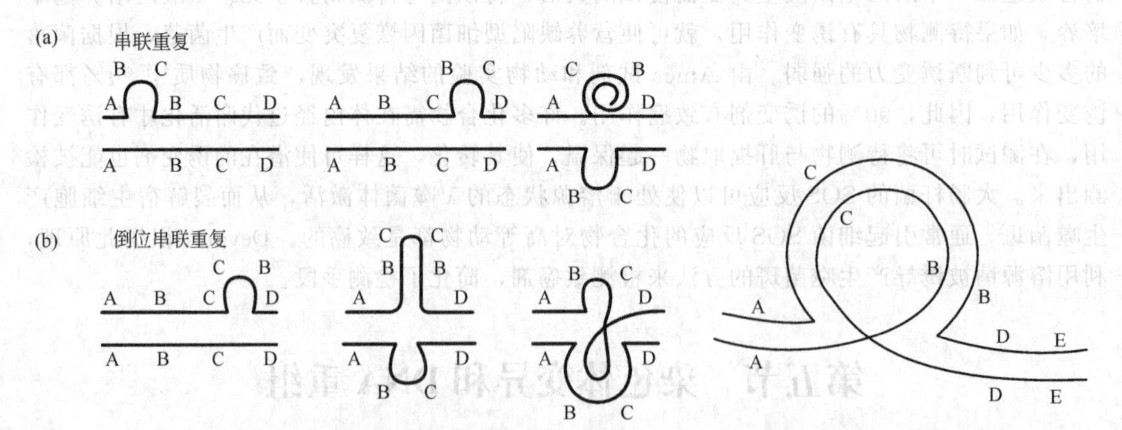

图 3-26　各种重复杂合体的配对结构　　图 3-27　倒位杂合体的配对结构

（4）易位　易位是指一个染色体的片段接到另一个非同源染色体上，其中常见的是两个非同源染色体相互交换了片段，产生所谓的相互易位。例如，一个染色体的顺序是 s—t，另一个非同源染色体的顺序是 w—v，相互易位及分离的结果如图 3-28。

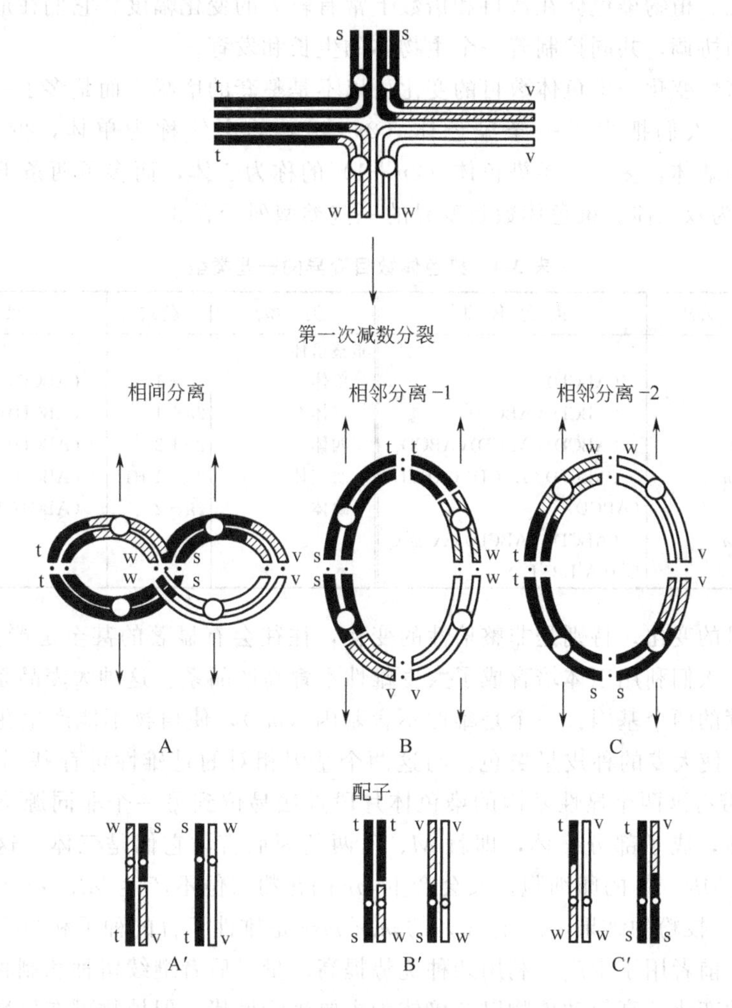

图 3-28　相互易位杂合体的配对结构和分离方式

在易位杂合体中，减数分裂的粗线期由于染色体同源部分配对，会出现十字形的图形。到了分裂后期Ⅰ，十字图形逐渐拉开，这时可以出现两种情况，或出现一个大圆圈，或者成为 8 字形，由于两个邻近的染色体交互分向两极，一般只有 8 字形的。每一个细胞可以得到完整一套染色体，细胞才能成活。这种交互分离往往使易位的染色体分向一个细胞，而非易位的染色体又分向另一个细胞，这样就使非同源染色体的自由组合受到抑制，出现所谓的“假连锁”效应。

易位可以自然产生，也可以由人工诱变产生，人们利用易位进行育种，取得了显著的成绩。例如，把山羊草抗叶锈病的基因易位到小麦的染色体上，使小麦能抗叶锈病。把蚕的第 10 染色体上和卵色有关的基因移到性染色体 w 上，这样可根据卵色鉴别雌雄卵。近年来，人们结合染色体畸变和基因突变的各种效应，设计并育成了家蚕伴性平衡致死品系，可使生产中全部用雄蚕，雌蚕仅供留种之用，大大提高了蚕丝的产量与质量。

2. 染色体数目的变化

各种生物体在正常条件下不仅染色体数目恒定，染色体的倍数也是相对稳定的。虽然某些真核类是以单倍体为主要世代，如酵母、霉菌、苔藓类等，但多数高等动植物是以二倍体为主要生活世代。植物染色体在数目和倍数上常有较大的变化幅度，它们在形态和结构上各不相同，但互相协调，共同控制着一个生物体的生长和发育。

（1）非整倍性变化　染色体数目的变化可以不是整套的增减，而是多了一条或一对，少了一条或一对。人们把少了一条染色体（$2n-1$）的个体称为单体，少了一对染色体（$2n-2$）的称为缺体，多了一条染色体（$2n+1$）的称为三体，而多了两条不同源的染色体（$2n+1+1$）称为双三体。染色体数目变异的一些类型列于表 3-4。

表 3-4　染色体数目变异的一些类型

类　型	公式	染 色 体 组	类　型	公式	染 色 体 组
整倍体			非整倍体		
单倍体	n	(ABCD)	单体	$2n-1$	(ABCD)(ABC)
二倍体	$2n$	(ABCD)(ABCD)	三体	$2n+1$	(ABCD)(ABCD)(A)
三倍体	$3n$	(ABCD)(ABCD)(ABCD)	四体	$2n+2$	(ABCD)(ABCD)(AA)
同源四倍体	$4n$	(ABCD)(ABCD)(ABCD)(ABCD)	双三体	$2n+1+1$	(ABCD)(ABCD)(AB)
			缺体	$2n-2$	(ABC)(ABC)
异源四倍体	$4n$	(ABCD)(ABCD)(A′B′C′D′)(A′B′C′D′)			

染色体数目的变化，特别是非整倍性的变化，往往会有显著的甚至是严重的遗传效应。在植物育种上，人们利用三体培育成了大麦雄性不育高产品系。这种大麦品系在一条染色体上只有紧密连锁的两个基因：一个是雄性不育基因（*ms*），使植物不能产生花粉；另一个是黄色基因（*r*），使大麦的种皮呈黄色。与这两个基因相对的是雄性可育基因（*Ms*）和褐色基因（*R*）。把带有这两个显性基因的染色体片段设法易位到另一个非同源染色体上，形成一个额外染色体，成了部分三体，即就 *M*、*R* 两基因而言，它们是三体。这样的三体，既可以产生 *mr* 或 *MR*/*mr* 的卵细胞，又会产生 *mr* 的花粉（但不产生 *MR*/*mr* 花粉，三体的花粉无授粉能力）。授粉的结果，产生 70%的 *msr*/*msr* 是雄性不育的种子和 30%的是同亲本一样的三体种子，前者用于生产，利用杂种优势提高产量，后者继续留种和制种。

（2）整倍性变化　高等动植物以二倍体为主要生活世代，但植物可在倍数方面有较大幅度的变化。单倍体是指细胞中只含单套基因组的个体，如雄蜂是单倍体 $n=16$。植物通过花粉培养，得到许多单倍体。例如，烟草、水稻、小麦等，它们能长成完整的个体，但不能形成正常的雌雄配子，故不能进行有性繁殖。如果设法将单倍体加倍成为二倍体，就可以恢复正常生殖，这种二倍体的所有基因都是纯合的，自交的后代也不会分离，是一条培养纯种的捷径。

多倍体的染色体数目是单倍体的三倍、四倍或者更多。多倍体普遍存在于植物界，对进化有很大的意义。

同源多倍体是由染色体复制而细胞不分割形成的，也可由未减数的配子结合生成。在同源多倍体中，所含的基因和原来一样，只是每一种基因的数目成倍地增加了。同源多倍体在减数分裂时，只有染色体平衡的配子才是可育的，所以同源多倍体一般大大地降低了可育性。同源多倍体在生产上有重要的价值，香蕉和黄花菜是天然的三倍体，它们不能结籽，是靠营养器官来繁殖的。在我国广西、广东等地还找到了野生的二倍体香蕉，它们的果实中充满了种子，不能食用。

无籽西瓜是人工制造的三倍体，是人们用四倍体的母本和二倍体的父本杂交制种而成的。三倍体的西瓜由于减数分裂不正常，不产生正常的雌雄配子。三倍体仍能开花，必须用正常二倍体的花粉刺激三倍体的雌花后，才能产生无籽的果实。

两个不同种杂交，所得的杂种再经过染色体加倍，可形成异源多倍体。自然界中有许多异源多倍体，小麦是异源六倍体，陆地棉和海岛棉是异源四倍体，甘蓝型油菜是异源四倍体。普通小麦、棉花、油菜等对于本属的基数来说是多倍体，但各组的染色体没有什么同源性，所以在减数分裂时，仍像二倍体一样进行两个同源染色体的配对，不影响正常配子的形成（这点和同源多倍体不同）。可以说，异源多倍体是二倍体化的多倍体。

同源多倍体营养器官粗大，在生产上有一定的意义。许多理化因素可以引起植物的多倍体化。例如，百合科植物秋水仙的种子和球茎中提取的植物碱（$C_{22}H_{25}O_6N$）称为秋水仙素，具有阻止纺锤丝形成的特性，可用来使染色体加倍，是目前用途很广的诱发多倍体试剂。

异源多倍体也可以人工合成，成功的例子很多。我国20世纪70年代合成的小黑麦，是人工合成有实用价值的异源多倍体的例子之一。其方法是将小麦AABBDD和黑麦RR杂交得到高度不育的ABDR的杂种后代，经加倍成为AABBDDRR可育成小黑麦品系。小黑麦具有产量高、抗逆性强、抗病性强、耐瘠耐寒、面粉质量高、发酵性能好等特点，在我国西北高寒山区种植比普通小麦增产30%以上，深受农民的欢迎。

二、DNA的重组

DNA分子内或分子间发生遗传信息的重新组合，称为遗传重组或基因重排。重组产物称为重组体DNA（recombinant DNA）。DNA的重组广泛存在于各类生物中。真核生物基因组间重组多发生在减数分裂时同源染色体之间的交换。细菌及噬菌体的基因组为单倍体，来自不同亲代的两组DNA之间可通过多种形式进行遗传重组。

DNA重组对生物进化起着关键性的作用，生物进化以不断产生可遗传的变异为基础。DNA重组的意义是能迅速增加群体的遗传多样性（diversity），使有利突变与不利突变分开，通过优化组合（optimization）积累有意义的遗传信息。此外DNA重组还参与许多重要的生物学过程。它为DNA损伤或复制障碍提供了修复机制。某些生物的基因表达受到DNA重组的调节。下面介绍DNA重组的基本过程，包括同源重组和特异位点重组。

1. 同源重组

同源重组（homologous recombination）又称一般性重组，由两条具有同源区的DNA分子通过配对、链断裂和再连接而产生的片段间交换的过程。最初的证据来自细胞遗传学减数分裂时染色体行为的研究。真核生物在形成配子时的减数分裂前期，参与联会的同源染色体实际上已复制形成两条姊妹染色单体，从而出现由四条染色单体构成的四联体。在四联体的某些位置，姊妹染色单体之间可以发生交换。光学显微镜下可以看到联会复合体中存在着染色体交叉的现象。

细菌可以通过多种途径进行细胞间基因转移，并通过基因重组以适应随时改变的环境。这种遗传信息的流动可发生在种内或种间，甚至与高等动植物细胞之间也存在横向的遗传信息传递。例如在人体内寄生的细菌基因组中可以找到属于人类的基因。被转移的基因称为外基因子（exogenote），如果与内源基因组或称内基因子（endogenote）的一部分同源，就成为部分二倍体（partial conjugation），这种情况下可以发生同源重组。细菌的基因转移主要有四种机制：接合（conjugation）、转化（transformation）、转导（transduction）和细胞融合（cellfusion）。进入受体细胞的外源基因通常有四种结果：降解、暂时保留、与内源基因置换和发生整合。

（1）Holliday模型 Holliday于1964年提出了同源重组模型（图3-29）。模型中，有四个关键步骤：①两个同源染色体DNA排列整齐；②一个DNA的一条链断裂并与另一个DNA对应的链连接，形成的连接分子，称为Holliday中间体；③通过分支移动产生异源双链DNA；④Holliday中间体切开并修复，形成两个双链重组体DNA。根据链断裂切开的方

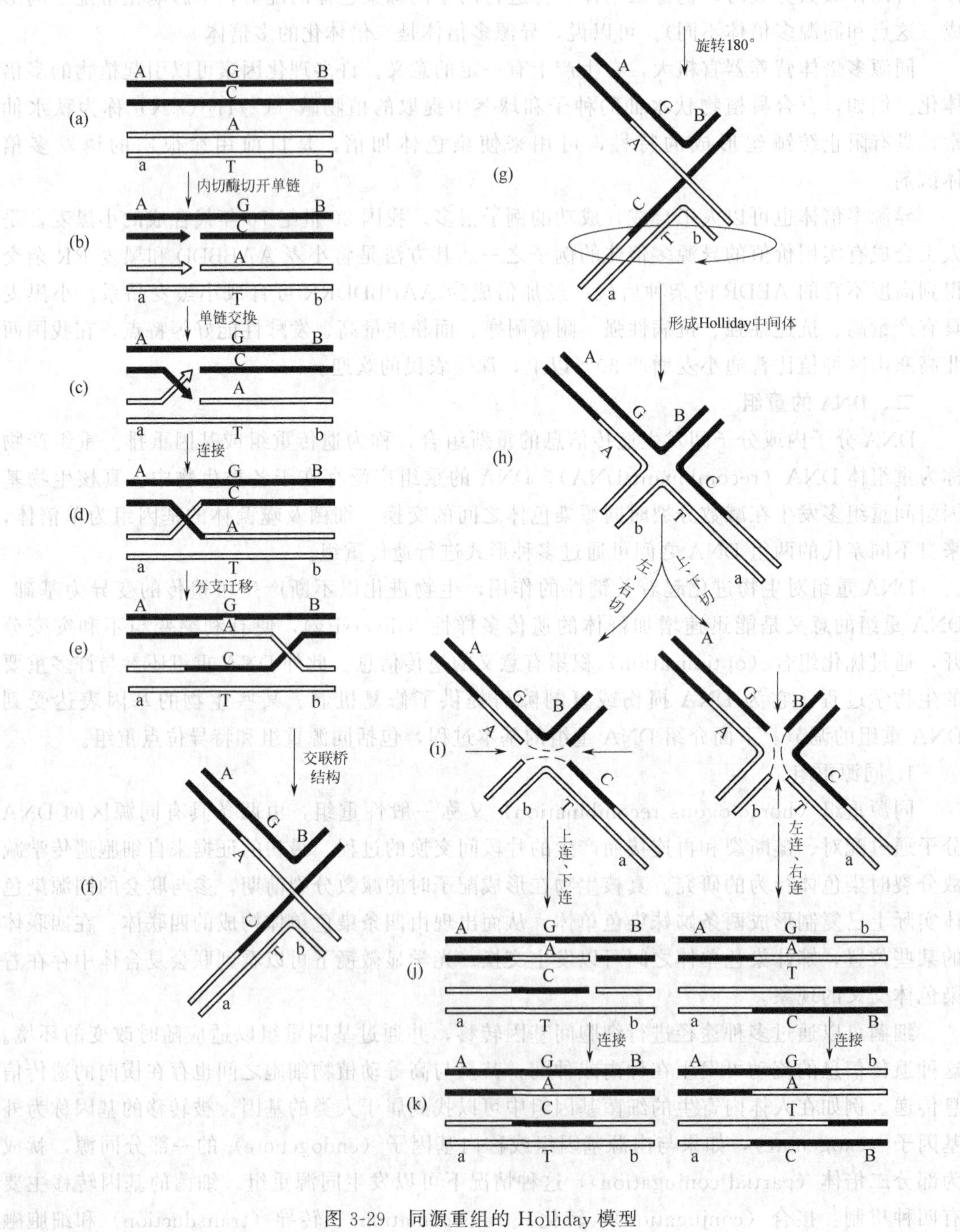

图3-29 同源重组的Holliday模型

式不同，得到的重组产物也不同。如果切开的链与原来断裂的是同一条链（见 Holliday 模型左边的产物），重组体含有一段异源双链区，其两侧来自同一亲本 DNA，称为片段重组体。但如果切开的链并非原来断裂的链（模型右边产物），重组体异源双链区的两侧来自不同亲本 DNA，称为拼接重组体。

在不同生物体内同源重组的具体过程可以有许多变化，但基本步骤大致相同。同源性并不意味序列完全相同。两个 DNA 分子必须具有 75bp 以上的同源区才能发生同源重组，即使相互间略有差异，仍然可以发生重组。同源重组是最基本的重组方式，它参与各种重要的生物学过程。复制、重组和重组修复三个过程是密切相关的，许多有关的酶和辅助因子也都是共用的。同源重组也在基因的加工、整合和转化中起着重要的作用。

(2) 与 DNA 重组有关的酶　已经分离并鉴定了原核生物和真核生物促进同源重组各步骤有关的酶，研究最多的是大肠杆菌中的酶。在大肠杆菌中，RecA 蛋白参与重组是最关键的步骤。RecA 蛋白有两个主要的功能：诱发 SOS 反应和促进 DNA 单链的同化（assimilation）。所谓单链同化是指单链与同源双链分子发生链的交换，从而使重组过程中 DNA 配对、Holliday 中间体的形成、分支移动等步骤得以产生。当 RecA 蛋白与 DNA 单链结合时，数千个 RecA 单体协同聚集在单链上，形成螺旋状纤丝（helical filament）。RecF 蛋白、RecO蛋白和 RecR 蛋白调节 RecA 纤丝的装配和拆卸。

RecA 蛋白与单链 DNA 结合形成的螺旋纤丝每圈含六个单体，螺旋直径 10nm，碱基间距 0.5nm。此复合物可以与双链 DNA 作用，部分解旋以便阅读碱基序列，迅速扫掠寻找与单链互补的序列。互补序列一旦被找到，双链进一步被解旋以允许转换碱基配对，使单链与双链中的互补链配对，同源链被置换出来（图 3-30）。链的交换速度大约为 6bp/s，交换沿单链 5′→3′ 方向进行，直至交换终止，在此过程中由 RecA 蛋白水解 ATP 提供反应所需能量。

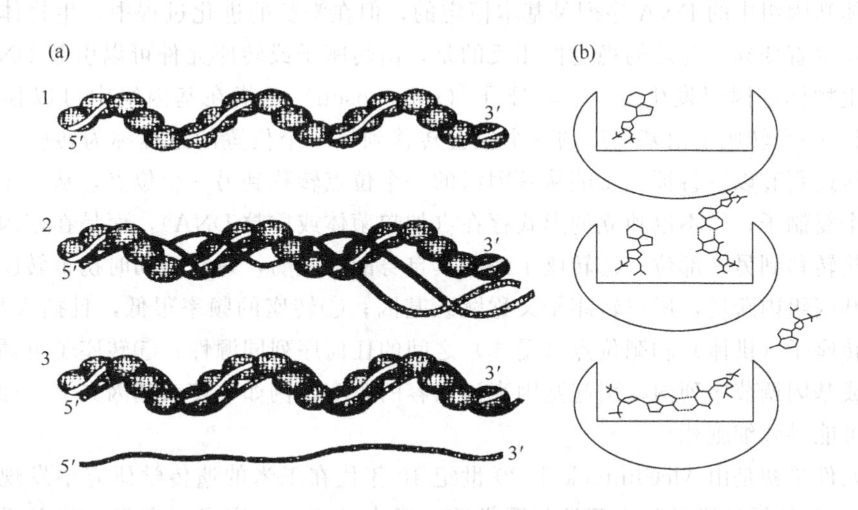

图 3-30　RecA 蛋白介导的 DNA 链交换模型

2. 特异位点重组

特异位点重组广泛存在于各类细胞中，起着十分特殊的作用，彼此有很大的不同。它们的作用包括某些基因表达的调节，发育过程中程序性 DNA 重排，以及有些病毒 DNA 和质粒 DNA 复制循环过程中发生的整合与切除等。此过程往往发生在一个特定的短（20～200bp）DNA 序列内（重组位点），并且有特异的酶（重组酶）和辅助因子对其识别和作

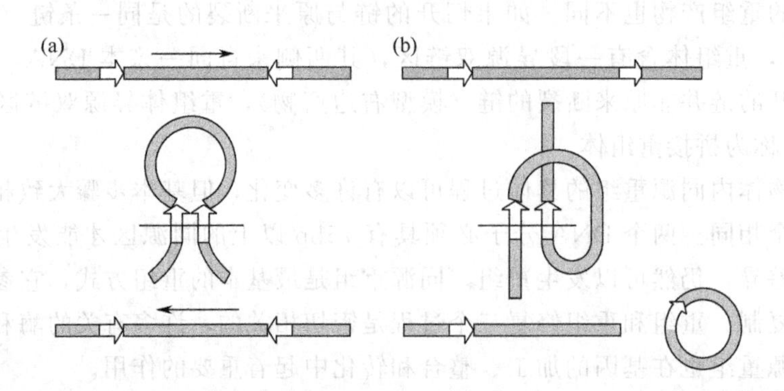

图 3-31 特异位点重组的结果决定于重组位点的位置和方向

用。特异位点重组的结果决定于重组位点的位置和方向。如果重组位点以相反方向存在于同一DNA分子上，重组结果发生倒位；重组位点以相同方向存在于同一DNA分子上，重组发生切除；在不同分子上，重组发生整合（图 3-31）。重组酶通常由10个相同的亚基组成，它作用于两个重组位点的4条链上，使DNA链断开产生3′-磷酸基与5′-羟基，3′-磷酸基与酶形成磷酸酪氨酸键或磷酸丝氨酸键。这种暂时的蛋白质-DNA连接可以在DNA链再连接时无需靠水解高能化合物（如ATP）来提供能量。重组的两个DNA分子，如果先断裂两条链，交错连接，此时形成中间联结体，然后另两条链断裂并交错连接，使联结体分开。有些重组酶使4条链同时断裂并再连接，而不产生中间物。

三、DNA的转座

1. 转座子的概念

生物体基因组中的DNA序列是基本恒定的，但在漫长的进化过程中，生物体基因组也在缓慢地发生着变异。与总的稳定性相反的是，由转座子或转座元件可以引起DNA序列的改变，使生物体基因组发生变异。转座子（transposon）是指在基因组中可以移动的一段DNA序列。一个转座子由基因组的一个位置转移到另一个位置的过程称为转座。由转座子引起的转座过程有以下特征：①能从基因组的一个位点转移到另一个位点，从一个复制子转移到另一个复制子；②不以独立的形式存在（如噬菌体或质粒DNA），而是在基因组内由一个部位直接转移到另一部位；③转座子编码其自身的转座酶，每次移动时携带转座必需的基因一起在基因组内跃迁，所以转座子又称跳跃基因；④转座的频率很低，且插入是随机的，不依赖于转座子（供体）和靶位点（受体）之间的任何序列同源性；⑤转座子可插入到一个结构基因或基因调节序列内，引起基因表达内容的改变，例如，使该基因失活，如果是重要的基因则可能导致细胞死亡。

转座元件最初是由McClintock于20世纪40年代在玉米的遗传学研究中发现的，1983年McClintock被授予诺贝尔生理学与医学奖。现在已知，转座子存在于地球上所有生物体内，人类基因组中约有35%以上的序列为转座子序列，其中绝大部分与疾病有关。研究转座子可以使人们从分子水平上认知许多尚未弄清楚的生物学问题。

2. 转座子的分类

（1）插入序列（IS因子） 最简单的转座子称为插入序列（insertion sequence，IS），简称IS因子。已发现有10余种，如IS1、IS2等。IS因子是一种较小的转座因子，长度为750～1550bp，只含有与转座有关的酶基因，不含耐药性等其他基因，其两端都具有15～

25bp的反向重复序列（IR）。转座酶的活性主要是识别靶部位和转座子的末端并引起转座。转座子的末端可视为转座酶的部分底物，转座酶水平改变能控制转座因子的转座频率。

IS因子本身不具有表型效应，只有当它转座到某一基因附近或插入某一基因内部后，引起该基因失活或产生极性效应时，才能判断其存在。当一个IS元件转座时，插入部位的一段宿主DNA序列（靶序列）被复制。其结果是在插入部位IS总是与很短的正向重复序列相连接。但在插入之前靶部位只有这两个重复序列中的一个拷贝，转座后在转座子的两侧各存在此序列的一个拷贝。IS元件在靶位点插入后，形成了一个典型的结构模式，即它的末端为IR，而与其相连的宿主DNA的末端为短的正向重复序列。当在一段DNA序列中出现这种结构时，常用来鉴别转座子。末端的IR明确标示了转座子的末端结构，因为所有类型转座子的转座都需要进行末端识别，一般被与转座有关的酶或蛋白质所识别。转座子在靶部位插入前后的结构见图3-32。

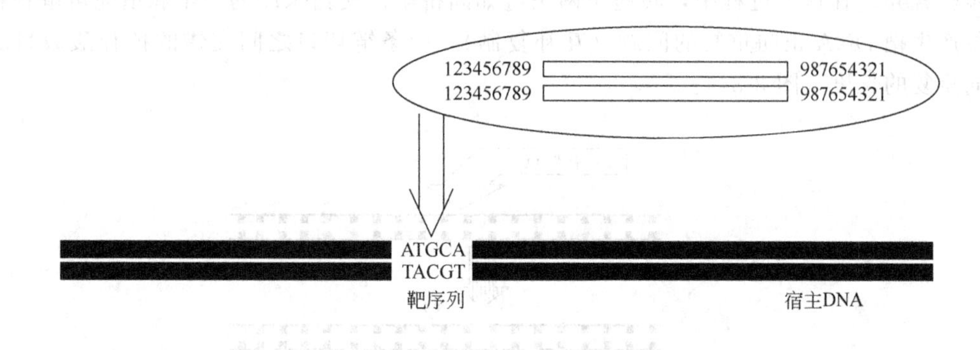

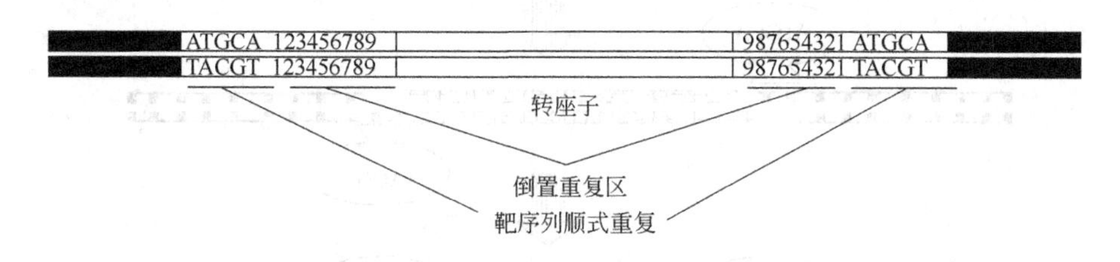

图3-32 转座子在靶部位插入前后的结构

（2）复合型转座子（Tn） 这类转座子中除了有转座酶基因外，还带有药物抗性基因（或其相关基因）标志，因结构较大而复杂，故称为复合型转座子，以Tn表示。根据结构不同分为两种类型：Ⅰ型，其两个末端由相同的IS序列构成，IS序列有正向和反向两种排列方式；Ⅱ型，其两末端由38bp的反向重复序列组成，如TnA族转座子。复合型转座子也具有转位因子的三个共性：①末端反向重复序列，为转座酶所必需；②中间的开放阅读框架（ORF）作为标记基因；③转位后，靶位点成为正向重复序列。

Tn3转座子中*tnpA*基因编码含1021个氨基酸的转座酶，相对分子质量为120000；*tnpR*基因编码185个氨基酸的蛋白质，相对分子质量为23000。后者有两个功能：一个是作为解离酶，促使转座中间产物解离；另一个是作为阻遏蛋白，调节*tnpA*和*tnpR*两个基因表达。解离控制位点res位于左右转录单位间的163bp富含A-T区，该区有3个长30～40bp的同源序列，是TnpR蛋白结合位点。Tn3的结构见图3-33。

转座频率随不同转座因子而异，通常每一世代的转座频率为10^{-3}～10^{-4}，而自发突变

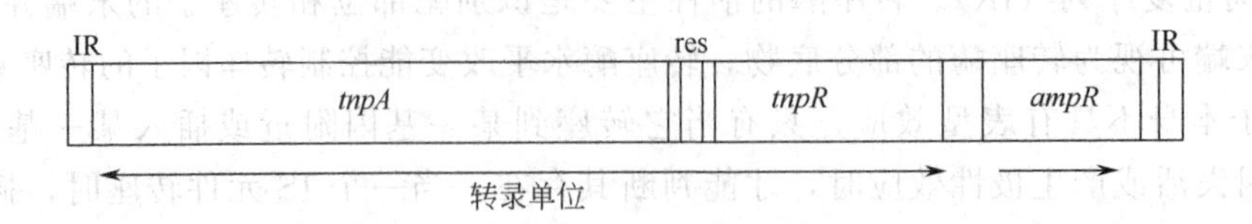

图 3-33 Tn3 的结构示意图

的频率为 10^{-5}～10^{-7}。IS 被精确切除而使基因恢复活性的频率则很低，为 10^{-6}～10^{-10}。

3. 转座过程发生的机制

转座子插入到一个新的靶 DNA 部位的过程大致概括为：转座酶识别转座子的末端反向重复序列并在其 3′端切开，同时在靶部位交错切开单链，它的 5′突出末端与转座子的 3′末端连接，形成 Shapiro 中间体。不同种类转座子形成与靶序列连接中间体的过程大致相同，随后步骤各异。在这个过程中，转座子两条链如同桥梁。交错末端的产生和填充可解释在插入部位产生靶 DNA 正向重复的问题（互补复制），两条链切口之间交错的核苷酸数目决定了正向重复的长度（图 3-34）。

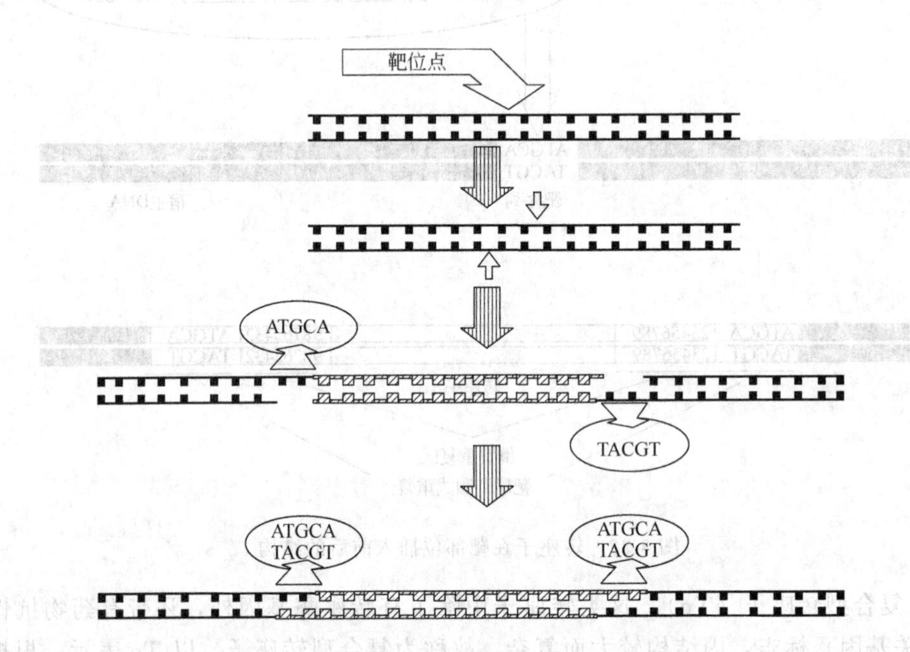

图 3-34 转座子插入到靶 DNA 部位的机制

按转座子在转座过程中是否发生复制，可分为复制型转座和非复制型转座两类（图 3-35）。

（1）复制型转座 转座过程中，在形成靶部位与转座子连接中间体后即进行复制，通过复制使原来位置与新的靶部位各有一个转座子，其一条链是原有的，另一条链是新合成的。故转座的序列实际上是原来元件的一个拷贝，作为自身移动的一个部分转座子被复制。这个过程伴随着转座子拷贝数的增加。复制型转座涉及两种酶：一种是转座酶，作用在原来转座子的末端；另一种是解离酶，作用于复制拷贝元件。TnA 族转座子就是通过复制型转座而移动的。复制转座使供体与受体分子连接成为共整合体（cointegrate），需通过重组将二者分开。

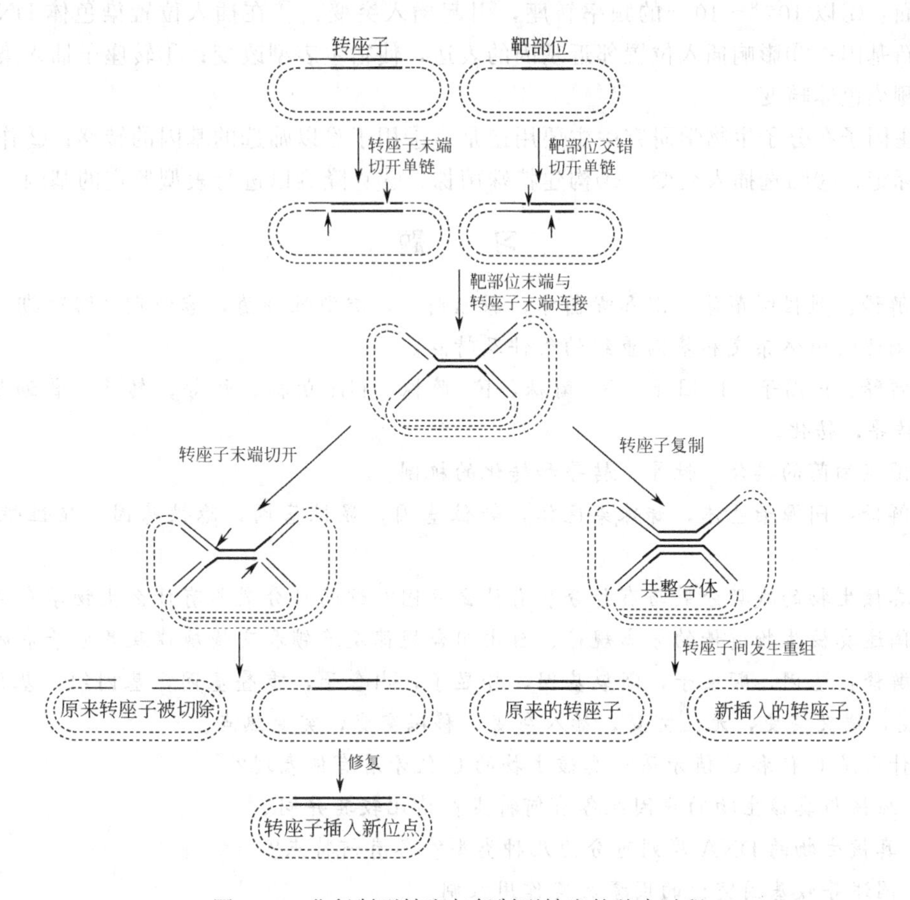

图 3-35 非复制型转座与复制型转座的基本过程

(2) 非复制型转座 又称保留性转座，转座元件直接由一个部位转移到另一个部位，在原来的部位没有保留。主要是利用供体和靶 DNA 序列的直接连接，只需要转座酶。插入序列和 Tn10 和 Tn5 利用这种机制转座。

所有的转座因子都有在基因组中增加其拷贝数的能力。通过两种方式：一种是通过转座过程的复制；另一种是从染色体已完成复制的部位转到尚未复制的部位，然后随着染色体再复制。非复制转座的转座因子借助后一种方式扩增。

共整合体含有两个拷贝的转座子，可通过同源重组将其分开外，但 RecA 蛋白在此处的效率较低，而转座子编码的解离酶可在其解离区 res 进行重组，以提高解离效率。解离酶是一种重组酶，它能催化 DNA 链的断开和再连接，并不需要供给能量。

4. 转座引起的遗传学效应

转座子首先是因其可导致突变而被认识的。当它插入靶基因后，使基因突变失活，这是转座子的最直接效应；当转座因子自发插入细菌的操纵子时，即可阻止它所在基因的转录和翻译，并且由于转座因子带有终止子，其插入影响操纵子下游基因的表达，从而表现出极性(方向性)，由此产生的突变只能在转座子被切除后才能恢复。转座因子的存在一般能引起宿主染色体 DNA 重组，造成染色体断裂、重复、缺失、倒位及易位等，是基因突变和重排的重要原因。转座因子也可通过干扰宿主基因与其调控元件之间的关系或转座子本身的作用而影响邻近基因的表达，从而改变宿主的表型。归纳以上，转座子引起的遗传学效应可有以下几个方面：①以 10^{-8}～10^{-3} 的频率转座，引起插入突变；②在插入位置染色体 DNA 重排而出现新基因；③影响插入位置邻近基因的表达，使宿主表型改变；④转座子插入染色体后引起两侧染色体畸变。

转座因子在分子生物学研究中主要用途是：①用于难以筛选的基因的转移；②作为基因定位的标记；③筛选插入突变；④构建特殊菌株；⑤克隆难以进行表型鉴定的基因。

习 题

1. 解释：烈性噬菌体，温和噬菌体，原噬菌体，溶源性细菌，溶源期，溶菌期。

2. 阐述噬菌体杂交和基因重组的条件及特点。

3. 解释：F 因子，F′因子，F^+ 菌株，F^- 菌株，Hfr 菌株，性导，转导，普遍性转导，特异性转导，转化。

4. 阐述细菌的接合、性导、转导和转化的机制。

5. 解释：同源染色体，姊妹染色体，等位基因，显性基因，隐性基因，显性性状，隐性性状。

6. 真核生物的减数分裂与有丝分裂有什么异同？这两种分裂各有什么生物学意义？

7. 阐述真核生物遗传的分离规律、自由组合规律及连锁和交换规律及其分子基础。

8. 解释：基因，顺反子，断裂基因，外显子，内含子，重叠基因，基因组，基因突变，同义突变，错义突变，无义突变，插入突变，移码突变，突变热点。

9. 什么是 C 值和 C 值矛盾？真核生物的 C 值矛盾有何表现？

10. 原核与真核生物的基因组各有何特点？请比较其异同。

11. 真核生物的 DNA 序列可分为几种类型？各有何特点？

12. 阐述导致基因突变的因素及其作用机制。

13. 解释：单倍体，多倍体，单体，三体，四体，缺体，缺失，重复，倒位，易位。

14. 说明无籽西瓜的制作原理。

15. 何谓单倍体育种？它有什么优点？

16. 解释：同源重组，特异位点重复，转座子，插入序列，复合型转座子。

17. 说明 DNA 分子间进行同源重组和特异位点重组的基本条件。

18. 阐述 DNA 分子同源重组的基本过程和 Holliday 模型。

19. 转座子有哪些类型？转座子的序列组成有何特点？

20. 由转座子引起的转座过程有什么特征？

第四章　遗传信息的转录——从 DNA 到 RNA

【学习目标】

1. 掌握 RNA 转录合成的特点和基本过程；
2. 掌握 RNA 聚合酶和启动子的结构功能以及转录起始的机制；
3. 掌握与转录终止有关的 DNA 序列和蛋白质因子的作用特点；
4. 掌握 RNA 转录后加工的方式和特点。

第一节　RNA 转录概述

储存在 DNA 中的遗传信息需通过转录和翻译才能得到表达。在转录过程中，以 DNA 的一条链作为模板合成 RNA 分子，合成以碱基配对的方式进行，产生的 RNA 链与 DNA 模板链互补。细胞内的各类 RNA，如 mRNA、rRNA 和 tRNA，以及具有各种特殊功能的小分子 RNA，都是以 DNA 为模板，在 RNA 聚合酶的催化下合成。最初转录的 RNA 产物通常都需经过一系列加工和修饰才能成为成熟的 RNA 分子。RNA 所携带的遗传信息也可用于指导 RNA 或 DNA 的合成，前一过程为 RNA 复制，后一过程为逆转录。对 RNA 的信息加工和各种细胞功能的发现，使当前人们对 RNA 的研究成为现代分子生物学中最活跃的领域之一。

一、RNA 转录的特点

在 DNA 指导下 RNA 的合成称为转录。RNA 链的转录起始于 DNA 模板的特定起点，并在特定的终点终止，此转录区域称为转录单位。一个转录单位可以是一个基因或多个基因。基因的转录是一种有选择性的过程，随着细胞的不同生长发育阶段和细胞内外条件的改变将转录不同的基因。转录起始主要由 DNA 分子上的启动子（promoter）控制，而控制终止的部位称为终止子（teminator）。典型的转录单位结构见图 4-1。

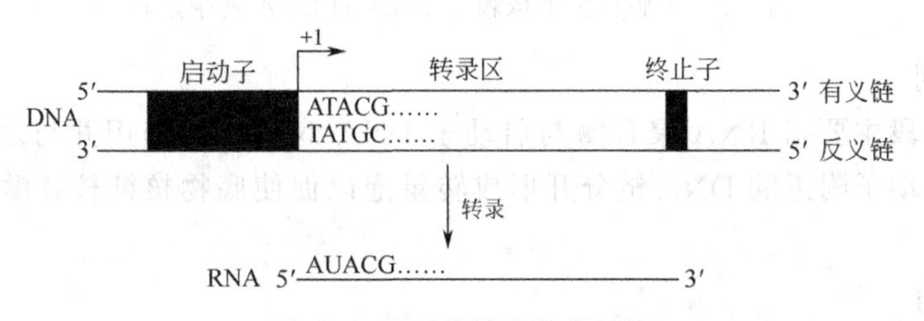

图 4-1　典型的转录单位结构

分子杂交实验表明，合成的 RNA 只与模板 DNA 形成杂交体，而与其他 DNA 不能形成杂交体。说明反应产物 RNA 是在作为模板的 DNA 上由碱基配对机制合成的。

在体外，RNA 聚合酶能使 DNA 的两条链发生转录，但在体内 DNA 的两条链中仅有一条链可用于转录，或是某些区域以这条链转录，另一些区域以另一条链转录。用于转录的链称为模板链，或负链（－链），又称反义链；对应的链为编码链，即正链（＋链），又称有义链。编码链与转录出的RNA链碱基序列一致（极性一致），只是以U取代了T，它无转录功能。在体外，小心制备大肠杆菌噬菌体ΦX174DNA的双链环状复制形式，以其为模板并加入完全的RNA聚合酶，则双链中只有一条链能作为转录的模板链，所合成的RNA仅与负链（模板链）互补。

在RNA聚合酶催化的反应中，天然（双链）DNA作为模板比变性（单链）DNA更为有效。说明RNA聚合酶对模板的利用与DNA聚合酶不同。在DNA复制时，首先需将两条链解开才能将它们作为模板合成各自的互补链；转录时无需将DNA双链完全解开，而是局部解链，以其中一条链为有效模板合成。DNA经转录后仍以全保留方式保持双螺旋结构，而已合成的RNA链则脱离DNA链。

二、转录的基本过程

无论是原核细胞还是真核细胞，转录的基本过程都包括模板识别、转录起始、通过启动子及转录的延伸和终止。图4-2为大肠杆菌中依赖于DNA的RNA转录过程。

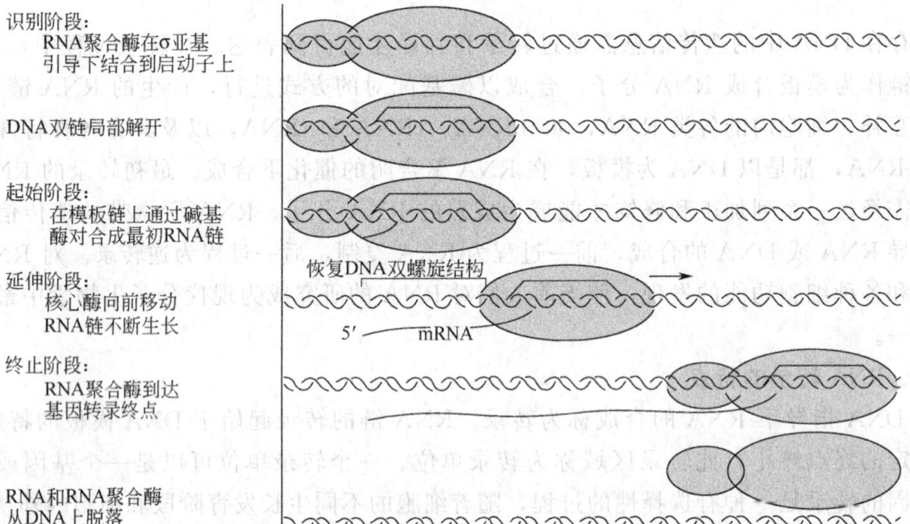

图4-2 大肠杆菌中依赖于DNA的RNA转录过程

1. 模板识别

模板识别阶段主要指RNA聚合酶与启动子DNA双链相互作用并与之相结合的过程。转录起始前，启动子附近的DNA链分开形成转录泡以促使底物核糖核苷酸与模板DNA的碱基配对。

2. 转录起始

转录起始就是RNA链上第一个磷酸二酯键的产生。转录的起始从化学过程来看是单个核苷酸与开链启动子-酶复合物相结合构成新生RNA的5′端，再以磷酸二酯键的形式与第二个核苷酸相结合，起始的终止反应是σ因子的释放。过去认为磷酸二酯键的形成就是转录起始的终止，实际上，只有当新生RNA链达到6～9个核苷酸时才能形成稳定的酶-DNA-

RNA三元复合物，才释放σ因子，转录进入延伸期。

3. 通过启动子

转录起始后直到形成9个核苷酸短链是通过启动子阶段，此时RNA聚合酶一直处于启动子区，新生的RNA链与DNA模板链的结合不够牢固，很容易从DNA链上脱落并导致转录重新开始。一旦RNA聚合酶成功地合成9个以上核苷酸并离开启动子区，转录就进入正常的延伸阶段。通常，RNA聚合酶通过启动子的时间代表一个启动子的强弱。一般说来，通过启动子的时间越短，该基因转录起始的频率也越高。

4. 转录延伸

RNA聚酶离开启动子，沿DNA链移动并使新生RNA链不断伸长的过程就是转录的延伸。大肠杆菌RNA聚合酶的活性一般为每秒合成50～90个核苷酸。随着RNA聚合酶的移动，DNA双螺旋持续解开，暴露出新的单链DNA模板，新生RNA链的3′末端不断延伸，在解链区形成RNA-DNA杂合物。而在解链区的后面，DNA模板链与其原先配对的非模板链重新结合成为双螺旋结构。

5. 转录终止

当RNA链延伸到转录终止位点时，RNA聚合酶不再形成新的磷酸二酯键，RNA-DNA杂合物分离，转录泡瓦解，DNA恢复成双链状态，而RNA聚合酶和RNA链都被从模板上释放出来，这就是转录的终止。

真核细胞中模板的识别与原核细胞有所不同。真核生物RNA聚合酶不能直接识别基因的启动子区，所以，需要一些被称为转录调控因子的辅助蛋白质按特定顺序结合于启动子上，RNA聚合酶才能与之相结合并形成复杂的前起始复合物（preinitiation transcription complex，PTC），以保证有效地起始转录。转录和翻译的速度基本相等，37℃时，转录生成mRNA的速度大约是每分钟2500个核苷酸，即每秒合成14个密码子，而蛋白质合成的速度大约是每秒15个氨基酸。正常情况下，从一个基因开始表达到细胞中出现其mRNA的间隔约为2.5min，再过0.5min就能在细胞内检测到相应的蛋白质。

三、RNA聚合酶

20世纪60年代初期，分别从微生物和动物细胞中分离得到了DNA指导的RNA聚合酶（DNA directed RNA polymerase，DDRP），为认识转录过程提供了重要基础。该酶需要以4种核糖核苷三磷酸（NTP）作为底物，DNA为模板，沿5′→3′的方向合成RNA链，Mg^{2+}能促进聚合反应。第一个核苷酸带有3个磷酸基，其后每加入一个核苷酸脱去一个焦磷酸，形成磷酸二酯键，反应可逆，但焦磷酸的分解使反应趋向聚合。与DNA聚合酶不同，RNA聚合酶无需引物，它能直接在模板上合成RNA链。RNA聚合酶无校对功能。RNA聚合酶在体内作用时，遵循不对称转录的准则。而在体外，通过实验观察发现，RNA聚合酶能使DNA的两条链同时进行转录，失去链的选择作用，这种特殊情况被认为可能是由于RNA聚合酶在体外作用时丢失了σ亚基引起的。另外，在RNA聚合酶反应中，天然的双链DNA作为模板比变性后的单链DNA更为有效。

1. 原核生物的RNA聚合酶

大多数原核生物RNA聚合酶的组成是相同的（表4-1），大肠杆菌RNA聚合酶由2个α亚基、一个β亚基、一个β′亚基和一个ω亚基组成，称为核心酶。加上一个σ亚基后则成为聚合全酶（holoenzyme），相对分子质量为4.65×10^5（图4-3）。研究发现，由β亚基和β′亚基组成了聚合酶的催化中心，它们在序列上与真核生物RNA聚合酶的两个大亚基有同源性。

表 4-1　大肠杆菌 RNA 聚合酶的组成分析

亚基	基因	相对分子质量	亚基数	组分	功能
α	*rpoA*	3.65×10^4	2	核心酶	核心酶组装，启动子识别
β	*rpoB*	1.51×10^5	1	核心酶	β和β′共同形成了 RNA 合成的活性中心
β′	*rpoC*	1.55×10^5	1	核心酶	与模板 DNA、新生 RNA 链及酶相结合
ω		11×10^4	1	核心酶	
σ	*rpoD*	7.0×10^4	1	σ因子	引导全酶识别并结合于启动子

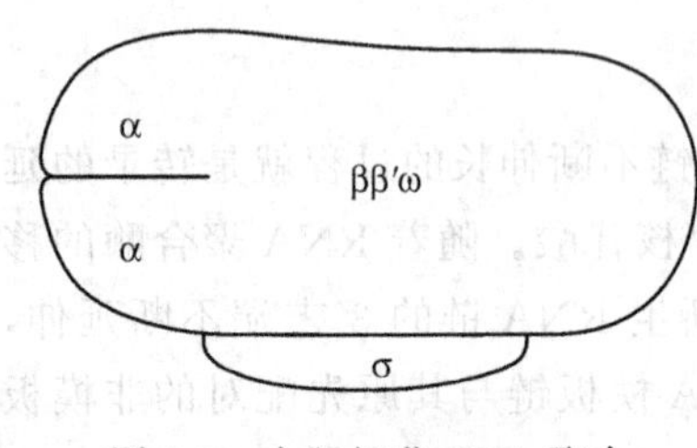

图 4-3　大肠杆菌 RNA 聚合酶的组成与结构

核心酶只能使已开始合成的 RNA 链延长，但不具有起始合成 RNA 的能力。核心酶只有和 σ 因子（亚基）结合才能识别起始位点并启动转录。由此可知，σ 因子具有识别起始位点的作用。但 σ 因子识别转录起始位点并启动转录必须与核心酶结合成全酶，再与模板 DNA 启动子结合才能发挥作用。

α 亚基可能与核心酶的组装及启动子识别有关，并参与 RNA 聚合酶和部分调节因子的相互作用。β 亚基有两个结构域，分别负责转录的起始和延伸，是 RNA 聚合酶的催化中心。β′亚基是一个碱性蛋白，与 DNA 之间借静电引力相结合，负责酶与模板 DNA 的结合。

σ 亚基的功能是引导 RNA 聚合酶稳定结合到启动子上。RNA 聚合酶的核心酶并不能区分 DNA 启动子和一般序列，它与 DNA 的结合常数约为 10^9 L/mol，停留的半衰期约为 60min。当 σ 亚基与核心酶结合后，与 DNA 一般序列的结合常数下降为 10^5 L/mol，半衰期小于 1s；而与 DNA 启动子的结合常数达到 10^{12} L/mol，半衰期为数小时，二者的结合常数相差约 10^7 L/mol。

2. 真核生物的 RNA 聚合酶

真核生物的基因组比原核生物大，RNA 聚合酶也更为复杂。其相对分子质量大都在 5×10^5 左右，有 8～14 个亚基，并含有 Zn^{2+}。利用 α-鹅膏蕈碱（α-amanitine）的抑制作用可将真核生物的 RNA 聚合酶为分三类（表 4-2）。

表 4-2　真核生物的 RNA 聚合酶

酶的种类	功　能	对 α-鹅膏蕈碱敏感性
RNA 聚合酶Ⅰ	转录 45S rRNA 前体，经加工产生 5.8S rRNA、18S rRNA 和 28S rRNA	不敏感
RNA 聚合酶Ⅱ	转录所有 mRNA 前体和大多数的核内小分子量 RNA	低浓度敏感
RNA 聚合酶Ⅲ	转录小分子量的 RNA，包括 tRNA、5S rRNA、U6 snRNA 和 scRNA	高浓度敏感

将提纯的酵母 RNA 聚合酶Ⅱ进行凝胶电泳，可分出 10 个明显的组分。最大的 3 个亚基分别相当于细菌 RNA 聚合酶β′亚基、β 亚基和 α 亚基的同源物，其摩尔比为 1∶1∶2，它们担负着 RNA 聚合酶的基本功能。真核生物 RNA 聚合酶中没有细菌 σ 因子的对应物，因此必须借助各种转录因子才能选择和结合到启动子上。

真核生物 RNA 聚合酶Ⅰ转录 45S rRNA 前体，经转录后加工产生 5.8S rRNA、18S rRNA 和 28S rRNA，它们与多种蛋白质组成的核糖体（核蛋白体，ribosome）是蛋白质合成的场所。真核生物的 rRNA 基因是一类中度重复的序列，拷贝数都在数十个至数百个，人类 rRNA 基因约为 300 个拷贝。

RNA 聚合酶Ⅱ转录所有 mRNA 前体和大多数的核内小 RNA（snRNA）。转录是遗传信息表达的重要环节，真核生物DNA在核内转录生成hnRNA，然后加工成mRNA，并输送给细胞质的蛋白质合成体系。hnRNA是各种RNA中寿命最短、最不稳定的，需经常重新合成。在这个意义上说，RNA聚合酶Ⅱ（转录生成hnRNA和mRNA）可认为是真核生物中最活跃的RNA聚合酶。

RNA聚合酶Ⅲ转录tRNA、5S rRNA、U6 snRNA和不同的胞质小分子量RNA（sc RNA）等小分子转录物。RNA聚合酶Ⅲ转录的产物都是小相对分子质量的RNA。tRNA的大小都在100个核苷酸以下，5S rRNA的大小约为120个核苷酸。snRNA有多种，由90～300个核苷酸组成，参与RNA的剪接过程。

第二节 启动子与转录的起始

一、启动子的基本结构

启动子是一段位于结构基因5′端上游区的DNA序列，能活化RNA聚合酶，使之与模板DNA准确地相结合并具有转录起始的特异性。因为基因的特异性转录取决于酶与启动子能否有效地形成二元复合物，所以，RNA聚合酶如何有效地找到启动子并与之相结合是转录起始过程中首先要解决的问题。有实验表明，对许多启动子来说，RNA聚合酶与之相结合的速率至少比布朗运动中的随机碰撞高100倍。

转录的起始是基因表达的关键阶段，而这一阶段的重要问题是RNA聚合酶与启动子的相互作用。启动子的结构影响了它与RNA聚合酶的亲和力，从而影响了基因表达水平。转录单元（transcription unit）是一段从启动子开始至终止子（terminator）结束的DNA序列，RNA聚合酶从转录起点开始沿着模板前进，直到终点为止，转录出一条RNA链。在细菌中，一个转录单元可以是一个基因，也可以是几个基因。转录起点是指与新生RNA链第一个核苷酸相对应DNA链上的碱基，研究证实通常为嘌呤。常把起点前面即5′末端的序列称为上游（upstream），而把其后面即3′末端的序列称为下游（downstream）。在描述碱基位置时，一般用数字表示，起点为＋1，下游方向依次为＋2、＋3等，上游方向依次为－1、－2、－3等。

1. 原核生物的启动子结构

原核生物启动子序列按功能的不同可分为3个部位［图4-4（a）］。

（1）起始部位　指DNA分子上开始转录的作用位点，该位点有与转录生成RNA链的第一个核苷酸互补的碱基，由前述内容可知，该碱基的序号为＋1。

（2）结合部位　是DNA分子上与RNA聚合酶的核心酶结合的部位，其长度为7bp，中心部位在－10bp处，碱基序列具有高度保守性，富含TATAAT序列，故称之为TATA盒（TATA box），又称普里布诺序列（Pribnow box）。因该段序列中富含A-T，维持双链结合的氢键相对较弱，导致该处的双链DNA易发生解链，有利于RNA聚合酶的结合。

（3）识别部位　利用诱变技术可使启动子发生突变，当－35序列突变时，将会降低RNA聚合酶与启动子的结合速度，这说明－35序列提供了RNA聚合酶识别的信号，该序列的碱基富含TTGACA序列，其中心则刚好位于－35bp处，它是RNA聚合酶σ亚基的识别部位。

在原核生物中，－35区与－10区之间的距离是16～19bp，小于15bp或大于20bp都会

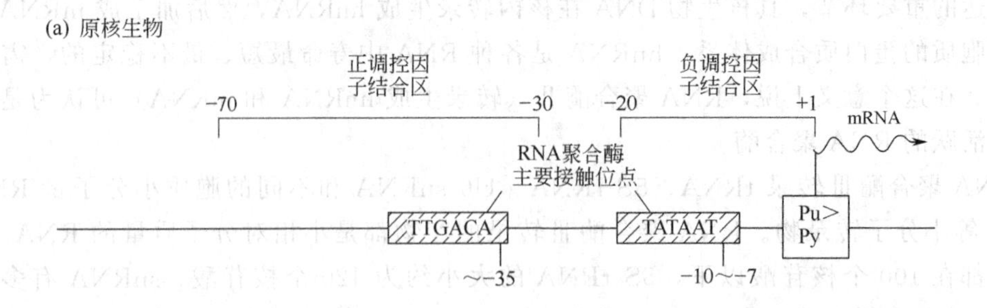

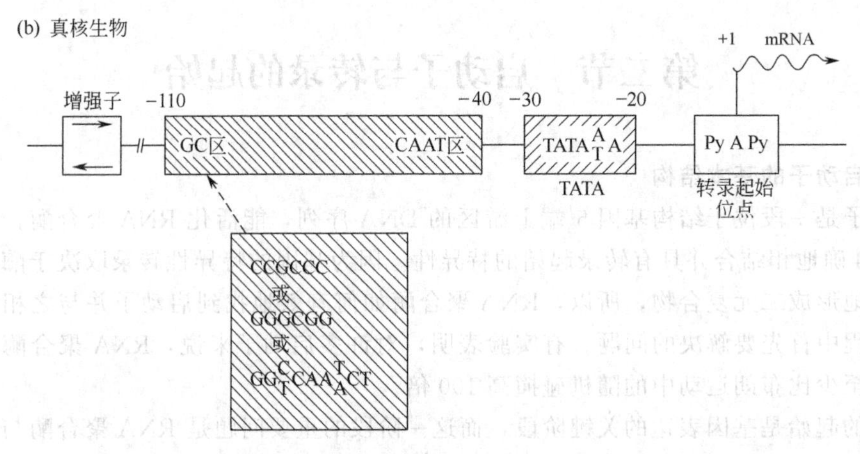

图 4-4　原核和真核生物的启动子结构

降低启动子的活性。保持启动子这两段序列以及它们之间的距离是十分重要的，否则就会改变它所控制基因的表达水平。这可以被解释为一旦－35 区相对于－10 区旋转所产生的超螺旋发生改变（增减一个碱基对会使两者之间的夹角发生 36°的变化），若要使酶与 DNA 在这个区域内保持正确的取向，就必须使二者之一发生扭转，需要增加结合自由能。在细菌中常见两种启动子突变：一种是下降突变（down mutation），如果把 Pribnow 区从 TATAAT 变成 AATAAT 就会大大降低其结构基因的转录水平；另一种突变是上升突变（up mutation），即增加 Pribnow 区共同序列的同一性。例如，在乳糖操纵子的启动子中，将其 Pribnow 区从 TATGTT 变成 TATATT，就会提高启动子的启动效率，提高乳糖操纵子基因的转录水平。

2. 真核生物的启动子结构

1979 年，美国科学家 Goldberg 首先注意到真核生物中，由 RNA 聚合酶Ⅱ催化转录的 DNA 序列 5′上游区有一段与原核生物 Pribnow 区相似的富含 TA 的保守序列。由于该序列前 4 个碱基为 TATA，所以又称为 TATA 区（TATA box）。此后 10 多年间，科学家通过对许多基因启动子区的分析，发现绝大多数功能蛋白基因的启动子都具有共同的结构模式。简单地说，真核基因的启动子［图 4-4（b）］在－25～－35 区含有 TATA 序列，在－70～－80 区含有 CCAAT 序列（CAAT box），在－80～－110 含有 GCCACACCC 或 GGGCGGG 序列（GC box）。习惯上，将 TATA 区上游的保守序列称为上游启动子元件（upstream promoter element，UPE）或称上游激活序列（upstream activating sequence，UAS）。

3. 真核生物启动子对转录的影响

比较原核生物和真核生物基因转录起始位点上游区的结构，发现两者之间存在很大的差别（图 4-4）。原核基因启动区范围较小，一般情况下，TATAAT（Pribnow 区）的中心位于－7～－10，上游－30～－70 区为正调控因子结合序列，＋1～－20 区为负调控因子结合序列。真核基因的调控区较大，TATAA/TA 区位于－20～－30，而－40～－110 区为上游激活区。除 Pribnow 区之外，原核基因启动子上游只有 TTGACA 区（－30～－40）作为 RNA 聚合酶的主要结合位点，参与转录调控；而真核基因除了含有可与之相对应的 CAAT 区之外，大多数基因还拥有 GC 区和增强子区。

TATA 区和其他两个 UPE 区的作用有所不同（图 4-5）。前者的主要作用是使转录精确地起始，如果除去 TATA 区或进行碱基突变，转录产物下降的相对值不如 CAAT 区或 GC 区突变后明显，但发现所获得的 RNA 产物起始点不固定。研究 SV40 晚期基因启动子发现上游激活区的存在与否，对该启动子的生物活性有着根本性的影响。若将该基因 5′上游－21～－47 核苷酸序列切除，基因完全不表达（图 4-6）。

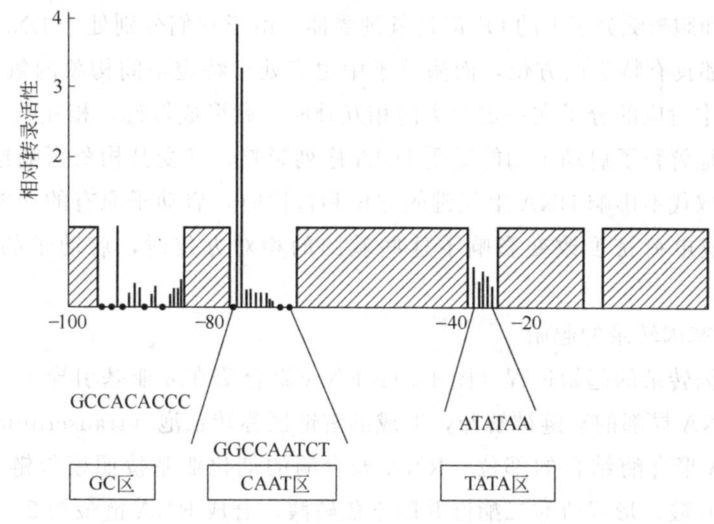

图 4-5　启动子区主要顺式作用元件与基因转录活性

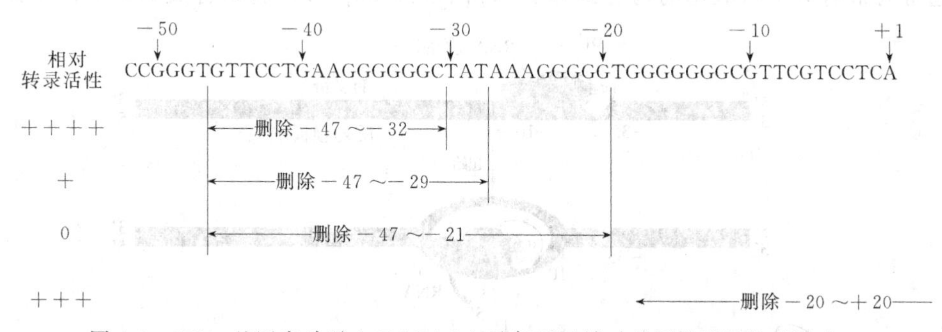

图 4-6　SV40 基因启动子上 TATAAA 及邻近区域对基因转录活性的影响

CAAT 区和 GC 区主要控制转录起始频率，基本不参与起始位点的确定。CAAT 区对转录起始频率的影响最大，该区任一碱基的改变都将极大地影响靶基因的转录强度，而启动区其他序列中一两个碱基的置换则没有太大的影响。此外，在 TATA 区和相邻的 UPE 区之间插入核苷酸也会使转录减弱，在人类 β-血红蛋白基因启动区的两个 UPE 序列之间插入 15 个核苷酸，该启动子完全失去功能。CAAT 区和 GC 区相对于 TATA 区的取向（5′→3′或 3′→5′），对转录强度的影响不大。

尽管这 3 种 UPE 序列都有着重要功能，但并不是每个基因的启动子区都包含这 3 种序列。有些基因，如 SV40 的早期基因，缺少 TATA 区和 CAAT 区，只有 6 个串联在上游 −40～−110 位点的 GC 区；有些基因，如组蛋白 H_{2B}，不含 GC 区，但有两个 CAAT 区和一个 TATA 区。研究发现，真核细胞中存在着大量特异性或组成型表达的、能够与不同基因启动子区 UPE 相结合的转录调控因子。基因转录实际上是 RNA 聚合酶、转录调控因子和启动子区各种调控元件相互作用的结果。

二、转录的起始

1. 启动子区的识别

一般认为，RNA 聚合酶并不直接识别碱基对本身，而是通过氢键互补的方式加以识别。在启动子区 DNA 双螺旋结构中，腺嘌呤分子上的 N^6、鸟嘌呤分子上的 N^2、胞嘧啶分子上的 N^4 都是氢键供体，而腺嘌呤分子上的 N^7、N^3，胸腺嘧啶分子上的 O^4、O^2，鸟嘌呤分子上的 N^7、O^6、N^3 和胞嘧啶分子上的 O^2 都是氢键受体。由于它们分别处于 DNA 双螺旋的大沟或小沟内，因此都具有特定的方位，而酶分子中也有处于特定空间构象的氢键受体与供体，当它们与启动子中对应的分子在一定距离内相互补时，就形成氢键，相互结合。这种氢键互补学说较为圆满地解释了启动子功能既受 DNA 序列影响，又受其构象影响这一事实。当保守区某些碱基的取代不影响 DNA 上氢键的方位和特性时，启动子原有的功能保持不变；当局部 DNA 构象或电荷密度改变影响了这些基团的相对方位时，启动子的功能就会受到影响。

2. 原核生物基因转录的起始

原核生物基因转录的起始过程（图 4-7）：RNA 聚合酶在 σ 亚基引导下，识别并结合到启动子上，使 DNA 局部的双链被解开，形成的解链区称转录泡（transcription bubble），解链发生在与 RNA 聚合酶结合的部位。RNA 聚合酶的催化亚基按照模板链对碱基的选择，特异识别底物核苷酸，形成磷酸二酯键并脱下焦磷酸，合成 RNA 链最初 2～9nt。第一个核苷酸通常为带有 3 个磷酸基的鸟苷或腺苷（pppG 或 pppA）。起始合成后，σ 亚基脱离核心

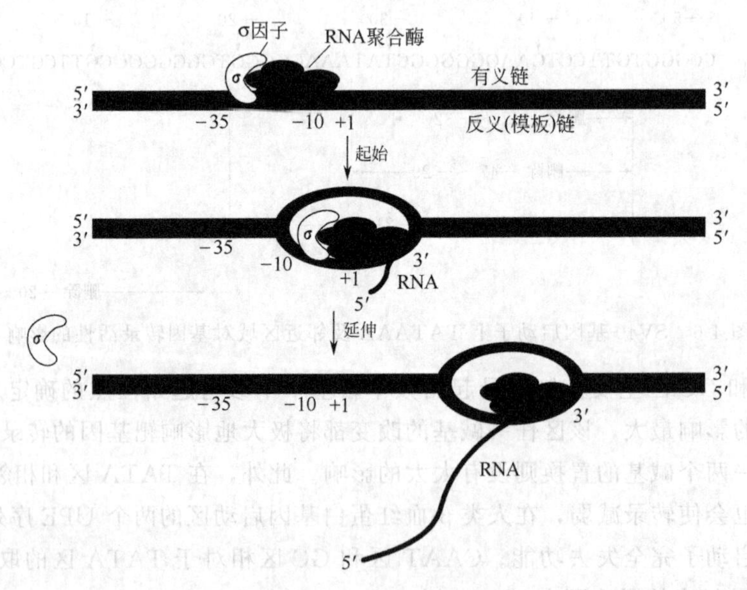

图 4-7　原核生物基因转录的起始过程

酶与启动子，起始阶段至此结束。

3. 真核生物基因转录的起始

除了 RNA 聚合酶之外，真核生物转录起始过程中至少还需要 7 种辅助蛋白质因子参与(表 4-3)。因为不少辅助因子本身就包含多个亚基，所以转录起始复合物的相对分子质量特别大。

表 4-3 辅助真核生物 RNA 聚合酶Ⅱ转录起始的蛋白质因子

蛋白质	亚基数	亚基的相对分子质量/$\times10^3$	功能
RNA 聚合酶Ⅱ	12	10～220	催化 RNA 的生物合成
TBP	1	38	与启动子上的 TATA 区相结合
TFⅡA	3	12,19,35	使 TBP 及 TFⅡB 与启动子结合稳定
TFⅡB	1	35	与 TBP 相结合，吸引 RNA 聚合酶Ⅱ和 TFⅡF 到启动子上
TFⅡD	12	15～250	与各种调控因子相互作用
TFⅡE	2	34,57	吸引 TFⅡH，有 ATP 酶及解旋酶活性
TFⅡF	2	30,74	结合 RNA 聚合酶Ⅱ并在 TFⅡB 帮助下阻止聚合酶与非特异性 DNA 序列结合
TFⅡH	12	35～89	在启动子区解开双链，使 RNA 聚合酶Ⅱ磷酸化，接纳核苷酸切除修复体系

真核生物基因转录的起始过程（图 4-8）：在 7 种辅助因子参与下，RNA 聚合酶与启动

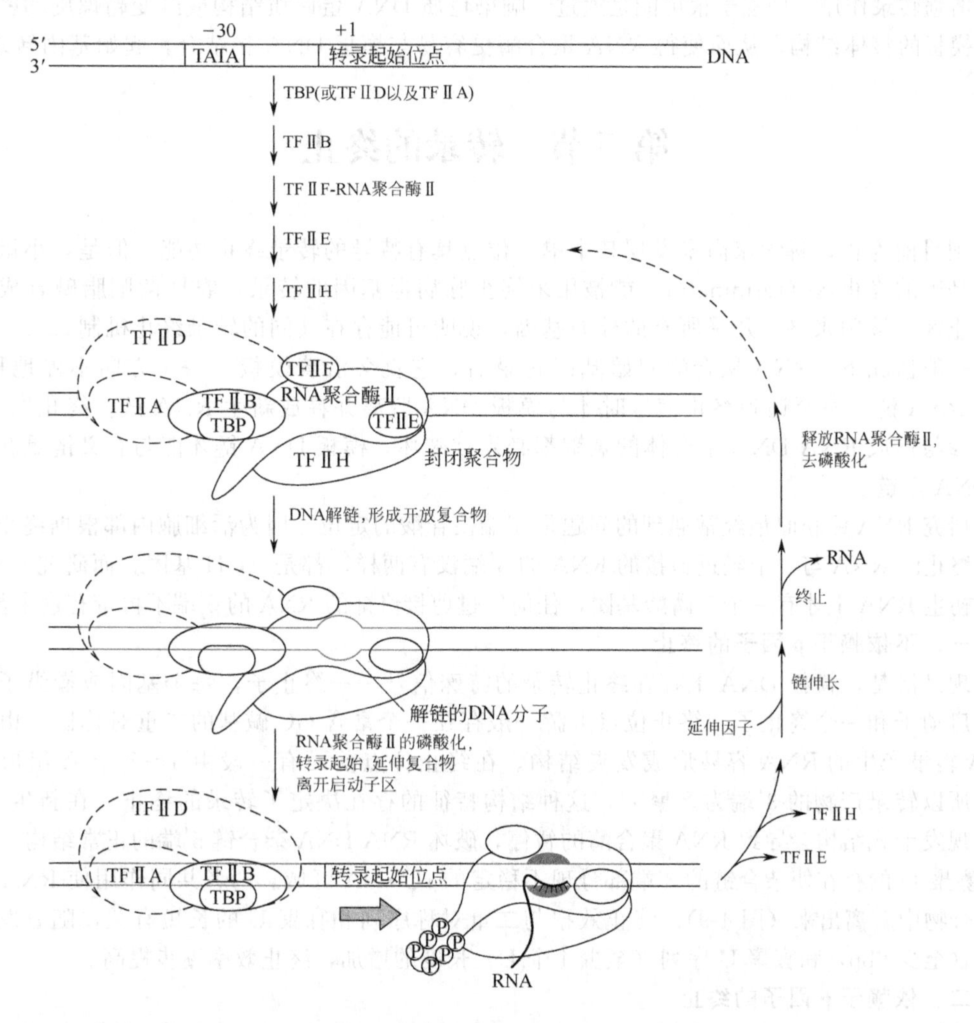

图 4-8 真核生物 RNA 聚合酶Ⅱ指导的基因转录的起始过程

子相互作用，聚合酶首先与启动子区闭合双链DNA相结合，形成二元闭合复合物，然后经过解链得到二元开链复合物。解链区一般在－9～＋13之间，而酶与启动子结合的主要区域在其上游。一旦开链区解链，酶分子能以正确的取向与解链后的有关单链相互作用，形成开链复合物。因此，RNA聚合酶既是双链DNA结合蛋白，又是单链DNA结合蛋白。DNA开链是按照DNA模板序列正确引入核苷酸底物的必要条件。

三、增强子及其功能

除了启动子以外，近年来发现还有另一序列与转录的起始有关。在SV40的转录单元上发现它的转录起始位点上游约200bp处有两段72bp长的重复序列，它们不是启动子的一部分，但能增强或促进转录的起始，除去这两段序列会大大降低这些基因的转录水平，若保留其中一段或将之取出插至DNA分子的任何部位，仍能保持基因的正常转录。因此，称这种能强化转录起始的序列为增强子或强化子（enhancer）。除SV40外，还在逆转录病毒基因、免疫球蛋白基因、胰岛素基因、胰糜蛋白酶基因等许多基因的启动区中陆续发现了增强子的存在。

有人曾把β-珠蛋白基因置于带有上述72bp序列的DNA分子上，发现它在体内的转录水平提高了200倍。而且，无论把这段72bp序列放在转录起点上游1400bp或下游3300bp处，它都有增强转录作用。增强子很可能是通过影响染色质DNA-蛋白质结构或改变超螺旋的密度而改变模板的整体结构，从而使得RNA聚合酶更容易与模板DNA相结合，起始基因转录。

第三节　转录的终止

到目前为止，科学家尚未发现某个单一位点具有特异的转录终止功能。但是，小鼠β-珠蛋白基因的终止区（terminator）能被用来终止腺病毒基因的转录，农杆菌胭脂碱合成酶基因终止区能被用来终止几乎所有的外源基因，说明可能存在共同的转录终止机制。

一般情况下，RNA聚合酶起始基因转录后，它就会沿着模板5′→3′方向不停地移动，合成RNA链，直至遇到终止信号时才与模板DNA脱离并释放新生RNA链。终止发生时，所有参与形成RNA-DNA杂合体的氢键都必须被破坏，模板DNA链才能与有义链重新组合成DNA双链。

研究RNA终止时最经常遇到的问题是3′端核苷酸的定位，因为活细胞内部根据终止信号正确终止的RNA与一个经过剪接的RNA的3′端没有两样，都是—OH基团。而研究5′端时，只有初生RNA上才有一个三磷酸基团，任何经过剪接修饰的RNA的5′端不再带有这个基团。

一、不依赖于ρ因子的终止

现已清楚，模板DNA上存在终止转录的特殊信号——终止子，每个基因或操纵子都有一个启动子和一个终止子。终止位点上游一般存在一个富含GC碱基的二重对称区，由这段DNA转录产生的RNA容易形成发夹结构。在终止位点前面有一段由4～8个A组成的序列，所以转录产物的3′端为寡聚U，这种结构特征的存在决定了转录的终止。在新生RNA中出现发卡式结构会导致RNA聚合酶的暂停，破坏RNA-DNA杂合链5′端的正常结构。RNA 3′端寡聚U的存在使杂合链的3′端部分现不稳定的rU·dA区域。两者共同作用使RNA从三元复合物中解离出来（图4-9）。终止效率与二重对称序列和寡聚U的长短有关，随着发夹式结构（至少6bp）和寡聚U序列（至少4个U）长度的增加，终止效率逐步提高。

二、依赖于ρ因子的终止

体外转录实验表明，纯化的RNA聚合酶并不能识别特异性的转录终止信号，而加入大

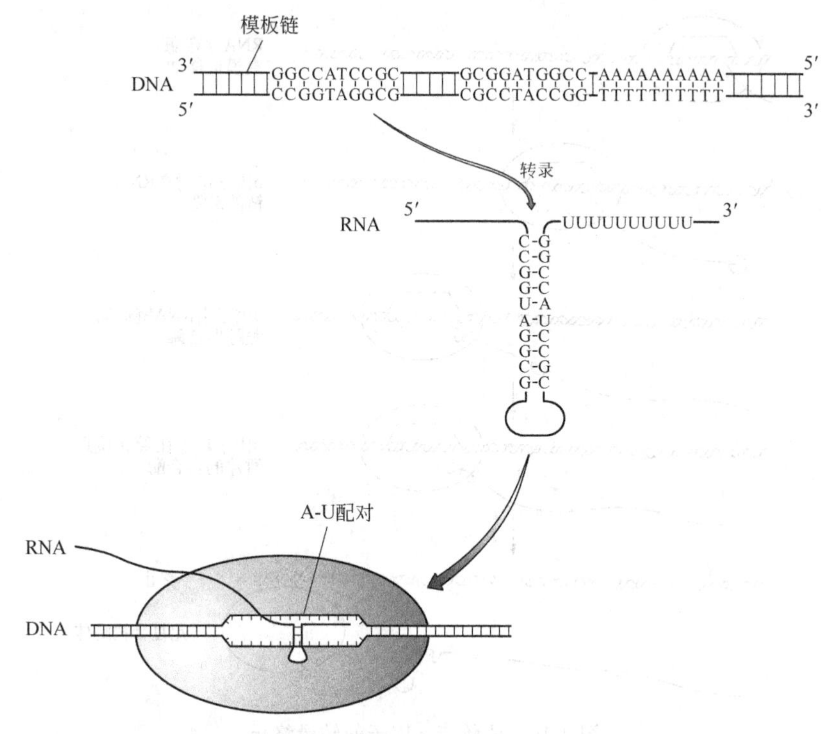

图 4-9　由基因序列决定的不依赖于 ρ 因子的转录终止

肠杆菌 ρ 因子后该聚合酶就能在 DNA 模板上准确地终止转录。ρ 因子是一个相对分子质量为 2.0×10^5 的六聚体蛋白，它能水解各种核苷三磷酸，实际上是一种 NTP 酶，它通过催化 NTP 的水解促使新生 RNA 链从三元转录复合物中解离出来，从而终止转录。

依赖于 ρ 因子的转录终止区 DNA 序列缺乏共性，说明该因子并不能识别这些终止位点。现在一般认为，RNA 合成起始以后 ρ 因子即附着在新生的 RNA 链上，靠水解 ATP 产生的能量，沿着 5′→3′方向朝 RNA 聚合酶移动，到达 RNA 的 3′—OH 端后取代了暂停在终止位点上的 RNA 聚合酶，使之从模板 DNA 上释放 mRNA，完成转录过程（图 4-10）。

三、抗终止

由于不同的生理要求，在转录过程中有时即使遇到终止信号，却仍然需要继续转录，于是出现了抗转录终止现象。这是不同于上述两种方式从另一个角度对转录进行的调控。抗转录终止主要有如下两种方式。

（1）破坏终止位点 RNA 的茎-环结构　在一些控制氨基酸合成的操纵子结构基因前面有一段前导序列，具有终止信号，中间有串联的编码某一氨基酸的密码子，由于转录与翻译是偶联的，转录产物 mRNA 形成后立即通过核糖体指导蛋白质合成，当介质中该氨基酸浓度较高时，与此相对应的氨酰基 tRNA 含量也较高，因此，核糖体能顺利通过串联密码子。在这种情况下，mRNA 形成正常的二级结构，其中包括末端的茎-环结构，RNA 聚合酶终止转录。当介质中该氨基酸浓度较低时，缺乏相应的氨酰基 tRNA，致使核糖体滞留在串联密码子上，mRNA 不能形成特定的二级结构，末端的茎-环结构被破坏，因此转录仍能进行下去，出现转录的抗终止现象。

（2）依赖于蛋白质因子的转录抗终止　λ 噬菌体中由 N 基因编码产生的 N 蛋白具有抗转录终止作用，但是其功能的发挥依赖于寄主所产生的 NusA、NusB、S10 和 NusG 等几种

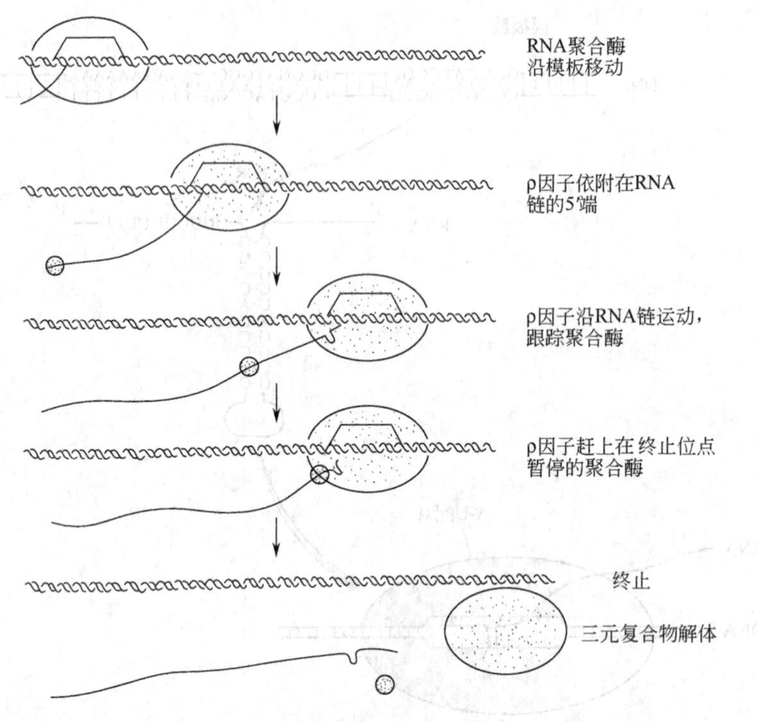

图 4-10 依赖于 ρ 因子的转录终止

蛋白质，这些蛋白质结合到终止子附近的 DNA 位点是实现抗转录终止的必要条件。该 DNA 位点中含有 A 区（CGCTCTTA）和一个二重对称序列，N 蛋白能识别后者转录所形成的茎-环结构并与之结合。NusA 以二聚体的形式存在，其中一个亚基与 RNA 聚合酶结合，另一个亚基与 N 蛋白结合，当其他 3 种蛋白都结合到 Nut 位点时，便形成一个蛋白复合物，并通过 NusA 与 RNA 聚合酶相结合，改变聚合酶的构象，使之对终止信号不敏感，继续催化 RNA 链的合成（图 4-11）。

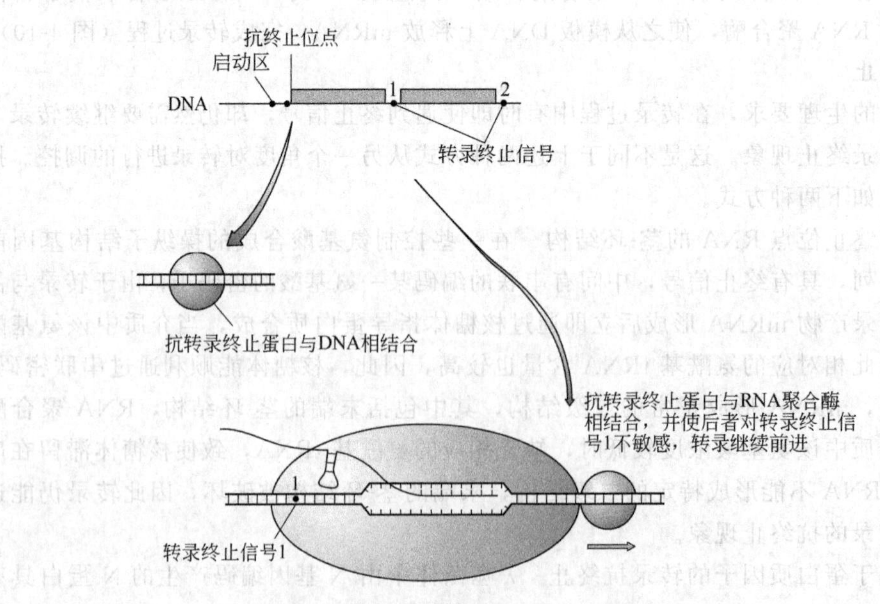

图 4-11 依赖于蛋白质因子的转录抗终止模式

第四节　转录后加工

一、mRNA 的加工

原核细胞指导蛋白质合成的 mRNA 一般不需要加工，一经转录即可直接指导翻译。有时甚至在转录终止之前，其 5′端就与核蛋白体结合，开始蛋白质的合成，出现转录、翻译同时进行的局面。也有一些例外，少数多顺反子 mRNA 须通过核酸内切酶切成较小的单位，然后再进行翻译。

真核生物 mRNA 前体的加工比较复杂，由于细胞核结构将转录和翻译过程分隔开，其加工过程一般在细胞核内进行。mRNA 的最初转录产物是分子量极大的前体，它们被称为核内不均一 RNA（hnRNA）。hnRNA 的碱基组成与被转录的 DNA 片段组成类似，因而，它又称为类似 DNA 的 RNA（D-RNA），它们在核内转录后被迅速降解，其半衰期很短，比成熟的 mRNA 更不稳定。不同细胞类型的 hnRNA 半衰期不同，一般在几分钟至 1h 左右。另外，hnRNA 的分子质量也极不均一，一般在 10S 以上，大多数在30S～40S 范围。哺乳动物 hnRNA 平均链长为 8～10kb 之间，而成熟的 mRNA 的链长为1.8～2kb 之间。在 mRNA 的加工形成过程中，哺乳动物约有 1/4 的 hnRNA 经过加工转变成 mRNA。

真核细胞 hnRNA 加工形成 mRNA 的过程相当复杂，包括 5′端形成特殊的帽子结构；3′端剪切，并加上多聚腺苷酸（polyA）尾；中间非编码序列的切除、拼接等。现分别叙述如下。

1. 5′端帽结构

目前所知 5′端帽结构是在核内完成的，且先于对 mRNA 中段序列的剪接过程，加帽的作用部位在转录后的 mRNA 5′端的第一个核苷酸上。由前面内容可知，RNA 5′端的第一个核苷酸以嘌呤类多见，尤以 pppG 为主，其作用过程为：先由磷酸酶将 5′-pppG 水解生成 5′-pG，然后与另一个三磷酸鸟苷 pppG 反应生成三磷酸双鸟苷，接着在甲基化酶的作用下，由 SAM 提供甲基，将甲基连接在后接上去的鸟嘌呤碱基 N^7 位上，生成 5′-m^7GpppGp，此结构称为帽子结构（图 4-12）。该结构的功能还不十分清楚，推测它在翻译过程中起识别作用以及对 mRNA 起稳定作用。

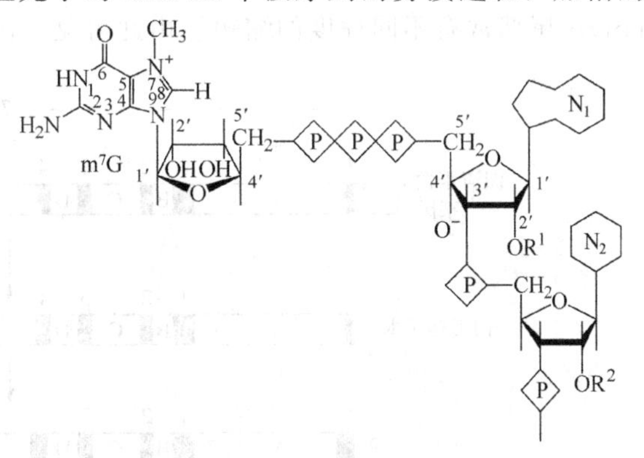

图 4-12　真核生物 mRNA 5′端帽结构

2. 3′端加尾

真核生物成熟的 mRNA 3′端通常都有 100～200 个腺苷酸残基，构成多聚腺苷酸（polyA）尾。通过研究发现，DNA 序列中没有多聚 T 的序列，由此说明了 3′端 polyA 尾是在转录后加上的。研究中发现，hnRNA 的 3′端也有 polyA，这表明加尾过程是在核内进行，也先于 mRNA 中段剪接过程。加工过程先由核酸外切酶切去 hnRNA 3′末端一些过剩的核苷酸，所切核苷酸的数量因 hnRNA 来源不同而异。然后由多聚腺苷酸聚合酶催化，以 ATP 为底物，在 mRNA 3′末端逐个加上腺苷酸，形成 polyA 尾。3′端切除信号在高等真核细胞是靠近 3′端区一段非常保守的序列，研究发现，它还是多聚腺苷酸化的信号，该序列为 AAUAAA，因为切除该保守序列，3′端则不能进行切除，也不能形成 polyA 尾。3′端 polyA 尾的形成见图 4-13。

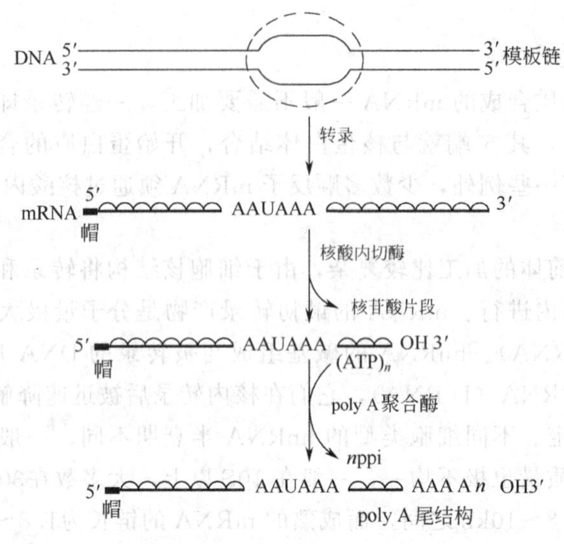

图 4-13 真核生物 mRNA 3′端 polyA 尾结构的形成

3′端形成 polyA 的功能可通过抑制实验来说明。该实验用多聚腺苷酸化的特异抑制剂冬虫夏草素，此抑制剂不影响 hnRNA 的转录，但可阻止细胞质中出现新的 mRNA，这表明多聚腺苷酸化对 mRNA 的成熟是必要的。进一步研究发现，珠蛋白 mRNA 上的 polyA 尾切除后，它仍然能进行翻译，由此显示，该 polyA 尾与翻译功能无关。然而，切除 polyA 尾的 mRNA 其稳定性较差，可被核酸酶降解。当 mRNA 由细胞核转移到细胞质中时，其 polyA 尾部常有不同程度的缩短。由此可见，polyA 尾至少起某种缓冲作用，可防止核酸外

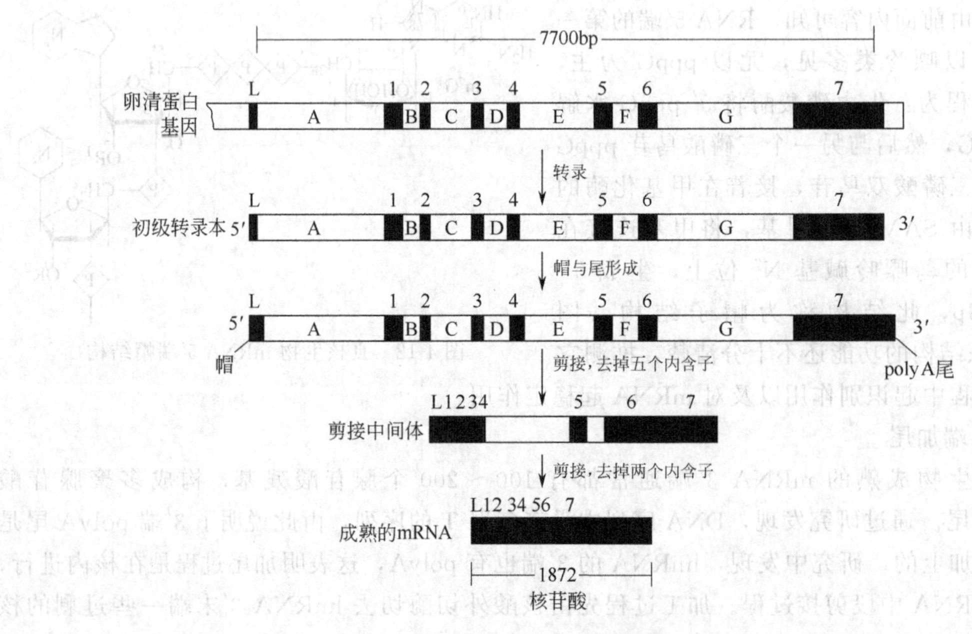

图 4-14 卵清蛋白 mRNA 的剪接加工过程

1～7—外显子；A～G—内含子

切酶对 mRNA 信息序列的降解作用。

3. mRNA 中段序列的剪接

真核生物细胞作为转录模板链的结构基因中含有表达活性的碱基序列，称为外显子（exon）；也有不具表达活性的碱基序列，称为内含子（intron），后者远多于前者。经转录生成的 hnRNA，既有内含子序列，也有外显子序列。

剪接在加帽加尾后进行，由核酸内切酶把内含子和外显子连接处的磷酸二酯键水解，剔除内含子，再连接外显子生成成熟的 mRNA（图 4-14）。此后，mRNA 通过核膜孔转运到细胞质，指导蛋白质的合成。剪接过程比较复杂，其内含子一般左端为 GU，右端为 AG，但此结构形式不适用于线粒体和叶绿体的内含子，也不适合于 tRNA 和 rRNA 的编码基因，该结构可能为核酸内切酶的作用位点。体外实验表明，切开首先在内含子左端 GU 外进行，进行一系列反应过程再在内含子右端 AG 处切开（图 4-15）。

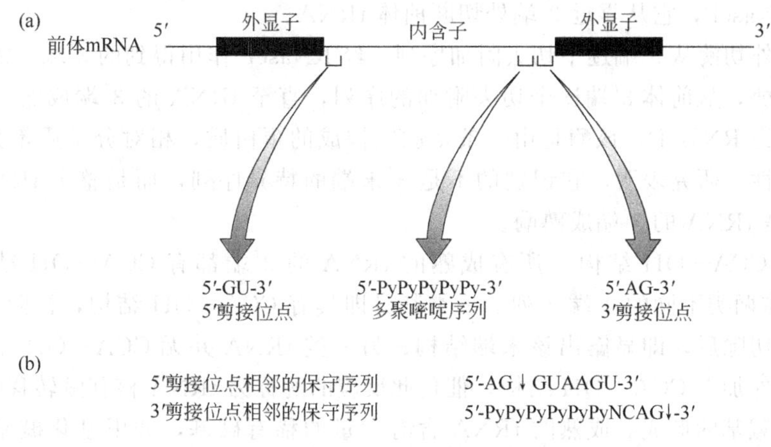

图 4-15　前体 mRNA 中内含子的剪切位点

通过研究发现，酵母基因的内含子在靠近 3′端处有一个保守序列，即 TACTAAC，它可能与拼接有关。另外，由 RNA 聚合酶Ⅲ转录的 snRNA，碱基数在 100～300 范围，其中有一部分含 U 较高，称 U-snRNA。这些小分子的 snRNA 通常都与多肽或蛋白质相结合形成核糖核蛋白颗粒（ribonucleoprotein particles，RNP）。U-snRNA 的 5′端序列与内含子连接处的序列互补，推测 RNP 可能参与拼接过程，这是因为在核提取液中加入抗 U-snRNP 的抗体，或利用抗体除去 U-snRNP 均可使提取液失去拼接活性，而加入 U-snRNP 则可恢复拼接活性。通过不同的拼接方式，同一转录单位可以产生不同的 mRNA。

二、tRNA 的加工

1. 原核生物 tRNA 的加工

原核生物 tRNA 的基因一般不是单拷贝，而是多拷贝 tRNA 基因成簇存在，转录产物为 tRNA 前体，通过加工形成成熟的 tRNA。其加工过程包括（图 4-16）：①由核酸内切酶切断 tRNA 两端；②核酸外切酶从 3′端逐个切去附加序列；③在 tRNA 3′端加上 CCA—OH 结构；④碱基的修饰反应。

（1）核酸内切酶与 DNA 限制性内切酶不同　核酸内切酶不能识别特异的序列，所识别的是加工部位的空间结构。大肠杆菌核糖核酸酶 P（RNaseP）是一类切断 tRNA 5′端的加工酶，所有大肠杆菌 tRNA 前体都是在该酶的作用下切出成熟的 tRNA 5′端。由此看来，RNaseP 是 tRNA 的 5′端成熟酶。该酶是一个很特殊的酶，由蛋白质和 RNA 构成，RNA 的

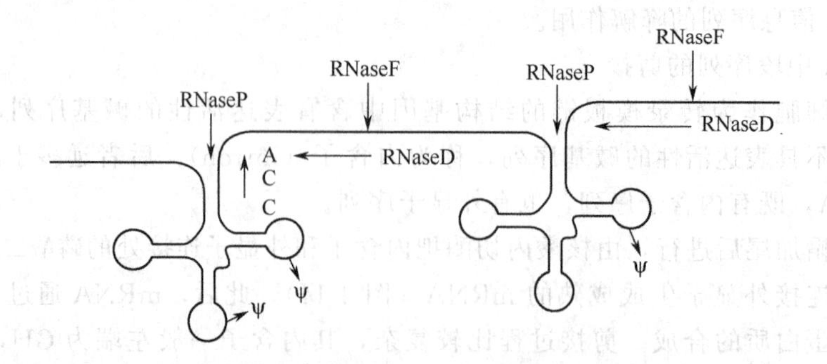

图 4-16 原核生物 tRNA 前体的加工

链长约 375 个碱基，蛋白质相对分子质量为 20000。在某些情况下，即使去除该酶中的蛋白质部分，剩下的 RNA 部分也能独自切断 tRNA 前体的 5′端序列。负责切除 tRNA 3′端的核酸内切酶为 RNaseF，它从靠近 3′端处切断前体 tRNA。

（2）核酸外切酶从 3′端逐个切去附加序列　经 RNaseF 作用得到的 3′端，需要有核酸外切酶进一步修剪，从前体 3′端逐个切去附加的序列，直至 tRNA 的 3′端成熟。负责此作用的核酸外切酶为 RNaseD，该酶是由一条多肽链构成的蛋白质，相对分子质量为 38000，它有严格的选择性。研究表明，它识别的不是 3′末端的特异序列，而是整个 tRNA 的空间结构，RnaseD 是 tRNA 的 3′端成熟酶。

（3）3′端 CCA—OH 结构　所有成熟的 tRNA 的 3′端都有 CCA—OH 结构。细菌的 tRNA前体存在两类不同的 3′端序列：一类其身即具有 CCA—OH 结构，被附加序列掩藏，当附加序列被切除后，即显露出该末端结构；另一类 tRNA 并无 CCA—OH 结构，当附加序列切除后，外加上 CCA—OH 结构，催化此反应的酶称为 tRNA 核苷酰转移酶。

（4）修饰碱基的形成　成熟的 tRNA 含有大量的稀有碱基，如甲基化碱基、二氢尿嘧啶等。这些都是由高度特异性的 tRNA 修饰酶作用形成的。

2. 真核生物 tRNA 的加工

真核生物 tRNA 基因数目比原核生物 tRNA 基因数目大得多，不过其基因也成簇排列，并且被间隔区分开。tRNA 前体由 RNA 聚合酶Ⅲ转录合成，前体加工成成熟的 tRNA 需要在核酸内切酶和外切酶作用下切除 5′端和 3′端的附加序列。真核生物 tRNA 3′端不含 CCA—OH 结构。成熟 tRNA 还需要进行碱基修饰，修饰反应的形式有甲基化反应、还原反应、脱氨基反应和碱基转位反应。tRNA 前体中也有内含子成分，在核酸内切酶作用下，切去内含子，再由 RNA 连接酶催化，使切开的 tRNA 两部分连接起来。另有报道，成熟 tRNA 的反密码子环是通过加工插入 tRNA 前体中的。

三、rRNA 的加工

原核生物中 rRNA 的加工往往与转录同时进行，因此一般得不到完整的前体 rRNA。负责其前体加工的核酸内切酶为 RNaseⅢ（图 4-17），在该酶的作用下，30S 转录产物裂解产生 16S rRNA 和 23S rRNA 前体，5S rRNA 的前体是在 RNaseE 作用下产生的。其前体经过 3′端和 5′端附加序列的切除，还需进行碱基的甲基化修饰。一般 5S rRNA 中无修饰成分，不进行甲基化反应。

真核生物 rRNA 基因拷贝数很多，呈串联排列，重复达成千上万次。在分类上，把 rRNA 基因（rDNA）序列称为高度重复的 DNA 序列。由 RNA 聚合酶Ⅰ转录产生 45S rRNA 前体，在 RNaseⅢ和其他核酸内切酶作用下，生成 18S rRNA、5.8S rRNA 和 28S rRNA。经过适当加工后，28S rRNA、5.8S rRNA、5S rRNA 以及有关蛋白一起组成核糖体大亚基，18S rRNA 与有关蛋白组成小亚基（图 4-18）。有关 rRNA 前体加工所知甚少，rRNA 在成熟过程中可被甲基化，主要的甲基化位置在核糖 2′—OH 上，而且真核生物 rRNA 的甲基化程度比原核生物 rRNA 的甲基化程度高。此外，多数真核生物的 rRNA 基因中不存在内含子，即使少数有内含子也不进行转录，这就不需要像 mRNA 前体加工过程中那样进行剪切拼接。真核生物细胞的核仁是 rRNA 合成、加工和装配成核糖体大小亚基的场所。

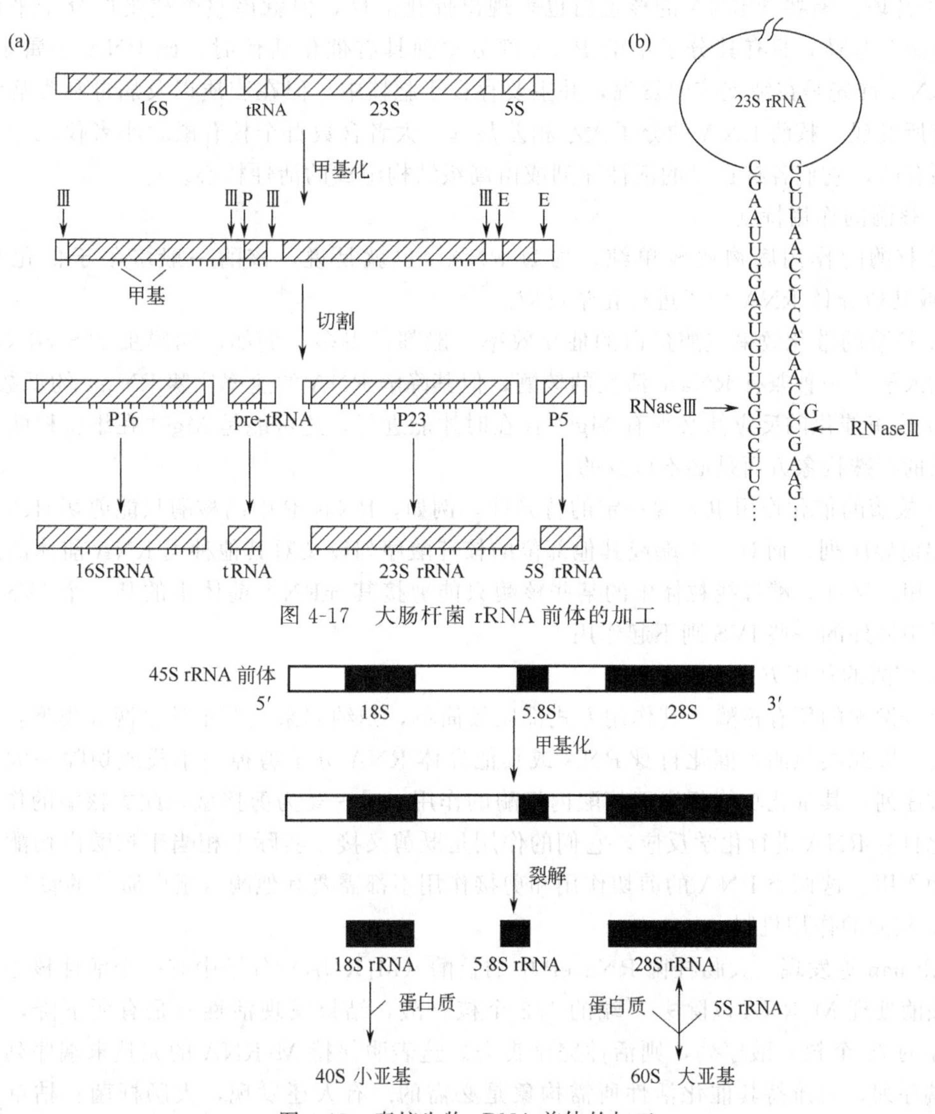

图 4-17　大肠杆菌 rRNA 前体的加工

图 4-18　真核生物 rRNA 前体的加工

四、核酶的作用特点及方式

多年以来，人们认为所有的生物催化剂都是“酶”，而所有的酶都是“蛋白质”。但 20 世纪 80 年代以来，有人发现在没有任何蛋白质存在的条件下，某些 RNA 分子也能催化其自身或其他 RNA 分子发生化学反应。其中最早、最突出的例子是美国的 Thomas Cech 在研究某些低等真核生物细胞核 rRNA 前体成熟过程的反应机制时，发现四膜虫大核 rRNA 前体在成熟过程中能进行自我剪接，也就是说，这种 rRNA 前体在剪接过程中，除去自身分子中的插入子（intervening sequence，IVS）是自我催化进行的，反应过程不需要任何蛋白质（酶）的参加。几乎与此同时，加拿大的 Sidney Altman 等发现，RNaseP 分子中的 RNA 组分，也像 RNaseP 的全酶分子一样能单独催化 tRNA 5′端前导序列的切除，而 RNaseP 中的蛋白质组分却没有这种催化活性。Cech 和 Altman 二者的研究背景和实验内容虽然不同，但却各自独立地得到一个共同的结论，即某些 RNA 具有酶一样的催化活性称为核酶。

至今，已发现了数十种具有催化活性的不同的 RNA 酶，它们的化学本质都是 RNA 或 RNA 的片段。有些含 RNA 的核蛋白也表现出催化活性，但就该整个核蛋白分子来说不属于"核酶"范畴，只有其分子中的 RNA 部分单独具有催化活性时，此 RNA 才属于核酶。核酶 RNA 首先是在细胞核中发现，并主要存在于胞核中，但在胞质以及病毒和类病毒中也逐渐有所发现。核酶 RNA 的分子大小相差甚远，大者含数百个核苷酸，小者仅几十个或十几个核苷酸，它们各有自己的活性序列或由高级结构组成的活性核心。

1. 核酶的作用特点

① 核酶的作用底物比较单纯，均为 RNA。也就是说，核酶一般多限于催化自身的 RNA 或其他异体 RNA 分子进行化学反应。

② 核酶的催化效率较酶蛋白的催化效率一般都低得多。例如，四膜虫 26S rRNA 前体中的插入子是一种兼有 RNase 活性的核酶，但其降解 RNA 的速率比胰 RNase 约低数千倍。

③ 核酶催化的反应都必须有 Mg^{2+} 存在时才能进行，这可能是 Mg^{2+} 在维持核酶催化活性所需的特殊构象方面是必不可少的。

④ 核酶的催化作用也表现一定的特异性，例如，RNaseP 中的核酶只能剪切 tRNA 前体的 5′端前导序列，而对于 3′端或其他部位的核苷酸序列以及对其他种类 RNA 前体的成熟都不起作用。又如，酵母线粒体中的某些核酶只能剪接其 mRNA 前体中的某一个 IVS，而对其分子中另外的一些 IVS 则不起作用。

2. 核酶的作用方式

至今发现的所有核酶，其作用方式都比较简单，归纳起来主要不外乎两大类型：一类为剪切型，即此类核酶可催化自身 RNA 或其他异体 RNA 分子剪掉一小段或切除一大段寡聚核苷酸序列，其催化功能相当于核酸内切酶的作用；另一类为剪接型，此类核酶的作用主要是催化自身 RNA 进行化学反应，它们的作用是既剪又接，实际上相当于核酸内切酶和连接酶两种作用。这两类 RNA 的剪切作用和剪接作用不都需要其他酶（蛋白质）的参与。

3. 核酶的作用机制

Altman 等发现，大肠杆菌 RNaseP 中的核酶（M_1 RNA）分子中有一个活性核心。他们用核酸酶处理 M_1 RNA 以除去 3′端的 122 个核苷酸，结果发现活性只是有所下降，若除去其 5′端的 70 个核苷酸序列，则活性完全丧失。这表明保持 M_1 RNA 的完整末端序列特别是其 5′端序列，对维持其催化活性所需构象是必需的。有人还发现，大肠杆菌、枯草杆菌和鼠沙门杆菌等 3 种不同原核细胞来源的 RNaseP 中，核酶的一级结构虽然有所不同，但它们可与 RNaseP 的蛋白质组分进行交插重组，而得到都表现催化活性的杂合 RNaseP。这表明，这些不同来源的核酶具有相似的三维结构。进一步对其结构研究发现，该结构中有一段比较固定的保守序列，它与核酶活性有关。1986 年，Sullivan 发现某一含 19 个核苷酸的片段具有催化活性，再后来研究发现，其保守序列可减到 13 个乃至 11 个核苷酸片段。电镜下观察这些具有酶活性的 RNA 小片段的空间构象似一种锤头样结构，这便触发研究者去设想，如人工合成这段保守序列是否也有酶的活性呢？澳大利亚的 Symons 等首先制备了一种拟病毒，其 RNA 正链中含 55 个核苷酸，并证实了由它形成的锤头状结构能进行自我剪切反应，目前人工合成的核酶最小片段为 13 聚核苷酸片段。无论是天然的或人工合成的锤头结构，均类似酶蛋白的活性中心，它由两部分组成：一部分是催化部分；另一部分是作用底物部分。

据此，人们已经根据锤头结构的自我剪切模型和理论，设计合成出一些人们所需要的核酶或其基因，用以剪切破坏人类和动植物有害基因转录出的 mRNA 或其前体，从而抑制细胞内肿瘤基因、遗传缺陷基因以及病毒基因等不良基因的表达，为基因治疗提供一种可行的途径和美好的前景。

五、RNA 的剪接、编辑和再编码

已知大多数真核生物的基因都是断裂基因，但少数编码蛋白质的基因以及一些 tRNA 和 rRNA 基因是连续的。断裂基因的转录产物需通过剪接，去除内含子，使外显子即编码区连接成连续的序列，这个过程是基因表达调控的重要环节。内含子含有多种多样的结构序列，因此剪接机制也很复杂。有些内含子可催化自体剪接（self-splicing），而有些需在剪接体（spliceosome）作用下才能剪接。RNA 编码序列的改变称为编辑（editing）；RNA 编码和读码方式的改变称为再编码（recoding）。由于细胞内的 RNA 存在着选择性剪接（alterative）、编辑和再编码等过程，使得一个基因可以产生多种蛋白质。

1. RNA 的剪接

原核生物基因组内，有少许基因的转录产物，如 tRNA、rRNA 的间隔序列（spacer sequence）需要在 RNA 水平上被切除加工；真核生物基因组内存在更多需要加工剪接的情况，特别是真核生物基因的内含子被转录后，需要在 RNA 水平上进行转录后的剪接（post transcription splicing）。因此，转录产物的剪接是 RNA 水平上加工内容之一，是基因表达调控的方式之一。

原核或真核生物的 RNA 剪接没有单一的剪接机制，形式很多。根据基本的共同方式，内含子的剪接可以分为三类。①第一类是自我剪接内含子。由于这类内含子的特殊结构而能自发地进行剪接，至少在体外不需要酶或蛋白质参与。这一类又分为两个亚类，即Ⅰ型内含子和Ⅱ型内含子两个各有特征性的二级结构和短的共同序列。两类不同的内含子有两种自我剪接方式，Ⅰ型内含子存在于多数真核生物线粒体、叶绿体、四膜虫和噬菌体 RNA 等中；Ⅱ型内含子主要存在于线粒体和叶绿体基因中。一些Ⅰ型内含子自身也能编码蛋白质。②第二类内含子是蛋白质（酶）参与剪接的内含子，主要在 tRNA 前体中发现。剪接在一系列酶催化下进行。③第三类内含子是 snRNP 参与剪接的内含子。这一类内含子绝大部分存在于真核细胞核的蛋白质编码基因中。其剪接方式与第一类Ⅱ型内含子相似，都通过形成套索结构的中间物和套索内含子产物。区别在于Ⅱ型内含子剪接不需要任何蛋白质，而细胞核 mRNA 前体的内含子剪接要在 snRNP 参与下进行。两者比较后认为，自我剪接的Ⅱ型内含子是细胞核基因内含子的前身，是失去自我剪接能力和增加对 snRNP 依赖性的进化过程。

（1）Ⅰ型内含子的自我剪接　把四膜虫 rRNA 基因克隆重组在质粒内，质粒 DNA 与 *E. coli* RNA聚合酶一起保温，发现转录产物除了有约 400nt 的 rRNA 前体内含子之外，还有一些较小的 RNA 片段。从凝胶中回收 rRNA 前体，在无蛋白质的条件下保温培养，再电泳观察，单一的 rRNA 前体又可以形成较小的电泳条带，其中电泳中移动最快的是 39nt 的条带。RNA 测序后发现，它相当于 413nt 的 rRNA 内含子中最初 39 个核苷酸的片段。在进一步的实验中，当把四膜虫 26S rRNA 基因的一部分（含有第一个外显子 303bp、完整的内含子 413bp 和第二个外显子 624bp）克隆到含有噬菌体 SP6 启动子的载体内，然后用 SP6 RNA 聚合酶转录该重组质粒，获得 rRNA 前体的部分序列片段，该产物与 GTP 一起保温，可以得到剪接产物。如果缺乏 GTP，则不进行剪接反应。这一实验进一步证实 rRNA 前体的确发生了自我剪接（图 4-19）。

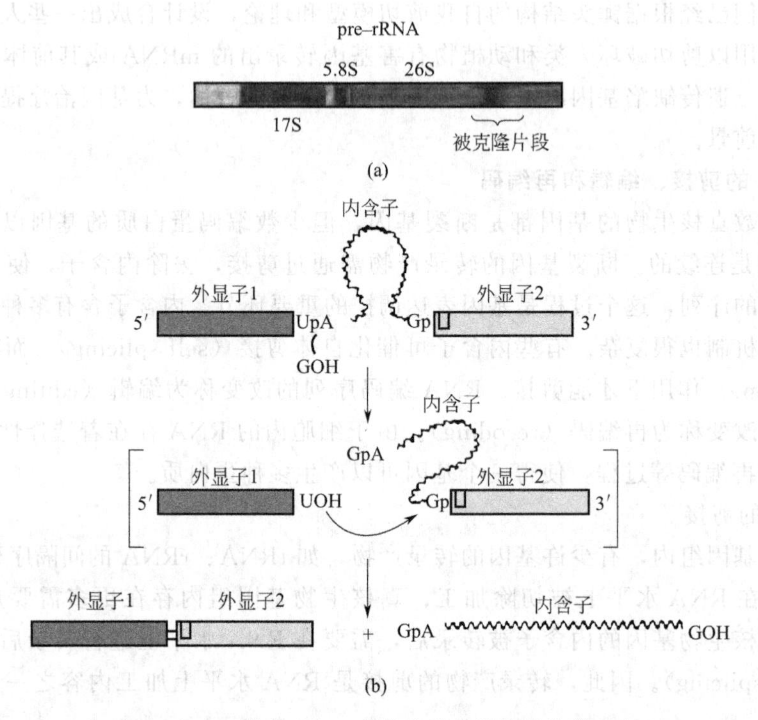

图 4-19 四膜虫 rRNA 前体片段的外显子连接反应

(a) rRNA 前体的结构（含有 17S、5.8S 和 26S 的序列）；(b) 自我剪接的模型（第一步是一个鸟嘌呤攻击内含子 5′端的腺苷酸残基，释放外显子 1，产生方括号内表示的中间物；第二步是外显子 1 攻击外显子 2，完成剪接反应，释放线性的内含子，连接起两个外显子；最后，线性内含子从 5′端失去 19nt，进一步降解）

① 剪接反应是转酯反应 Ⅰ型内含子的剪接途径与 mRNA 前体内含子类似，都有转酯反应，但第一个转酯反应不是由内含子内部的核苷酸介导的，而是由一个游离的鸟苷或鸟苷酸（GMP、GDP 或 GTP）所介导。鸟苷酸（或鸟苷）提供了 3′—OH 基团，亲核攻击内含子 5′ 端剪接位点的磷酸二酯键，进行切割，并以新形成的磷酸二酯键将 G 转移到内含子的 5′ 端，而上游外显子末端产生新的 3′—OH。在第二个转酯反应中，以上游外显子 3′—OH 攻击内含子 3′ 端剪接位点的磷酸二酯键，引起切割，两个外显子相连接和内含子释放。两个转酯反应无间隙，两个外显子的连接和线性内含子的释放同时进行，所以无法获得游离的 5′外显子和 3′外显子。

第三次转酯反应发生在内含子片段中，线性内含子的 3′—OH 攻击其 5′端附近的第15～16 残基之间的磷酸二酯键。内含子的这次环化，切断了线性内含子 5′端第 15～16 残基之间的磷酸二酯键，从 5′端失去 15nt 片段，形成一个 399nt 的环，但此过程并未结束，环状的内含子又在形成磷酸二酯键的相同位置再次打开，从 5′端又除去 4nt，最后内含子变成了更短的线性分子（图 4-20）。

② Ⅰ型内含子剪接的结构 在剪接反应中，每个转酯反应使一个磷酸二酯键断裂，同时形成一个新的磷酸二酯键。每一种转酯反应的自由能变化接近于零，所以不需要外源能量

(如 ATP)。这一剪接过程的另一特点是，内含子形成环状结构的磷酸二酯键与环打开成线状是同一个键，这提示这些键是有特异性的。RNA 的三维结构使这些键保持紧张状态，以致在线性化时容易断裂，这种张力作用有助于解释 RNA 对特定位点的催化能力。

Ⅰ型内含子剪接途径的最显著特征是它的自我催化(self-catalysis)，即 RNA 本身具有酶的活性。从 rRNA 前体内含子发现 RNA 有酶特性是核酶（ribozyme）的第一个例子。Ⅰ型内含子自我剪接活性依赖于 RNA 分子中碱基配对的结构。这一催化结构最初是通过比较不同的Ⅰ型内含子中碱基配对而发现的，由此提出了包括 9 个主要碱基配对区域的模型（图 4-21），它们的三维结构由 X 射线衍射晶体结构分析得到确认。核酶模型包含一个由两个结构域构成的催化核心，每个结构域由两个碱基配对的区域构成。9 个主要的碱基配对区域为 P1～P9，其中 P4 和 P7 分别含有所有Ⅰ型内含子共有的保守性短序列元件 P/Q 和 S/R，而其他配对区域的序列因内含子不同而异。Ⅰ型内含子自我剪接所需的最小催化活性中心由 P3、P4、P6 和 P7 组成。P1 包含上游外显子的末端序列和内含子 5′端的内部引导序列（internal guide sequence，IGS），形成底物结合位点。此外，P7 和 P9 之间有两个碱基，与 3′端具有反应活性的 G（四膜虫 rRNA 前体内含子为 G414）上游的两个碱基互补。

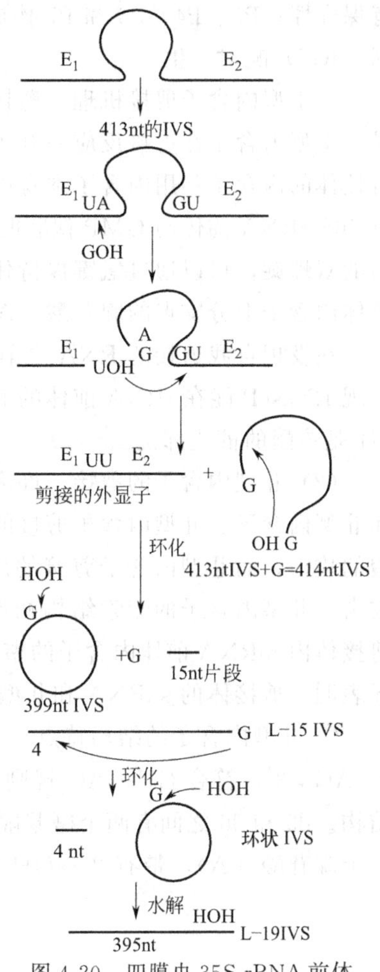

图 4-20　四膜虫 35S rRNA 前体的内含子剪接

Ⅰ型内含子除了含有核心结构（core structure）这一特点之外，还具有内部引导序列（IGS）。内部引导序列是内含子中可以与外显子进行碱基配对的序列。由于内部引导序列与外显子的配对，剪接位点处于暴露状态易受攻击，使剪接反应具有专一性。例如，Ⅰ型内含子中 P1 配对区域的内含子序列就属于 IGS。

Ⅰ型内含子有 9 个配对区域（P1～P9）组成特征性二级结构。其中，P4 和 P7 的序列

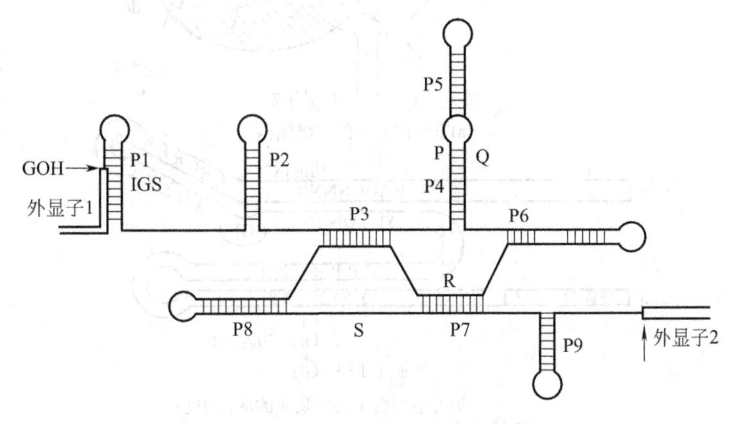

图 4-21　Ⅰ型内含子的特殊结构

有保守性；P3、P4、P6 和 P7 构成催化活性中心；P1 由上游外显子和内含子的内部引导序列（IGS）配对产生。

③Ⅰ型内含子剪接机理　剪接体的内含子和Ⅰ型内含子的剪接机理之间有一些重要的差异。Ⅰ型内含子在剪接反应一开始使用了一个外源核苷酸——鸟嘌呤的核苷或核苷酸；但是剪接体的内含子却用内含子本身内部的一个核苷酸。当然这点差异似乎并不很大，但当四膜虫 26S rRNA 前体与 GMP 偶联时，能量构象为最低。推测一部分内含子折叠成具有袋形结构的双螺旋，可以通过氢键保持住鸟嘌呤核苷酸。鸟嘌呤核苷酸迅速结合到内含子上，与剪接体内含子上分支点的腺苷酸（A）有基本相同的功能和作用，但它们不能形成套索结构。

在发现自我剪接的 RNA 之前，生物化学家认为酶的催化部位都只由蛋白质构成，后来发现 RNaseP 能在 tRNA 前体的 5′端切除多余核苷酸，RNaseP 具有 RNA 组分，称为 M1，M1 是该酶的催化部位。

（2）Ⅱ型内含子的剪接　许多真核生物的线粒体和叶绿体 rRNA 基因含有Ⅰ型内含子和Ⅱ型内含子。Ⅱ型内含子剪接的机制与Ⅰ型内含子不同。Ⅰ型内含子剪接的启动是受鸟苷酸的攻击，而Ⅱ型内含子剪接的启动是在能形成套索结构的内含子中，A 残基进行分子内攻击。Ⅱ型内含子的套索结构初看起来非常类似于核 mRNA 前体进行剪接体剪接的情况。剪接体内 mRNA 前体内含子的整个形态和Ⅱ型内含子自我剪接时的形态十分类似。这些情况表明，剪接体的 snRNA 和Ⅱ型内含子的催化部位之间具有功能相似性。

①Ⅱ型内含子的结构特点　Ⅱ型内含子的 5′端和 3′端剪接位点序列为 5′↓GUGCG…Y_n AG↓3′，符合 GU…AG 规则。Ⅱ型内含子由 6 个结构域（d1～d6）形成特征性的二级结构。d5 和 d6 之间有两个碱基隔开，但 d5 和 d6 紧靠在一起，形成功能区。其中，d6 含有一个腺苷酸（A），带有 2′—OH 基团，能发动第一次转酯反应。因此，d5-d6 形成催化部

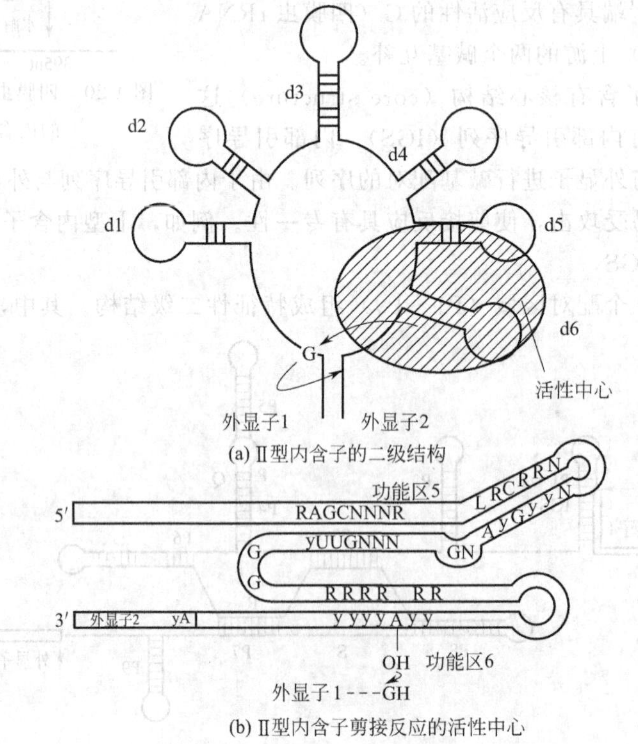

图 4-22　Ⅱ型内含子的二级结构及活性中心

位，d6 是催化结构域（图 4-22）。

② Ⅱ型内含子剪接的机制　Ⅱ型内含子的剪接不需要 G，但需要镁离子存在，如图 4-23所示，首先，分支位点 A 的 2′—OH 基团对 5′端剪接位点的磷酸二酯键发动亲核攻击，切下外显子 1；然后，内含子 5′端的 G 以 5′—P 与分支位点 A 的 2′—OH 形成磷酸二酯键，从而形成套索结构。第二步是外显子的 3′—OH 继续对内含子 3′端剪接位点进行攻击，切断外显子 2 的 5′—P 与内含子 3′—OH 形成的磷酸二酯键，并形成外显子 1 与外显子 2 之间的 3′，5′-磷酸二酯键，两个外显子被连接在一起，完成第二次转酯反应，并释放含有套索结构的内含子。

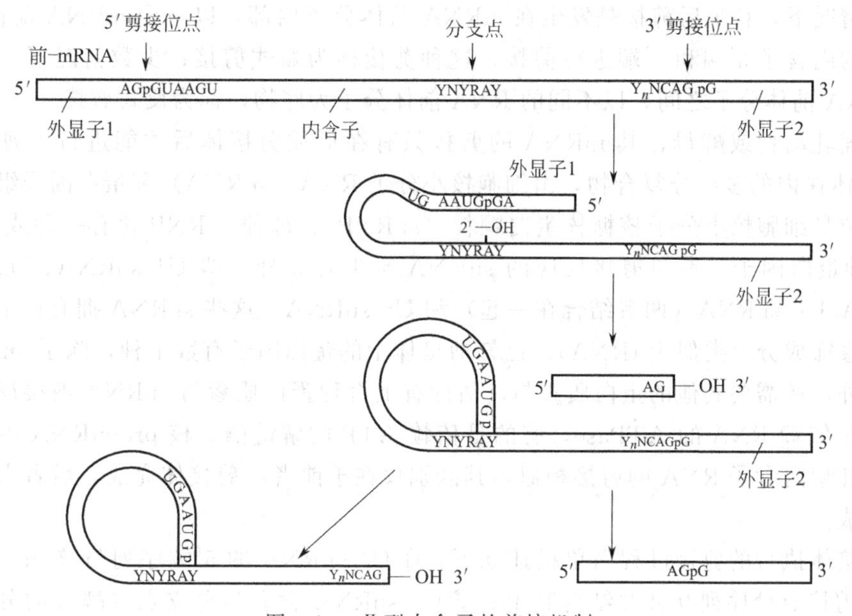

图 4-23　Ⅱ型内含子的剪接机制

(3) 核 mRNA 剪接体的剪接　真核生物 mRNA 的合成分阶段进行。

第一阶段是合成初始转录产物即 mRNA 前体。mRNA 前体仍含有从基因转录来的内含子，这种前体是细胞核大分子 RNA 库的一部分，称为 hnRNA。

从真核生物细胞核内容易分离得到一类含量很高、分子量很大又不稳定的 RNA，称为核内不均一 RNA（heterogeneous nuclear RNA，hnRNA）。它们的平均分子长度为 8～10kb，长度变化范围从 2kb 到 14kb，比 mRNA 的平均长度（1.8～2kb）要大 4～10 倍。估计 hnRNA 仅有 1/2 序列转移到细胞质内，也有分析认为 75%的 hnRNA 在细胞核内被降解，25%的 hnRNA 在核内加工后转运到细胞质内。分析认为，转运到细胞质内的 RNA 即是 mRNA，hnRNA 是 mRNA 的前体分子。

hnRNA 与 mRNA 的关系如下：hnRNA 与 mRNA 有相同的序列；hnRNA 在体外能作为翻译的模板，与 mRNA 有相同功能；两者的 5′端都有帽子结构（cap structure），3′端有多聚腺苷酸；两者的合成都可以被高剂量放线菌素 D（actinomycin D）抑制，但低剂量时不抑制，表明两者都是由相同的 RNA 聚合酶合成。

第二阶段是 mRNA 的成熟。mRNA 前体剪接除去内含子，是 mRNA 成熟的一个部分。

真核生物基因初始转录产物 hnRNA 中具有内含子剪接的特定结构信号，在一系列剪接加工因子的参与下，在内含子上构建剪接体（splicesome），进行 mRNA 内含子的剪接，最后产生成熟的 mRNA。

剪接反应在真核细胞核中进行，平均每个核基因含有约 8 个内含子，因此在剪接时各个内含子上分别形成各自的剪接体。mRNA 前体的各个内含子存在 3 个结构保守的信号，即：内含子 5′端序列；内含子 3′端序列；内含子中的分支点，通常距离 3′端 18～40 个核苷酸。

真核生物 mRNA 前体的剪接与第一类Ⅱ型内含子剪接有一些共同点，即形成套索（lariat）结构，因此称为套索模型。与Ⅱ型的最大差别是Ⅱ型属于 RNA 的自我剪接，而真核生物 mRNA 前体的剪接要求形成剪接体，由大量的 RNA 和蛋白质组成复杂核糖核蛋白体的结构。

一般情况下，转录后剪接是发生在 mRNA 前体分子内部，以一个 mRNA 前体为底物，对其确定的内含子 3′端和 5′端进行剪接，这种剪接称为顺式剪接；少数情况下，剪接发生在两种 RNA 前体分子之间，以不同的 RNA 前体分子为底物，称为反式剪接。

无论哺乳动物或酵母，其 mRNA 的剪接只有在形成剪接体后才能进行。剪接体包括 mRNA 前体在内的多组分复合物，由细胞核小分子 RNA（snRNA）和蛋白因子组成。剪接体的亚单位是细胞核小分子核糖核蛋白颗粒（snRNP）。每种 snRNP 含有一种或两种 snRNA 和数种蛋白因子。参与剪接反应的 snRNA 至少有 5 种，即 U1 snRNA、U2 snRNA、U4 snRNA/U6 snRNA（两者结合在一起）和 U5 snRNA。这些 snRNA 拥有帽子结构和含有较多的修饰成分（类似于 tRNA）。已知剪接体中的蛋白因子有数十种，除了 snRNP 中蛋白因子之外，还需要其他的蛋白质参与，估计有上百种蛋白质参与 snRNA 剪接反应。这些因子有的是依赖 RNA 的 ATPase，有的是依赖 ATP 的解链酶。核 pre-mRNA 内含子的剪接过程与Ⅱ型内含子 RNA 的剪接相似，其区别仅在于前者由剪接体完成，后者由内含子自我催化完成。

由剪接体执行的剪接过程简单描述如下：①U1 snRNA 的 5′端序列与核 pre-mRNA 内含子 5′端剪接点处序列互补并结合其上；②U2 snRNA 含有与分支点（酵母的分支点序列为 UACUAAC，但其他高等真核生物的此序列保守性很差）互补的序列，但需要 U1snRNP 和 U2 辅助因子（U2 auxiliary factor，U2AF）协助后结合到分支点上；③U4 和 U6 有很长的互补区，一般结合在同一核糖核蛋白颗粒上（故写为 U4/U6），当 U4/U6 和 U5 snRNP 以三聚体形式进入剪接体后，释放 U1 snRNP；④原来被 U1 snRNP 占据的空间使 U5 snRNP 先结合于外显子上，之后转移至内含子；⑤随后 U6 结合到 5′端剪接点；⑥U4 snRNA 被释放，U4 和 U6 之间的解离需由 ATP 提供能量；⑦U6 的活性受 U4 封闭，因此，U4 脱离后 U6 即可与 U2 的碱基配对，并回折形成发夹结构；⑧U5 snRNP 识别外显子 3′端剪接点并与之结合，在 U6/U2 催化下完成两次转酯反应，使两个外显子连接在一起。剪接过程如图 4-24 所示。

核 mRNA 前体的剪接与类型Ⅱ内含子的剪接机制基本相同。但核 mRNA 前体的内含子数目十分庞大，在进化过程中不可能保持其Ⅱ型内含子的核酶结构，可能的途径是将Ⅱ型内含子的催化功能转给某些小 RNA 和辅助蛋白，以专司其职。研究发现 snRNA 的序列结构中具有Ⅱ型内含子结构中的某些类似之处。

（4）选择性剪接　真核生物中，大约 5%的 mRNA 前体可以有一种以上的方式进行剪接，导致有两种或两种以上不同的蛋白产物。在人类中，至少 40%的基因初始转录产物受到选择性剪接的调控，从一种剪接方式变换到另一种方式，无疑与剪接的启动有关。一个基因的初始转录产物在不同的分化细胞、不同的发育阶段甚至不同的生理状态下，通过不同的

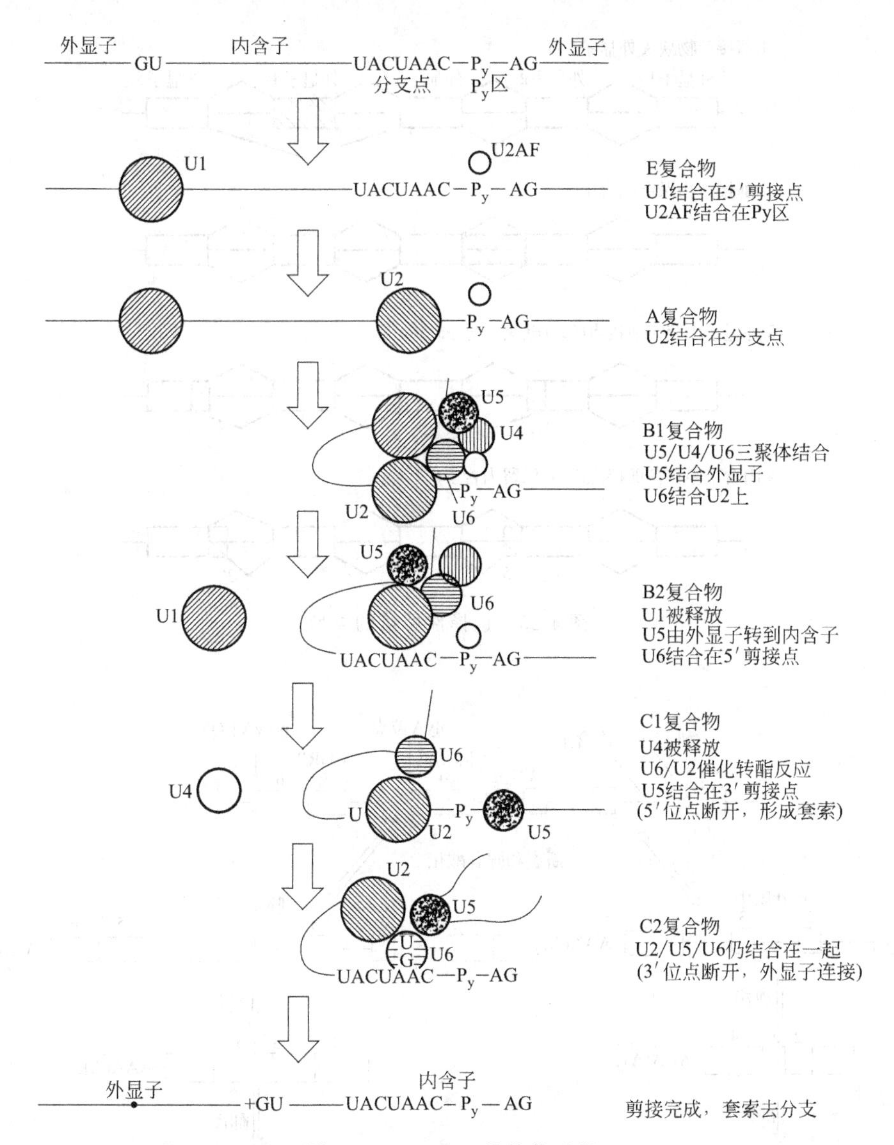

图 4-24 hnRNA 的剪接过程

剪接方式，可以得到不同的成熟 mRNA 和蛋白产物，称为选择性剪接（alternative splicing）。

选择性剪接可以有多种方式进行，除了采用不同的启动子或不同的 3′端 polyA 位点，得到 5′端和 3′端不同的初始转录产物之外，如图 4-25 所示，可以归纳为 4 种：①剪接产物缺失一个或几个外显子；②剪接产物保留一个或几个内含子，作为外显子的编码序列；③外显子中还存在潜在的 5′端剪接位点或 3′端剪接位点，从而造成部分外显子缺失；④内含子中存在潜在的 5′端剪接位点或 3′端剪接位点，从而使部分内含子变为编码序列。

降钙素（calcitonin）mRNA 前体的剪接是选择性剪接的典型实例。降钙素基因有 6 个外显子，它的原初转录物 3′端有两个 polyA 位点，其中一个显现于甲状腺中，另一个表现在大脑中。在甲状腺中，通过剪接产生降钙素 mRNA，包括外显子 1～4。在大脑中剪接去除降钙素外显子 4，产生一个降钙素基因相关肽（CGRP）的 mRNA。由此可见，同一基因在不同组织中由于剪接加工的不同，可得到不同的蛋白质或肽类激素（图 4-26）。

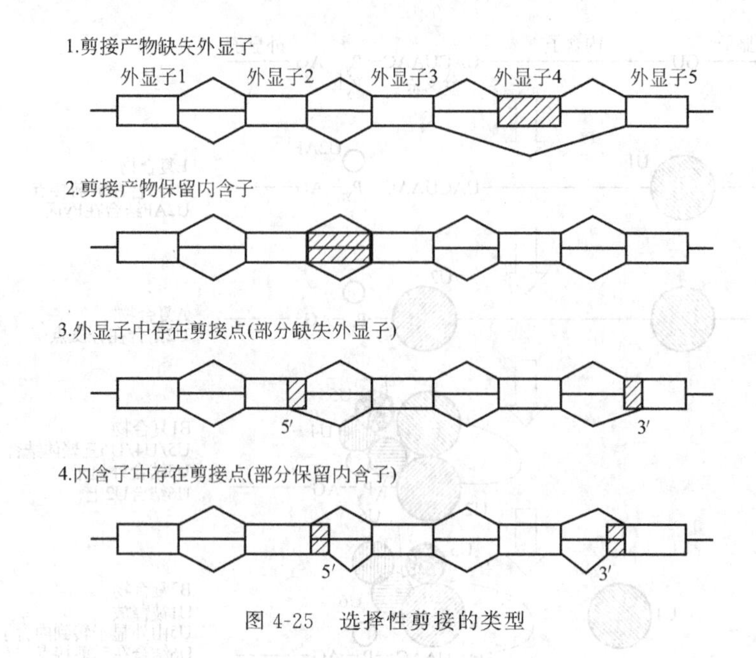

图 4-25 选择性剪接的类型

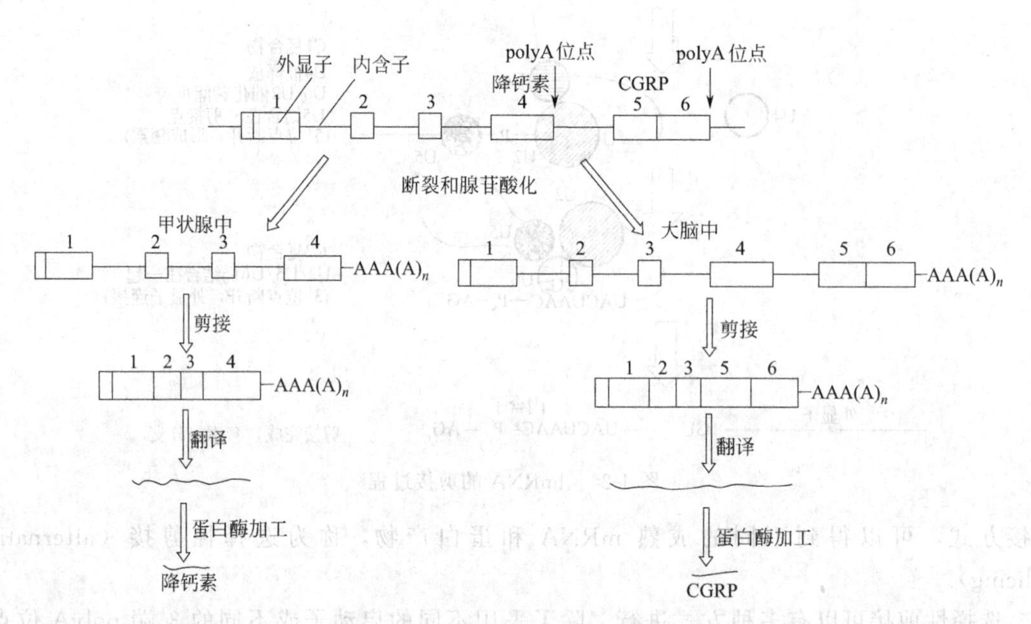

图 4-26 降钙素基因转录物的选择性加工

在小鼠免疫球蛋白 μ 重链基因（immunoglobulin μ heavy chain gene）中也存在选择性剪接现象，此种选择性剪接是交替剪接。μ 重链有两种形式存在：分泌型（μs）和膜结合型（μm）。这两种蛋白质的差异在于它们的 C 端，膜结合型具有疏水区，能把蛋白质锚定在膜上；而分泌型不具有这种膜锚定结构。分子杂交（hybridization）证明，这两种蛋白质有部分序列由 mRNA 前体的不同区段编码，mRNA 的 5′端相同，3′端不同。生殖细胞的 μ 重链恒定区基因的克隆分析表明，分泌型和膜结合型的 3′端区域是在不同的外显子内。一种共同的 mRNA 前体，两种不同的剪接方式，得到两种成熟的 mRNA，分别编码 μs 和 μm（图 4-27）。这样，交替剪接使一个基因能够产生两种或更多种结构、功能有所不同的蛋白质产物，大大增加了真核生物基因组的多样性。

肌钙蛋白 T 的剪接是选择性剪接的另外一个例子。细胞骨架中的肌钙蛋白 T（troponin T）mRNA 前体有 18 个外显子，其中 5 个外显子（第 4～8 个）所在区域出现选择性剪接，第 16 和第 18 外显子又不能同时存在。所以，肌钙蛋白 T 有 20 种以上的结构，其长度为 150～250 个氨基酸残基不等。许多细胞特异性蛋白的产生是通过变换选择剪接位点来控制的。

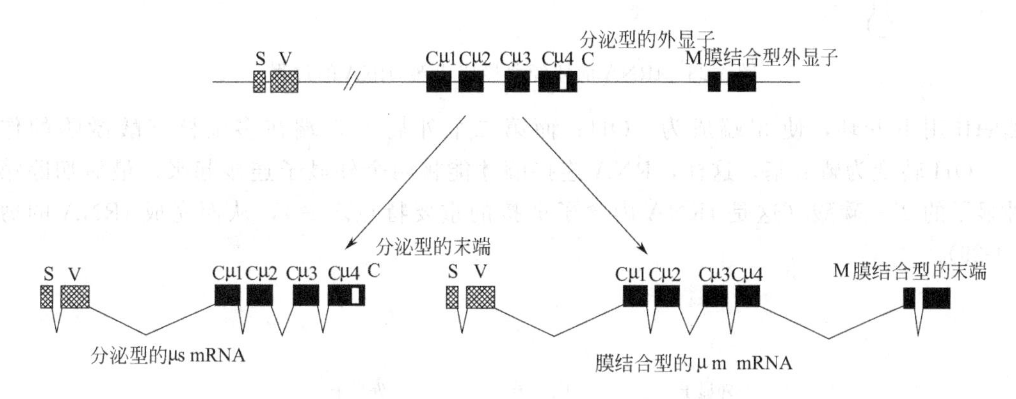

图 4-27 小鼠免疫球蛋白（Ig）μ 重链基因的选择性剪接，不同剪接机制使 Igμ 呈分泌型或膜结合型
长方块代表外显子。S 外显子编码信号肽，使蛋白产物从细胞内部运到质膜，或向外分泌；V 外显子编码蛋白质的可变区；C 外显子编码蛋白质的恒定区，第 4 个恒定区外显子（Cμ4）是分泌型 μs mRNA 末端的编码区；M 外显子是膜结合型 μm mRNA 末端的编码区。这是两种不同的交替剪接形式

有的选择性剪接通过包含或排除终止密码子（termination codon）来调节功能蛋白的表达。果蝇的性别决定基因 *sxl*、*tra*、*dsx* 的初始转录产物，通过选择性剪接机制，在不同类型细胞中产生有功能的或无功能的蛋白质。雌性果蝇胚胎中产生抑制雄性发育的蛋白因子，而雄性胚胎中产生抑制雌性发育的蛋白因子。

(5) tRNA 前体的酶促剪接　目前对酵母 tRNA 前体的剪接机制研究得比较清楚。酵母基因组共有约 400 个 tRNA 基因，含有内含子的基因仅占 1/10。内含子的长度从 14～46bp 不等，它们之间并无保守序列。切除内含子的酶所识别的只是它们共同的二级结构，而不是序列。通常内含子插入到靠近反密码子处，与反密码子碱基配对，未成熟 tRNA 的反密码子环不存在，代之以插入的内含子构成的环。

tRNA 前体在无细胞提取液中的剪接过程表明，如果控制无细胞提取液中的 ATP，则可以发现整个反应分两步进行（图 4-28）。第一步是由一个特殊的内切核酸酶所催化的两个磷酸二酯键的断裂，释放出一条线形内含子分子和由二级结构作用力连接在一起的两个 RNA 片段聚合物，即所谓的“tRNA 半分子”（tRNA half molecule）。这一步反应不需要 ATP，tRNA 半分子很快采取成熟 tRNA 分子的构象，只不过在反密码子环上留下一个切口。第二步反应，由 RNA 连接酶催化的依赖于 ATP 的连接反应。

tRNA 前体去除其内含子的内切核酸酶与其他参与 tRNA 转录后处理的酶不同，在每个切点上断裂磷酸二酯键后产生 5′—OH 和 3′—磷酸，而 3′—磷酸很快转变为 2′，3′-环式核苷酸。这样，生成的 tRNA 半分子，一个含有磷酸末端，一个含有—OH 末端。在酵母中，连接过程包含了一系列复杂的生化反应。第一个外显子的 3′末端的环式核苷酸在环式磷酸

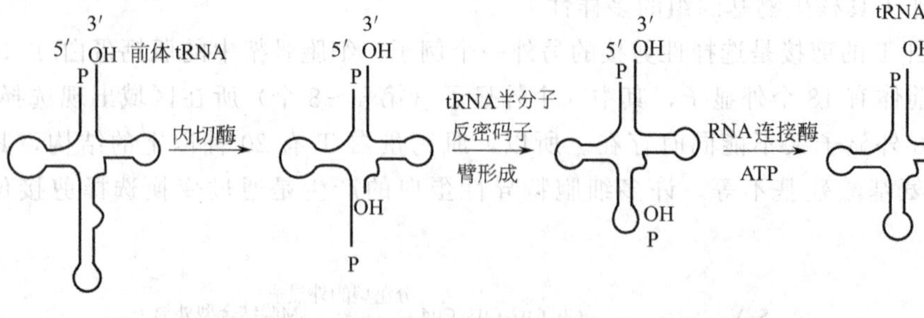

图 4-28　tRNA 前体经剪接成成熟 tRNA 的过程

二酯酶作用下开环，使 3′端成为—OH；而第二个外显子 5′端在多聚核苷酸激酶的作用下，—OH 转变为磷酸基。这样，RNA 连接酶才能将两个外显子连接起来。最后切除第一个外显子的 2′—磷酸（这是 tRNA 内含子剪接的重要特点之一），从而完成 tRNA 的剪接（图 4-29）。

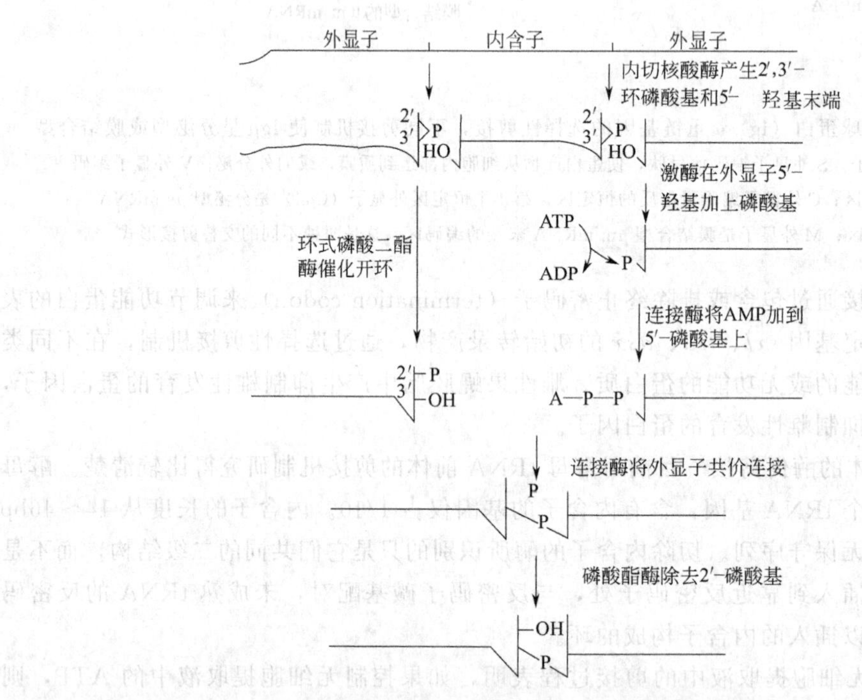

图 4-29　酵母和植物 tRNA 前体的剪接过程

植物和哺乳动物 tRNA 前体被内切核酸酶断裂时也产生 2′,3′-环磷酸，植物的剪接过程与酵母类似。哺乳动物则有些差别。HeLa 细胞的连接酶可将 RNA 的 2′,3′-环磷酸基直接与 5′—OH 末端连接。因此，当 tRNA 前体被内切核酸酶除去内含子后，两个 tRNA 半分子可直接由 RNA 连接酶连接，不需末端的转变。

2. RNA 的编辑

目前，从病毒到高等真核生物，从细胞核到线粒体和叶绿体 RNA，从 tRNA、snRNA、rRNA 到 mRNA，广泛地发现有 RNA 编辑现象。这是不同于剪接、修饰等加工方式的另一种加工。RNA 编辑是 RNA 分子上一种转录后修饰现象，包括插入、缺失或核苷酸的替换，

Benne 将这种改变 RNA 编码序列的方式称为 RNA 编辑。tRNA、rRNA 或 snRNA 等为非编码 RNA，核苷酸的这类修饰仅影响分子本身的结构特性。但 mRNA 则不同，RNA 编辑可能改变转录产物的信息特性，导致编码蛋白质的氨基酸序列改变，可能改变密码子的含义甚至整个阅读框架（read frame）。

RNA 编辑的一个非常有名的例子是人载脂蛋白 B（apolipoprotein B，ApoB）的 mRNA。它的基因编码 4536 个氨基酸的多肽，叫做载脂蛋白 B100，由肝细胞合成后进入血液，负责脂类的运输。ApoB 按大小可以分为 ApoB 100 和 ApoB 48 两种，分子质量分别为 512kDa 和 241kDa。如图 4-30 所示，两者是同一基因的产物。肠型 ApoB 48 由小肠产生，长为 2152 个氨基酸，是由 ApoB 全长 mRNA 经过编辑后翻译而成。在小肠细胞中，全长 mRNA 的特定位点上，一个 C 脱氨基成为 U，原为编码 Glu 的密码子 CAA 变成终止密码子 UAA，从而引起翻译提前终止，形成一段短的蛋白质分子。编辑位点附近一段 RNA 序列（约 26 个核苷酸）很重要，由一种 RNA 结合的酶，即 RNA 编辑酶（RNA editing enzyme）与一系列辅助蛋白因子共同结合，直到在这一段序列下游的修饰位点上发生 C 的脱氨基作用后才离去。编辑后的肠型 ApoB 48 不再拥有 C 端的 LDL 受体结合域。

由图 4-30 可以看出，在肝细胞中，成熟的 ApoB mRNA 编码序列（ApoB 100）与原转录产物的外显子序列相同。ApoB 100 有两个重要的结构域，其 N 端结构域结合脂类，而 C 端结构域结合于细胞膜上 LDL 受体。在肠上皮细胞中，成熟的 ApoB 48 mRNA 第 2152 位氨基酸密码子 CAA（Gln）被加工成 UAA（终止密码子），造成的结果是表达产物缺失 LDL 受体结合区。

C→U 转换是识别 RNA 靶序列的胞嘧啶脱氨酶或转糖酰酶催化的。与编辑有关的一段 RNA 序列，是在密码子上游的茎环结构中。其中第 5～15 位核苷酸最重要，可能是蛋白质识别和结合的区域。核苷酸置换在编辑体中进行，与剪接 poly A 加尾等过程无关。

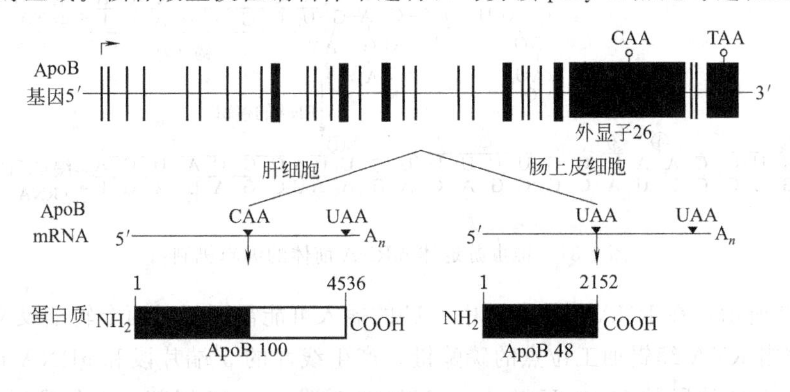

图 4-30　人载脂蛋白 B mRNA 的编辑

核苷酸替换还发生在大鼠脑谷氨酸受体/离子通道蛋白的亚基中。在 6 个亚基中，有 3 个亚基的 mRNA 发生 RNA 编辑，使一个谷氨酰胺（Gln）密码子变为精氨酸（Arg）的密码子，以此控制神经递质引起的离子流。在受体的另一位置上，还发生一个精氨酸密码子转变为甘氨酸（Gly）密码子（CAG 变成 CGG）。这些变化都涉及腺嘌呤的脱氨基反应。双链 RNA 腺苷脱氨酶（dsRAD）作用于双链 RNA 的 A，使其变为 I（次黄嘌呤）。I 的碱基配对行为与 G 相当，使双链 RNA 的结构更加稳定。由 dsRAD 催化的替换修饰，可以使 RNA 中的 A 广泛地（50%）脱氨基转变成 I。这种过度的 RNA 编辑主要见于病毒 RNA，但也仅仅是偶然发生的。被编辑的病毒 RNA 导致了某些疾病，例如持续的麻疹感染，就是由于有关的病毒发生了过度的编辑。

有些基因的转录产物必须经过编辑才能有效地起始翻译，或者产生正确的开放阅读框架(open read frame，ORF)。这主要通过U的插入或删除来完成ORF的改变，与人类基因相比较，锥虫线粒体细胞色素氧化酶亚基Ⅱ的基因在第170位密码子处存在一个移位突变，但在其转录产物中插入了4个U而恢复了正确的ORF。这表明RNA编辑不仅能够调节基因的表达，而且是一种补救机制。

某些病毒RNA编辑过程有G或C的插入。例如，流感副黏病毒SV5的P基因，其表达可产生分子质量为44kDa的P蛋白和24kDa的V蛋白。编码V蛋白的开放阅读框架有222个密码子，但基因中没有任何符合P蛋白长度的开放阅读框架。后来证实，P蛋白的形成是由于在V蛋白开放阅读框架第164位密码子中发生了GG的插入，产生了一个新的完整的开放阅读框架，从而合成出含有392个氨基酸残基的P蛋白。

U的插入或删除需要以其他基因编码的RNA为模板，作模板的RNA称为指导RNA(guide RNA，gRNA)。线粒体内gRNA是一种小分子RNA，长55～70个核苷酸，gRNA的5′端和未经编辑的mRNA一小段锚定序列（anchor）互补，它的3′端作为编辑加工的模板，决定插入或去除U的位点。gRNA序列中若干个A和G不能和未经编辑的RNA序列互补，夹在互补区段之间形成间隙（gap）。正是间隙内不能互补的核苷酸提供了插入U的模板和位点（图4-31）。经过编辑的RNA正好与gRNA互补。一旦RNA编辑加工完成，gRNA即离去。因此，gRNA在RNA编辑中实际上具有分子伴侣（chaperone）的功能。

在锥虫动基体ATPase-6的mRNA前体中，借助于gRNA，通过碱基配对在其3′端区域添加了447个尿苷酸，并删除28个尿苷酸，最后才能形成成熟的mRNA。

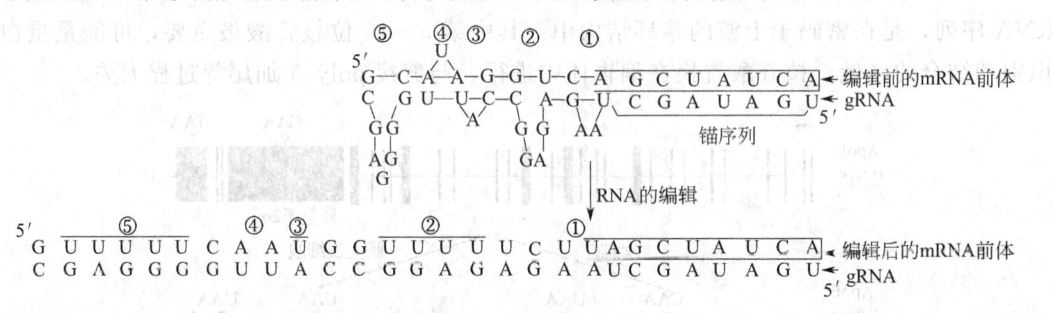

图4-31 锥虫游走体mRNA前体的编辑机制

如图4-32所示，在RNA编辑过程中，U的插入可能需要经过两个转酯反应：①gRNA的3′—OH攻击RNA编辑加工位点的磷酯键，产生线性的5′端片段和gRNA-RNA（3′端）片段；②线性5′端片段的3′—OH攻击gRNA的3′端poly U尾部，令其最后一个U插入RNA序列，并释放减少一个U的gRNA。这一过程反复出现，每次只插入一个U。U的去除和C的插入等机理尚不清楚。

从上面的例子可以看到，有些基因在突变过程中丢失的遗传信息可能通过RNA编辑得以恢复，甚至丢失一半的遗传信息也可以得到补全。RNA编辑可以增加基因产物的多样性，一个基因可以表达出多种同源蛋白质，这些可能与细胞生长、分化有关，是基因调控的一种方式。

3. RNA的再编码

已往的研究认为，编码在mRNA上的遗传信息是以固定方式进行译码的。然而，现代

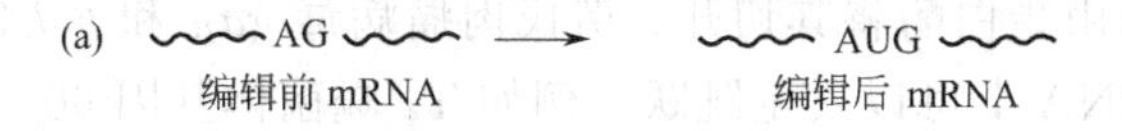

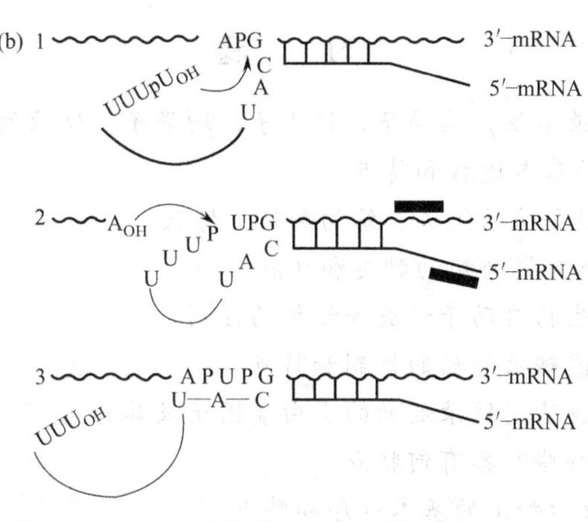

图 4-32　RNA 编辑借助 gRNA 的 U 插入过程

分子生物学研究日益积累的事实表明，mRNA 在某些情况下可以不同的方式译码，即改变原来的编码信息，称为再编码。

正常情况下，mRNA 的三联体密码子可被 tRNA 反密码子识别，其信息得以正确翻译。但由于基因的错义、无义和移码突变，改变了编码信息，使基因活性降低或失活。已知校正 tRNA 就是变异的 tRNA，它们既可使反密码子环的碱基发生改变，又能使决定 tRNA 特异性的碱基发生变化而改变译码规则，使错误的编码信息得到校正。校正 tRNA 在错义或无义突变的位置上引入一个与原来氨基酸相同或性质相近的氨基酸，从而恢复或部分恢复基因编码的活性，并通过阅读一个二联体或四联体密码子，消除－1 或＋1 移码效应。这是 RNA 再编辑的一种重要方式。

rRNA 的突变有时也能消除移码突变的影响。在蛋白质合成中，核糖体按照 mRNA 上的一个阅读框架移动，另两个阅读框架并不含有用的信息。但核糖体在移动过程中遇到特殊的 mRNA 时，可在模板的一定位点上发生瞬间的“颠簸”，由此改变阅读框架，这个过程称为核糖体移码，或程序性阅读框架移位，简称翻译移码。这种移码机制可从一个 mRNA 产生两种或更多种相互有关但又不同的蛋白质，这也是蛋白质生物合成的一种调节方式。

劳氏肉瘤病毒（Rous sarcoma virus）是一种逆转录病毒，在其基因组上 *gag* 和 *pol* 基因有 1bp 的重叠，使 *pol* 阅读框架对 *gag* 阅读框架有－1 移位。在合成病毒蛋白质时就有两种情况，一种是合成完 Gag 蛋白后在终止密码子处终止并解离；另一种是完成 Gag 蛋白合成后发生－1 移位，紧接着进行 Pol 蛋白的合成，形成两个蛋白连在一起的多聚蛋白

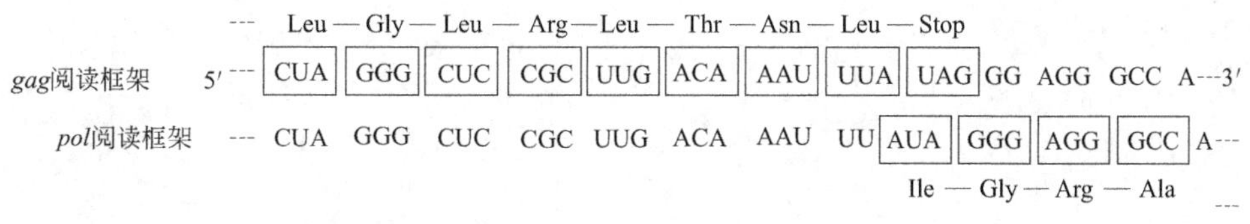

--- Leu — Gly — Leu — Arg — Leu — Thr — Asn — Leu — Stop

*gag*阅读框架　5′ --- CUA GGG CUC CGC UUG ACA AAU UUA UAG GG AGG GCC A---3′

*pol*阅读框架　--- CUA GGG CUC CGC UUG ACA AAU UU AUA GGG AGG GCC A---

Ile — Gly — Arg — Ala ---

图 4-33　劳氏肉瘤病毒中 *gag*-*pol* 重叠区

(polyprotein)，其后再由蛋白酶将其切开。劳氏肉瘤病毒 *gag* 和 *pol* 阅读框架见图 4-33。

有时核糖体在 mRNA 上可以发生跳跃。例如 T_4 噬菌体基因 60 的 mRNA，核糖体在其上移动时能跃迁长达 50nt 的片段不翻译，推测这是 mRNA 高级结构影响的结果。

习　题

1. 解释：转录，转录单位，启动子，终止子，增强子，转录因子，转录终止因子。
2. 阐述 RNA 转录的基本过程和特点。
3. 阐述细菌 RNA 聚合酶的组成、结构和催化特点。
4. 阐述真核生物 RNA 聚合酶的种类和功能。
5. 比较原核和真核生物启动子组成和结构的区别。
6. 阐述原核生物基因转录起始的机制和特点。
7. 阐述参与真核生物基因转录起始的蛋白质因子及其作用。
8. 转录终止机制有哪些？各有何特点？
9. 阐述 mRNA 转录后加工的基本程序和特点。
10. 参与 tRNA 转录后加工的酶有哪些？各有何作用？
11. 阐述 rRNA 转录后加工的方式和特点。
12. 阐述核酶的作用特点和方式。

第五章　遗传信息的翻译——从 mRNA 到蛋白质

【学习目标】

1. 掌握 mRNA、tRNA 和核糖体的组成、结构及功能；
2. 掌握蛋白质合成的基本过程和分子机制；
3. 明确参与蛋白质合成过程的蛋白质因子的作用特点；
4. 掌握蛋白质合成后加工的方式和特点。

mRNA 是翻译的直接模板，通过遗传密码决定蛋白质分子上的氨基酸组成和排列次序。遗传密码具有连续性、简并性、摆动性、普遍性和特殊性，并具有防错功能。tRNA 具有三叶草形二级结构，其三级结构呈倒 L 形折叠式，靠氢键来维持。核糖体由大小不同的两个亚基组成，包括至少 5 个活性中心。蛋白质的合成包括起始、延伸、终止及翻译后的加工等过程。

蛋白质是生命活动的重要物质基础，要不断地进行代谢和更新，因此，细胞内利用 20 种氨基酸进行蛋白质合成便成了生命现象的主要内容。细胞内每个蛋白质分子的生物合成都受细胞内 DNA 的指导，但是储存遗传信息的 DNA 并非蛋白质合成的直接模板，它是经转录作用把遗传信息传递到信使核糖核酸（mRNA）的结构中，然后再经翻译作用将遗传信息从 mRNA 传递到蛋白质结构中去，使合成的产物具有一定的准确无误的结构。在遗传信息传递的过程中，包括了如何将 DNA 分子中的碱基顺序转变为多肽链中的氨基酸顺序的信息传递问题，还包含了蛋白质生物合成的实际过程，即合成的起始、将氨基酸按一定的顺序连接、肽链的终止、完整的肽链从合成装置上的释放、肽链的折叠以及新合成肽链的修饰等被称之为翻译的问题。翻译是指以新生的 mRNA 为模板，把核苷酸三联子遗传密码翻译成氨基酸序列，合成蛋白质多肽链的过程，是基因表达的最终目的。本章主要讨论核糖核酸的翻译问题，即蛋白质的生物合成。

第一节　参与蛋白质生物合成的物质

一、mRNA 和遗传密码

1. 遗传密码及其破译

在 1956～1961 年期间，由 Jacob 等领导的四个不同的实验室，通过用 T_4 噬菌体感染大肠杆菌，发现了蛋白质合成真正的模板。T_4 噬菌体感染后，宿主 *E. coli* 细胞的 RNA 合成停止，转录出的 RNA 仅来源于 T_4DNA，T_4RNA 的碱基组成不仅与 T_4DNA 非常相似，而且能与 tRNA 和 *E. coli* 核糖结合，但并不是核糖体本身的构成成分。因为 T_4RNA 携带了来自 T_4DNA 的遗传信息，并在核糖体上指导合成蛋白质，所以称为信使 RNA（mRNA）。

mRNA 上每 3 个核苷酸翻译成蛋白质多肽链上的一个氨基酸，这 3 个核苷酸就称为一个密码子，也称为三联子密码。翻译时从起始密码子 AUG 开始，沿 mRNA 5′→3′的方向连续阅读直到终止密码子，生成一条具有特定序列的多肽链。

mRNA 中只有 4 种核苷酸，而蛋白质中有 20 种氨基酸，若以一种核苷酸代表一种氨基酸，只能代表 4 种（$4^1=4$）。若以两种核苷酸作为一个氨基酸的密码子（二联子），它们只能代表 $4^2=16$ 种氨基酸。而假定以 3 个核苷酸代表一个氨基酸，则可以有 $4^3=64$ 种密码子，满足了编码 20 种氨基酸的需要。这些密码子不仅代表了 20 种氨基酸，还决定了翻译过程的起始与终止位置。从对遗传密码性质的推论到决定各个密码子的含义，直至 1966 年才完全确定了 61 种密码子所编码的 20 种氨基酸，而另外有 3 个密码子用作翻译的终止信号。通用遗传密码见表 5-1，它被誉为人类科学史上最杰出的成就之一。

表 5-1 通用遗传密码

第一位碱基（5′端）	第二位碱基				第三位碱基（3′端）
	U	C	A	G	
U	Phe(苯丙氨酸)	Ser(丝氨酸)	Tyr(酪氨酸)	Cys(半胱氨酸)	U
	Phe(苯丙氨酸)	Ser(丝氨酸)	Tyr(酪氨酸)	Cys(半胱氨酸)	C
	Leu(亮氨酸)	Ser(丝氨酸)	终止密码子	终止密码子	A
	Leu(亮氨酸)	Ser(丝氨酸)	终止密码子	Trp(色氨酸)	G
C	Leu(亮氨酸)	Pro(脯氨酸)	His(组氨酸)	Arg(精氨酸)	U
	Leu(亮氨酸)	Pro(脯氨酸)	His(组氨酸)	Arg(精氨酸)	C
	Leu(亮氨酸)	Pro(脯氨酸)	Gln(谷氨酰胺)	Arg(精氨酸)	A
	Leu(亮氨酸)	Pro(脯氨酸)	Gln(谷氨酰胺)	Arg(精氨酸)	G
A	Ile(异亮氨酸)	Thr(苏氨酸)	Asn(天冬酰胺)	Ser(丝氨酸)	U
	Ile(异亮氨酸)	Thr(苏氨酸)	Asn(天冬酰胺)	Ser(组氨酸)	C
	Ile(异亮氨酸)	Thr(苏氨酸)	Lys(赖氨酸)	Arg(精氨酸)	A
	Met(甲硫氨酸)	Thr(苏氨酸)	Lys(赖氨酸)	Arg(精氨酸)	G
G	Val(缬氨酸)	Ala(丙氨酸)	Asp(天冬氨酸)	Gly(甘氨酸)	U
	Val(缬氨酸)	Ala(丙氨酸)	Asp(天冬氨酸)	Gly(甘氨酸)	C
	Val(缬氨酸)	Ala(丙氨酸)	Glu(谷氨酸)	Gly(甘氨酸)	A
	Val(缬氨酸)	Ala(丙氨酸)	Glu(谷氨酸)	Gly(甘氨酸)	G

2. 遗传密码的性质

（1）遗传密码的连续性 Crick 等最早推测决定蛋白质中氨基酸序列的遗传密码编码在核酸分子上，其基本单位是按照 5′→3′方向编码、不重叠、无标点的三个相邻核苷酸组成的三联子密码。其后通过一系列实验都得出了各种氨基酸对应的密码子。AUG 为甲硫氨酸兼起始密码子。UAA、UAG、UGA 为终止密码子，不能与 tRNA 的反密码子配对，但能被终止或释放因子识别，终止肽链的合成，它们被称为终止密码子或无义密码子，这是由于它们像一个句子末尾的句号那样起作用，即它们提供一些蛋白质合成应在该位点终止的信号。然后，完整的多肽链从其原 tRNA 和核糖体被释放出来去执行其功能。另外 61 个密码子是有义密码子，它们编码相应的 20 种氨基酸。因此要正确阅读密码子，必须从起始密码子开始，按一定的读码框架连续读下去，直至遇到终止密码子为止。若插入或删除一个核苷酸，就会使以后的读码发生错位，发生移码突变。研究证明，在绝大多数生物中基因是不重叠的，即使在重叠基因中，各自开放的读码框架仍按三联子方式连续读码。

（2）遗传密码的简并性 按照 1 个密码子由 3 个核苷酸组成的原则，4 种核苷酸可组成 64 个密码子，已经知道除 3 个终止密码子外，其余 61 个是编码 20 种氨基酸的密码子，所以许多氨基酸有多个遗传密码子。同一种氨基酸具有两个或更多个密码子的现象称为密码子的简并性，见表 5-2。对应于同一种氨基酸的不同密码子称为同义密码子。只有色氨酸与甲硫氨酸为单密码子。

表 5-2　密码子的简并性

氨　基　酸	密码子数目	氨　基　酸	密码子数目
Ala,A(丙氨酸)	4	Leu,L(亮氨酸)	6
Arg,R(精氨酸)	6	Lys,K(赖氨酸)	2
Asn,N(天冬酰胺)	2	Met,M(甲硫氨酸)	1
Asp,D(天冬氨酸)	2	Phe,F(苯丙氨酸)	2
Cys,C(半胱氨酸)	2	Pro,P(脯氨酸)	4
Gln,Q(谷氨酰胺)	2	Ser,S(丝氨酸)	6
Glu,E(谷氨酸)	2	Thr,T(苏氨酸)	4
Gly,G(甘氨酸)	4	Trp,W(色氨酸)	1
His,H(组氨酸)	2	Tyr,A(酪氨酸)	2
Ile,I(异亮氨酸)	3	Val,V(缬氨酸)	4

遗传密码的简并性具有重要的生物学意义，它可以减少有害突变。若每种氨基酸只有一个密码子，61 个密码子中只有 20 个是有意义的，各对应于一种氨基酸，则剩下的 41 个密码子都无氨基酸相对应，将导致肽链合成终止。同时由基因突变所引起肽链合成终止的概率也会大大增加。遗传密码的简并性使得那些即使密码子中的碱基被改变，仍然能编码原来氨基酸的可能性大大提高，也使得 DNA 分子上碱基组成有较大余地的变动。由于遗传密码的简并性，在一个基因中发生的许多变化（突变）并不影响该基因产物的氨基酸组成，这种变化称为同义突变或沉默突变。在遗传中的大多数简并发生在密码子的第三位碱基上（3′末端）。如甘氨酸的密码子是 GGU、GGC、GGA 和 GGG，丙氨酸的密码子是 GCU、GCC、GCA 和 GCG，它们的前两位碱基都相同，只有第三位不同。有些氨基酸只有两个密码子，一般第三位碱基或者都是嘧啶，或者都是嘌呤。如天冬氨酸的密码子 GAU、GAC，第三位均为嘧啶；谷氨酸的密码子 GAA、GAG，第三位均为嘌呤。因此几乎所有氨基酸的密码子都可用 XY_{C}^{U} 和 XY_{G}^{A} 来表示。显然，遗传密码的专一性主要取决于前两位碱基。遗传密码的简并性在物种的稳定上起着重要的作用。

氨基酸的密码子数目与该氨基酸残基在蛋白质中的使用频率有关，越是常见的氨基酸其密码子数目就越多，但它们之间并无严格的对应关系。一般情况下，编码某一氨基酸的密码子越多，该氨基酸在蛋白质中出现的频率也就越高，其中只有精氨酸例外，因为在真核生物中 CG 双联子出现的频率较低，所以尽管有 4 个同义密码子，蛋白质中精氨酸出现的频率仍然不高，如图 5-1 所示。

(3) 遗传密码的摆动性　在蛋白质生物合成过程中，tRNA 上的反密码子在核糖体内通过碱基的反向配对与 mRNA 上的密码子相互作用，如图 5-2 所示。1966 年，Crick 根据立体化学原理提出摆动假说，解释了反密码子中某些稀有成分［如次黄嘌呤（I）］的配对及许多氨基酸有 2 个以上密码子的问题。

根据摆动假说，在密码子与反密码子的配对中，前两对碱基严格遵守碱基配对原则，第三对碱基有一定的自由度，可以“摆动”，因而使某些 tRNA 可以识别 1 个以上的密码子。因而一个 tRNA 究竟能识别多少个密码子由反密码子的第一位碱基的性质决定，如 U 可以和 A 或 G 配对，G 可以和 U 或 C 配对，I 可以和 U、A、C 配对，但 A 和 C 只能与 U 和 G

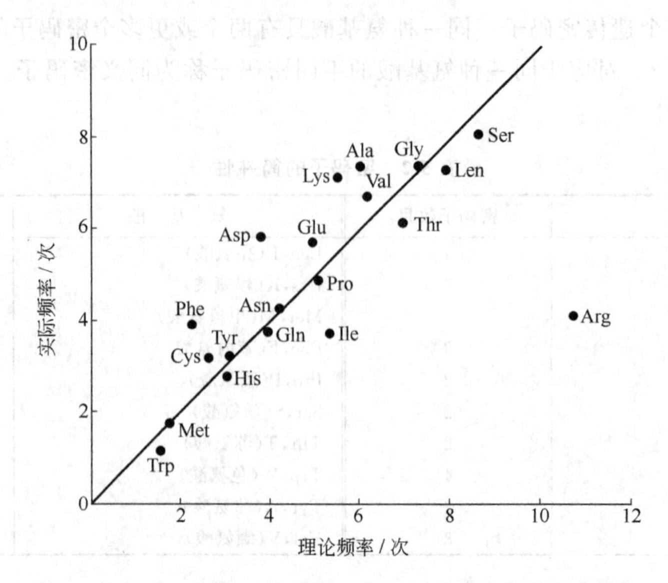

图 5-1 除 Arg 以外，编码某一特定氨基酸的密码子个数与该氨基酸在蛋白质中的出现频率吻合

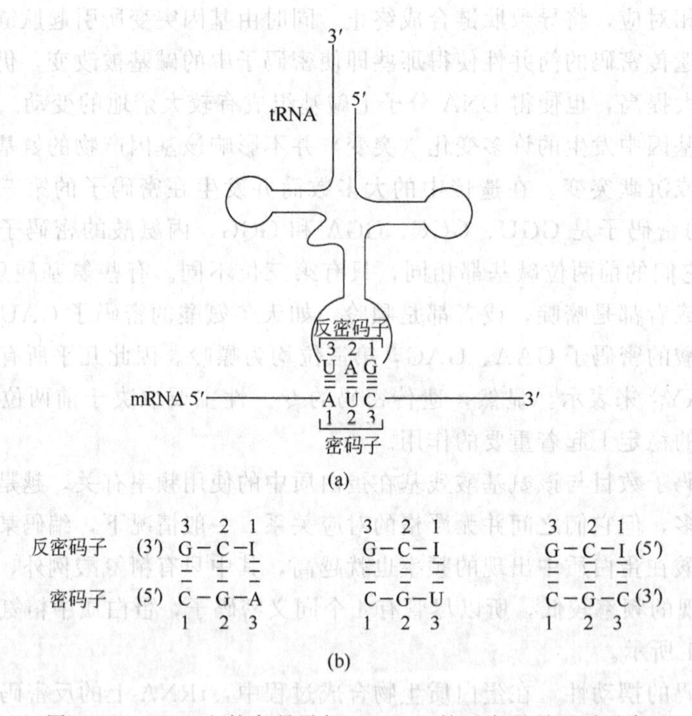

图 5-2 mRNA 上的密码子与 tRNA 上的反密码子配对示意

配对。在 tRNA 反密码子中除 A、U、G、C 四种碱基外，还经常在第一位出现次黄嘌呤(I)。次黄嘌呤的特点是可与 U、A、C 三者之间形成碱基配对，这使带有 I 的反密码子可以识别更多的简并密码子。tRNA 上的反密码子与 mRNA 上的密码子的配对与摆动见表 5-3。由于摆动性的存在，细胞内只需要 32 种 tRNA，就能识别 61 个编码氨基酸的密码子。如果有几个密码子同时编码一个氨基酸，凡是第一位、第二位碱基不同的密码子都对应于各自独立的 tRNA。原核生物中有 30～45 种 tRNA，真核细胞中可能存在 50 种 tRNA。

表 5-3　tRNA 上的反密码子与 mRNA 上的密码子的配对与摆动

1. 反密码子第一位是 C 或 A 时，只能识别一种密码子		
反密码子	(3′)X—Y—C(5′)	(3′)X—Y—A(5′)
密码子	(5′)Y—X—G(3′)	(5′)Y—X—U(3′)
2. 反密码子第一位是 U 或 G 时，可分别识别两种密码子		
反密码子	(3′)X—Y—U(5′)	(3′)X—Y—G(5′)
密码子	(5′)Y—X—A/G(3′)	(5′)Y—X—C/U(3′)
3. 反密码子第一位是 I 时，可识别 3 种密码子		
反密码子	(3′)X—Y—I(5′)	
密码子	(5′)Y—X—A/U/C(3′)	

(4) 遗传密码的普遍性和特殊性　遗传密码无论在体内还是在体外，也无论是对病毒、细菌、动物还是植物而言都是适用的。所以，遗传密码具有普遍性。

1980 年后，人们发现线粒体基因组所使用的密码子与通用遗传密码有所不同，这些变异了的遗传密码见表 5-4。脊椎动物的 mtDNA 含有编码 13 种蛋白质、2 种 rRNA 和 22 种 tRNA 的基因。其特殊的摆动性使得 22 种 tRNA 就能识别全部氨基酸密码子，而正常情况下至少要有 32 种 tRNA。在线粒体的遗传密码中，有四组密码子其氨基酸特异性只决定于三联子的前两位碱基，它们由 1 种即可识别，该 tRNA 上的反密码子第一位为 U，其余的 tRNA 或者识别第三位为 A、C 的密码子，或者识别第三位为 U、C 的密码子。说明所有的 tRNA 或者识别 2 个密码子，或者识别 4 个密码子。

表 5-4　变异了的遗传密码

密码子	通常含义	变异的	存在的细胞器或生物	密码子	通常含义	变异的	存在的细胞器或生物
AGA	精氨酸	终止密码子，丝氨酸	一些动物的线粒体	AUU	异亮氨酸	起始密码子	一些原核生物
				GUG	缬氨酸		
AGG				UUG	亮氨酸		
AUA	异亮氨酸	甲硫氨酸	线粒体	UAA	终止密码子	谷氨酸	一些原生动物
CGG	精氨酸	色氨酸	植物线粒体	UAG			
CUN	亮氨酸	苏氨酸	酵母线粒体	UGA	终止密码子	色氨酸	线粒体，支原体

前已讲述，甲硫氨酸和色氨酸各只有一个密码子。按照线粒体的编码规则，它们各有两个密码子，正常甲硫氨酸密码子为 AUG，在线粒体中，AUA 由异亮氨酸密码子转变为甲硫氨酸密码子。正常的色氨酸密码子为 UGG，在线粒体中终止密码子 UGA 由精氨酸密码子转变为色氨酸密码子。甲硫氨酸的两个密码子和色氨酸的两个密码子各由单个的 tRNA 识别。

已经查明，在支原体中，终止密码子 UGA 被用来编码色氨酸；在真核生物中，少数纤毛类原生动物以终止密码子 UAA 和 UAG 编码谷氨酰胺。对人、牛及酵母线粒体 DNA 序列和结构的研究还发现，在线粒体中也有不少例外情况，见表 5-5。

表 5-5　线粒体与核 DNA 密码子使用情况的比较

生物	密码子	线粒体 DNA 编码的氨基酸	核 DNA 编码的氨基酸	生物	密码子	线粒体 DNA 编码的氨基酸	核 DNA 编码的氨基酸
所有	UGA	色氨酸	终止子	哺乳类	AGA/G	终止子	精氨酸
酵母	CUA	苏氨酸	亮氨酸	哺乳类	AUA	甲硫氨酸	异亮氨酸
果蝇	AGA	丝氨酸	精氨酸				

（5）遗传密码的防错功能　虽然遗传密码的简并程度各不相同，但同义密码子在密码表中的分布十分有规则，且密码子的碱基顺序与其相应氨基酸的物理化学性质之间存在一定的关系。在密码表中，氨基酸的极性通常由密码子的第二位碱基决定，简并性由第三位碱基决定。如：①中间碱基是U时编码非极性、疏水和支链氨基酸，常在球蛋白的内部；②中间碱基是C时，相应的氨基酸是非极性的或具有不带电荷的极性侧链；③中间碱基是A或G时，其相应氨基酸常在球蛋白外周，具有亲水性；④第一位碱基是A或C，第二位碱基是A或G，第三位是任意碱基时，其相应氨基酸具有可解离的亲水性侧链并具有碱性；⑤带有酸性亲水侧链的氨基酸其密码子前两位是AG，第三位为任意碱基。这种分布使密码子中一个碱基被置换，其结果或者仍然是编码相同的氨基酸，或者以物化性质最接近的氨基酸取代，从而使基因突变可能造成的危害降至最低。密码的编排具有防错功能，防错功能是进化过程中获得的一种最佳选择。

二、tRNA与氨基酸的转运

tRNA是将氨基酸转运到核糖体，并破译mRNA信息的转接器分子。在蛋白质合成中tRNA处于关键地位，tRNA不但为每个三联子密码翻译成氨基酸提供了接合体，还为准确无误地将所需氨基酸运到核糖体上提供了运送载体，故tRNA又被称为第二遗传密码。

1. tRNA的结构

（1）tRNA的二级结构　tRNA参与多种反应，并与多种蛋白质和核酸相互识别，这就决定了它们在结构上存在大量的共性。所有的tRNA都有共同的二级结构——三叶草形结构，三叶草形tRNA分子上有4条根据它们的结构或已知功能命名的手臂。

氨基酸受体臂主要由链两端序列碱基配对形成的杆状结构和3′端未配对的3～4个碱基所组成，3′端的最后3个碱基序列永远是CCA，最后一个碱基的3′端或2′端自由羟基(—OH)可以被氨酰化。其余手臂均由碱基配对产生的杆状结构和无法配对的套索状结构所组成。TψC臂（或称为T臂）则根据3个核苷酸命名，其中ψ表示假尿嘧啶，是tRNA分子所拥有的不常见的核苷酸。反密码子臂是由5个碱基对的茎和7个残基对的环组成，环中含可与mRNA三联子密码序列互补的相邻三核苷酸，即反密码子。D臂由3个或4个碱基对的茎和一个D环（二氢尿苷环）组成，该环上常含修饰碱基二氢尿嘧啶。

tRNA的线性序列长60～95个核苷酸，通常为76个，相对分子质量约为2.5×10^4。不同的tRNA分子可有74～95个核苷酸不等的二级结构形式。tRNA分子长度的不同主要是由其中的两条手臂引起的，在D臂中存在多至3个可变核苷酸位点，包括17：1（位于第17核苷酸和第18核苷酸之间）及20：1、20：2（位于第20核苷酸和第21核苷酸之间）。最常见的D臂缺失这3个核苷酸，而最小的D臂中第17位核苷酸也缺失了。tRNA的三叶草形二级结构见图5-3。

tRNA分子中最大的变化在位于TψC臂和反密码子臂之间的多余臂上。根据多余臂的特性，可以将tRNA分为两大类：一类tRNA占所有tRNA的75%，只含有一条仅为3～5个核苷酸的多余臂；另一类tRNA含有一条较大的多余臂，包括杆状结构上的5个核苷酸，套索结构上的3～11个核苷酸。多余臂的生物学功能目前尚不清楚。

tRNA的稀有碱基含量约有70余种。每个tRNA分子至少含有2个稀有碱基，最多有19个稀有碱基，多数分布在非配对区，特别是在反密码子3′端邻近部位出现的频率最高，且多为嘌呤核苷酸。这对于维持反密码子环的稳定性及密码子、反密码子之间的配对很重

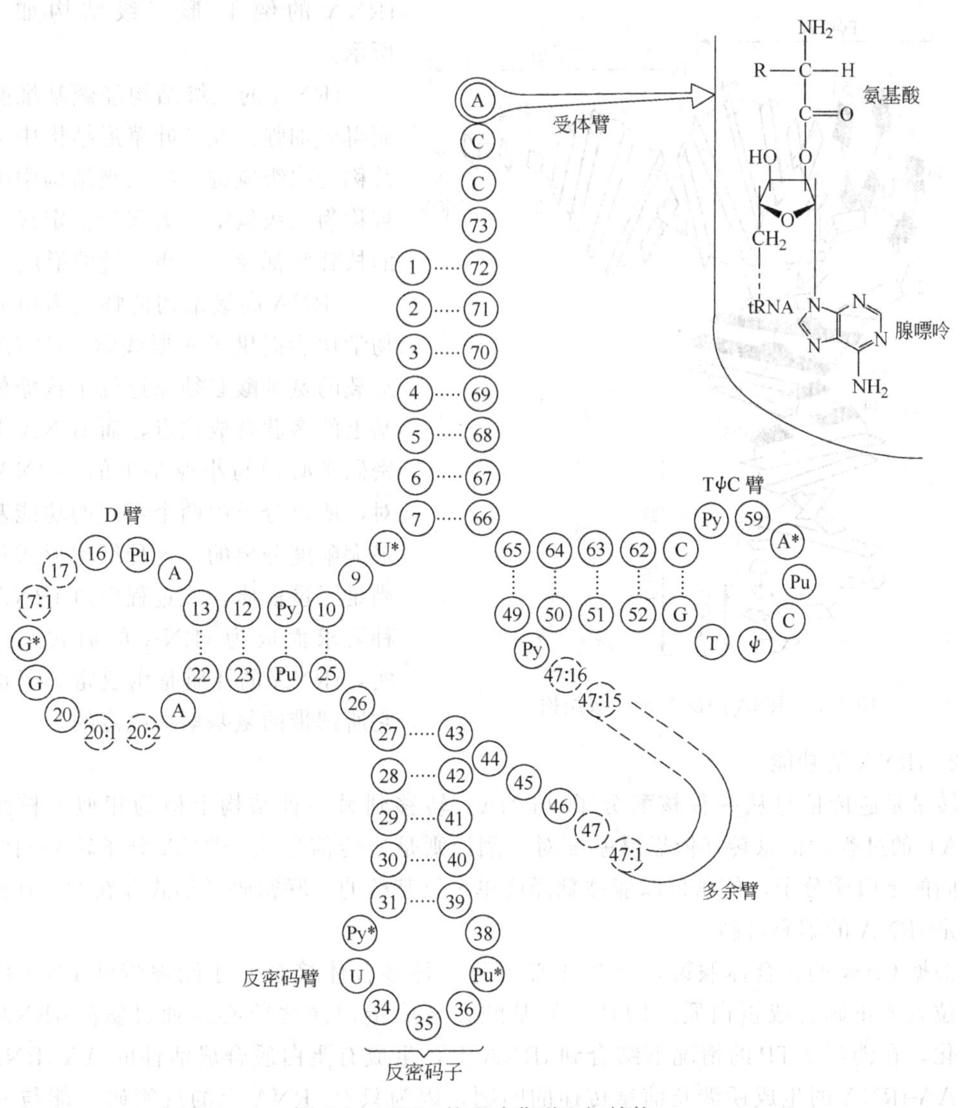

图 5-3 tRNA 的三叶草形二级结构

要。基因组研究表明，原核生物与真核生物细胞中所拥有的各种 tRNA 基因总数有很大不同，见表 5-6。

表 5-6 不同生物细胞中 tRNA 基因总数的比较

生 物	tRNA 基因总数	生 物	tRNA 基因总数
人类	497	酵母	273
线虫	584	大肠杆菌	86
果蝇	284		

(2) tRNA 的三级结构 酵母和大肠杆菌 tRNA 的三级结构都呈倒 L 形折叠式，这种结构是靠氢键来维持的，共有 9 个氢键帮助形成 tRNA 分子的三级结构。tRNA 的三级结构与氨酰-tRNA 合成酶的识别有关。受体臂和 TψC 臂的杆状区域构成了第一个双螺旋，D 臂和反密码子臂的杆状区域形成了第二个双螺旋，两个双螺旋上各有一个缺口。TψC 臂和 D 臂的套索状结构位于倒 L 形的转折点。氨基酸受体臂在 L 形的一端，反密码子臂则在另一端。

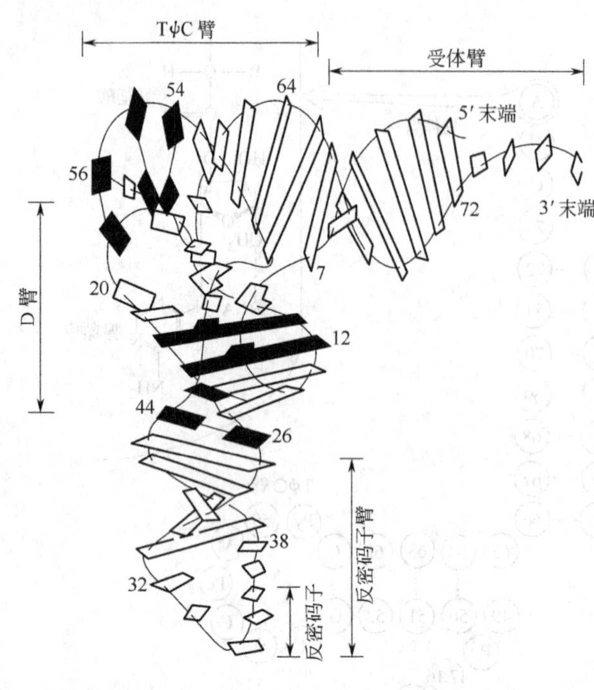

图 5-4 tRNA 的倒 L 形三级结构

tRNA 的倒 L 形三级结构如图 5-4 所示。

tRNA 的三级结构经碱基堆叠作用而得到加强。在三叶草形结构中的氢键被称为次级氢键，在三级结构中的氢键被称为三级氢键。大部分恒定或半恒定的核苷酸都参与三级氢键的形成。

tRNA 高级结构的特点为研究其生物学功能提供了重要线索。tRNA 上所运载的氨基酸必须靠近位于核糖体大亚基上的多肽合成位点，而 tRNA 上的反密码子必须与小亚基上的 mRNA 相配对，所以分子中两个不同的功能基团是最大限度分离的。这种结构形式很可能满足了蛋白质合成过程中对 tRNA 的各种要求而成为 tRNA 的通式。已经证实，tRNA 的性质是由反密码子而不是它所携带的氨基酸所决定的。

2. tRNA 的功能

转录是遗传信息从一种核酸分子（DNA）转移到另一种结构上极为相似的核酸分子（RNA）的过程，信息转移依靠碱基配对。翻译则是遗传信息从 mRNA 分子转移到结构极不相同的蛋白质分子，信息是以能被翻译成单个氨基酸的三联密码子形式存在的，在此起作用的是 tRNA 的解码机制。

根据 Crick 的接合体假说，氨基酸必须与一种接合体接合，才能被带到 RNA 模板的恰当位置上正确合成蛋白质。因此，氨基酸在合成蛋白质之前必须通过氨酰-tRNA 合成酶活化，在消耗 ATP 的情况下结合到 tRNA 上，生成有蛋白质合成活性的 AA tRNA。同时，AA-tRNA 的生成还涉及信息传递的问题，因为只有 tRNA 上的反密码子能与 mRNA 上的密码子相互识别并配对，而氨基酸本身不能识别密码子，只有结合到 tRNA 上生成 AA-tRNA，才能被带到 mRNA-核糖体复合体上，插入到正在合成的多肽链的适当位置上。

3. tRNA 的种类

（1）起始 tRNA 和延伸 tRNA　起始 tRNA 是指能特异地识别 mRNA 模板上起始密码子的 tRNA，其他的 tRNA 统称为延伸 tRNA。原核生物起始 tRNA 携带甲酰甲硫氨酸（fMet），真核生物起始 tRNA 携带甲硫氨酸（Met）。原核生物中 Met-$tRNA^{fMet}$ 必须先甲酰化生成 fMet-$tRNA^{fMet}$ 才能参与蛋白质的生物合成。

（2）同工 tRNA　由于一种氨基酸可能有多个密码子，为了识别该氨基酸就有多个 tRNA，即多个 tRNA 代表一种氨基酸。为此将几个代表相同氨基酸的 tRNA 称为同工 tRNA。在一个同工 tRNA 组内，所有 tRNA 均专一于相同的氨酰-tRNA 合成酶。同工 tRNA 既要有不同的反密码子以识别该氨基酸各种同义密码子，又要有某种结构上的共同性，能被氨酰-tRNA合成酶识别。所以同工 tRNA 组内肯定具备了足以区分其他 tRNA 组的特异构造，保证合成酶能准确无误地加以选择。截至目前，还无法从一级结构上解释 tRNA 在蛋白质合成中的专一性。但有证据说明，tRNA 的二级结构和三级结构对它的专一性起着举足轻重的作用。

(3) 校正 tRNA　在蛋白质的结构基因中，一个核苷酸的改变可能使代表某个氨基酸的密码子变成终止密码子（UAG、UGA、UAA），使蛋白质的合成提前终止，合成无功能的或无意义的多肽，这种突变称为无义突变。无义突变的校正 tRNA 可通过改变反密码子区校正无义突变。大肠杆菌无义突变的校正 tRNA 见表 5-7。

表 5-7　大肠杆菌无义突变的校正 tRNA

位点	tRNA	野生型		校正基因	
		识别密码	反密码	识别密码	反密码
supD	Ser(丝氨酸)	UGG	← CGA	UAG	← CUA
supE	Gln(谷氨酸胺)	CAG	← CUG	UAG	← CUA
supC	Tyr(酪氨酸)	UAC	← GUA	UAG	← CUA
supG	Lys(赖氨酸)	AAA	← UUU	UAA	← UUA
supU	Trp(色氨酸)	UGG	← CCA	UGA	← UCA

由于结构基因中某个核苷酸的变化使一种氨基酸的密码变成另一种氨基酸的密码称为错义突变。错义突变的校正 tRNA 通过反密码子区的改变把正确的氨基酸加到肽链上，合成正常的蛋白质。例如某大肠杆菌细胞色氨酸合成酶中的一个甘氨酸密码子 GGA 错义突变成 AGA（编码精氨酸），指导合成错误的多肽链。甘氨酸校正 tRNA 的校正基因突变使其反密码子从 CCU 变成 UCU，它仍然是甘氨酸的反密码子，但不结合 GGA 而能与突变后的 AGA 密码子相结合，把正确的氨基酸（甘氨酸）放到 AGA 所对应的位置上。

校正 tRNA 在进行校正过程中必须与正常的 tRNA 竞争结合密码子，无义突变的校正 tRNA 必须与释放因子竞争识别密码子，错义突变的校正 tRNA 必须与该密码的正常 tRNA 竞争，这些因素都会影响校正的效率。所以，某个校正基因的效率不仅取决于反密码子与密码子的亲和力，也取决于它在细胞中的浓度及竞争中的其他参数。一般情况下，校正效率不会超过 50%。

三、核糖体的结构和功能

生物细胞内，核糖体像一个能沿 mRNA 模板移动的工厂，执行着蛋白质合成的功能。一个细菌细胞内约有 20000 个核糖体，而真核细胞内可达 10^6 个。这些颗粒既可以游离状态存在于细胞内，也可与内质网结合，形成微粒体。核糖体和它的辅助因子为蛋白质合成提供了必要条件。

1. 核糖体的结构

原核生物核糖体由约 2/3 的 RNA 及 1/3 的蛋白质组成。真核生物核糖体中 RNA 约占 3/5，蛋白质占 2/5。核糖体是一个致密的核糖核蛋白颗粒，可以解离为大、小两个亚基，每个亚基都含有一个分子质量较大的 rRNA 和许多不同的蛋白质分子。这些大分子 rRNA

能在特定位点与蛋白质结合，从而完成核糖体不同亚基的组装。在大肠杆菌内，RNA 和蛋白质的比例约为 2∶1，在其他许多生物体中则为 1∶1。大小亚基均含有许多不同的蛋白质。小亚基（30S）由 1 种 RNA（16S，1542 个核苷酸）和 21 种蛋白质组成，大亚基（50S）由 2 种 RNA（23S，2904 个核苷酸和 5S，120 个核苷酸）和 34 种蛋白质组成。大肠杆菌核糖体小亚基上的 21 种蛋白质分别用 S^1，…，S^{21} 表示，大亚基上的 34 种蛋白质分别用 L^1，…，L^{34} 表示。真核生物细胞核糖体大亚基含有 49 种蛋白质，小亚基有 33 种蛋白质。表 5-8 列出了大肠杆菌核糖体的基本成分。

表 5-8 大肠杆菌核糖体的基本成分

项　　目	核糖体	小亚基	大亚基	项　　目	核糖体	小亚基	大亚基
沉降系数	70S	30S	50S	RNA 所占比例	66%	60%	70%
总体相对分子质量	2.52×10^6	9.30×10^5	1.59×10^6	蛋白质数量		21	31
主要 rRNA(碱基数)		16S(1541)	23S(2004)	蛋白质相对分子质量	8.57×10^5	3.70×10^5	4.87×10^5
主要 rRNA(碱基数)			5S(120)	蛋白质所占比例	34%	40%	30%
RNA 相对分子质量	1.66×10^6	5.60×10^5	1.10×10^6				

原核生物和真核生物的核糖体中的 RNA 与蛋白质种类见表 5-9。

表 5-9 原核生物和真核生物的核糖体中的 RNA 与蛋白质种类

来源	核糖体	亚基	RNA	蛋白质种类	来源	核糖体	亚基	RNA	蛋白质种类
原核生物	70S	30	16S	21	真核生物	80S	40	18S	30～32
		50	23S,5S	34			60	28S,5.8S,5S	36～50

核糖体上有不止一个活性中心，每一个这样的活性中心都由一组特殊的蛋白质构成。虽然有些蛋白质本身具有催化功能，但若将它们从核糖体上分离出来，催化功能就会完全失去。所以，核糖体是一个由许多酶组成的集合体，只有在这个总体结构内，单个酶或蛋白质才有催化功能，它们在这一结构中共同承担了蛋白质生物合成的任务。核糖体中许多蛋白质（可能还包括 rRNA）的主要功能可能就是建立这种总体结构，使各个活性中心处于适当的相互协调的关系之中。

所有生物的核糖体都由大小不同的两个亚基所组成，大小亚基分别又由几种 rRNA 和数十种蛋白质组成。大肠杆菌的核糖体相对分子质量达 2.7×10^6，哺乳动物为 4.2×10^6。

2000 年对核糖体晶体学研究取得了划时代意义的成果，几个实验室分别解析了核糖体大亚基和小亚基高分辨率的结构。在核糖体中含有超过 4500 个核苷酸的 rRNA 以及数十种蛋白质分子，如此复杂的复合体能够在原子水平上揭示其结构，这充分代表了当今科学达到的水平。这一成果不仅有助于阐明核糖体的作用机理，而且也揭示了 RNA-RNA 与 RNA-蛋白质相互作用的规律。

核糖体结构模型及原核与真核细胞核糖体大小亚基比较如图 5-5 所示。核糖体分子可容纳两个 tRNA 和约 40bp 长的 mRNA。

2. rRNA

核糖体内的所有 rRNA 在形成核糖体的结构和功能时都起着重要作用。在大肠杆菌中，有七种不同的 rRNA 操纵子分散在整个基因中，每一操纵子均包含 5S rRNA、16S rRNA、23S rRNA 各一个，还包含 1～4 个 tRNA 的编码序列。在许多真核生物中，rRNA 基因呈串联重复排列，包含 100 个或更多的转录单位。前体含 18S、5.8S 及 28S 编码区的各一个拷

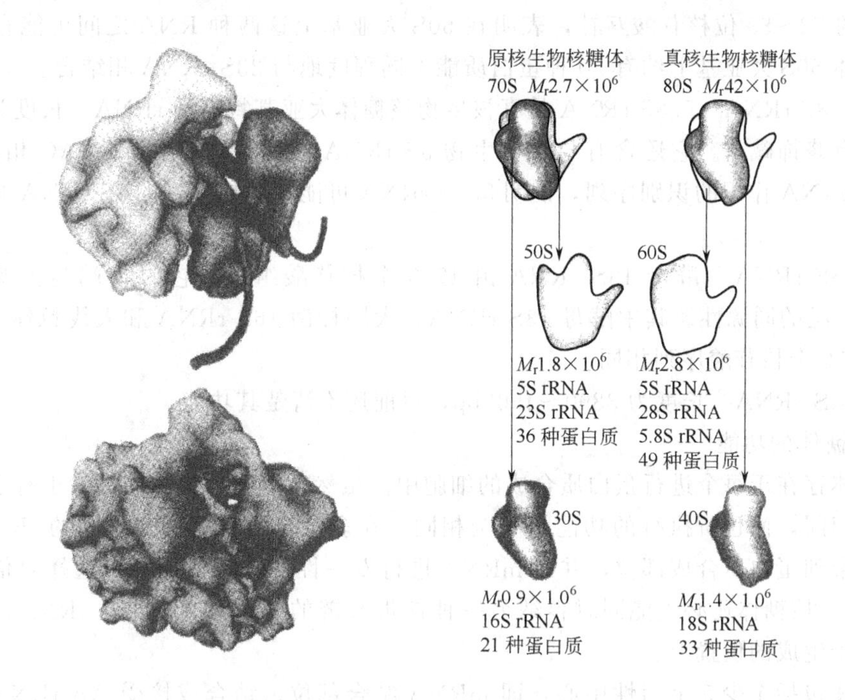

(a) 电子显微镜模式图，大亚基位于整个分子的左侧，细绳代表mRNA位于两个亚基之间的是两个tRNA分子　(b) 原核生物70S和真核生物80S核糖体

图 5-5　核糖体结构模型及原核与真核细胞核糖体大小亚基比较

贝，后两者相当于原核生物中的 23S rRNA。rRNA 中有很多双螺旋区，16S rRNA 在识别 mRNA 上的多肽合成起始位点中起重要作用。不过，对 rRNA 的其他生物学功能目前还了解不多。

（1）5S rRNA　细菌 5S rRNA 含有 120 个核苷酸（革兰阴性菌）或 116 个核苷酸（革兰阳性菌）。5S rRNA 有两个高度保守的区域，其中一个区域含有保守序列 CGAAC，这是与 tRNA 分子 TψC 环上的 GTψCG 序列相互作用的部位，是 5S rRNA 与 tRNA 相互识别的序列。另一个区域含有保守序列 GCGCCGAAUGGUAGU，与 23S rRNA 中的一段序列互补，这是 5S rRNA 与 50S 核糖体大亚基相互作用的位点，在结构上有其重要性。尽管 5S rRNA 对核糖体活性是必需的，可是它的作用仍不十分清楚。很可能当核糖体执行功能时，它与 16S rRNA 起相互作用，与已知的真核生物的 5S rRNA 与 18S rRNA 相互作用相类似。

（2）16S rRNA　16S rRNA 长度为 1542 个核苷酸。虽然该分子可被分成几个区，但全部压缩在 30S 小亚基内。16S rRNA 的结构十分保守，其中 3′端一段 ACCUCCUUA 的保守序列与 mRNA5′端翻译起始区富含嘌呤的序列互补。在 16S rRNA 靠近 3′端处还有一段与 23S rRNA 互补的序列，在 30S 与 50S 亚基的结合中起作用。16S rRNA 在蛋白质生物合成的起始、延伸与终止起着活性作用。

（3）23S rRNA　23S rRNA 是由 2904 个核苷酸残基组成，在大肠杆菌 23S rRNA 的 1984～2001 位核苷酸之间，存在一段能与 $tRNA^{Met}$ 序列互补的片段，表明核糖体大亚基 23S rRNA 可能与 $tRNA^{Met}$ 的结合有关。它折叠成部分双螺旋结构，其特征在进化上是保守的。在 23S rRNA 靠近 5′端（143～157 位核苷酸之间）有一段 12 个核苷酸的序列与 5S rRNA 上的 72～83 位核苷酸互补，表明在 50S 大亚基上这两种 RNA 之间可能存在相互作用。核糖体 50S 大亚基上约有 20 种蛋白质能不同程度地与 23S rRNA 相结合。

(4) 5.8S rRNA　5.8S rRNA 是真核生物核糖体大亚基特有的 rRNA，长度为 160 个核苷酸，含有修饰碱基。它还含有与原核生物 5S rRNA 中的保守序列 CGAAC 相同的序列，可能是与 tRNA 作用的识别序列，说明 5.8S rRNA 可能与原核生物的 5S rRNA 具有相似的功能。

(5) 18S rRNA　酵母 18S rRNA 由 1789 个核苷酸组成，它的 3′端与大肠杆菌 16S rRNA 有广泛的同源性。其中酵母 18S rRNA、大肠杆菌 16S rRNA 和人线粒体 12S rRNA 在 3′端有 50 个核苷酸序列相同。

(6) 28S rRNA　长度为 3890～4500bp，目前还不清楚其功能。

3. 核糖体的功能

核糖体存在于每个进行蛋白质合成的细胞中。虽然在不同生物体内其大小有别，但组织结构基本相同，而且所执行的功能也完全相同。在多肽合成过程中，不同的 tRNA 将相应的氨基酸带到蛋白质合成部位，并与 mRNA 进行专一性的相互作用，以选择对信息专一的 AA-tRNA。核糖体还必须能同时容纳另一种携带肽链的 tRNA，即肽基-tRNA，并使之处于肽键易于生成的位置上。

核糖体包括至少 5 个活性中心，即 mRNA 结合部位、结合或接受 AA-tRNA 部位（A 位）、结合或接受肽基 tRNA 的部位、肽基转移部位（P 位）及形成肽键的部位（转肽酶中心），此外还有负责肽链延伸的各种延伸因子的结合位点。小亚基上拥有 mRNA 结合位点，负责对序列特异的识别过程，如起始位点的识别和密码子与反密码子的相互作用。大亚基负责氨基酸及 tRNA 携带的功能，如肽键的形成、AA-tRNA、肽基-tRNA 的结合等。A 位、P 位、转肽酶中心等主要在大亚基上。

核糖体可解离为亚基或结合成 70S/80S 颗粒。翻译的起始阶段需要游离的亚基，随后才结合成 70S/80S 颗粒，继续翻译进程。体外反应体系中，核糖体的解离或结合取决于 Mg^{2+} 浓度。在大肠杆菌内，Mg^{2+} 浓度在 10^{-3} mol/L 以下时，70S 解离为亚基，浓度达 10^{-2} mol/L 时则形成稳定的 70S 颗粒。细胞中大多数核糖体处于非活性的稳定状态单独存在，只有少数与 mRNA 一起形成多聚核糖体。它从 mRNA 的 5′末端向 3′末端阅读密码子，至终止子时合成一条完整的多肽链。mRNA 上核糖体的多少视 mRNA 的长短而定，一般每 40 个核苷酸就有一个核糖体。肽链释放后，核糖体脱离 mRNA 聚成亚基，直接参与另一轮蛋白质的合成，或两个亚基结合生成稳定的核糖体，不参与蛋白质合成。

第二节　蛋白质生物合成的过程

蛋白质生物合成亦称为翻译，即把 mRNA 分子中碱基排列顺序转变为蛋白质或多肽链中的氨基酸排列顺序的过程。蛋白质生物合成主要包括下列步骤：翻译的起始——核糖体与 mRNA 结合并与氨酰-tRNA 生成起始复合体；肽链的延伸——核糖体沿 mRNA5′端向 3′端移动，使多肽链的合成从 N 端向 C 端的方向进行；肽链的终止以及新合成多肽链的折叠和加工——核糖体从 mRNA 上解离，准备新一轮合成反应。各阶段必需的成分见表 5-10。

表 5-10　蛋白质合成各阶段的主要成分

步　骤	主　要　成　分	步　骤	主　要　成　分
1. 氨基酸的活化	20 种氨基酸 20 种氨酰-tRNA 合成酶 20 种或更多的 tRNA ATP, Mg^{2+}	3. 肽链的延伸	功能核糖体(70S 起始复合体) AA-tRNA 延伸因子 GTP, Mg^{2+} 肽基转移酶
2. 肽链的起始	mRNA *N*-甲酰甲硫氨酰-tRNA mRNA 上的起始密码子(AUG) 核糖体小亚基 核糖体大亚基 GTP, Mg^{2+} 起始因子(IF-1, IF-2, IF-3)	4. 肽链的终止和释放 5. 折叠和翻译后加工	ATP mRNA 上的终止密码子 多肽链释放因子(RF-1, RF-2, RF-3) 特异性蛋白质、酶、修饰基因等

一、氨基酸的活化

蛋白质合成的起始需要核糖体大小亚基、起始 tRNA 和几十种蛋白因子的参与，在模板 mRNA 编码区 5′端形成核糖体-mRNA-起始 tRNA 复合体并将甲酰甲硫氨酸放入核糖体 P 位点。

原核生物的起始 tRNA 是 fMet-$tRNA^{fMet}$，真核生物的起始 tRNA 是 Met-$tRNA^{Met}$。原核生物中 30S 小亚基首先与 mRNA 模板相结合，再与 fMet-$tRNA^{fMet}$ 结合，最后与 50S 大亚基结合。在真核生物中，40S 小亚基首先与 Met-$tRNA^{Met}$ 相结合，再与模板 mRNA结合，最后与 60S 大亚基结合生成 80S · mRNA · Met-$tRNA^{Met}$ 起始复合体。起始复合体的生成除了需要 GTP 提供能量外，还需要 Mg^{2+}、NH_4^+ 及 3 个起始因子（IF-1、IF-2 和 IF-3）。起始因子与 30S 小亚基的结合较为松散，用 1mol/L NH_4Cl 处理即可使之游离。

表 5-11　参与蛋白质合成的全部 20 种氨基酸主要特征分析

氨基酸			简称	相对分子质量	pH	疏水性指数①	出现频率/%
非极性	带脂肪族 R 基团	甘氨酸	Gly(G)	75	5.97	−0.4	7.2
		丙氨酸	Ala(A)	89	6.01	1.8	7.8
		缬氨酸	Val(V)	117	5.97	4.2	6.6
		亮氨酸	Leu(L)	131	5.98	3.8	9.1
		异亮氨酸	Ile(I)	131	6.02	4.5	5.3
		甲硫氨酸	Met(M)	149	5.74	1.9	2.3
	带芳香族 R 基团	苯丙氨酸	Phe(F)	165	5.48	2.8	3.9
		酪氨酸	Tyr(Y)	181	5.66	−1.3	3.2
		色氨酸	Trp(W)	204	5.89	−0.9	1.4
极性	R 基团呈中性	丝氨酸	Ser(S)	105	5.68	−0.8	6.8
		脯氨酸	Pro(P)	115	6.48	1.6	5.2
		苏氨酸	Thr(T)	119	5.87	−0.7	5.9
		半胱氨酸	Cys(C)	121	5.07	2.5	1.9
		天冬氨酸	Asn(N)	132	5.41	−3.5	4.3
		谷氨酰胺	Gln(Q)	146	5.65	−3.5	4.2
	R 基团带正电荷	赖氨酸	Lys(K)	146	9.74	−3.9	5.9
		组氨酸	His(H)	155	7.59	−3.2	2.3
		精氨酸	Arg(R)	174	10.76	−4.5	5.1
	R 基团带负电荷	天冬氨酸	Asp(D)	133	2.77	−3.5	5.4
		谷氨酰	Glu(E)	147	3.22	−3.5	6.3

① 负值表示亲水性，正值表示疏水性。

众所周知，蛋白质的生物合成是以氨基酸作为基础材料，且只有与 tRNA 相结合的氨基酸才能被准确运送到核糖体中，参与多肽的起始或延伸。参与蛋白质合成的全部 20 种氨基酸主要特征分析见表 5-11。对应的这些氨基酸的结构式如图 5-6 所示。氨基酸必须在氨酰-tRNA合成酶的作用下生成活化氨基酸——AA-tRNA。研究发现，至少存在 20 种以上具有氨基酸专一性的氨酰-tRNA 合成酶，能够识别并通过氨基酸的羧基与 tRNA 3′端腺苷酸核糖基上的 3′—OH 脱水缩合形成二酯键。同一氨酰-tRNA 合成酶具有把相同氨基酸加到两个或更多带有不同反密码子 tRNA 分子上的功能。

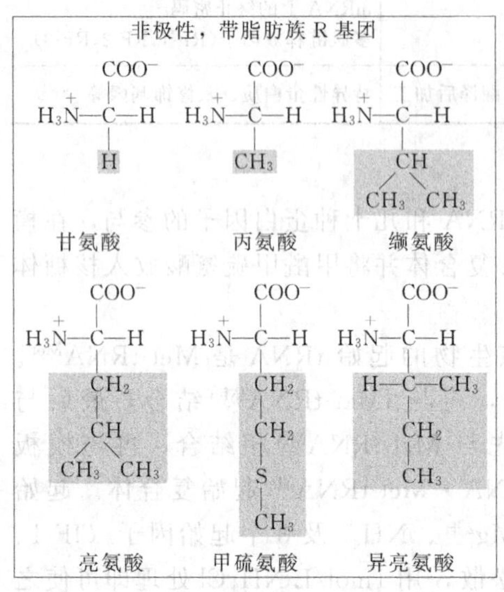

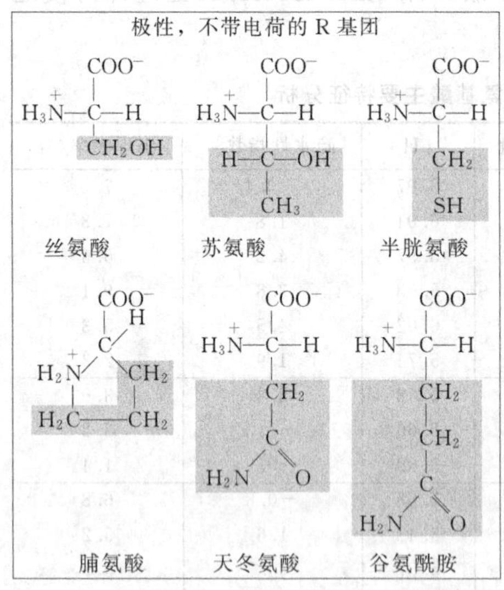

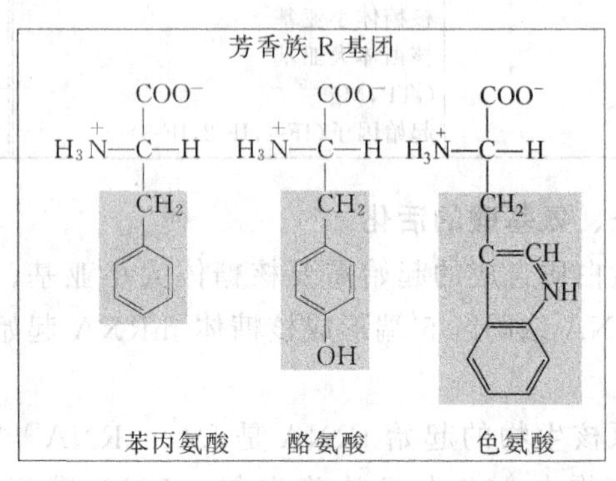

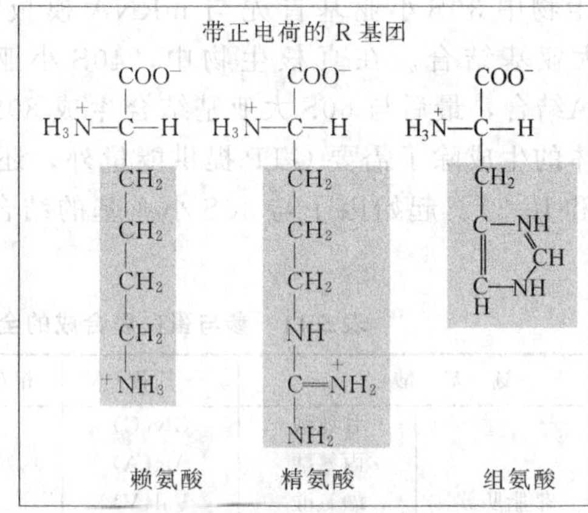

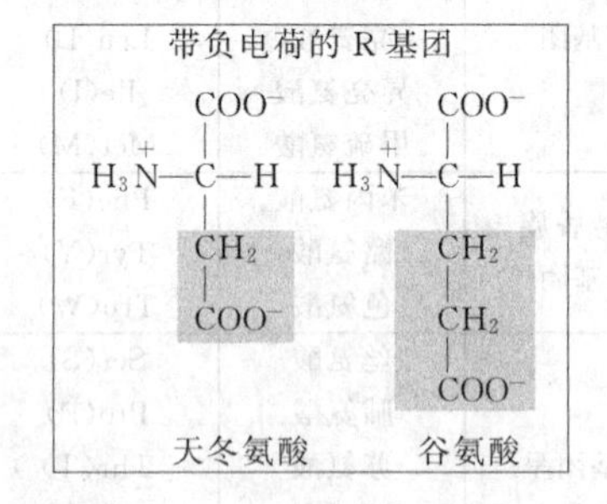

图 5-6 20 种氨基酸的结构

tRNA 与相应氨基酸的结合是蛋白质合成中的关键步骤，因为只要 tRNA 携带了正确的氨基酸，多肽合成的准确性就相对有了保障。

由于在核糖体上合成的蛋白质中有 20 种氨基酸，因此，翻译过程中必须至少有 20 种不同种类的 tRNA 分子。64 个可能的 mRNA 密码子中有 61 个是有意义的（即编码氨基酸）。因为密码子第三位的摆动现象，所以并不需要 61 种 tRNA 分子。不同物种之间实际所需的

tRNA 数量不同，在细菌中有 30 种或 40 种不同的 tRNA 分子，而在动物和植物细胞中有50 种。

二、翻译的起始

翻译开始的第一个氨基酸是甲硫氨酸，一般细胞中只有两种 tRNA 可携带 Met，$tRNA_i^{Met}$ 是所有蛋白质合成中 Met 掺入的起始 tRNA，$tRNA_i^{Met}$ 同时对选择在 mRNA 上特定位置开始翻译起重要作用。另一种携带 Met 掺入到蛋白质内部的 tRNA 写作 $tRNA^{Met}$。只有甲硫氨酰-tRNA 合成酶参与这两种甲硫氨酰-tRNA的合成。对这两种甲硫氨酰-tRNA 的识别由参与蛋白质合成的起始和延伸因子决定，起始因子识别 $tRNA_i^{Met}$，而延伸因子识别 $tRNA^{Met}$。可见，这两种甲硫氨酰-tRNA 就只能被唯一的甲硫氨酰-tRNA 合成酶识别，以区别其他 tRNA，同时又能被蛋白质合成的因子所区分。

1. 原核生物蛋白质合成的起始

在原核细胞中有一种特异的甲酰化酶，它能使 $tRNA_i^{Met}$ 中的氨基甲酰化，使参与起始的 $tRNA_i^{fMet}$ 不参与肽链的延伸。这种识别过程在进化过程中逐渐消失了，真核细胞中不存在。

起始阶段的主要任务是在 mRNA 分子的正确起始点即起始密码子处完成完整核糖体的组装。蛋白质翻译的起始复合体包括：30S 核糖体小亚基、mRNA、fMet-$tRNAi^{fMet}$、三个起始因子（IF-1、IF-2、IF-3）、GTP、50S 核糖体大亚基、Mg^{2+}。翻译的起始又可被分成三步，如图 5-7 所示。

① IF-1 和 IF-3 与游离的 30S 核糖体小亚基相结合，以阻止在与 mRNA 结合前 30S 亚基与大亚基的结合，从而防止无活性核糖体的形成。

② 由 30S 小亚基、起始因子 IF-1 和 IF-3 及 mRNA 所组成的复合体立即与 GTP-IF-2 及 fMet-$tRNAi^{fMet}$ 相结合。起始 tRNA 通过其反密码子与 mRNA 分子上 AUG 密码子配对，与上述复合体结合，同时释放 IF-3。IF-3 的作用在于保持大小亚基彼此分离状态，以及有助于 mRNA 结合。此时的复合体称为 30S 起始复合体。

③ 30S 起始复合体再与 50S 大亚基结合，

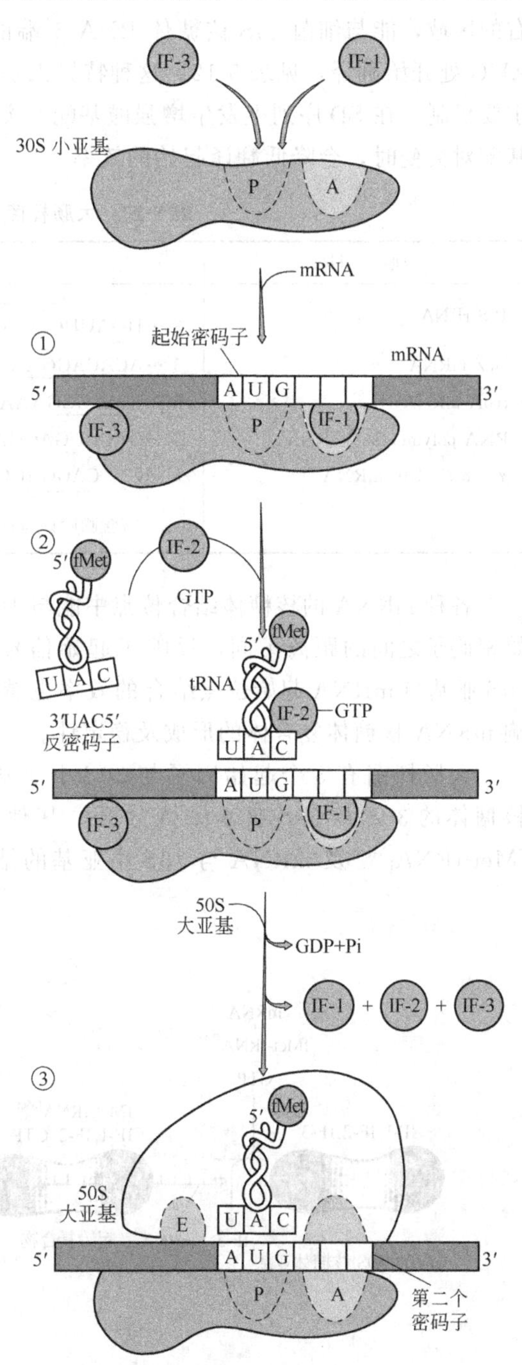

图 5-7　原核生物蛋白质翻译起始过程

替换出 IF-1 和 IF-2，而 GTP 在此耗能过程中被水解。起始后期形成的该复合体被称为 70S 起始复合体。

在原核细胞中，起始 AUG 可以在 mRNA 上的任何位置，且一个 mRNA 上可有多个起始位点，为多个蛋白质合成起始。20 世纪 70 年代初 Shine 和 Dalgarno 等研究了原核细胞核糖体是如何识别 mRNA 分子内如此众多的 AUG 起始位点的问题。他们发现细菌的 mRNA 通常含有一段富有嘌呤碱基的序列——SD 序列，SD 序列位于起始 AUG 上游 10 个碱基左右的区域，能与细菌 16S 核糖体 RNA 3′端的 7 个嘧啶碱基进行互补识别，以帮助从起始 AUG 处开始翻译，见表 5-12。这种特异识别已被证实是细菌中蛋白质合成识别起始密码的主要机制，在 SD 序列上发生增强碱基配对突变时，能够促进翻译开始，相反，发生减弱碱基配对突变时，会降低翻译起始的效率。

表 5-12 大肠杆菌 16S rRNA 与 SD 序列

项 目	所含互补的特异识别序列
16S rRNA	3′…HOAUUCCUCCACUA …5′
lacZ mRNA	5′…ACACAGGAAACAGCUAUG…3′
trpA mRNA	5′ACGAGGGGAAAUCUGAUG…3′
RNA polymerase βmRNA	5′…GAGCUGAGGAACCCUAUG…3′
γ-Protein L10 mRNA	5′…C CAGGAGCAA AGCUAAUG…3′
	富含嘌呤碱基的 SD 序列　起始密码子

各种 mRNA 的核糖体结合位点中能与 16S rRNA 配对的核苷酸数目及这些核苷酸到起始密码子之间的距离不同，反映了起始信号的不均匀性。一般来说，互补的核苷酸越多，30S 亚基与 mRNA 起始位点结合的效率也越高。互补的核苷酸与 AUG 之间的距离也会影响 mRNA-核糖体复合体的形成及稳定性。

大肠杆菌有 3 个起始因子与 30S 小亚基结合，如图 5-8 所示。其中 IF-3 的功能是使核糖体的 30S 和 50S 亚基保持分开，其他两个起始因子 IF-1 及 IF-2 的功能则是促进 fMet-tRNA$_i^{fMet}$ 及 mRNA 与 30S 小亚基的结合。如前所述，mRNA 的 SD 序列可与小亚

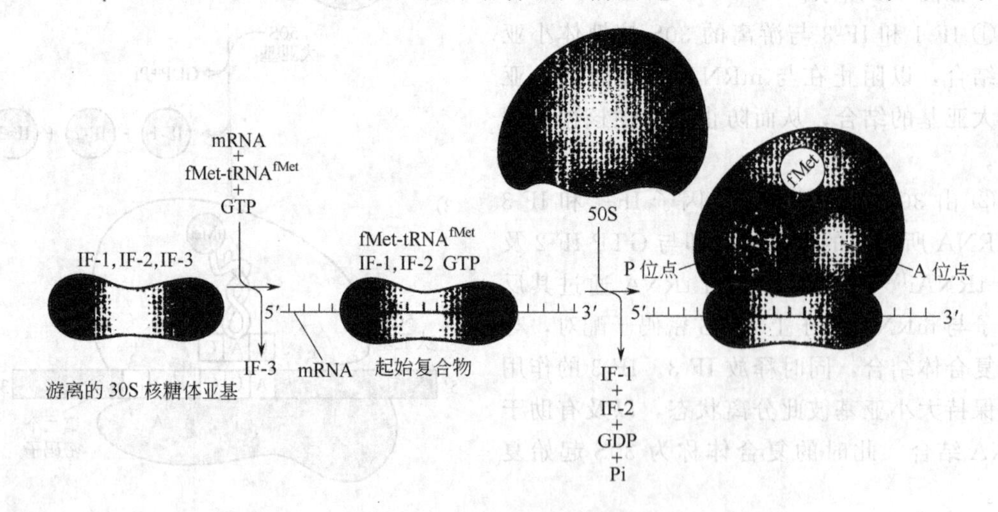

图 5-8 原核生物蛋白质合成起始复合体的形成

基上 16S rRNA 的 3′端进行碱基配对，起始密码子 AUG 可与起始 tRNA 上的反密码子进行配对。当 30S 小亚基结合上 fMet-$tRNA_i^{fMet}$ 以及与 mRNA 形成复合体后，IF-3 就解离下来，以便 50S 大亚基与复合体的结合，后一结合使 IF-2 离开核糖体，同时使结合在 IF-2 上的 GTP 水解，原核生物的起始过程需要 1 分子 GTP 水解成 GDP 及磷酸提供能量。

2. 真核生物蛋白质合成的起始

真核生物蛋白质合成的起始需要更多的蛋白质因子 eIF 参与，目前至少发现有 9 种，其中有些因子含有多达 11 种不同的亚基。但对它们的功能了解甚少，主要过程如图 5-9 所示。与原核系统类似，eIF-3 使 40S 的小亚基与大亚基分开，但其间的反应不同。Met-$tRNA_i^{Met}$ 首先与小亚基结合，同时与 eIF-2 及 GTP 形成起始四元复合体，该复合体再在多个因子的帮助下开始与 mRNA 的 5′端结合。其中 eIF-4 因子含有 1 个特殊的亚基，能特异性地结合在 mRNA 的 5′端帽子结构上。结合在 mRNA 上后，核糖体小亚基就开始向 3′端移动至第一个 AUG，这种移动由 ATP 水解为 ADP 及磷酸来提供能量。

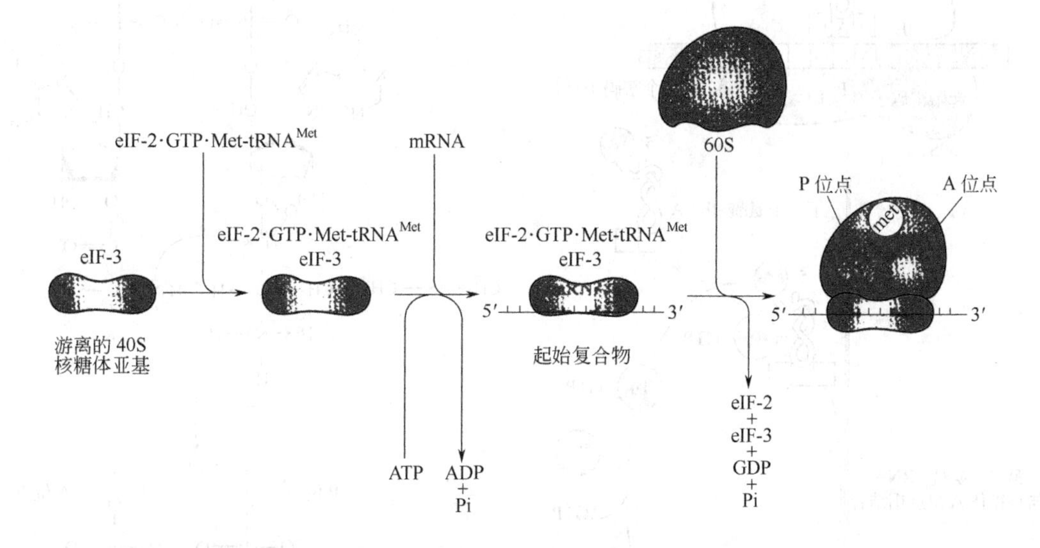

图 5-9　真核生物蛋白质合成起始复合体的形成

虽然原核生物和真核生物在蛋白质合成的起始上有所不同，但它们有三点是相同的：①核糖体小亚基结合起始 tRNA；②在 mRNA 上必须要找到合适的起始密码子；③大亚基必须与已经形成复合体的小亚基、起始 tRNA、mRNA 结合。

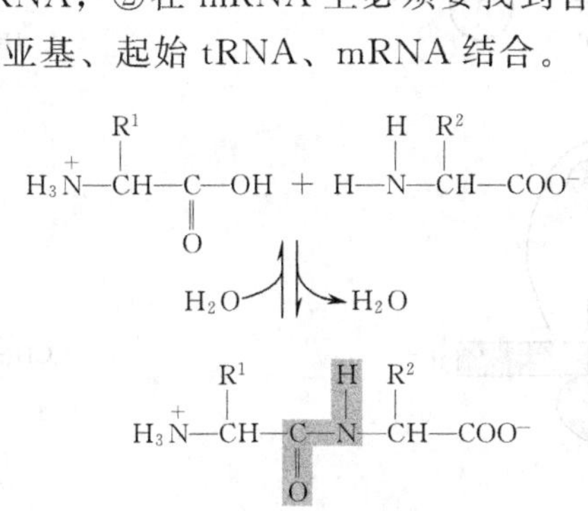

$$H_3\overset{+}{N}-\underset{R^1}{CH}-\underset{O}{\overset{\|}{C}}-OH + H-\underset{H}{N}-\underset{R^2}{CH}-COO^-$$

$$\rightleftharpoons \quad (H_2O)$$

$$H_3\overset{+}{N}-\underset{R^1}{CH}-\underset{O}{\overset{\|}{C}}-\underset{H}{N}-\underset{R^2}{CH}-COO^-$$

图 5-10　氨基酸分子的脱水缩合反应

三、肽链的延伸

生成起始复合体，第一个氨基酸（tMet/Met-tRNA）与核糖体结合以后，肽链开始伸长。按照mRNA上密码子的排列，氨基酸通过新生肽键的方式被有序地结合上去，如图5-10所示。对肽链延伸的基本要求是：有完整的起始复合体，有氨酰-tRNA，有延伸因子EF-Tu、EF-Ts、EF-G并且有GTP。

肽链延伸分为如下三步。

1. 第一步，进位

氨酰-tRNA首先必须与GTP-EF-Tu复合体相结合，形成氨酰-tRNA-GTP-EF-Tu复合体并与70S中的A位点相结合。此时，GTP水解并释放GDP-EF-Tu复合体。如图5-11所示。

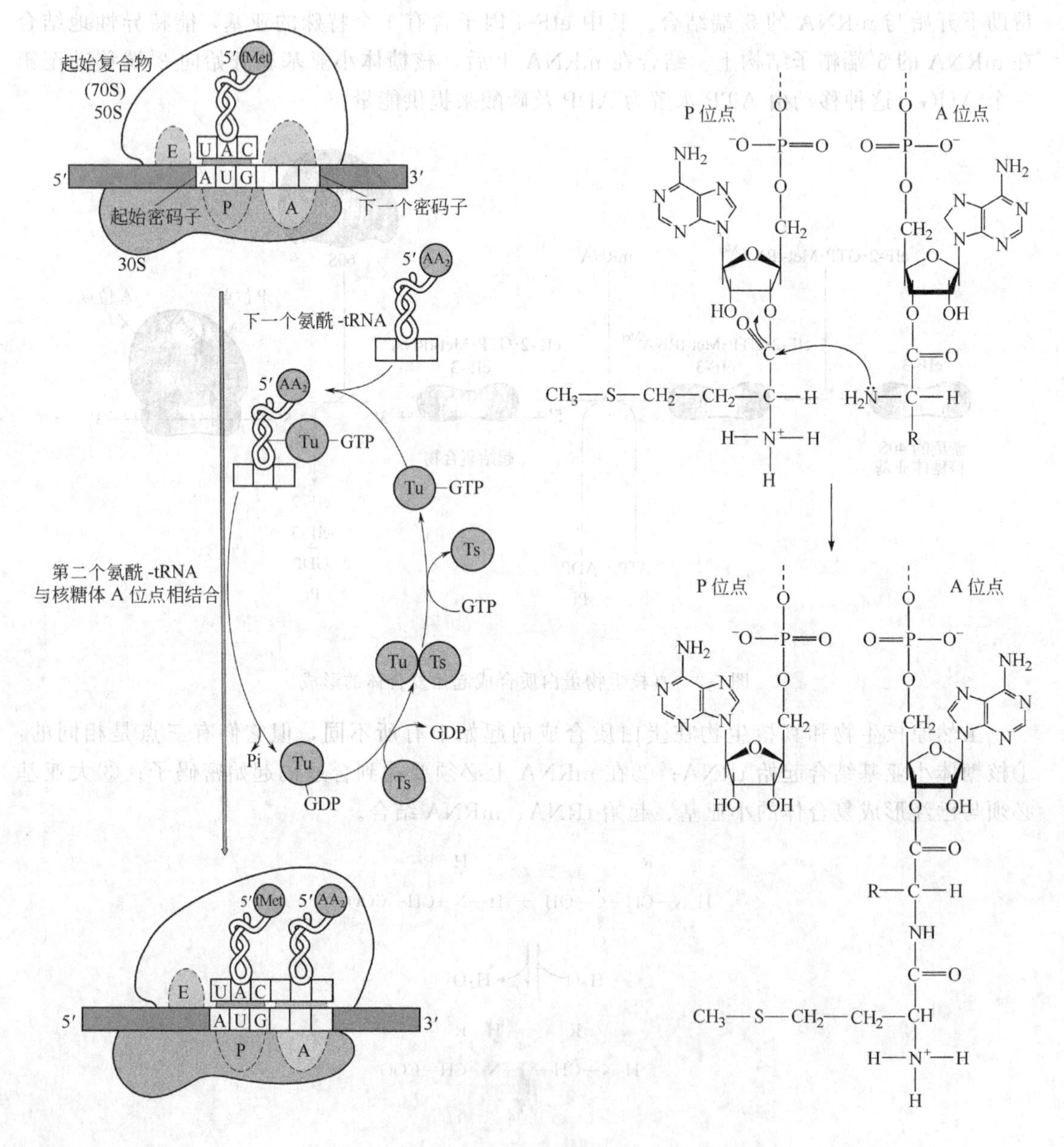

图 5-11 细菌中肽链延伸的第一步反应：进位 图 5-12 细菌中肽链延伸的第二步反应：转肽

2. 第二步，转肽

转肽是形成肽键的反应，如图5-12所示。该过程是在延伸因子从核糖体上解离下来的同时进行的。催化这一过程的酶是存在于核糖体大亚基上的23S tRNA与酶蛋白称为肽酰转

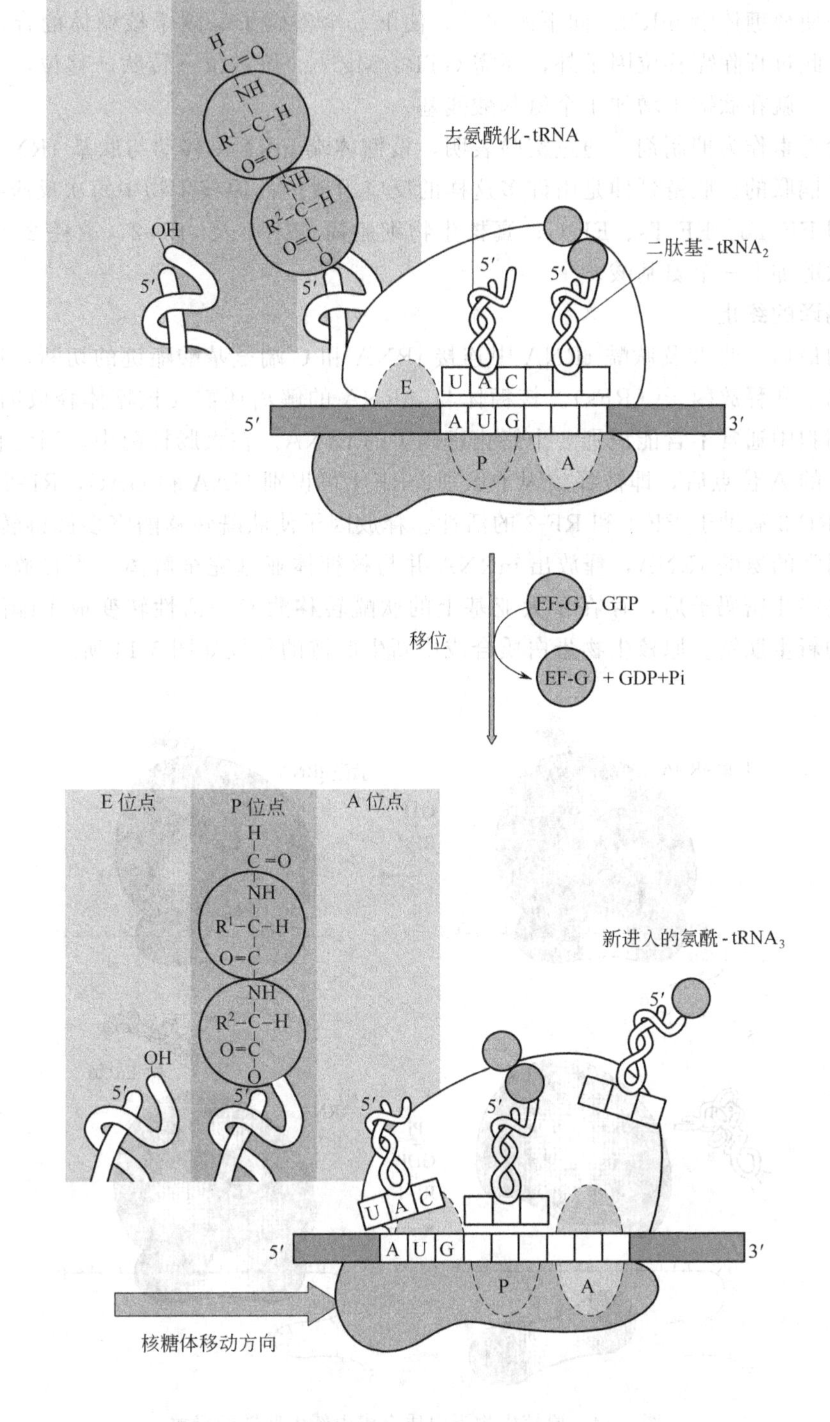

图5-13 细菌中肽链延伸的第三步反应：移位

移酶，催化的本质是使一个酯键转变成一个肽键，由新加入的氨酰-tRNA 上氨基酸的氨基对肽酰-tRNA 上酯键的羰基进行亲核反应而成。

3. 第三步，移位

移位是延伸过程的最后一步，如图5-13所示。该过程由移位因子催化（原核生物中为eEF-G，真核生物中为eEF-2)。核糖体的移位需要 EF-G 和另一分子 GTP 水解提供能量。移位的目的是使核糖体沿 mRNA 向下游移动，使下一个密码子暴露于核糖体的合适位点以供继续翻译。此过程除需移位因子外，还需 GTP、Mg^{2+}。按进位→转肽→移位，每进行一次核糖体循环，就在肽链上增加 1 个氨基酸残基。

以嘌呤霉素作为抑制剂，通过实验表明，核糖体端 mRNA 移动与肽基-tRNA 的移位这两个过程是耦联的。肽链延伸是由许多这样的反应组成的。原核生物中每次反应共需 3 个延伸因子，即 EF-Tu、EF-Ts、EF-G；真核生物细胞需 eEF-1 及 eEF-2，消耗 2 个 GTP，向延伸中的肽链加上一个氨基酸。

四、翻译的终止

翻译的最后一步涉及肽酰-tRNA 中连接 tRNA 和 C 端氨基酸酯键的切断，这一过程需要终止密码子和释放因子（RFs)。核糖体与 mRNA 的解离还需要核糖体释放因子（RRF）的参与。细胞中通常不含能识别 3 个终止密码子的 tRNA。在大肠杆菌中，当终止密码子进入核糖体上的 A 位点后，即被释放因子识别。RF-1 可识别 UAA 和 UAG，RF-2 识别 UAA 和 UGA，RF-3 有助于 RF-1 和 RF-2 的活性。释放因子使肽酰转移酶将多肽链转至 H_2O 分子而不是通常的氨酰-tRNA，释放出 mRNA 并与核糖体亚基完全解离。当释放因子识别在 A 位点上的终止密码子后，存在于大亚基上的肽酰转移酶专一活性转变成了酯酶活性，以水解合成的新生肽链。原核生物蛋白质合成中新生肽链的释放如图 5-14 所示。

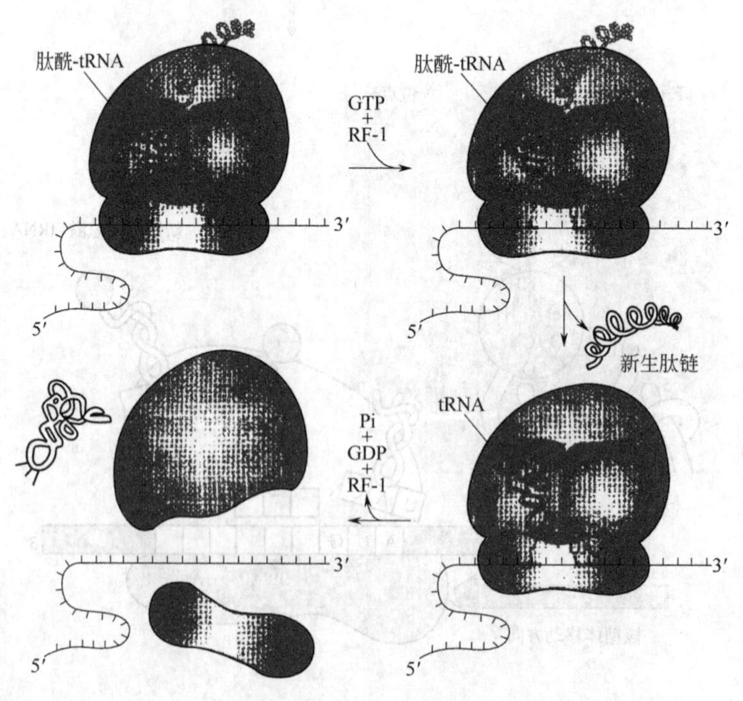

图 5-14　原核生物蛋白质合成中新生肽链的释放

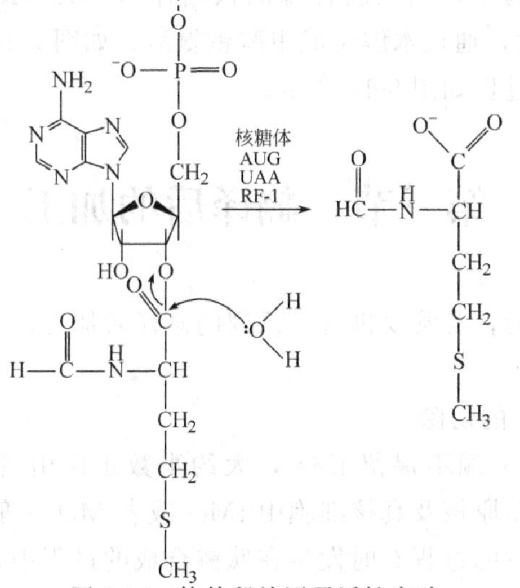

核糖体
AUG
UAA
RF-1

图 5-15　体外释放因子活性实验

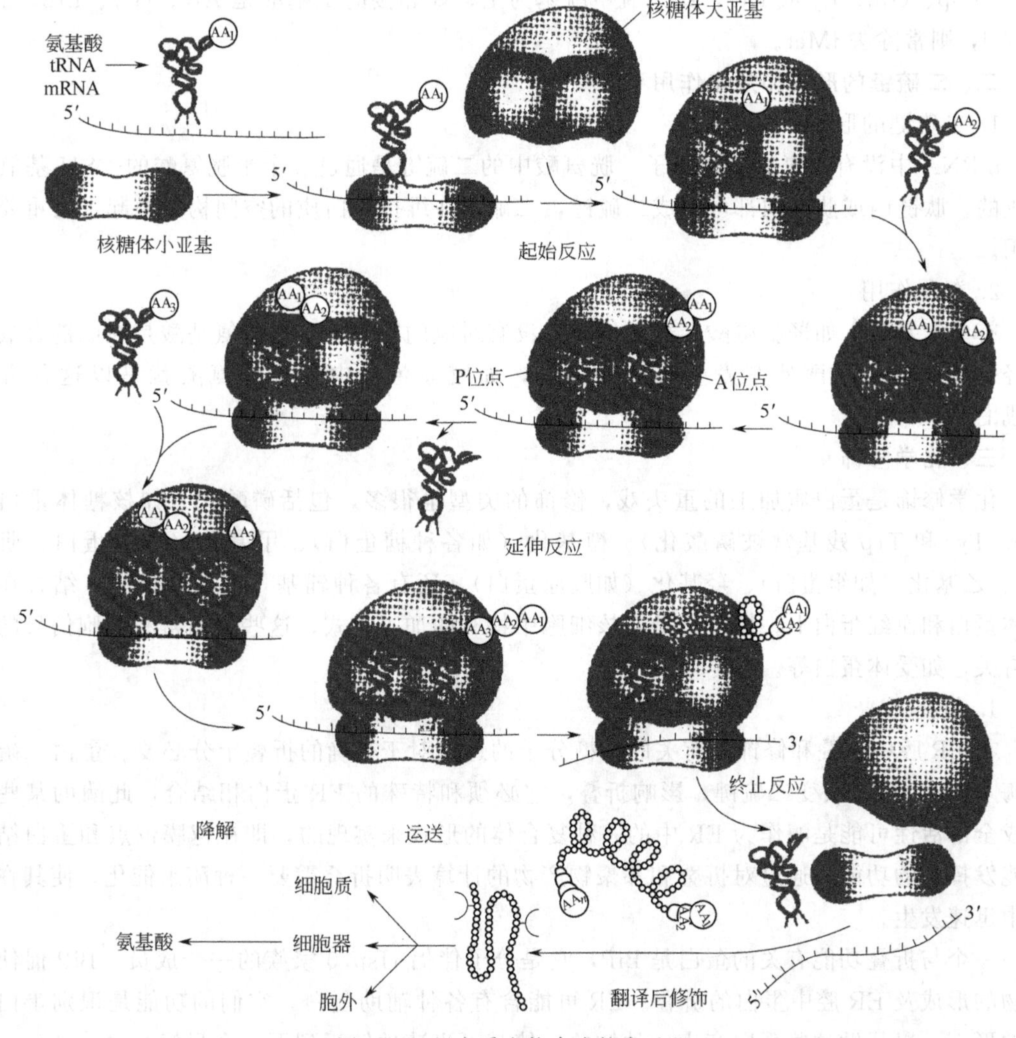

图 5-16　蛋白质生物合成的全过程

体外释放因子活性实验中，当大肠杆菌的核糖体与 fMet-tRNA$_i^{fMet}$、RF-1 两个三聚核苷酸 AUG 和 UAA 混合后，通过水解生成甲酰蛋氨酸，如图 5-15 所示。

蛋白质生物合成的全过程如图 5-16 所示。

第三节 翻译后的加工

前体蛋白是没有活性的，常常要进行一系列的翻译后加工，才能成为具有功能的成熟蛋白。加工的类型多种多样。

一、N 端 f-Met 或 Met 的切除

原核生物的肽链，其 N 端不保留 fMet，大约半数蛋白由脱甲酰酶除去甲酰基，留下 Met 作为第一个氨基酸；在原核及真核细胞中 fMet 或者 Met 一般都要被除去，此过程是由氨肽酶水解来完成的。水解的过程有时发生在肽链合成的过程中，有时发生在肽链从核糖体上释放以后。至于脱甲酰还是除去 fMet 常与邻接的氨基酸有关，如邻接的氨基酸是 Arg、Asn、Asp、Glu、Ily 或 Lys，则以脱甲酰基为主；如邻接的氨基酸是 Aly、Gly、Pro、Thr 或 Val，则常除去 fMet。

二、二硫键的形成和羟化作用

1. 二硫键的形成

mRNA 中没有胱氨酸的密码子，胱氨酸中的二硫键是通过 2 个半胱氨酸的—SH 基氧化形成的，肽链内或肽链间都可形成二硫键，二硫键在维持蛋白质的空间构象中起了很重要的作用。

2. 羟化作用

有些氨基酸（如羟脯氨酸、羟赖氨酸）没有对应的密码子，这些氨基酸是在肽链合成后由羟化酶催化氨基酸残基发生羟化而成的，如胶原蛋白中的羟赖氨酸就是以这种方式形成的。

三、化学修饰

化学修饰是蛋白质加工的重头戏，修饰的类型也很多，包括磷酸化（如核糖体蛋白的 Ser、Tyr 和 Trp 残基常被磷酸化）、糖基化（如各种糖蛋白）、甲基化（如组蛋白、肌蛋白）、乙基化（如组蛋白）、羟基化（如胶原蛋白），还有各种辅基（如大卟啉环）结合在叶绿体蛋白和血红蛋白上。糖基化是真核细胞中特有的加工方式，这些蛋白常和细胞信号的识别有关，如受体蛋白等。

1. 折叠

在 ER 腔中折叠和修饰是有关的，糖分子的连接对于正确的折叠十分必要。蛋白二硫异构酶（PDI）可以改变二硫键，影响折叠，它必须和特殊的 ER 蛋白相结合，此酶的某些活性或全部活性可能是酶作为 ER 中的一种复合体的形式来实现的，即在越膜位点和蛋白结合才能发挥它的功能。通过对折叠和寡聚物产物的计算表明折叠需要一种酶来催化，使其在细胞中迅速发生。

一个与折叠功能有关的蛋白是 BiP，它是分子伴侣 Hsp70 家族的一个成员。BiP 促使寡聚物的形成及 ER 腔中蛋白的折叠。ER 可能含有各种辅助蛋白，它们的功能是识别蛋白折叠的形态，以帮助这些蛋白产生一种构象，使其可迅速地转运到下一个目标。

大部分膜上的糖蛋白都是寡聚物，一般在 ER 中寡聚，然后迅速地从 ER 转到高尔基体上，但不装配亚基或者防止蛋白酶装配。错折叠的蛋白常和 BiP 相联，在这种情况下它们会被降解掉；若折叠正确，那么就可以转运到高尔基体上或继续转运。

BiP 有两个功能：①帮助转运蛋白折叠；②除去错折叠蛋白。

2. 在 ER 中的糖基化及修整

实际上所有的分泌蛋白和膜蛋白几乎都是被糖基化的蛋白。糖基化有两种类型：①糖蛋白是由寡糖连接在 Asp 的氨基所形成的，连接的链称为 *N*-糖苷键；②寡糖连接在 Ser、Thr 或羟基-Lys 的羟基上（*O*-糖苷键）。*N*-糖苷键是在 ER 开始，而在高尔基体中进一步完成；*O*-糖苷键的形成仅发生在高尔基体中。

N-糖基化可分为 3 步，各种 *N*-连接的寡糖都是在 ER 中开始加上的，途径也相同。一个寡糖含有 2 个 *N*-乙酰-糖胺、9 个甘露糖和 3 个葡萄糖，在一种特异的脂多萜醇上形成，多萜醇磷酸酯即是携带糖的载体。多萜醇是一种高度疏水的酯，位于 ER 膜中，其活性基团面向着 ER 腔，寡糖由单个的糖连接而构成，它通过焦磷酸和多萜醇连接。寡糖作为一个单位在与膜结合的糖基转移酶的作用下从多萜醇上转移到靶蛋白上。酶的活性位点也是露在 ER 腔中。受体基团是位于 Asn-X-Ser 或 Asn-X-Thr（X 是除 Pro 以外的任何氨基酸）中的 Asn，当新生肽进入 ER 时，它一旦被识别后立即会作为靶顺序暴露在腔中。有些寡糖的修整是在 ER 中进行，修整后再进入高尔基体。寡糖结构完成可分为两类：一类是在转运到 ER 时；另一类是在越膜转运到高尔基体。究竟属于何种类型这主要取决于甘露糖。甘露糖只是在 ER 中加上，随后可能还要被修整，在 ER 中被切去的单糖的数目不同。

高甘露糖寡聚糖含有的残基是在 ER 中加上的，寡糖加上后几乎立即又从蛋白上被切掉。3 个葡萄糖残基被 ER 中的葡萄糖苷酶切除掉，ER 中的甘露糖苷酶再从蛋白上切下 2～4 个甘露糖，在 ER 中产生三寡糖的最终结构。

3. 在高尔基体表面的进一步加工

复合寡聚糖是在高尔基体中进一步修整和加上糖的残基。第一步是通过高尔基体的甘露糖苷酶Ⅰ修整甘露糖残基，然后单个的糖基由 *N*-乙酰-葡萄糖胺转移加上，接着由高尔基体甘露糖苷酶Ⅱ继续切除甘露糖残基。在这一位置上寡糖通过内-糖苷酶 H 使寡糖对降解物产生抗生。对 Endo H 的易感性被用来作为一种测验，从而测定一个糖蛋白是处于什么阶段。

在高尔基体的修饰中都会产生内部核心，它是由 NAc-GLc · NAc-GLc · Man3 构成，最后要被剥去。末端区域加在内部核心下。末端区域的残基包括 NAc-GLc、Gal 和唾液酸（*N*-乙酰-神经氨［糖］酸）。此加工的路径和糖基化是高度有序的，而且有两种类型的反应。一种糖残基的加入对于另一种糖基的剪切可能是必要的，如在最终剪除甘露糖之前要加上 NAc-GLc。

现在还不知道加工过程中各种蛋白的降解、加工的模式及糖基化的信号是什么。据推测此信号在肽链的结构中，而不可能在寡糖中，因为 *N*-糖苷键开始形成都是加上相同的寡糖。

四、剪切

很多的前体蛋白要经过剪切后方可成为成熟的蛋白。在原核生物中常常产生一种多蛋白的前体要经剪切后才能成为成熟的蛋白，其产生过程与逆转录病毒中 Gag、Pol 和 Env 蛋白的产生类似。如逆转录病毒中有三个基因 *gag*、*pol* 和 *env*，其中 *pol* 基因长约 2900nt，其产物经剪切后产生逆转录酶、内切酶和蛋白酶三种蛋白；其他两个基因的产物也要经过加工才能产生核心蛋白和外壳蛋白。在真核生物中有些蛋白要经过切除才能成为有活性的成熟蛋白。最有名的例子是高等生物的胰岛素，它是一种分泌蛋白，并具有信号肽。新合成的前胰岛素原在ER中切除信号肽变成了胰岛素原，它是单链的多肽，由三个二硫键将主键连在一起，弯曲成复杂的环形结构。分子由A链（21个氨基酸）、B链（31个氨基酸）和C链（33个氨基酸）三个连续的片段构成，当转运到胰岛细胞的囊胞中，C链被切除，由A、B两条分开的链通过三个二硫键连接成成熟的胰岛素。

蛋白内含子又称为内蛋白子，是近年发现的一种新的翻译后加工的产物。它是1994年由Perler等首先提出的。蛋白外显子又称为外蛋白子。内蛋白子的基因不是单独的开放阅读框架（ORF），它是插入在外蛋白子的基因中，与内含子的区别在于它可以和外蛋白子的基因一道表达，而不是其mRNA被切除，产生前体蛋白以后再从前体中被切除掉，余下的外蛋白连接在一起成为成熟的蛋白；也不同于胰岛素，胰岛素的A链和B链本身是不相连接的，仅仅通过二硫键将两个片段连在一起。

内蛋白子的基因除了上下代的垂直传递以外，还可以通过基因的转变而进行水平传递，被称之为内蛋白子归巢。现发现的内蛋白子有7种，多分布于酵母和微生物中。内蛋白子的相对分子质量为40000～60000，有高度保守的末端氨基酸：N端常为Cys或Ser，C端总是His-Asn。内蛋白子未剪切前称融合内蛋白子，可催化前体的自我剪接反应；剪切后的内蛋白子称游离内蛋白子，可作为归巢内切酶参与内蛋白子的归巢，它可识别dDNA上内蛋白子基因在外蛋白子基因中的插入位点。

第四节 蛋白质的运输

在生物体内，蛋白质的合成位点与功能位点常常被一层或多层细胞膜所隔开，这样就产生了蛋白质转运的问题。核糖体是真核生物细胞内合成蛋白质的场所，几乎在任何时候，都有数以百计或千计的蛋白质离开核糖体并被输送到细胞各个部分，如细胞质、细胞核、溶酶体、内质网、线粒体和叶绿体等，补充和更新细胞功能。由于细胞各部分都有特定的蛋白质组分，因此，合成的蛋白质必须准确无误地定向运送才能保证生命活动的正常进行。对于亚细胞结构和细胞器来说，合成的蛋白质运到有关部位后还需要跨膜（有的甚至要通过多层膜）运送才能发挥正常功能。蛋白质是怎样从合成部位运送至功能部位的？就定位于亚细胞结构或细胞器内的蛋白质来说，它们又是如何跨膜运送的？跨膜之后又是依靠什么信息到达各自“岗位”的？对于膜蛋白来说，究竟是什么因素决定它为外周蛋白还是内在蛋白，为部分镶嵌还是跨膜分布，在膜的外侧还是内侧？这些都是十分有趣的问题，也是生物膜研究中非常活跃的领域（图5-17）。一般来说，蛋白质转运可分为两大类：若细胞内蛋白质合成和转运是同时发生的，属于翻译、转运同步过程；若蛋白质从核糖体上释放后才发生转运，则属于翻译、后转运过程。这两种转运方式都涉及蛋白质分子内特定区域与细胞膜结构的相互关系。

表5-13列举了跨膜运输和镶入膜内的几种主要蛋白质。从表中可知，分泌蛋白质是以翻译－转运同步运输的；在细胞器发育过程中，由细胞质进入细胞器的蛋白质是以翻译后转运运输的；而参与生物膜形成的蛋白质，则依赖于上述两种不同的转运过程镶入膜内。

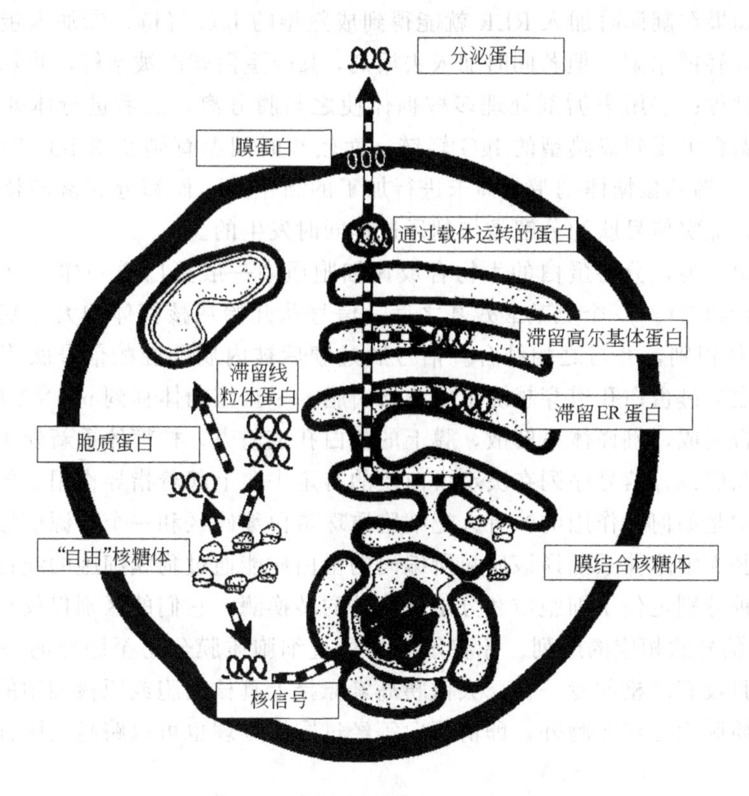

图 5-17　蛋白质合成和转运的主要途径

表 5-13　几种主要蛋白质的转运机制

蛋白质性质	转运机制	主要类型
分泌	蛋白质在结合核糖体上合成，并以翻译—转运同步运输	免疫球蛋白、卵蛋白、水解酶、激素等
细胞器发育	蛋白质在游离核糖体上合成，以翻译后转运运输	核、叶绿体、线粒体、乙醛酸循环体、过氧化物酶体等细胞器中的蛋白质
膜的形成	两种方式兼有	质膜、内质网、类囊体中的蛋白质

一、信号肽引导蛋白质到达靶部位

生物体中蛋白质的运输有一个较简单的模式。每一种需要运输的多肽都含有一段特殊的氨基酸序列，称为信号肽序列（signal or leader sequence），它能引导多肽链到不同的转运系统。在真核细胞中，某一多肽的N端刚合成后不久，这种多肽合成后的去向就已经被决定了。一部分核糖体以游离状态停留在胞浆中，它们只合成供装配线粒体及叶绿体膜的蛋白质。另一部分核糖体，受新合成多肽N端的信号肽控制而进入内质网，使原来表面平滑的内质网（smooth ER）变成有局部凸起的粗面内质网（rough ER）。与内质网相结合的核糖体主要合成三类蛋白：溶酶体蛋白、分泌到胞外的蛋白和构成质膜骨架的蛋白。

早在1972年就有研究发现，免疫球蛋白（IgG）轻链可能是以"前体"形式合成的，其N端比成熟蛋白多一段约由20个氨基酸残基组成的多肽，推测该多肽具有信号作用，使IgG蛋白得以顺利穿越粗面内质网（RER）并分泌到细胞外。主要有三个方面的研究支持上述设想：①当IgG轻链的mRNA在无细胞体系内翻译时，如果没有RER存在，就产生IgG

轻链的前体，如果在翻译时加入 RER 就能得到成熟型的 IgG 轻链；②加入蛋白水解酶并不能使合成的 IgG 轻链水解，但若同时加入去垢剂，IgG 蛋白就能被水解，暗示 IgG 的合成伴随着跨膜转运过程；③用去垢剂处理多核糖体使之与膜分离，然后进行体外新生肽合成实验，发现短时温育可得到成熟型的 IgG 轻链，而较长时间温育则获得 IgG 轻链的前体，表明位于 mRNA 5′端的核糖体携带了尚未进行加工的新生肽，而邻近 3′端的核糖体则带着已加工的新生肽，证实信号肽的分解是与翻译过程同时发生的。

信号肽假说认为，分泌蛋白的生物合成像细胞质中一般蛋白质一样在自由核糖体内开始，当翻译进行到 50～70 个氨基酸残基之后，信号肽开始从核糖体的大亚基露出，它即被 RER 膜上的受体识别，并与之相结合。信号肽过膜后被内质网腔的信号肽酶水解，正在合成的新生肽随之通过蛋白孔道穿越疏水的双层磷脂。一旦核糖体移到 mRNA 的终止密码子，蛋白质合成即告完成，翻译体系解散，膜上的蛋白孔道消失，核糖体重新处于自由状态。

按照信号肽假说，信号序列在决定蛋白质的特定去向上起着指导作用。那么，多肽在蛋白质运输过程中是如何起作用的？有人把细胞质珠蛋白编码区和一个异源信号肽核苷酸序列相连，发现麦胚无细胞体系翻译该质粒所编码的蛋白质能通过狗胰细胞的线粒体膜。在酵母细胞中存在两种分别定位于细胞质和分泌到胞外的转换酶，它们的区别仅仅在于编码前者的 mRNA 缺失与信号肽相应的序列。原核细胞内通过细胞质膜分泌至胞外的一些蛋白质也含有信号肽，并且没有严格的专一性。大鼠胰岛素原接上真核细胞或原核细胞的信号肽就能通过大肠杆菌的质膜而分泌至胞外，卵清蛋白等经过同样处理也可以跨越大肠杆菌的细胞膜而进行转运。

已知野生型大肠杆菌细胞中，β-半乳糖苷酶定位于胞质内，麦芽糖结合蛋白定位于胞外，麦芽糖转运蛋白位于外膜内腔。如果把 β-半乳糖苷酶羧端基因与麦芽糖转运蛋白和麦芽糖结合蛋白的氨基端基因片段相连，并以此为模板指导合成杂合蛋白质，就可以通过测定 β-半乳糖苷酶的活性确定杂合蛋白质在细胞内的位置。改变融合基因中编码麦芽糖转运蛋白氨基端的基因序列，可以得出如下结论。

① 完整的信号多肽是保证蛋白质转运的必要条件，信号序列中疏水性氨基酸突变成亲水性氨基酸后，会阻止蛋白质转运而使新生蛋白以前体形式积累在胞质中。

② 仅有信号肽还不足以保证蛋白质转运的发生。把麦芽糖转运蛋白中完整的、可水解的信号序列加到 β-半乳糖苷酶上，发现杂合蛋白质仍以前体形式留在胞质内。因此，要使蛋白质顺利过膜，还要求转运蛋白质在信号序列以外的部分有相应的结构变化。因此科学家认为，指导蛋白质转运的信号事实上可能要长于蛋白酶降解掉的信号肽链。

③ 信号序列的切除并不是蛋白质转运所必需的。在细菌外膜脂蛋白的信号序列内，甘氨酸残基突变成天冬氨酸残基，从而抑制了蛋白质的降解，而不影响该蛋白质的正常转运。

④ 并非所有的转运蛋白质都有可降解的信号肽。卵清蛋白是以翻译转运同步方式进入线粒体中的，但它并没有可降解的信号序列。有人认为，在卵清蛋白分子的中心区域有相当于信号肽功能的肽段存在。据此，“信号肽”应当定义为：能启动蛋白转运的任何一段多肽。

研究各种分泌蛋白的信号肽序列，发现它们在进化上似乎不具有保守性。图 5-18 是血清生长因子 N 端信号肽结构，其中部是 10～14 个氨基酸残基组成的疏水区。从一级结构推测，信号肽的疏水片段很容易形成 α-螺旋结构，它的后半段则较易形成 β-折叠。信号肽的疏水片段比较重要，如果利用点突变将其中的疏水氨基酸换成亲水氨基酸，信号肽的功能就会丧失。

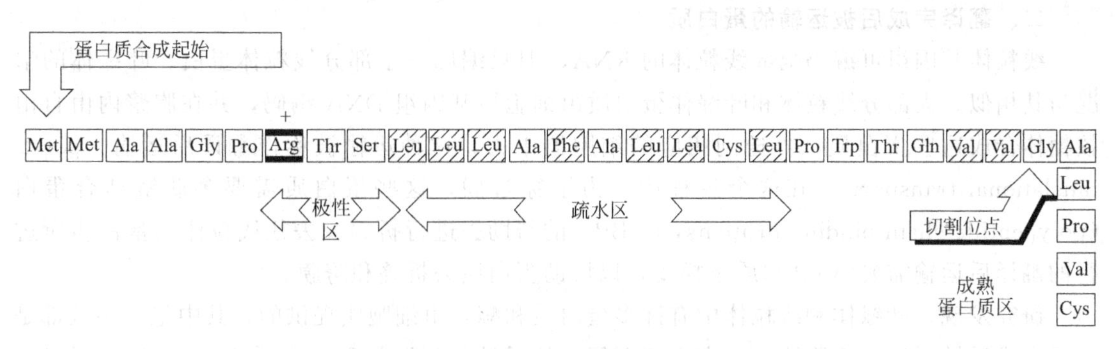

图 5-18　血清生长因子 N 端信号肽结构

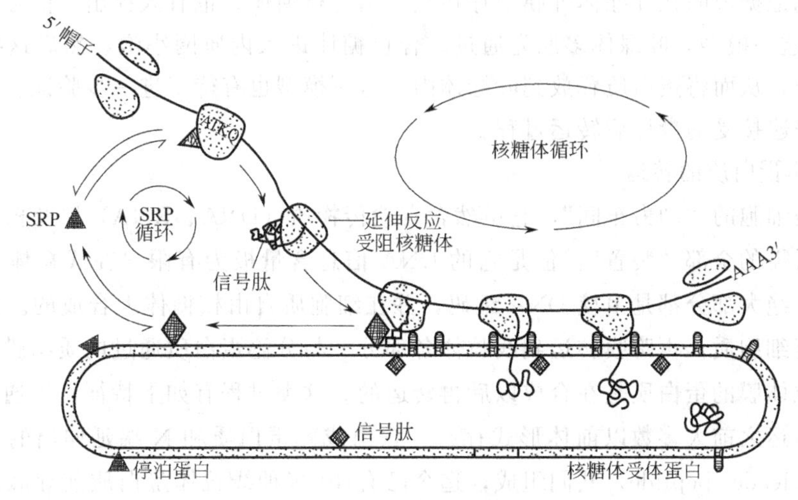

图 5-19　信号肽的识别过程

随着对信号肽假说深入的研究，还发现有两个很重要的组分：SRP 和 DP。SRP 是一种核糖核酸蛋白复合体，它的相对分子质量为 325000，由 6 个不同的多肽和一条单链的 7S RNA 组成。SRP 能识别正在合成并将通过内质网膜的蛋白质的核糖体，它与这类核糖体上新生蛋白的信号肽结合是多肽正确运送的前提，但同时也导致了该多肽合成的暂时停止。SRP 对于正在合成其他蛋白质的自由核糖体没有影响。由于信号肽与 SRP 的氨基酸序列和长度都相差很远，有人猜测，信号肽的疏水部分很可能与 SRP 的疏水区相结合，SRP-信号肽-多核糖体复合物即被引向内质网膜并与 SRP 的受体 DP 相结合。DP 由位于胞质的亲水部分和嵌入膜内的疏水部分组成。只有当 SRP 与 DP 相结合时，多肽合成才恢复进行，新生肽链尾随信号肽继续延伸。跨膜以后，信号肽被水解，新生肽链继续延伸，形成高级结构和成熟型的蛋白质，并定位于相应部位。

SRP 与 DP 的结合很可能导致受体聚集而形成膜孔道，使信号肽及与其相连的新生肽链得以通过。此时，SRP 与 DP 分离并恢复游离状态。待翻译过程结束后，核糖体的大、小亚基相互解离，受体解聚，通道消失，内质网膜也恢复完整的脂双层结构。如图 5-19 所示。

目前虽然已有大量研究揭示了信号肽在启动蛋白质转运中的重要作用，但尚无转运过程中蛋白质如何与膜识别、如何相互作用和如何在膜上形成通道的研究。把分离纯化的膜蛋白加入到蛋白酶处理后的膜上，可以恢复生物膜在体外运输蛋白质的功能，证实膜蛋白在蛋白质转运过程中的重要作用，许多膜蛋白可能是识别信号序列的受体。

二、翻译完成后被运输的蛋白质

线粒体基因组可编码全部线粒体的 RNA，但只编码一小部分线粒体蛋白。叶绿体的情况与其相似。大部分线粒体和叶绿体蛋白质由细胞核基因组 DNA 编码，并在胞浆内由自由核糖体合成这些蛋白质，再送到相应的细胞器中去，这种运输被称作翻译后运输（posttranslational transport）。在这个过程中，为了穿过膜，这些蛋白质需要多肽链结合蛋白（polypeptide chain binding proteins，PCBP）的帮助去进行折叠。去往线粒体的蛋白质所进行的翻译后运输需要 ATP 和质子梯度，以协助蛋白质去折叠和跨膜。

研究发现，叶绿体和线粒体中有许多蛋白质和酶是由细胞质提供的，其中绝大多数都是翻译完成后转运进入细胞器内。有人试图用“信号肽假说”解释蛋白质进入叶绿体的机制，但到目前尚无证据说明在叶绿体外膜上存在大量结合核糖体。也有人提出“信号肽假说修正模型”。根据这一模型，叶绿体多肽先通过结合核糖体进入内质网小泡，然后这些小泡再与叶绿体膜融合，从而将蛋白质释放到叶绿体内。这一模型也有待于进一步验证。下面重点了解下目前被普遍接受的翻译后转运过程。

1. 线粒体蛋白质的转运

线粒体是细胞的“动力车间”，它虽然含有遗传物质（DNA、RNA）以及核糖体等，含有遗传复制所需的全部“装置”，但是它的 DNA 信息含量极为有限。在线粒体存在的上百种蛋白质中，绝大部分都是由核 DNA 编码，并在细胞质自由核糖体上合成的。这些蛋白质首先被释放至细胞质，再跨膜转运到线粒体各部分。与分泌蛋白质通过内质网膜进行转运不同，通过线粒体膜的蛋白质是在合成以后再转运的。这类过程有如下特征：①通过线粒体膜的蛋白质在转运之前大多数以前体形式存在，它由成熟蛋白质和 N 端延伸出的一段前导肽或称引导肽（leader peptide）共同组成，迄今已有 40 多种线粒体蛋白质前导肽的一级结构被阐明，它们含 20～80 个氨基酸残基，当前体蛋白跨膜时，前导肽被一种或两种多肽酶水解转变为成熟蛋白质；②蛋白质通过线粒体内膜的转运是一种需能过程；③蛋白质通过线粒体膜转运时，外膜上很可能有专一性不很强的受体参与转运过程。

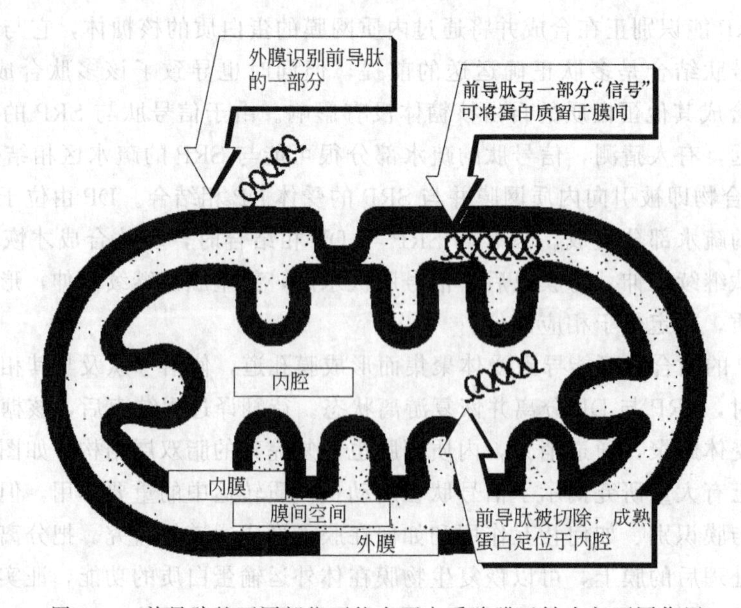

图 5-20 前导肽的不同部位可能在蛋白质跨膜运转中起不同作用

含有前导肽的线粒体蛋白质的前体跨膜转运进入线粒体，在这一过程中前导肽被水解，前体转变为成熟蛋白，失去继续跨膜能力。因此，前导肽对线粒体蛋白质的识别和跨膜转运显然起着关键作用。细胞色素氧化酶亚单位Ⅳ（COX Ⅳ）是在细胞质内核糖体上合成的，前体蛋白 N 端有 25 个氨基酸残基的前导肽，当它跨膜运入线粒体基质时，前导肽被水解，并产生成熟型 COX Ⅳ，与 COX 的其他亚单位在线粒体内膜上进行组装。有实验将酵母线粒体 COX Ⅳ前导肽基因与小鼠细胞质二氢叶酸还原酶（DHFR）基因融合，表达得到定位于酵母线粒体基质中的杂合 DHFR，说明原来位于小鼠细胞质中的 DHFR 能依靠细胞色素氧化酶亚单位Ⅳ的前导肽通过线粒体膜而被输送至特定亚细胞结构。乙醇脱氢酶有Ⅰ、Ⅱ、Ⅲ（ADH Ⅰ、ADHⅡ、ADHⅢ）3 种同工酶，前两者分布于细胞质中，后者则定位于线粒体基质中。这 3 种同工酶都是在细胞质内核糖体上合成的。ADH Ⅲ与 ADH Ⅰ、ADH Ⅱ主要区别在于前者 N 端含有 27 个氨基酸残基的前导肽。因此，ADH Ⅲ前体蛋白能通过线粒体膜，而 ADH Ⅰ和 ADH Ⅱ则不能。如果利用基因融合技术，将 ADH Ⅲ的前导肽与 ADH Ⅱ连接，也能使 ADH Ⅱ进入线粒体并定位于基质中。

前导肽跨膜转运时可能先与线粒体外膜上的受体相结合，但并非线粒体蛋白质前体都共用一种受体，每一种前导肽不存在严格专一的受体。换言之，前导肽与受体仅有相对的专一性。线粒体有内、外两层膜，前导肽的不同部位可能在蛋白的跨膜运输过程中发挥了不同的作用（图 5-20）。

前导肽的长度不一，常为 20～80 个氨基酸残基。那么不同长度的前导肽其信息量是否有差异？就同一前导肽而言，不同肽段的信息含义是否又有所不同？这些都是很有兴趣的问题。有人对细胞色素 c 的前导肽做了研究，发现它共含有 61 个氨基酸残基，包括 N 端 35 个富含碱性氨基酸、与一般细胞器跨膜蛋白相似的肽段和 C 端 19 个连续的不带电荷氨基酸。如果应用基因融合方法，将小鼠细胞质中 DHFR 基因与细胞色素 c 前导肽中 35 个含碱性氨基酸残基的 DNA 片段相融合，发现杂合蛋白质在跨线粒体膜转运时能被运送到基质中，但不能定位于内、外膜之间。只有连接细胞色素 c 前导肽的 54 个（35＋19）或全部氨基酸残基的 DHFR 才能被准确定位。据此，有人认为，凡牵引蛋白质跨膜转运至线粒体基质的前导肽，如 ADH Ⅲ或细胞色素氧化酶亚单位Ⅳ的前导肽，一般含有导向基质肽段和水解部位。而细胞色素 c 的前导肽则含有导向基质肽段、停止运入（内膜）肽段以及水解部位三个部分。在转运过程中，它的前导肽经历两次水解，首先“导向基质肽段”被基质中的水解酶水解，接着在内、外膜之间又被另一水解酶第二次水解，从而成为成熟形式。由于它的前导肽中含有停止运入（内膜）肽段，在导向基质肽段通过内膜进入基质后结合定位于内膜，从而保证被牵引的蛋白质定位于内、外膜之间。值得一提的是，导向基质肽段不一定都在 N 端，也可以是中间肽段，如将鸟氨酸转氨甲酰酶前导肽的 N 端或 C 端除去，它的导向功能仍然可以保留。

定位于线粒体外膜的蛋白质并不是以前体形式转运插入，因为它们没有前导肽，这种蛋白质的 N 端氨基酸序列往往行使了前导肽的功能。例如，线粒体外膜有一种相对分子质量为 7.0×10^4 的蛋白质，它的 N 端 41 个氨基酸残基就具有前导肽的作用，能将大肠杆菌的 β-半乳糖苷酶牵引插入线粒体外膜。肽段可分为两部分，即导向基质肽段和 12～39 个不带电荷氨基酸残基组成的停止运入（外膜）肽段。相对分子质量为 7.0×10^4 的蛋白质之所以未能进入线粒体基质而滞留于外膜，主要是由于停止运入（外膜）肽段的固定作用。除外膜相对分子质量为 7.0×10^4 的蛋白质外，有些跨膜转运的线粒体蛋白质也不带前导肽。位于内膜的 ADP/ATP 载体，它的 N 端 115 个氨基酸残基同样具有前导肽的功能。而细胞色素 c 既没有前导肽，迄今也未发现它本身哪些结构具有前导肽的功能，因此，细胞色素 C 跨膜转运的过程更是一个需要深入研究的问题。

2. 叶绿体蛋白质的转运

大多数科学家认为，“膜-载体假说”可能更适用于解释叶绿体蛋白质的转运过程。这一假说的主要内容是：叶绿体多肽是在胞质中的自由核糖体上合成后脱离核糖体并折叠成具有三级结构的蛋白质分子，对于多肽上某些特定位点的结合子，只有叶绿体膜上才有特异的载体。这些特定位点可能与蛋白质分子内任一氨基酸残基有关，而不是像信号肽假说那样，仅靠氨基端序列就可以引发这种结合。蛋白质与膜载体结合以后便开始转运，同时发生降解，可在任何一端或两端切下一段多肽序列。在这一模型中，蛋白质转运是在翻译后进行的，在转运过程中没有蛋白质的合成。

有实验把豌豆和一绿藻的 RuBP 羧化酶小亚基 mRNA 加入麦胚无细胞蛋白质合成系统中，合成了相对分子质量为 2.0×10^4 的小亚基前体，离心处理含这种前体的麦胚提取物，除去核糖体，发现小亚基前体留在上清液中。如果把提纯的完整叶绿体加入这一上清液中，发现小亚基前体进入叶绿体基质内，降解为成熟小亚基（相对分子质量 1.4×10^4），并与大亚基结合形成全酶。由此证实，小亚基前体是从核糖体上释放后开始转运，并在转运过程中发生蛋白质降解的。叶绿体蛋白质转运过程有如下待点。

① 活性蛋白水解酶位于叶绿体基质内，这是鉴别翻译后转运的指标之一。从完整的叶绿体内提取的可溶性物质能够把 RuBP 羧化酶小亚基前体降解或加工为成熟小亚基，离心后产生的叶绿体基质和破碎的叶绿体也具有这种功能，而类囊体和提纯的叶绿体膜都无此特性。破碎的叶绿体能将部分小亚基前体降解为小亚基，其原因在于破碎叶绿体的部分双层膜结构能自动形成小泡，其中包含可溶性基质，因此能起到降解小亚基前体的作用，所以认为在叶绿体蛋白质的翻译后转运过程中，活性蛋白酶是可溶性的。这一点不同于分泌蛋白质的翻译-转运同步过程，因为后者活性蛋白酶位于膜上。因此，可根据蛋白水解酶的可溶性特征来区别这两种不同的转运过程。

② 叶绿体膜能够特异地与叶绿体蛋白的前体结合。从豌豆叶片中提取 polyA-mRNA，放入麦胚提取物的上清液中合成蛋白质，并与分离的叶绿体膜共同温育，发现 RuBP 羧化酶小亚基前体和聚光叶绿素 a、b 结合蛋白质的前体都能与叶绿体膜结合，而提取物中的其他蛋白质不与膜结合，说明叶绿体蛋白质前体与膜之间的相互作用存在着某种特异性，或者说叶绿体膜上有识别叶绿体蛋白质的特异受体。这种受体保证叶绿体蛋白质只能进入叶绿体内，而不是其他细胞器中。由于在分离叶绿体膜的过程中，可能会除去可溶性的蛋白酶，因此与膜结合的前体多肽仍保持前体形式，而不降解为成熟蛋白质。

③ 叶绿体蛋白质前体内可降解序列因植物和蛋白质种类不同而表现出明显的差异。研究发现，豌豆 RuBP 羧化酶小亚基前体中可降解的多肽序列和绿藻的相应序列相比较，不存在同源性，而成熟小亚基氨基酸序列则有着 40%以上的同源性。用 DNA 序列选择 mRNA 杂交的方法，也证实小亚基前体 DNA 只能与小亚基前体 mRNA 杂交，而不与其他 mRNA 杂交。由此推断，即使都是进入叶绿体的蛋白质前体，也不含有共同的可降解序列。同一个蛋白的可降解序列长度在不同植物之间有很大差异，如衣藻叶绿体中 RuBP 羧化酶小亚基的可降解序列含有 44 个氨基酸残基，在烟草叶绿体中相应的前导肽含有 57 个氨基酸残基。

三、内质网内合成的蛋白质

真核细胞中的内质网是最大的膜结构细胞器，其表面积是质膜面积的几倍。大部分的内质网与核糖体结合形成粗面内质网，在其上的核糖体是膜蛋白和分泌蛋白的合成部位，也是蛋白质分泌的起点。多肽链合成后，在内质网的小腔中被修饰，包括 N 端信号肽切除、二硫键形成、使线形多肽呈现一定空间结构、糖基化作用等。在内质网的膜及内腔中有一些特殊的参与加工分泌蛋白和膜蛋白的蛋白质，如蛋白质二硫键异构酶，经过较短时间在粗面内质网中加工后，分泌蛋白形成被膜包裹的小泡，转运至高尔基体，然后再跨膜转运至细胞表面或溶酶体中。

研究表明，在转运过程中脂质小泡是蛋白从一个细胞器或亚细胞单位进入另一个细胞器或亚细胞单位的主要工具。大量具备转运功能的脂质小泡都有蛋白质外包被，与蛋白质内吞或外排有关的脂质小泡常常与一种被称为网格蛋白（clathrin）的蛋白质结合。参与 RER 到高尔基体蛋白质转运的脂质小泡则与未知的蛋白结合。蛋白质外壳主要有 3 方面的功能：①特定蛋白质保持了脂质小泡的专一性，保证它被导向靶膜结构；②蛋白质帮助膜脂的“起泡”及融合；③包被蛋白质还可能参与选择所转运的多肽。蛋白质对产生脂质小泡具有重要作用，因为膜和膜脂双层的分离与蛋白质外壳的形成是不可分割的。网格蛋白是一个相对分子质量大的复合物，分别由 3 个 1.8×10^5 的重链和 3 个 $3.0\times10^4\sim4.0\times10^4$ 的轻链分子所组成。除此以外，脂质小泡还带有许多接头蛋白，它们分别与外层网格蛋白和内层膜蛋白相互作用，以保证结构的稳定性。酵母 sec 突变株不能经由 RER 向高尔基体转运蛋白，就是因为缺乏数个与包被脂质小泡形成有关的蛋白，其中有直接参与指导脂质小泡脱离的蛋白，也有参与脂质小泡特异性形态建成的蛋白。蛋白质转运时定位于膜上的停泊蛋白，使脂质小泡到达靶位点。在一个 20S 复合体的作用下脱去蛋白外壳，裸露的脂质小泡与膜融合，释放内含物，20S 蛋白解体，准备新一轮运载。

四、翻译的同时也被运输的蛋白质

细菌中新生肽链的定向运送相对于真核细胞较为简单。在细胞质中合成的多肽就可以在合成部位，或被整合到质膜上，或通过质膜分泌出来行使功能。大多数非细胞质细菌蛋白在核糖体上合成的同时也被运送至质膜或跨过膜，这个过程称翻译中运输。有一组协助多肽分泌的蛋白质参与，它们是能识别新生肽链 N 端引导肽序列的膜蛋白，可将正在翻译的核糖体拉到质膜上，使合成的多肽得到转运。这段引导肽也可被引导肽酶切除，使多肽能够分泌出细胞。

蛋白质的运输是一个十分重要的研究领域，特别是对蛋白质分子跨越生物膜的研究不仅具有重要的理论意义，而且其在应用方面的潜力也非同小可。目前，“生物导弹”的研究是生物学界普遍关注的课题，信号肽的深入研究将有可能提供新的弹头或载体，大大提高现行药物的有效性和准确性，降低副作用。此外，通过这方面的研究，还有可能把目的蛋白输入线粒体或叶绿体，促进“细胞器工程”的发展。

习　题

1. 对遗传密码特征描述正确的是（　　）。
   A. 三联子，简并性，几乎是通用的，不重叠
   B. 三联子，通用性，简并性，不重叠
   C. 重叠，三联子，简并性，几乎是通用的

D. 重叠，不简并，几乎是通用的，三联子

2. 只有一个密码子所编码的氨基酸是（　　）。

A. 谷氨酰胺　B. 色氨酸　C. 天冬酰胺　D. 异亮氨酸

3. 下列 mRNA 密码子中很可能是一个“沉默”突变的单一核苷酸突变是（　　）。

A. 5′-CAU-3′→CUU　B. 5′-UUU→CUU

C. 5′-GUG→GGG　D. 5′-UAU→UAG

4. 利用表5-1判断，在细菌的无细胞系统中，人工合成的重复的 mRNA 杂聚物 5′…CGACGACGA…3′将编码（　　）。

A. 聚精氨酸　B. 聚天冬酰胺

C. 聚苏氨酸　D. 3个同聚物：精氨酸、天冬酰胺和苏氨酸

5. 以下关于大肠杆菌蛋白合成的起始的描述正确的是（　　）。

A. 含有 IF-1、IF-2、IF-3、起始 tRNA 和 mRNA 的中间体称为 30S 起始复合体

B. 50S 亚基的结合使 IF-1、IF-2、GMP 和焦磷酸被释放

C. 有三个起始因子参与，且 IF-2 与 GTP 结合

D. 当 70S 起始复合体形成时起始过程完成，该复合体中核糖体的 A 位点是起始 tRNA，而 P 位点是空的

6. 遗传密码有什么特点？

7. 氨酰-tRNA 合成酶有何特点？

8. 信号肽假说有什么特点？

第六章　原核生物基因表达调控

【学习目标】

1. 理解原核基因表达调控的方式及其特点；
2. 掌握原核基因转录单位操纵子的结构及其功能；
3. 掌握原核基因转录水平调控机制的类型及其特点；
4. 明确原核基因表达翻译水平调控的影响因素及其作用。

第一节　概　　述

生物的遗传信息以基因为基本单位，储存在细胞内的 DNA 分子的核苷酸序列中。在个体发育的过程中，有序地将储存的核苷酸序列信息通过密码子-反密码子系统，转变成蛋白质分子，执行各种生理生化功能，完成生命的全过程。

将遗传信息从 DNA 转变为表现生命活性的蛋白质分子的全过程就是基因的表达过程，对这个过程的调节、控制称为基因表达调控。

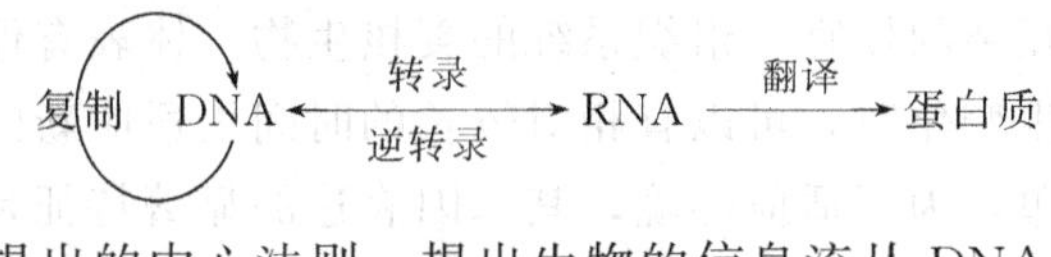

复制　DNA ⇄（转录／逆转录）RNA →（翻译）蛋白质

1954 年，由 Crick 提出的中心法则，提出生物的信息流从 DNA→RNA→蛋白质。全过程中，可从各个层面调节、控制 DNA 的分子行为，使得基因表达的结果在时间、空间上都有所不同，表现出生命现象的多样性和多元化。

原核生物与真核生物在细胞结构、个体大小、生活史等诸多方面都有很大的差异，造成了它们基因表达的具体细节也有很大的不同。原核生物基因的表达要适应环境的变化，真核生物的基因表达调控层面较多、调控机制复杂。本章着重介绍原核生物的基因表达在转录和翻译水平的调控机制。单细胞的原核生物，要快速应答生存环境的变化，其基因表达调控与环境的关系十分密切；转录水平的调控，即对 DNA→RNA 这个过程是否进行调控，可从信息流的根部截断遗传信息的表达过程，从而有效地避免了能源的浪费，因此转录水平的调控比翻译水平的调控显得更为重要。

一、原核生物基因表达调控的特点

1. 基因的可调控性

原核生物基因组相对较小，如大肠杆菌基因组为 4.2×10^6 bp，编码基因 2350 个，每个正常菌体细胞内约有 10^7 个蛋白质分子，若所有基因均等效表达，则每个基因大约可表达蛋白质 4×10^3 个。但事实上，菌体中各个基因的表达活性相差很大，有的蛋白质仅有几个分子，而另一些蛋白质却多达 10^5 个。菌体表达蛋白质量的这种差异主要是为了适应生存和繁殖的需要，自然界选择保留高效经济的生命过程。在原核细胞内，不同基因表达蛋白质量的差异主要以开启和关闭基因的活性来实现。

基因活性的开启和关闭是以对内源物质和外源物质的应答为基础的。由调控基因（regulatory genes）编码的内源活性物质称为调控因子（regulator），也称为调节物，是控制其他基因表达的蛋白质成分或RNA成分，其中蛋白质成分的作用是主要的。开启基因表达、使基因表达量上升的称为激活蛋白（activator或activative protein）；使基因表达活性下降甚至关闭的称为阻遏蛋白（repressor或repressive protein）。激活蛋白和阻遏蛋白都是反式作用因子（trans-acting factor），它们在细胞内产生后，可自由移动，寻找和结合其作用的靶DNA序列，改变这段DNA序列附近基因的表达。反式作用因子作用的靶DNA序列称为顺式作用元件（cis-acting elements）。

外源的小分子物质也可改变基因的表达活性，称为小分子效应物。酶的合成可对特定物质做出反应，这种效应分子称为诱导物（inducer），这种作用称为诱导作用，如乳糖替代葡萄糖作为碳源培养细菌时，可迅速诱导乳糖代谢的酶在细胞内的分子数量由几个增加至几千个；相反地，当培养基中加入色氨酸时，菌体可迅速关闭机体内色氨酸合成途径所需酶的表达，这种作用称为阻遏作用，色氨酸即是辅阻遏物（co-repressor），有效地节约了菌体内的能源，避免能量浪费。这些小分子效应物不直接与基因结合调节其表达，而是与相关的蛋白因子相互作用，通过蛋白调控因子调节基因的表达。

菌体通过内源的调节因子和小分子效应物的相互作用，实现了对机体相关代谢基因的表达控制——开启、关闭基因表达或增强、降低基因表达的活性，这是原核生物对外界刺激的主要的应答方式。

2. 基因表达与环境关系密切

由多细胞组成具有复杂的器官、组织系统的真核生物，体表有保护层，机体有大量的能量储备，所以当环境发生变化时，可以有相对较长的时间去适应新的环境；而原核的单细胞生物，细胞结构相对简单，为了适应环境，其基因表达的显著特征是在最短的时间内对环境的变化做出反应，以保证自身的生存。

对环境的适应性主要表现在菌体对外界环境中能源物质的利用、营养源物质的利用，以及当外界环境变得十分恶劣时菌体的应急措施。当外界能量来源发生变化时，如葡萄糖转化为乳糖，菌体可相应地改变菌体的代谢机制，在短时间内产生出大量的乳糖吸收和降解所需要的酶，而如果环境中有葡萄糖存在，不论是否有其他的糖类物质存在，机体内都不会出现降解其他糖类物质的酶，此称为降解物抑制作用。当外界环境中存在机体可自身合成的氨基酸营养源时，机体内此种氨基酸的合成酶基因不再表达。菌体所处环境若变得十分恶劣，细菌将关闭多数生化反应，以降低自身的代谢率，渡过难关。

二、降解物对基因活性的调节

1. 降解物抑制作用

葡萄糖存在时，即使培养基中加入乳糖、半乳糖、阿拉伯糖等糖类物质，也不会诱导出相应的糖类物质吸收、代谢的酶，这种现象称为葡萄糖效应，也称为降解物抑制作用。

明显的这种效应的出现与葡萄糖的存在直接相关。菌体内，葡萄糖通过降低cAMP（环腺苷一磷酸）的浓度水平，阻止应答cAMP和其受体蛋白——分解代谢物激活蛋白（catabolite activator protein，CAP）的基因表达（图6-1）。乳糖等其他糖类物质的代谢酶基因多数是可以应答 cAMP-CAP 复合物的基因的。

2. cAMP-CAP 复合物与基因结合调节其表达活性

CAP 由分子质量为 22.5kDa 的两个亚基聚合而成，可被 cAMP 激活，形成 cAMP-CAP 复合物与 DNA 的特殊序列识别、结合。在一些基因的启动子序列上分离到 cAMP-CAP 复合物，表明了这种复合物可以促进基因的转录。

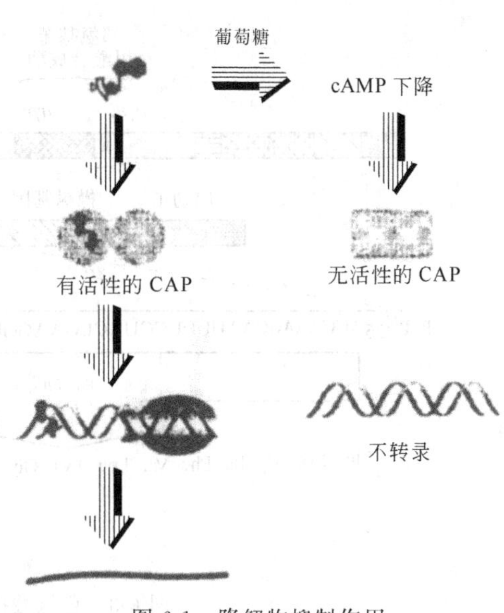

图 6-1　降解物抑制作用

cAMP-CAP 复合物中的 CAP 是 DNA 结合蛋白，结合于启动子区域，如乳糖操纵子的启动子中五个碱基的反向重复序列（图 6-2）。结合位点多数位于转录起始位点上游－50～－23bp 处，中心区位于－41bp 处，左端的序列保守性强，命名为Ⅰ区，右端的序列保守性较差，是为Ⅱ区，由于Ⅱ区的序列有较大的变动，使得不同基因对 CAP 的应答强弱有所不同。

转录 →

AANTGTGANNTNNNTCANATTNN
TTNACACTNNANNNAGTNTAANN

图 6-2　cAMP-CAP 复合物作用位点五核苷的倒转重复序列

需要说明的是，对 CAP 的依赖与启动子本身的效率有关。非 CAP 依赖的启动子，应具有能独立的与 RNA 聚合酶作用的保守的－35 序列和－10 序列；受 CAP 调节的启动子，未受到诱导时启动效率较低。

总之，当葡萄糖存在时，其他糖的代谢途径关闭；葡萄糖浓度下降，其他糖的代谢启动。

三、弱化子对基因活性的影响

1. 弱化作用（attenuator）

氨基酸的合成途径所需酶的基因，其编码产物上游常出现另外一段编码序列，称为前导序列，这段序列的功能是调节其下游基因的表达。此调节方式中，由特殊负载的氨酰-tRNA 提供调节信号，如 Trp-$tRNA^{Trp}$的浓度是调节色氨酸合成酶基因表达的信号，当其浓度较高时，前导序列二级构象会发生变化，形成终止子结构，终止转录，这段前导核苷酸序列称为弱化子或衰减子（attenuator），这种降低基因表达的方式称为弱化作用（attenuation）。

弱化子位于启动子和下游的结构基因之间（图 6-3）。当色氨酸存在时，RNA 聚合酶渗漏表达色氨酸合成酶基因；当色氨酸浓度降低时，将解除转录抑制和终止作用，色氨酸合成酶基因的表达量可增强 700 倍。

2. 弱化子结构及其功能的行使

前导序列可以形成两种分子内碱基配对的结构（图 6-4），从序列 UGGUGG 起始。一种配对的方式是 1 区与 2 区、3 区与 4 区配对；另一种配对方式是 2 区与 3 区配对。在第一种配对方式中，3 区和 4 区配对形成富含 G-C 的茎环结构，与 4 区末尾的聚 U 串组成典型的非依赖 ρ 因子的转录终止子结构［图 6-4（a）］，RNA 聚合酶如果遇到此种结构，转录在这个位点终止。而第二种配对方式中，2 区与 3 区配对，阻止 3 区和 4 区的结合，不形成终止子结构［图 6-4（b）］。

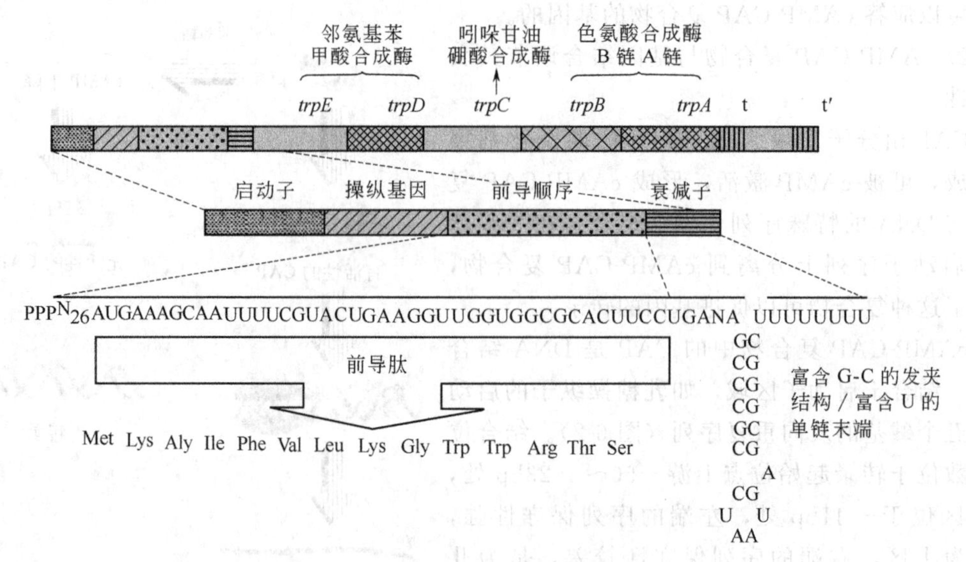

图 6-3 色氨酸操纵子结构和弱化子结构

前导序列形成哪种二级构象由色氨酸的浓度决定［图 6-4（c），图 6-4（d）］。

当色氨酸缺乏时，前导序列形成第二种构象［图 6-4（c）］。1 区含有两个串联的 Trp 密码子 UGGUGG，由于色氨酸缺乏，细胞内 $Trp\text{-}tRNA^{Trp}$的浓度极低，正确插入核糖体 A 位的时间延长，核糖体翻译蛋白在这里受阻，占据前导序列的 1 区。这时 1 区不能和 2 区结合，则形成 2 区和 3 区配对的第二种配对方式，无终止子结构。RNA 聚合酶可转录下游的结构基因，即色氨酸缺乏，导致色氨酸合成酶的基因表达。

反之，色氨酸供应充分［图 6-4（d）］，菌体减少不必要的代谢消耗，阻断色氨酸合成酶的产生，此时前导序列形成第一种构象。由于色氨酸的细胞内浓度水平较高，1 区所含的两个串联的 Trp 密码子，不能阻止核糖体的翻译过程。核糖体继续蛋白质的合成，停顿在 1 区和 2 区间的终止密码子 UGA，阻止 2 区和 3 区的配对，则形成 3 区和 4 区配对的终止子结构。RNA 聚合酶遇到 3 区和 4 区形成的终止子结构，从模板上脱落下来，转录过程在弱化子区域终止，其下游的结构基因不表达。即色氨酸供应充足时，色氨酸合成酶的基因不表达。

弱化子结构在大肠杆菌的色氨酸合成酶基因的启动子序列中发现，也见于苯丙氨酸、苏氨酸等氨基酸合成酶基因的启动子序列中，调节菌体对氨基酸营养源的利用，减少无谓的消耗。

四、细菌的应急反应

前述两种情况是菌体对环境营养物质变化的应答机制，而环境恶劣，能量、营养来源匮乏时，菌体为了渡过难关，会停止多数生化反应（如 RNA、糖、脂、蛋白质的合成）以降低消耗，这种恶劣情况下的应急反应由特殊的生理物质——鸟苷四磷酸（PPGPP）、鸟苷五磷酸（PPPGPP）启动。PPGPP、PPPGPP 两种物质合称魔斑核苷酸，这是在色谱上发现的异常斑点。

PPGPP、PPPGPP 这两种核苷酸在蛋白质合成的核糖体空转反应中生成。氨基酸营养源缺乏，细胞内 AA-tRNA 含量低，蛋白质合成时，进入核糖体 A 位的是空载 tRNA，进位后不能实现肽链的延长，空载 tRNA 也不能从 P 位逐出，蛋白质合成反应终止。如果核糖

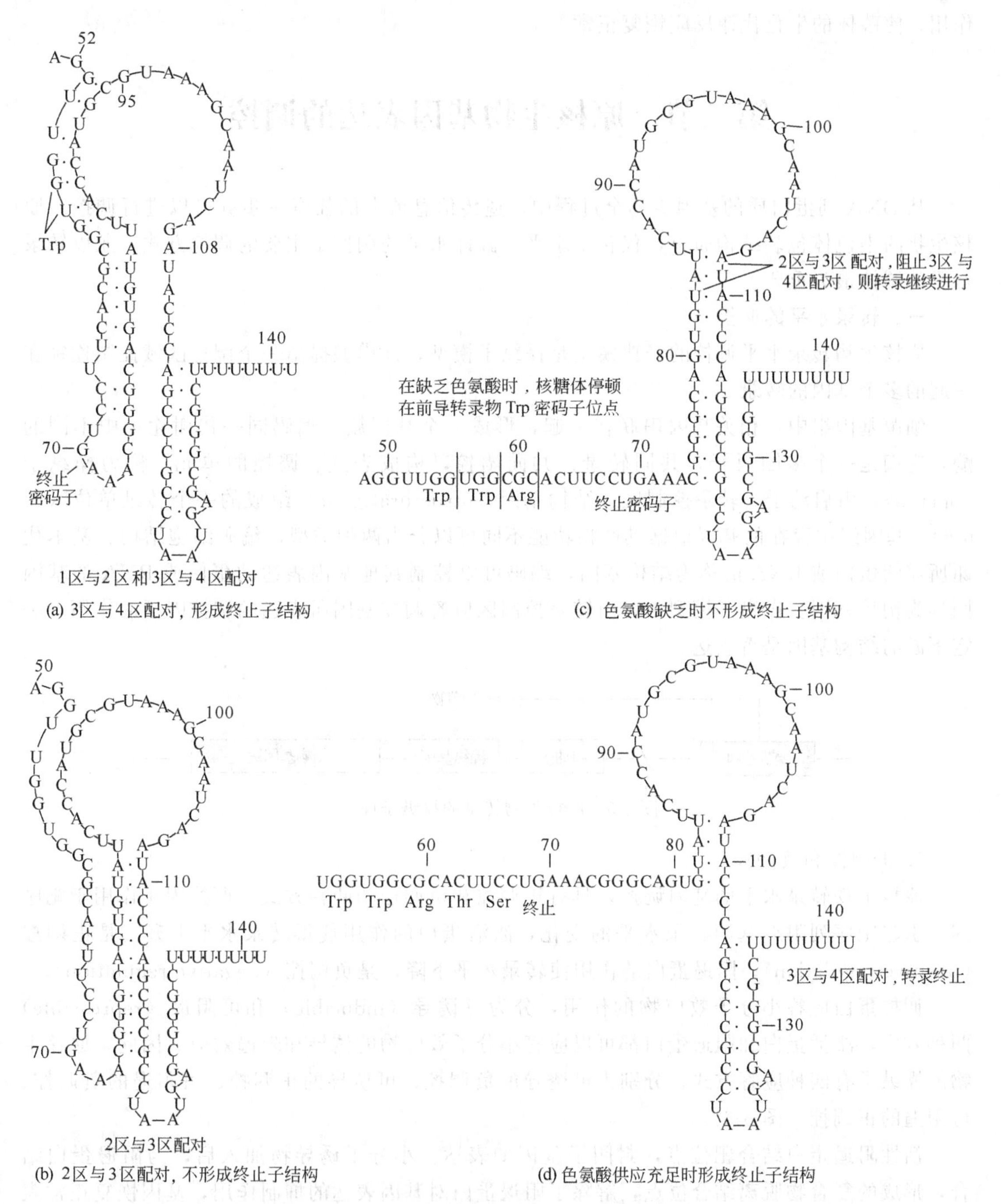

图 6-4　色氨酸前导区的两种配对模型

体结合了 *relA* 基因产物 RelA 蛋白，在空载 tRNA 进位后，可水解 GTP 和 ATP 提供能量，帮助空载 tRNA 释出，接着任意空载 tRNA 又可进位、再释出，即为核糖体的一次空转反应。每一次空转反应，都水解 GTP 和 ATP 产生能量，此过程的副产物即是 PPGPP、PPPGPP。RelA 蛋白在菌体内含量很低，约 200 个核糖体结合 1 个，这些结合 RelA 的核糖体有空转反应，产生 PPGPP、PPPGPP，提供降低菌体的代谢率的信号。

菌体的生存条件恢复时，由 *spoT* 基因编码的酶水解魔斑核苷酸，短时间内解除其抑制作用，使菌体的生化代谢反应恢复正常。

第二节　原核生物基因表达的调控

从DNA到蛋白质的基因表达全过程中，遗传信息流向的任意一步都可以进行调控。原核生物的染色体包装结构简单，仅转录水平、翻译水平的调控是主要的调控方式，尤以转录水平的调控最为重要。

一、转录水平的调控

原核生物转录水平调控的经典模型是操纵子模型，该模型提出一个调控区域控制连锁在一起的多个基因的转录。

细菌基因组中，相关基因串联在一起，形成一个基因簇，编码同一代谢途径中不同的酶，它们是一个多顺反子，共同转录、共同调控，构成表达、调控的单元，称为操纵子（operon），由启动子、转录控制区、结构基因（structural gene）组成的一个转录单位（图6-5）。基因组中存在的基因根据其产物功能不同可以分为两种类型，编码细胞结构、基本代谢所需的蛋白或RNA的称为结构基因，编码可以控制其他基因表达的蛋白或RNA的基因则称为调控基因。操纵子模型中，由转录控制区应答调控基因所表达的调控因子的作用，决定下游的结构基因是否表达。

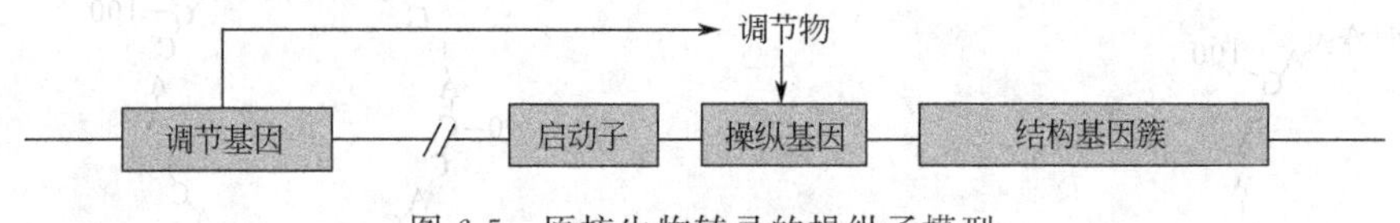

图6-5　原核生物转录的操纵子模型

1. 正调控和负调控

原核生物转录水平的基因调控，具有正调控和负调控的两种方式。调控因子作用于靶序列，引起靶序列附近基因转录水平的变化，激活蛋白的作用使得转录水平上升，是正调控（positive regulation）；阻遏蛋白的作用使转录水平下降，是负调控（negative regulation）。

调控蛋白应答小分子效应物的作用，分为可诱导（inducible）和可阻遏（repressible）两种效应，激活蛋白和阻遏蛋白都可以应答小分子效应物的诱导和阻遏效应。因此，原核生物的操纵子有四种应答方式，分别为可诱导的负调控、可诱导的正调控、可阻遏的负调控、可阻遏的正调控（图6-6）。

活性阻遏蛋白结合靶位点，封闭了基因的表达。小分子诱导物加入后，与阻遏蛋白结合，形成的复合物脱离结合位点，解除了阻遏蛋白对基因表达的抑制作用，基因恢复正常表达，此过程为可诱导的负调控［图6-6（a）］。由于阻遏蛋白作用下调控基因表达，故此系统是一个负调控系统，加入的小分子效应物是诱导物，所以是可诱导的负调控。总效应是基因由初始的无活性状态转变为活性表达状态。

无活性的激活蛋白，不能结合靶位点，基因不表达。加入诱导物后，诱导物作用于激活蛋白，使其转化为活性状态，可结合于靶位点，启动基因表达，此过程是可诱导的正调控［图6-6（a）］。基因由初始无活性状态，加入诱导物后，变为活性表达。

无活性的阻遏蛋白，不能结合到目的基因的靶位点，基因组成型表达。加入小分子辅阻

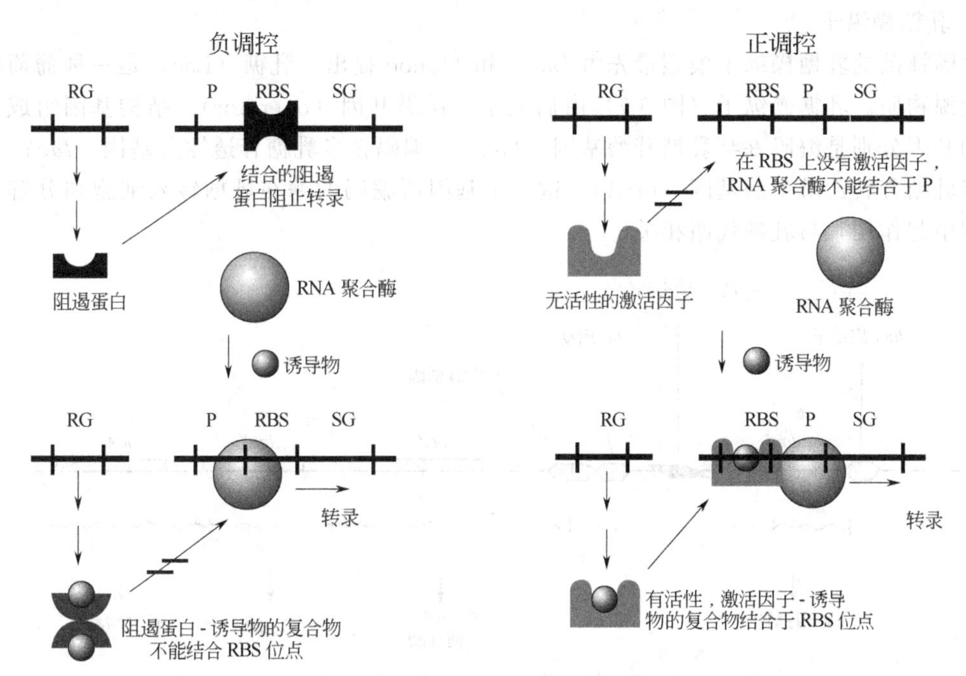

(a) 可诱导的系统，包含有可诱导的负调控和可诱导的正调控两种类型

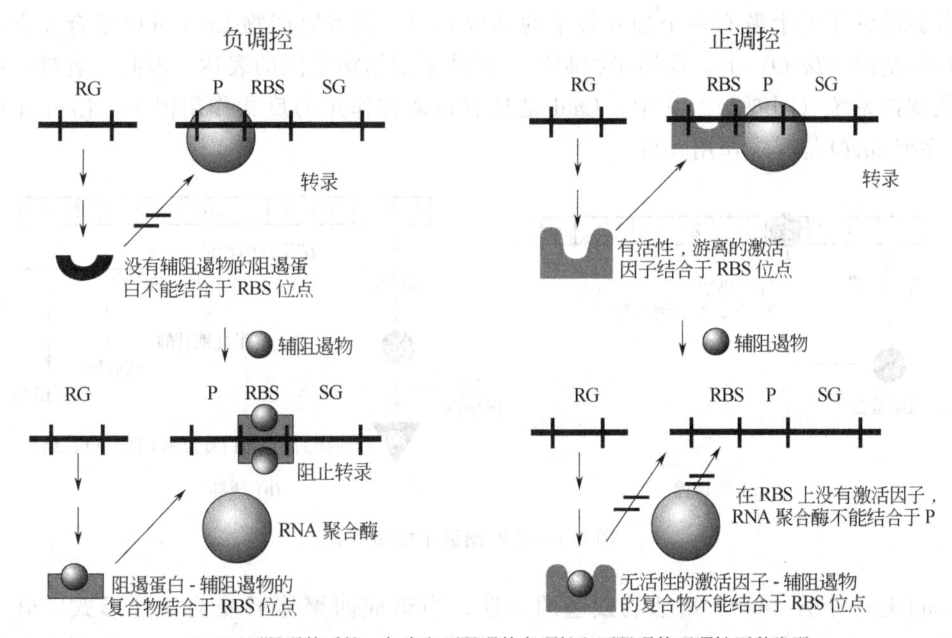

(b) 可阻遏的系统，包含有可阻遏的负调控和可阻遏的正调控两种类型

图 6-6 原核生物的操纵子对诱导物和调节物的四种应答模式

遏物，激活阻遏蛋白的活性，结合在基因上抑制 RNA 聚合酶的作用，阻止基因表达，此过程为可阻遏的负调控［图 6-6（b）］。基因由初始活性状态转变为无活性状态。

活性激活蛋白结合在基因上，基因组成型正调控表达。加入辅阻遏物，作用于激活蛋白，使其活性丧失从基因上脱离，基因失去活性，此过程是可阻遏的正调控［图 6-6（b）］。基因由活性表达转变成无活性形式。

2. 乳糖操纵子

大肠杆菌的乳糖操纵子模型最先由 Jacob 和 Monod 提出。乳糖（Lac）是一种葡萄糖的替代能源物质。乳糖操纵子（图 6-7）由启动子、操纵基因（operator）、结构基因组成。三个结构基因分别是编码 β-半乳糖苷酶基因（*lacZ*）、编码 β-半乳糖苷透性酶基因（*lacY*）、编码 β-半乳糖苷转乙酰基酶基因（*lacA*），这三个基因所编码的酶在乳糖转入细胞和分解代谢的过程中起作用，与乳糖代谢相关。

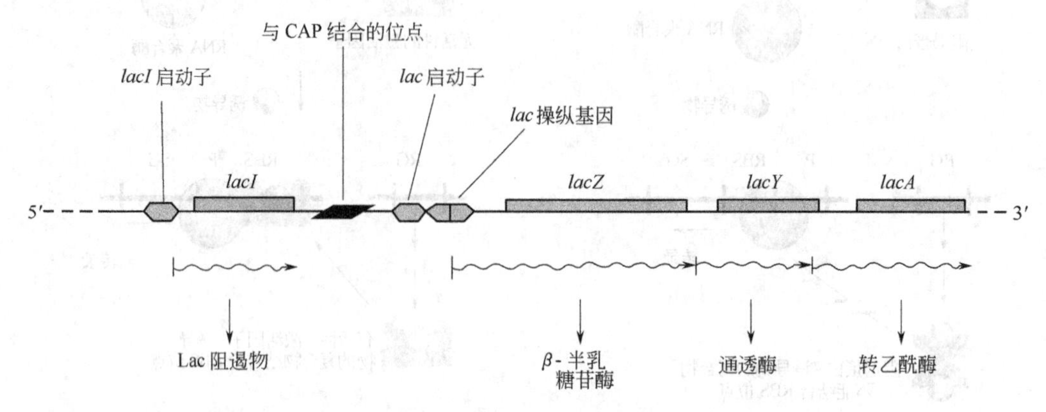

图 6-7 乳糖操纵子结构模式

乳糖操纵子的上游有一个独立转录的基因 *lacI*，其编码产物 LacI 可以结合在乳糖操纵子的操纵基因（*lacO*）上，即转录控制区，阻抑下游结构基因的表达。因此，乳糖操纵子是一个负调控系统（图 6-8）。其中，LacI 是具有负调控作用的反式作用因子，LacI 作用的靶 DNA 序列 *lacO* 是顺式作用元件。

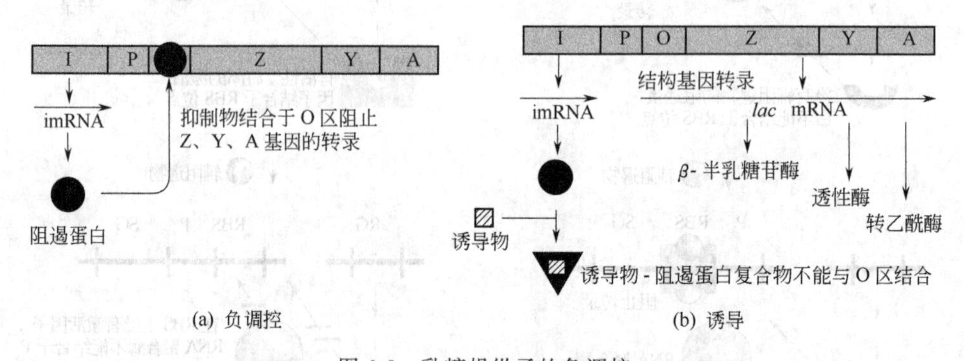

图 6-8 乳糖操纵子的负调控

LacI 是一个含 360 个氨基酸残基的多肽，当组成四聚体后变为活性形式，分子质量 150kDa。LacI 可与小分子诱导物结合，也可与特异的 DNA 序列结合，在胰蛋白酶的作用下，水解为两个独立的肽段，分别为 N 端 1～59 个氨基酸残基和剩下的 C 端序列，其中 N 端 1～59 个氨基酸残基可以形成两个 α-螺旋结构，从 DNA 双螺旋的大沟中进入，识别、结合特异的 DNA 序列。LacI 是多聚体，识别的序列应具有回文结构，位于转录起点上游 −5～+21 区域内，即 *lacO* 区域，其保守序列如图 6-9 所示。

加入小分子诱导物乳糖后，改变了 LacI 的构象，使其不能再与 DNA 结合，解除了 LacI 对 *lacO* 的阻遏作用，使得 *lacZ*、*lacY*、*lacA* 得以表达（图 6-8）。

大肠杆菌的乳糖操纵子模型是一个可诱导的负调控系统。活性阻遏蛋白结合于靶 DNA

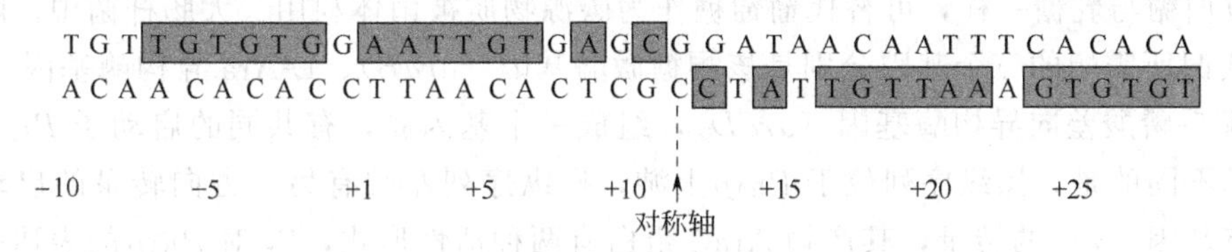

图 6-9 乳糖操纵子阻遏蛋白结合位点的对称序列

序列，加入诱导物后，诱导物改变了阻遏蛋白的构象，从核酸链上脱离，解除了抑制作用，基因活性表达。即培养基中加入 Lac，可诱导其自身代谢酶的合成。

环境中的能量来源由葡萄糖转化为乳糖后，Lac 和 cAMP-CAP 复合物共同的诱导作用，短时间内将体内的葡萄糖代谢途径的酶转换为乳糖代谢途径的酶。

3. 色氨酸操纵子

色氨酸操纵子对调节物的应答方式属于可阻遏的负调控。以分支酸为底物合成色氨酸的合成酶基因串联在一起，组成一个基因簇，包括邻氨基苯甲酸合成酶（*trpE*）、邻氨基苯甲酸焦磷酸转移酶（*trpD*）、邻氨基苯甲酸异构酶（*trpC*）、色氨酸合成酶（*trpB*）、吲哚甘油-3-磷酸合成酶（*trpA*）五种酶的编码基因。这五个结构基因上游是前导序列（*trpL*）、操纵基因（*trpO*）和启动子序列，组成一个独立的转录单位，色氨酸操纵子（图 6-3）。

另一独立转录单位，*trpR* 基因编码结合 *trpO* 的阻遏蛋白 TrpR。正常情况下，该蛋白无活性，不与 *trpO* 结合，因此 *trpO* 下游的结构基因 *trpEDCBA* 常规表达。培养基中加入 Trp，Trp 可激活 TrpR 的活性，TrpR 结合于 *trpO*，阻遏下游基因表达。其中，Trp 是辅阻遏物。即若环境中 Trp 供应充足，菌体将关闭色氨酸从头合成的一系列酶基因的转录过程（图 6-10）。

值得一提的是，在三个基因座上发现了 *trpO* 序列，也就是 TrpR 可以作用于这三个基因座，调节其转录活性，这种控制模式称为多基因座同时阻抑，阻遏蛋白通过结合多个操纵基因控制散在分布的结构基因的表达。

前述提及的弱化子结构和操纵子的操纵基因，对基因表达活性的调节方向一致，都是 Trp 存在时，关闭色氨酸合成酶基因的转录。

4. 阿拉伯糖操纵子

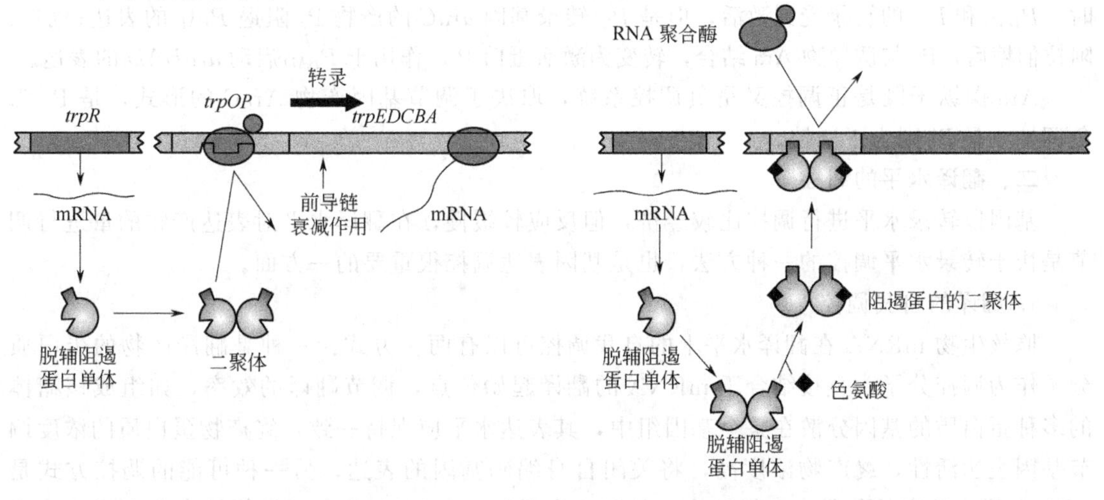

图 6-10 色氨酸操纵子的负调控

阿拉伯糖与乳糖一样，可替代葡萄糖作为碳源物质被菌体利用。大肠杆菌中，阿拉伯糖（Ara）代谢所需酶的三个基因分别是核酮糖激酶基因（*araB*）、L-Ara 异构酶基因（*araA*）、L-核酮糖-5-磷酸差向异构酶基因（*araD*），组成一个基因簇，有共同的启动子 P_{BAD}。与其他操纵子不同的是，操纵序列位于 P_{BAD} 上游，操纵序列左端有另一方向转录的启动子 P_C，负责调节基因 *araC* 的转录，其产物 AraC 蛋白有两种活性形式，P_r 对 P_{BAD} 的表达起阻遏作用，Pi 对 P_{BAD} 的表达起激活作用（图 6-11）。

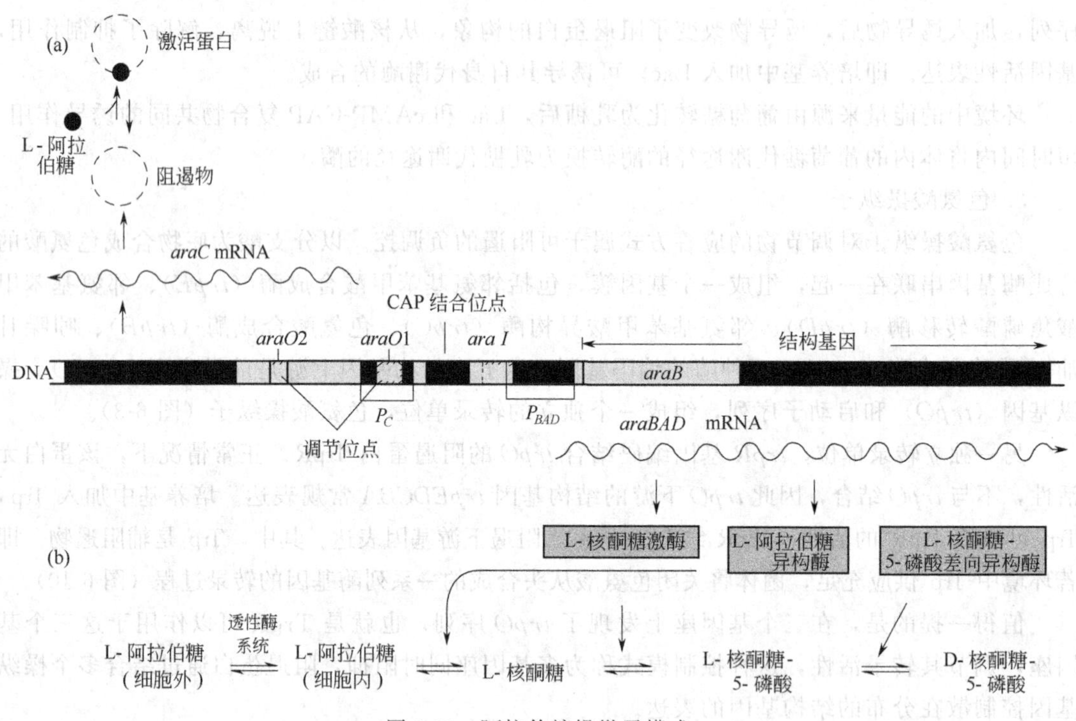

图 6-11 阿拉伯糖操纵子模式

阿拉伯糖也是一种能源物质，其代谢同样受 cAMP-CAP 的调节。环境中存在葡萄糖，P_{BAD} 不转录，P_C 有极少量的表达，*araC* 基因产物 AraC 以 P_r 形式存在。当无葡萄糖存在时，P_{BAD} 和 P_C 的转录受到激活，但是 P_C 转录基因 *araC* 的产物 P_r 阻遏 P_{BAD} 的表达；加入阿拉伯糖后，P_r 与诱导物 Ara 结合，转变为激活蛋白 Pi，作用于 P_{BAD} 启动 *araBAD* 的表达。

Ara 操纵子既是正调控又是负调控系统，取决于调节基因产物 AraC 的形式，是 P_r 为负调控，是 Pi 则为正调控。

二、翻译水平的调控

基因以转录水平进行调控比较经济，但反应较缓慢，在翻译水平对表达产物的量进行调节是快于转录水平调控的一种方法，也是基因表达调控很重要的一方面。

1. 翻译的自我调控

原核生物 mRNA 在翻译水平上的自我调控可以有两种方式：一种是翻译产物的蛋白质分子作为调控分子，直接结合于 mRNA 的翻译起始位点，调节翻译的效率，如组成核糖体的多种蛋白质的基因分散在整个基因组中，其表达水平应保持一致，终产物蛋白质的浓度调节基因表达活性，终产物浓度高，将关闭自身编码基因的表达；另一种可能的调控方式是 mRNA 形成特定的分子内二级结构，起调控作用，如 mRNA 可在核糖体结合位点形成二级结构调节翻译过程（图 6-12）。

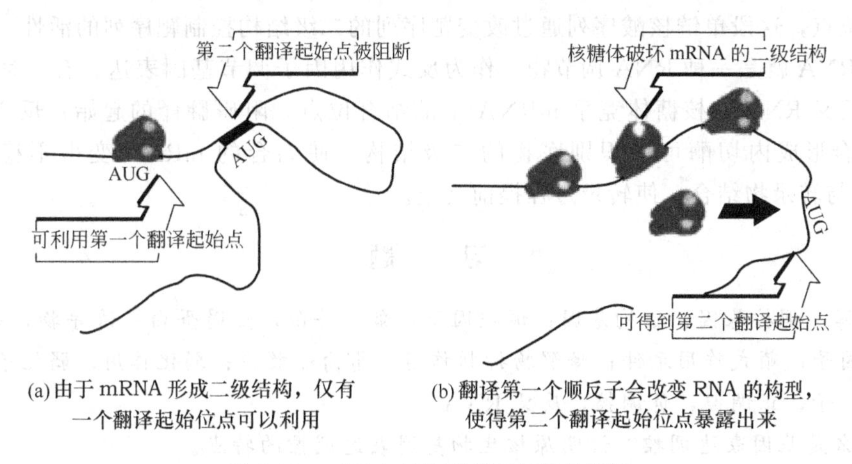
第二个翻译起始点被阻断
AUG
AUG
可利用第一个翻译起始点
核糖体破坏 mRNA 的二级结构
AUG
可得到第二个翻译起始点
(a)由于 mRNA 形成二级结构，仅有
一个翻译起始位点可以利用
(b)翻译第一个顺反子会改变 RNA 的构型，
使得第二个翻译起始位点暴露出来

图 6-12　mRNA 结构对翻译起始的调控

2. 重叠基因对翻译的影响

同一个操纵子内，由共同的启动子启动转录的一系列基因，可以以一种极简单的机制保持表达量的一致。在 Trp 操纵子中（图 6-3），*trpB* 和 *trpA* 基因形成重叠基因，翻译时核糖体不从 mRNA 链上脱落下来，而是改变相位后直接翻译下一个蛋白，从而保证了两个蛋白产物细胞内浓度一致。

trpB（UGA 处翻译终止）-UGA-GAA-AUC-UGA-UGG-AA

AUG-G AA-*trpA*（AUG 处翻译起始）

3. 稀有密码子对翻译的影响

DNA 复制时，引物酶催化一段 RNA 引物的合成，引物酶由 *dnaG* 编码。*rpsU-dnaG-rpoD* 组成一个转录单位，产生多顺反子转录物。细胞内三个基因的终产物的浓度相差却很大，*rpsU* 产物浓度为 4×10^4 个/细胞，*dnaG* 产物浓度为 50 个/细胞，*rpoD* 产物浓度为 2800 个/细胞。菌体通过使用稀有密码子，使转录为一条 mRNA 链的三个基因的表达产物量可以有很大差异。

从 Ile 的密码子 AUU、AUC、AUA 的使用频率（表 6-1），可以看出，Ile 的密码子 AUA 正常情况下使用率最低，是稀有密码子，因此可以推想机体内识别 AUA 的 $tRNA^{Ile}$ 的含量也很低。在 *dnaG* 基因中，大量使用 AUA 作为 Ile 的密码子，合成 DnaG 蛋白的过程中，每遇到 AUA 这个稀有密码子，蛋白质的合成就会暂停，延长了每个 DnaG 的合成时间，降低该蛋白的合成的量。菌体可以此种机制控制不同蛋白的细胞浓度。

表 6-1　不同蛋白质的编码基因中 Ile 密码子的使用频率

Ile 密码子的使用频率	AUU	AUC	AUA
25 种非调节蛋白的密码子	37%	62%	1%
dnaG 中的密码子	36%	32%	32%
rpoD 中的密码子	26%	74%	0

4. RNA 调节物

前述的调控因子主要是蛋白质，但有些 RNA 也具有调控作用。RNA 调节物合成后，扩散到靶位点，这段单链核酸序列通过改变靶序列的二级结构控制靶序列的活性。

反义 RNA 就是一种 RNA 调节物，作为反式作用因子调节基因表达。有三种可能的调节方式：反义 RNA 与核糖体竞争 mRNA 上的结合位点，阻碍翻译的起始；反义 RNA 与 mRNA 结合形成内切酶可以识别底物的二级结构，使结合的 mRNA 变得不稳定；反义 RNA 也可与转录物结合，使转录过程提前终止。

习　　题

1. 解释：调控基因，结构基因；调控因子，激活蛋白，阻遏蛋白；诱导物，辅阻遏物；反式作用因子，顺式作用元件；降解物抑制作用，葡萄糖效应；弱化作用，弱化子；魔斑核苷酸；操纵子，正调控，负调控，反义 RNA。

2. 什么是基因表达调控？说明原核生物基因表达调控的特点。

3. 图示说明原核生物操纵子对调控物质的四种应答方式，并说明乳糖操纵子、阿拉伯糖操纵子、色氨酸操纵子属于哪种应答方式。

第七章 真核生物基因表达调控

【学习目标】

1. 明确真核生物基因结构及其表达调控的特点；
2. 掌握真核生物基因表达翻译水平调控的方式和特点；
3. 理解真核生物基因表达转录水平调控的影响因素及其作用；
4. 掌握真核生物基因表达其他水平调控的方式和特点。

真核生物（除酵母、藻类和原生动物等单细胞类之外）主要由多细胞组成，每个真核细胞所携带的基因数量及总基因组中蕴藏的遗传信息量都远远高于原核生物。例如人类细胞单倍体基因组包含有 3×10^9 bp 的总 DNA，约为大肠杆菌总 DNA 的 1000 倍，是噬菌体总 DNA 的 10 万倍左右。

真核生物基因表达调控最显著的特征是能在特定的时间和特定的细胞中激活特定的基因，从而实现“预定”的、有序的、不可逆转的分化和发育过程，并使生物的组织和器官在一定的条件范围内保持正常功能。

真核生物基因调控，根据其性质可分为如下两大类。

第一类是瞬时调控或称为可逆性调控，它相当于原核生物细胞对环境条件变化所作出的反应，包括某种底物或激素水平升降及细胞周期不同阶段中酶活性和浓度的调节。

第二类是发育调控或称不可逆调控，是真核生物基因调控的精髓部分，它决定了真核生物细胞生长、分化和发育的全部进程。

根据基因调控在同一事件中发生的先后顺序，真核生物基因调控可以分为 DNA 水平的调控、转录水平调控、转录后水平调控、翻译水平调控和蛋白质加工水平的调控等多种层次的基因调控，不同基因的表达可在特定的环节进行调控。与原核生物一样，转录水平的调控是真核生物最主要的调控。

第一节 概 述

一、真核生物基因表达调控的特点

真核生物细胞与原核生物细胞在基因转录、翻译及 DNA 的空间结构方面存在很大的差异，主要表现在以下几个方面。

① 在真核生物细胞中，一条成熟的 mRNA 链只能翻译出一条多肽链，不存在原核生物中常见的多基因操纵子形式。

② 真核生物细胞 DNA 与组蛋白和大量非组蛋白相结合，只有一小部分 DNA 是裸露的。

③ 真核生物细胞中存在着一部分由几个或几十个碱基组成的 DNA 序列，它们在整个基

因组中重复几百次甚至上百万次，高等真核细胞DNA中很大一部分是不转录的，大部分真核生物细胞的基因中间还存在不被翻译的内含子。

④ 真核生物能够根据生长发育阶段的需要进行DNA片段的有序重排，还能在需要时增加细胞内某些基因的拷贝数，这种能力在原核生物中是极为罕见的。

⑤ 原核生物中，转录的调节区都很小，大都位于启动子上游不远处，调控蛋白结合到调节点上后可直接促进或抑制RNA聚合酶对它的结合。而在真核生物中，基因转录的调节区则大得多，它们可能远离启动子达几百个甚至上千个碱基对。虽然这些调控区也能与蛋白质结合，但是并不直接影响启动子区对RNA聚合酶的接受程度。这些调节区一般通过改变整个所控制基因5′端上游区DNA构型来影响它与RNA聚合酶的结合能力。

⑥ 真核生物的RNA在细胞核中合成，只有经转运穿过核膜，到达细胞质后，才能被翻译成蛋白质，而原核生物中不存在这样严格的空间间隔。

⑦ 许多真核生物的基因只有经过复杂的成熟和剪接过程，才能顺利地翻译成蛋白质。

二、真核生物基因结构与转录活性

在原核生物细胞中，密切相关的基因往往组成操纵子，并且以多顺反子mRNA的方式进行转录。这样，整个体系就置于一个启动子的控制之下，通过控制这个启动子就可以对整个体系进行开启和关闭。然而，真核细胞的DNA都是单顺反子结构，很少有置于一个启动子控制之下的操纵子。真核细胞中许多相关的基因常按功能成套组合，被称为基因家族。家族中各成员的表达水平和酶活性可以有很大不同，但通常却是密切相关的。应用基因重组技术，研究人员先后克隆了不少这样的基因家族。有时候，一个家族中的成员也可以紧密地排列在一起，成为一个基因簇。但更多的时候，基因家族实际上包括了功能相关的所有基因，它们可能分散在同一染色体的不同部位，也可能位于不同的染色体上。通常将基因家族分为简单多基因家族、复杂多基因家族和发育调控的复杂多基因家族三类。

1. 简单多基因家族

简单多基因家族中的基因一般以一个或数个以串联方式重复排列。一个最简单的例子是编码5S rRNA的基因家族，其中每个rRNA基因簇都被规模宏大（可达几千个至上万个碱基对）的间隔序列所分开。间隔序列的长度在不同种群之间有很大变化，并含有中等重复序列。5S rRNA基因往往被单独转录，产生独立于其他部分的RNA分子，经加工成为成熟的5S rRNA。如在爪蟾细胞中有不少由几百个至几千个5S rRNA基因重复而成的5S rRNA基因家族。

2. 复杂多基因家族

复杂基因家族一般由几个相关基因家族构成，基因家族之间由间隔序列隔开，并分别作为独立的转录单位。现已发现存在不同形式的复杂多基因家族。例如，海胆的组蛋白基因家族中，五个分别编码不同组蛋白的基因处于一个约6000bp的片段中，而且都被间隔序列所隔开。这五个基因组成的串联单位在整个海胆基因组中重复约1000次。串联单位中的每一个基因分别被转录成单顺反子RNA，这些RNA都没有内含子，而且各基因在同一条DNA链上按同一方向转录，每个基因的转录与翻译速度都受到调节。这表现在：首先，组蛋白只有在适合于染色体复制的情况下才大量合成；其次，所合成的H_{2A}、H_{2B}、H_3和H_4物质的量相等，而H_1的量恰好是前者的一半，这正是染色体组蛋白的实际比例。最新研究表明，在一个特定的细胞中，并不是所有串联单位都得到转录，在胚胎发育的不同阶段和不同组织中将转录不同的串联单位，暗示可能存在着具有不同专一性的组蛋白亚类和发育调控机制。

3. 发育调控的复杂多基因家族

血红蛋白是一个具有两条 α 链和两条 β 链的四聚体蛋白质。然而，在生物体发育的不同阶段，却出现了几种有一个或几个氨基酸有差别的不同形式的 α 亚基和 β 亚基。在人的胚胎期，类 α-珠蛋白最先以 ξ_2 型出现，以后逐渐被 ξ_1 型所取代；而在胎儿期和成人期则以 α 型链为主。类 β-珠蛋白在胎儿期有两类等分子数 β 型链，即 Gγ 型链含有甘氨酸，Aγ 型链则含有丙氨酸；到成年期后，β 型链及 δ 型链增加了 50 倍。以上这些变化的结果是：胚胎型的血红蛋白中含有两个 ξ_2 型链和两个 ε_2 型链；出生之后，98%的血红蛋白含有两个 α_2 亚单位和两个 β 亚单位，2%的血红蛋白含两个 α_2 亚单位和两个 δ 亚单位。类 α-珠蛋白基因和类 β-珠蛋白基因都形成独立的基因家族，在每个基因家族中，基因的排列顺序就是它们在发育阶段的表达顺序。尽管人们现在还不了解程序性合成方式的细节，然而，通过对不同亚基生理功能的研究，可揭示出它们在进化上的意义。

第二节　真核生物基因表达 DNA 水平的调控

真核生物基因组 DNA 中有许多的重复序列、基因内部有大量不编码蛋白质的序列、真核生物的 DNA 常与蛋白质（包括组蛋白和非组蛋白）结合形成十分复杂的染色质结构、染色质构象的变化、染色质中蛋白质的变化及染色质对 DNA 酶敏感程度的不同等，都直接影响着真核基因的表达调控。此外，真核生物的染色质包裹在细胞核内，基因的转录（核内）和翻译（细胞质内）被核膜在时间和空间上隔开，核内 DNA 的合成与转运，细胞质中 RNA 的剪接和加工等扩大了真核生物基因表达调控的内容。概括起来，真核细胞基因表达调控在 DNA 和染色体水平上主要有染色质的结构、DNA 在染色体上的位置、基因拷贝数的变化、基因重组、基因扩增、基因丢失、基因重排、DNA 修饰等方面。

真核基因表达在 DNA 水平上的调控是通过改变基因组中有关基因的数量、结构顺序和活性而控制基因的表达。这一类的调控机制包括基因的扩增、重排或化学修饰。其中有些改变是可逆的。本节主要介绍基因丢失、基因扩增和基因重排三种。

一、基因丢失

在一些低等真核生物的细胞分化过程中，有些体细胞可以通过丢失某些基因从而达到调控基因表达的目的，这是一种极端形式的不可逆的基因调控方式，称之为基因丢失（gene loss）。如某些原生动物、线虫、昆虫和甲壳类动物在个体发育到一定阶段后，许多体细胞常常丢失整条染色体或部分染色体，而只有在将来分化生殖细胞的那些细胞中保留着整套的染色体。在马蛔虫的生殖细胞中，当其个体发育到一定阶段后，体细胞中的染色体破碎，形成许多小的片段——小染色体，有着丝点的小片段保留下来，有些小染色体没有着丝粒，它们因不能在细胞分裂中正常分配而丢失，在将来形成生殖细胞的细胞中不存在染色体破碎现象。目前只在低等真核生物中发现这种现象，高等生物中尚未发现这种情况，可能是只存在于高度分化的体细胞中，不易找到，也可能是高等生物中不存在该种基因调控的方式。目前进行的现有的动物克隆表明高等生物细胞核未发生基因丢失，但在高等多倍体生物的数万个基因中丢失少数基因能否用目前的实验手段检测出来，还有一定疑问。

二、基因扩增

基因扩增（gene amplification）的本质是细胞内特定基因剂量（拷贝数）专一性大量增加。

细胞中有些基因产物的需要量比另一些大得多，细胞保持这种特定比例的方式之一是基因组中不同基因的剂量不同。例如，有A、B两个基因，假如它们的转录、翻译效率相同，若A基因拷贝数比B基因多20倍，则A基因产物也多20倍。组蛋白基因是基因剂量效应的一个典型实例。为了合成大量组蛋白用于形成染色质，多数物种的基因组含有数百个组蛋白基因拷贝。

基因剂量也可经基因扩增临时增加。两栖动物如蟾蜍的卵母细胞很大，是正常体细胞的100倍，需要合成大量核糖体。核糖体含有rRNA分子，基因组中的rRNA基因数目远远不能满足卵母细胞合成核糖体的需要。所以在卵母细胞发育过程中，rRNA基因数目临时增加了4000倍。卵母细胞的前体同其他体细胞一样，含有约500个rRNA基因（rDNA）。在基因扩增后，rRNA基因拷贝数高达2×10^{6}。这个数目可使得卵母细胞形成10^{12}个核糖体，以满足胚胎发育早期蛋白质大量合成的需要。

在基因扩增之前，这500个rRNA基因以串联方式排列。在发生扩增的3周时间里，rDNA不再是一个单一连续的DNA片段，而是形成大量小环即复制环，以增加基因拷贝数目。这种rRNA基因扩增发生在许多生物的卵母细胞发育过程中，包括鱼、昆虫和两栖类动物。目前对这种基因扩增的机制并不清楚。

在某些情况下，基因扩增还发生在异常的细胞中。例如，人类癌细胞中的许多致癌基因，经大量扩增后高效表达，导致细胞繁殖和生长失控。有些致癌基因扩增的速度与病症的发展及癌细胞扩散程度高度相关。

此外，在植物中还存在整个基因组拷贝数增加的情况，即多倍性的出现。实践中多用秋水仙素诱导植物的多倍体植株而从中选育出优良性状的新品种。基因组拷贝数增加可使供遗传重组的物质增多，这可能构成了加速基因进化、基因组重组和最终产物形成的一种方式。

三、基因重排

基因重排（gene rearrangement）是指DNA分子中核苷酸序列的重新排列。这些序列的重排可以形成新的基因，也可以调节基因的表达。这种重排是由基因组中特定的遗传信息决定的，重排后的基因序列转录成mRNA，翻译成蛋白质。

尽管基因组中的DNA序列重排并不是一种普通方式，但它是有些基因调控的重要机制，在真核生物细胞生长发育中起关键作用。

1. 酵母交配型转换

啤酒酵母交配型转换是DNA重排的结果。酵母菌有两种交换型，即a和α，相当于哺乳动物中的雄性和雌性。只有单倍体a和α之间配合才能产生二倍体a/α，经减数分裂及产孢过程形成单倍体四分子，其中a和α的孢子的比例为2∶2。如果单独培养基因型a和α的孢子，由于仅有与亲代相同的交配型基因型，所以形成的孢子之间不能发生交配。但酵母菌中有一种同宗配合交配类型，其细胞可转换成对应的交配类型，使细胞之间可发生配合。

起始的单倍体孢子（这里是α）发育成一个母细胞及一个芽细胞，芽细胞再长成子细胞。在下一次分裂后，这个母细胞及新形成的子细胞转换成对应的交配型 a，结果是两个 α 和两个 a 型细胞。相对应交配型细胞融合形成 a/α 二倍体合子（交配），再经有丝分裂及产孢过程又形成单倍体孢子。这种交配型转换的基础是遗传物质的重排。控制交配型的 MAT 基因位于酵母菌 3 号染色体上，MATa 和 MATα 互为等位基因。含有 MATa 单倍体细胞为 a 交配型，具有 MATα 基因型的细胞为 α 交配型。MAT 位点的两端，还有类似 MAT 基因的 HMLa 和 HMRa 基因，它们分别位于 3 号染色体左臂和右臂上。这两个基因分别具有与 MATα 和 MATa 相同的序列，但在其基因上游各有一个抑制转录起始的沉默子，所以不表达。

交换型转换是由 HO 内切核酸酶（HO endonuclease）的作用开始的（图 7-1）。HO 内切核酸酶将 MATa 基因内的一段 24bp 的双链 DNA 切开，另一种外切核酸酶在双链 DNA 的切口，从 5′到 3′加工产生一段突出的 3′单链尾端序列（约 500 个核苷酸），MATa 基因用这一段单链系列插入到 MATα 基因的同源序列中，以 HMLα 序列为模板，合成一段新的 HMLα 基因序列，再通过重组使 HMLα 整合到 MATa 序列中，导致基因转换，由 MATa 转换成 MATα。在这个重组过程中，有一段 244bp 的重组强化子（recombinant enhancer，RE）对重组起顺式调控作用，是基因转换所必需的，RE 缺失则不能发生基因转换。这段 RE 序列也位于第 3 染色体左臂上，靠近 HMLα 位点。

MAT 基因编码一种与 MCM1 转录因子互作的调控蛋白，控制其他基因转录。MATa 和 MATα 基因产物对 MCM1 具有不同的影响，因而表现出不同的等位基因特异表达模式。在红色面包霉及其他真菌中出现的四分孢子异常比例，也是重组后发生基因转换形成的。

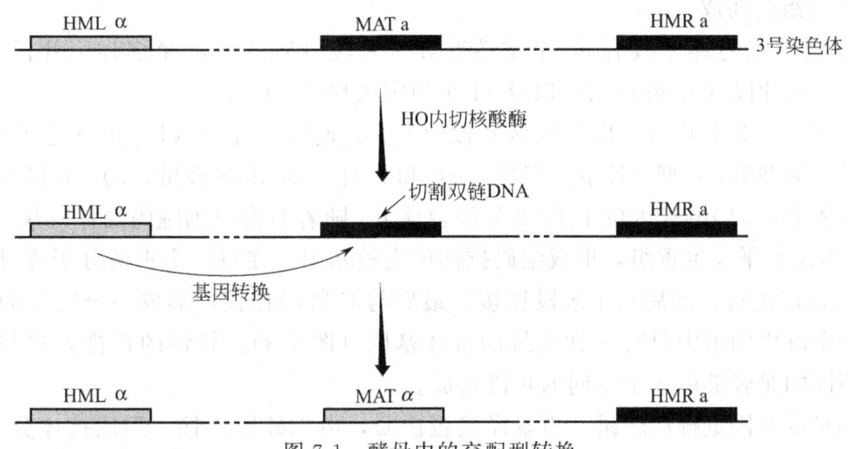

图 7-1　酵母中的交配型转换

2. 动物抗体基因重排

一个正常哺乳动物可产生 10^8 以上不同的抗体分子，每一种抗体具有与特定抗原结合的能力。抗体是蛋白质，每一种特异抗体具有不同的氨基酸序列。如果抗体的遗传表达是一个基因编码一条多肽链，那么一个哺乳动物就需要 10^8 以上的基因来编码抗体，这个数目至少是整个基因组中基因数目（现在估计人类基因组中编码蛋白质的基因大概只有 30000 个）的 1000 倍。这是不可能实现的！那么哺乳动物是采用什么机制形成如此众多的不同抗体分子的？

首先看一下抗体分子的结构（图 7-2）。抗体包括两条分别约 440 个氨基酸的重链（heavy chain，H）和两条分别约 214 个氨基酸的轻链（light chain，L）。不同抗体分子的差别主要在重链和轻链的氨基端（N端），故将N端称为变异区（variable region，V），N端的长度约为110个氨基酸。不同抗体羧基端（C端）的序列非常相似，称为恒定区（constant region，C）。抗体的轻链、重链之间和两条重链之间由二硫键连接，形成一种四链（H_2L_2）结构的免疫球蛋白分子。

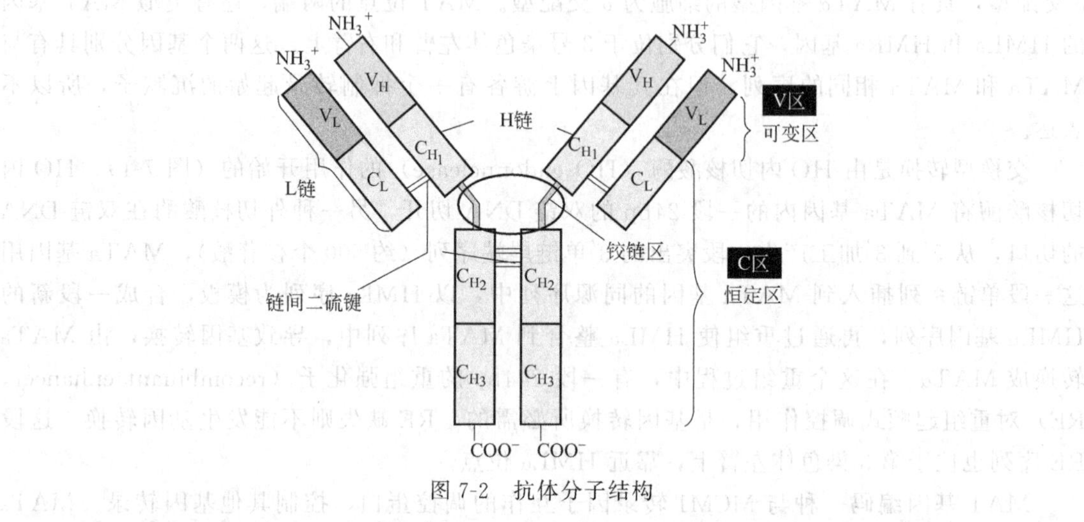

图7-2　抗体分子结构

在人类基因组中，所有抗体的重链和轻链都不是由固定的完整基因编码的，而是由不同基因片段经重排后形成的完整基因编码的。

完整的重链基因由V_H、D、J和C四个基因片段组合而成，完整的轻链基因由V_L、J和C三个片段组合而成。

人的第14号染色体上具有86个重链变异区片段（V_H）、30个多样区片段（diverse，D）、9个连接区片段（jioning，J）以及11个恒定区片段（C）。

轻链基因分为3个片段，即变异区片段（V_L）、连接区片段（J）和恒定区片段（C）。人类的轻链分为两型：κ型（Kappa轻链，κ）和λ型（Lambda轻链，λ）。κ轻链基因位于第2号染色体上，λ轻链基因位于第22号染色体上。随着B淋巴细胞的发育，基因组中的抗体基因在DNA水平发生重组，形成编码抗体的完整基因。在每一个重链分子重排时，首先V区段与D区段连接，然后与J区段连接，最后与C区段连接，形成一个完整的抗体重链基因。每一个淋巴细胞中只有一种重排的抗体基因（图7-3）。轻链的重排方式与重链基本相似，所不同的是轻链由3个不同的片段组成。

重链和轻链基因重排后转录，再翻译成蛋白质，由二硫键连接，形成抗体分子。此外，基因片段之间的连接点也可以在几个碱基对范围内移动。因此，可以从约300个抗体基因片段中产生10^9数量级的免疫球蛋白分子。人类基因组中免疫球蛋白基因主要片段的数量比较见表7-1。

表7-1　人类基因组中免疫球蛋白基因主要片段的数量比较

成　分	基因位点	染色体	基因片段数量			
			V	D	J	C
重链	IGH	14	86	30	9	11
轻链(κ链)	IGK	2	76	0	5	1
轻链(λ链)	IGL	22	52	0	7	7

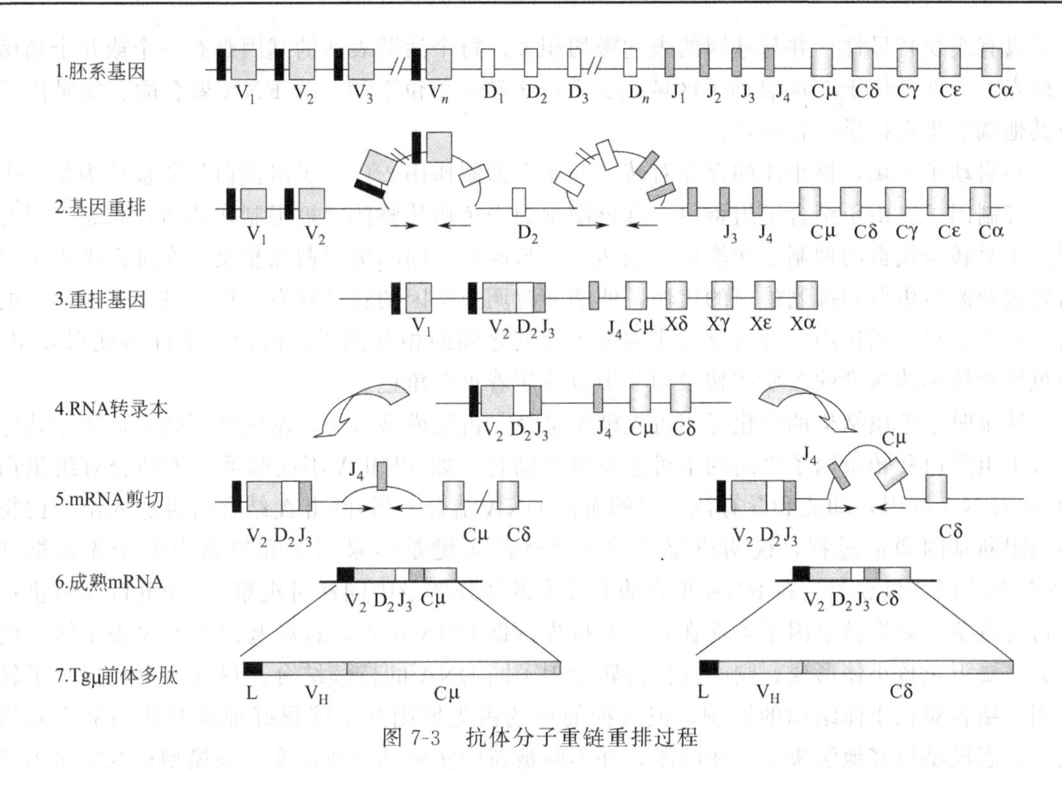

图 7-3　抗体分子重链重排过程

第三节　真核生物基因表达转录水平的调控

真核生物基因调控主要是在转录水平上进行的调控，受大量特定的顺式作用元件和反式作用因子的调控。真核生物的转录调控大多数是通过顺式作用元件和反式作用因子复杂的相互作用来实现的。

一、真核生物基因转录与染色质结构变化的关系

DNA 绝大部分都在细胞核内与组蛋白等结合成染色质，染色质的结构影响转录，至少有以下现象。

1. 染色质结构影响基因转录

在真核细胞中以核小体为基本单位的染色质是真核生物基因组 DNA 的主要存在方式。DNA 盘绕组蛋白核心形成核小体，妨碍了与转录因子及 RNA 聚合酶的靠近和结合，使基因的活性受到抑制。但这种作用可通过改变染色质结构来调节。染色质结构的一系列重要变化可以暴露顺式作用元件及其邻近区域，使转录因子结合并起始转录。细胞内的染色质分为活性染色质和非活性染色质，绝大多数细胞在特定阶段只有不到 10%的基因具有转录活性，多数基因处于非活性状态。活性染色质区域结构疏松，便于结合转录因子并有利于 RNA 聚合酶沿模板的滑动，在转录起始区及某些特殊区域，核小体构象的变化更为明显。

DNaseⅠ、DNaseⅡ和微球菌核酸酶等非特异性内切酶可用于检测核小体构象的变化。染色质能被 DNaseⅠ降解为酸溶性小片段，但由于核小体结构保护，其对酶的攻击仍具有一定的耐受性，敏感区仅相当于染色质全长的 1/10。当用极低浓度的 DNaseⅠ处理染色质时，切割首先发生少数特异性位点，其敏感位点（100～200bp）的存在是活性染色质的重要特

征，具有组织特异性，并与基因的表达密切相关。每个活跃表达的基因都有一个或几个超敏感位点。大部分位于5′端启动子区域，少数位于转录单位下游，为RNA聚合酶、转录因子或其他调节蛋白提供结合位点。

在启动子区域，核小体的存在对转录起始有抑制作用，以至于组蛋白长期被认为是一个转录抑制因子。由于结合了组蛋白，真核细胞的染色质从整体上被限制在非活性状态，只有解除了对转录模板的抑制它才能得到表达。这与原核基因的情况截然相反，在细菌细胞中仅需要改变激活蛋白和抑制蛋白的比例，便能随时调节基因的转录状态。以往基因表达调控的研究侧重于对顺式作用元件与反式作用因子及其之间的相互作用，但近年来许多证据表明，染色质和核小体构型的改变在转录调节中也扮演着重要角色。

转录时染色质结构的变化可用占先模型解释。占先模型认为，基因能否转录取决于特定位置上组蛋白和转录因子之间的不可逆竞争性结合。如TFⅡA不能激活预先结合有组蛋白的5S rRNA基因，却能和含有该基因的游离DNA结合，当TFⅡA结合后再加入组蛋白将不会阻断基因激活过程，说明决定了基因活性的关键是转录因子和组蛋白哪个先占据到DNA上的调节位点上。在RNA聚合酶Ⅱ介导的体外转录中同样可观察到TFⅡD与组蛋白的占先竞争，如果转录因子未能在转录时抢先占据DNA位点，这段基因也就失去了转录的机会。要阻止核小体形成，则必须保持转录因子同DNA的持续结合。尽管该模型揭示了转录因子结合对核小体结构的影响，但这种简单的占先原则并不能很好地反映体内的实际情况。动态模型较好地解决了上述问题，并不断被新的实验结果所证实。该模型认为转录因子与组蛋白处于动态竞争之中，基因转录前染色质必须经历结构上的改变，即转换核小体中的全部或部分成分并重新组装，这个耗能的基因活化过程被称为染色质重构。

某些转录因子可以在结合DNA的同时使核小体解体，甚至影响到邻近核小体的定位。例如果蝇的GAGA序列可结合热激蛋白hsp70启动子中4个富含$(CT)_n$的位点，瓦解核小体结构并产生超敏感位点，还能导致附近核小体的重新定位，在位点周围形成“边界”。

细胞内的多种蛋白质因子都能参与染色质的重构，通过改变核小体中DNA-蛋白质的相互作用重建核小体构型，影响转录的起始或延伸。它们分别组成不同的重构复合体，一般都包含多个与蛋白质或DNA相互作用的亚基。

2. 组蛋白的作用

组蛋白H_1及核心组蛋白共同参与核小体的组装与凝聚。在特殊氨基酸残基上的乙酰化、甲基化或磷酸化等修饰，可改变蛋白质分子表面的电荷，影响核小体的结构，从而调节基因的活性。核心组蛋白的N端暴露于核小体之外，参与DNA-蛋白质之间的相互作用。在组蛋白乙酰转移酶的作用下，以乙酰辅酶A为供体，可将组蛋白的赖氨酸或丝氨酸残基乙酰化，并使染色质对DNaseⅠ和微球菌核酸的敏感性增强。各种核心组蛋白都可能被乙酰化，其中H_3和H_4上分布着乙酰化的主要位点。组蛋白的乙酰化与基因表达水平密切相关，是动态过程，高乙酰化是活性染色质的标志之一，而低乙酰化常伴随着转录沉默，而失活的X染色体中H_4组蛋白则完全不被乙酰化。此外，DNA复制过程也伴随有组蛋白的乙酰化。

组蛋白H_1（或H_5）与连接DNA相结合，能稳定核小体的结构，并引导核小体进一步组装进30nm螺线管中。由于核小体和染色质的凝集对H_1由依赖性，故组蛋白H_1能通过维持染色质的高级结构，从而对转录进行抑制。组蛋白H_1中丝氨酸残基的磷酸化主要发生在有丝分裂期，在细胞分裂后，其磷酸化降至峰值的20%。磷酸化后的组蛋白H_1与DNA的亲和力下降，造成染色质结构疏松，直接影响其活性。

3. DNA拓扑结构变化

天然双链DNA的构象大多是负性超螺旋。当基因活跃转录时，RNA聚合酶转录方向前方DNA的构象是正性超螺旋，其后面的DNA为负性超螺旋。正性超螺旋会拆散核小体，有利于RNA聚合酶向前移动转录；而负性超螺旋则有利于核小体的再生成。

4. 转录活跃区域对核酸酶作用敏感度增加

染色质DNA受DNaseⅠ作用通常会被降解成400bp左右的片段，反映了完整的核小体规则的重复结构。但活跃进行转录的染色质受DNaseⅠ消化常出现100～200bp的DNA片段，且长短不均一，说明其DNA受组蛋白掩盖的结构有变化，出现了对DNaseⅠ高敏感点。

这种高敏感点常出现在转录基因的5′端侧区、3′末端或在基因上，多在调控蛋白结合位点的附近，分析该区域核小体的结构发生变化，可能有利于调控蛋白结合而促进转录。

5. DNA碱基修饰变化

真核生物DNA中的胞嘧啶约有5%被甲基化为5-甲基胞嘧啶（m^5C），而活跃转录的DNA段落中胞嘧啶甲基化程度常较低。这种甲基化最常发生在某些基因5′端侧区的CpG序列中，实验表明这段序列甲基化可使其后面的基因不能转录，甲基化可能阻碍转录因子与DNA特定部位的结合从而影响转录。如果用基因打靶的方法除去主要的DNA甲基化酶，小鼠的胚胎就不能正常发育而死亡，可见DNA的甲基化对基因表达调控是重要的。

二、顺式作用元件

顺式元件是指与参与转录调控的反式作用因子（蛋白质）相互作用的DNA序列。其中主要是起正性调控作用的顺式作用元件，包括启动子、增强子；起负性调控作用的元件——沉寂子。

1. 启动子

与原核生物启动子的含义相同，启动子是指RNA聚合酶结合并启动转录的DNA序列，但真核生物不同启动子间不像原核生物那样有明显共同一致的序列，而且单靠RNA聚合酶难以结合DNA启动转录，而是需要多种蛋白质因子的相互协调作用，不同蛋白质因子又能与不同DNA序列相互作用，不同基因转录起始及其调控所需的蛋白因子也完全不同，因而不同启动子序列也很不相同，要比原核生物的更复杂、序列也更长。真核生物启动子一般包括转录起始点及其上游100～200bp序列，包含有若干具有独立功能的DNA序列元件，每个元件长7～30bp。它是RNA聚合酶进行精确而有效的转录所必需的。启动子中的元件可以分为两种。

（1）核心启动子元件　指RNA聚合酶Ⅱ起始转录所必需的最小的DNA序列，包括转录起始点及其上游－45～－30bp处的TATA盒。核心元件单独起作用时只能确定转录起始位点和产生基础水平的转录。TATA盒是控制转录精确性的序列。

（2）上游启动子元件　包括通常位于－70bp附近的CAAT盒和GC盒，以及距转录起始点更远的上游元件。这些元件与相应的蛋白因子结合能提高或改变转录效率。不同基因具有不同的上游启动子元件组成，其位置也不相同，就使得不同的基因表达分别有不同的调控。上游控制元件控制着转录起始的频率，启动子的强度就决定于上游启动子的数目和种类。

2. 增强子

增强子是指能使基因转录频率明显增加的DNA序列。增强子是一种能够提高转录效率的顺式调控元件，最早发现的 SV40 增强子位于转录起点上游约 200bp 处的超敏感位点，含有两个正向重复的 72bp 序列。目前在病毒、植物、动物和人类正常细胞中都发现有增强子存在。增强子通常占 100～200bp 长度，也和启动子一样由若干组件构成，其基本核心组件常为 8～12bp，可以单拷贝或多拷贝串联形式存在。增强子的作用有以下特点。

① 增强效应十分明显。一般能使基因转录频率增加 10～200 倍，有的可以增加上千倍，如经人巨大细胞病毒增强子增强后的珠蛋白基因表达频率比该基因正常转录的频率高 600～1000 倍。

② 增强效应与其位置和取向无关。不论增强子以什么方向排列（5′→3′或 3′→5′），甚至和基因相距 3000bp，或在基因下游，均表现出增强效应。

③ 大多为重复序列。一般长约 50bp，适合与某些蛋白因子结合。其内部常含有一个核心序列：(G) TGGA/TA/TA/T (G)，是产生增强效应时所必需的。

④ 增强效应有严密的组织和细胞特异性。说明只有特定的蛋白质（转录因子）参与才能发挥其功能。

⑤ 没有基因专一性，可以在不同的基因组合上表现增强效应。

⑥ 许多增强子还受外部信号的调控，如金属硫蛋白的基因启动区上游所带的增强子，就可以对环境中的锌浓度、镉浓度做出反应。

⑦ 增强子要有启动子才能发挥作用。没有启动子存在，增强子不能表现活性。但增强子对启动子没有严格的专一性，同一增强子可以影响不同类型启动子的转录。例如当含有增强子的病毒基因组整合入宿主细胞基因组时，可能够增强整合区附近宿主某些基因的转录；当增强子随某些染色体段落移位时，也能提高移到的新位置周围基因的转录。使某些癌基因转录表达增强，可能是肿瘤发生的因素之一。

重组实验表明，如果把 SV40 增强子上的两个 72bp 重复序列同时删除，基因表达的水平会明显降低。但如果把该增强子的一个重复序列放回原处或重组 DNA 的任何位置上，则基因转录正常。将人 β-血红蛋白基因克隆到带有 72bp 重复序列的 DNA 上，这个基因在体内的表达水平提高 200 倍以上，即使 72bp 序列位于该基因转录起始位点上游 3kb 或下游 2.5kb 处，仍不例外。将增强子插入基因组的任何位点，它仍然对邻近的基因表达发挥增强效应，所以认为增强子对其所作用的基因无专一性。此外，增强子还表现出很强的种、细胞类型和组织特异性。例如胰岛素基因和胰凝乳蛋白酶（合成免疫球蛋白）中有活性，在成纤维细胞（通常不合成免疫球蛋白）中则无活性，说明与增强子协同作用的转录因子可能是一种专一性蛋白质，增强子提高转录增强强度时需要它。

由于增强子常在电镜下呈现环状结构，其活性与半周 DNA 双螺旋（5bp）的奇、偶倍数有关，这表明增强子的功能受 DNA 双螺旋空间构象的影响。增强子的作用机理大致有 3 种：①影响模板附近的 DNA 双螺旋结构，导致 DNA 双螺旋弯折或在反式作用因子的参与下，以蛋白质之间的相互作用为媒介形成增强子与启动子之间“成环”连接，活化基因转录；②将模板固定在细胞核内特定位置，如连接在核基质上，有利于 DNA 拓扑异构酶改变 DNA 双螺旋结构的张力，促进 RAN 聚合酶Ⅱ在 DNA 链上的结合和滑动；③增强子区可以作为反式作用因子或聚合酶Ⅱ进入染色质结构的“入口”。

3. 沉寂子

沉寂子是近年来发现的一类特殊顺式作用元件，最早在酵母中发现，以后在 T 淋巴细胞的T抗原受体基因的转录和重排中证实这种负调控顺式元件的存在。它不同于增强子，其功能是阻止激活或阻遏作用在染色质上的传递，使染色质的活性限定于结构域之内。如果将一个沉寂子置于增强子和启动子之间，它能阻止增强子对启动子的激活；另外，如果一个沉寂子在活性基因和异染色质之间，则它可保护该基因免受异染色质化而失活。这些性质说明沉寂子可能影响染色质的组织结构。沉寂子的作用可不受序列方向的影响，也能远距离发挥作用，并可对异源基因的表达起作用。

三、反式作用因子

反式作用因子是指能直接或间接与DNA上表达调控元件结合而发挥作用的蛋白质因子，常被称为转录调节因子或转录因子。反式作用因子有数百种之多，包括激活因子和阻遏因子等，它们与顺式作用元件中的上游激活序列、特异性结构，对真核生物基因的转录分别起促进和阻遏作用。反式作用因子是与顺式元件相互作用的调控转录的转录因子。

一般认为，如果某个蛋白是体外转录系统中起始RNA合成所必需的，它就是转录复合体的一部分。根据各个蛋白质成分在转录中的作用，能将整个复合体分为三部分。

① 参与所有或某些转录阶段的RNA聚合酶亚基，不具有基因特异性。

② 与转录的起始或终止有关的辅助因子，也不具有基因特异性。

③ 与特异调控序列结合的转录因子。它们中有些被认为是转录复合体的一部分，因为所有或大部分基因的启动子区都含有这一特异序列，如TATA区和TFⅡD，更多的则是基因或启动子特异性结合调控蛋白，它们是起始某个（类）基因转录所必需的。

识别TATA区的TFⅡD、识别CAAT区的CTF、识别GGGCGG的SP1以及识别热激蛋白启动区的HSF是在诸多转录因子中被广泛研究的转录因子。

反式作用因子有三个结构域，即DNA结合结构域、转录激活结构域和二聚化结构域。许多转录因子含有介导蛋白质二聚化的位点，二聚体的形成对行使功能具有重要意义。在调节蛋白和DNA链之间，存在着复杂的相互作用，包括磷酸与带正电荷氨基酸残基之间的离子键、亲水性氨基酸与磷酸基、糖或碱基之间的氢键、芳香氨基酸与碱基间的堆积作用以及非极性氨基酸与碱基形成的疏水性相互作用等，通过对多个较弱的非共价键加以组合，可使DNA-蛋白质的结合具有很高的强度和特异性。尽管这些调节蛋白的结构千差万别，但根据DNA结合结构域的氨基酸序列和肽链的空间排布，可以归纳出若干具有典型特征的结构模式。结合结构域中的α-螺旋或β-折叠形成特定的组合，在X射线衍射花样和核磁共振图谱中呈现出各自的特征，因而对应的模式被形象地称为基元或基序。在各种结构基序中，锌指、螺旋-环-螺旋和亮氨酸拉链最为普遍，约占已知转录因子的80%。蛋白质与DNA结构区域的一些特殊结构基序常见的有以下几种。

（1）螺旋-转角-螺旋（helix-turn-helix，HTH）结构域　螺旋-转角-螺旋结构域是最早发现于原核生物中的一个关键因子，该结构域长约20个氨基酸，主要是两个α-螺旋区和将其隔开的β-转角。其中的一个被称为识别螺旋区，因为它常常带有数个直接与DNA序列相识别的氨基酸。其结构如图7-4所示。

（2）锌指结构域　这类结构主要见于真核生物的调节因子。其结构如图7-5所示，每个重复的“指”状结构约含23个氨基酸残基，锌以4个配价键与4个半胱氨酸或2个半胱氨酸和2个组氨酸相结合。整个蛋白质分子可有2～9个这样的锌指重复单位。每一个单位可以以其指部伸入DNA双螺旋的深沟，接触5个核苷酸。例如，与GC盒结合的转录因子

SP1中就有连续的3个锌指重复结构。许多真核中都有锌指结构的存在，但不同蛋白所含锌指基元的数量差异很大，从1个到几十个不等。

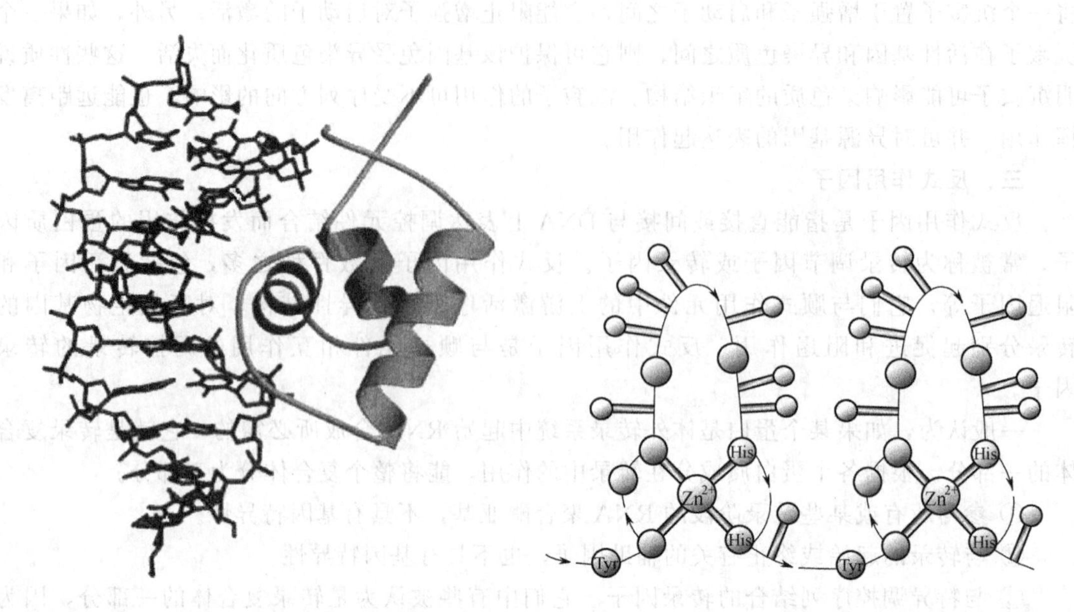

图7-4 螺旋-转角-螺旋结构及其与DNA的结合　　图7-5 蛋白质的锌指结构

大多数具有锌指基元的蛋白质都作为DNA结合蛋白参与转录调节，但其中的对应关系并非绝对。以TFⅡA为例，它不但可以结合5S rRNA基因，而且还能结合其转录产物5S rRNA。一些RNA结合蛋白同样具有锌指基元，例如翻译起始因子eIF2β，锌指基元的突变将影响它对起始密码子的识别；还有逆转录病毒的核衣壳蛋白，可通过锌指基元特异性识别病毒基因组RNA中的包装信号。

(3) 亮氨酸拉链　亮氨酸拉链最初是通过比较酵母转录激活因子GCN4、哺乳动物转录因子C/EBP（CAAT区及SV40增强子核心序列结合蛋白）以及癌基因产物Fos、Jun和Myc的氨基酸序列时发现的。亮氨酸拉链中α-螺旋的突出特点是每隔7个氨基酸残基出现一个疏水的亮氨酸残基。这些残基位于DNA结合域的C端α-螺旋上，这样α-螺旋的侧面每两圈就会出现一个亮氨酸，形成一个疏水的表面。结果α-螺旋的疏水表面间就可相互使用，形成二聚体结构。早期的研究认为两个α-螺旋疏水的亮氨酸残基交错排列，故称为亮氨酸拉链。现在已知，两个蛋白质相互作用的模式是肩并肩排列，相互作用的两个α-螺旋彼此缠绕。在拉链区的氨基酸有约30个残基的序列富含赖氨酸（Lys）和精氨酸（Arg），是与DNA结合的碱性区域，因此亮氨酸拉链区的作用是将自身的一对二聚体蛋白分子拉在一起，以便结合两个相邻的DNA序列。亮氨酸拉链结构基序如图7-6所示。

(4) 螺旋-环-螺旋结构域（HLH）　螺旋-环-螺旋结合域总体上与亮氨酸拉链相似，只是它的两个α-螺旋被一个螺旋的多肽分成两个单体蛋白，C端α-螺旋一侧的疏水残基可以二聚化。与亮氨酸拉链一样，螺旋-环-螺旋结构域与碱性结构域相邻，以形成DNA结合蛋白所需的二聚体。这种特异型二聚体的形成增加了转录因子所有组成成分的多样性和复杂性。其主要特点是可形成两个亲脂性α-螺旋，两个螺旋之间由环状结构相连，其DNA结合功能是由一个较短的富碱性氨基酸区所决定的。其结构如图7-7所示。

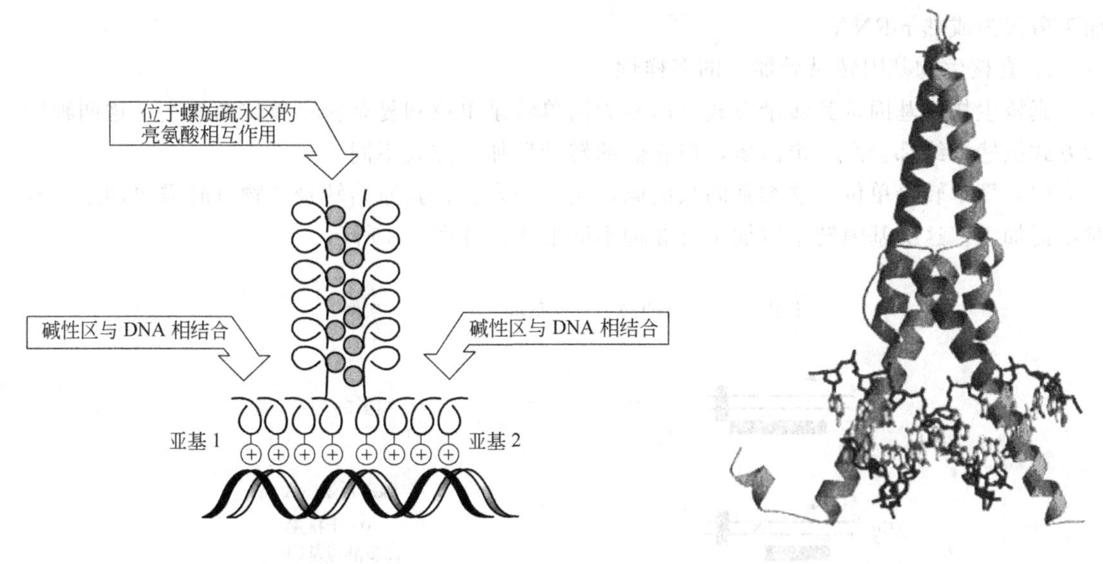

图 7-6　亮氨酸拉链结构基序

图 7-7　碱性螺旋-环-螺旋结构

第四节　真核生物基因表达其他水平上的调控

尽管转录调控可能是基因表达调控的最重要方式，但并不是唯一的方式。因为真核生物基因转录在核内进行，而翻译（蛋白质合成）却在细胞质中进行，加上真核生物基因有插入序列，结构基因被分割成不同的片段，基因的转录后调控就显得更为重要。

一、转录后水平的调控

各种基因的转录产物都是 RNA，无论是 rRNA、tRNA，还是 mRNA，初级转录产物只有经过加工才能成为有生物功能的活性分子。

1. rRNA 和 tRNA 的加工成熟

rRNA 加工包括分子内的切割和化学修饰两方面内容。真核生物的 rRNA 基因转录时先产生一个 45S 的前体 rRNA，然后被核酸酶逐渐降解，形成成熟的 18S rRNA、28S rRNA 和 5.8S rRNA。

rRNA 基因转录主要在细胞核内进行，初级转录产物 45S 前体 rRNA 很快被加工降解，生成不同分子质量的成熟 rRNA。rRNA 的化学修饰主要是甲基化，原核生物 rRNA 主要是碱基甲基化，而真核生物 rRNA 主要是核糖甲基化。tRNA 基因转录时也可能首先生成前体 tRNA，然后再进行加工成熟。一般认为，tRNA 基因的初级转录产物在进入细胞质后，首先经过核苷的修饰，生成 4.5S 前体 tRNA，再行剪接成为成熟 tRNA（4S）。

2. mRNA 的加工成熟

编码蛋白质的基因转录产生 mRNA。这类基因产物在转录后经过一系列的加工成为成熟的有生物功能的 mRNA。这些加工主要包括在 mRNA 的 5′末端加“帽子”，在 mRNA 的 3′末端加上 polyA，进行 RNA 的剪接以及核苷酸的甲基化修饰等。由于 mRNA 的这些结构与它作为蛋白质合成模板的功能有密切关系，所以是基因表达的重要调控环节。

与 rRNA、tRNA 相同，编码蛋白质的基因转录时首先生成核内不均一 RNA，然后再加工剪接为成熟 mRNA。

3. 真核生物基因转录后加工的多样性

真核生物的基因按其转录方式可以分为简单转录单位和复杂转录单位两大类。这两种转录方式虽然最终都会产生蛋白质，但它们的转录后加工方式不同。

(1) 简单转录单位　这类基因只编码产生一个多肽，其原始转录产物有时需要加工，有时不需加工。这类基因转录后加工有 3 种不同形式，如图 7-8 所示。

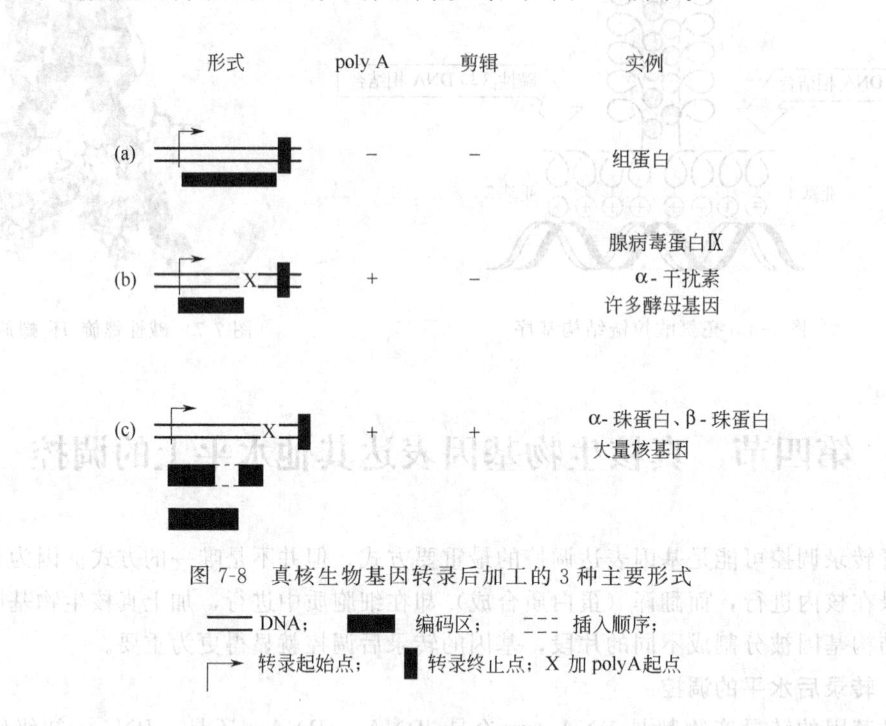

图 7-8　真核生物基因转录后加工的 3 种主要形式

DNA；编码区；插入顺序；转录起始点；转录终止点；X 加 polyA 起点

第一种简单转录单位没有内含子，如组蛋白基因，因此不存在转录后加工问题，其 mRNA 3′末端没有 polyA，但有一个保守的回文序列作为转录终止信号；第二种简单转录单位也没有内含子，包括腺病毒蛋白Ⅸ、α-干扰素和许多酵母蛋白质基因，所编码的 mRNA 不需要剪接，但需要加入 polyA；第三种简单转录单位包括 α-珠蛋白基因和 β-珠蛋白基因及许多细胞蛋白基因，这些基因虽然都有内含子，需要进行转录后加工剪接，还要加入 polyA，但它们只产生一个有功能的 mRNA，所以仍然是简单转录单位。

(2) 复杂转录单位　含有复杂转录单位的主要是一些编码组强和发育特异性蛋白质的基因，它们除了含有数量不等的内含子外，其原始转录产物能通过不同方式加工成两个或两个以上的 mRNA。主要有：利用多个 5′端转录起始位点或剪接位点产生不同的蛋白质；利用多个加 polyA 位点和不同的剪接方式产生不同的蛋白质；虽无剪接，但有多个转录起始位点或加 polyA 位点的基因。

4. mRNA 有效性的调控

真核生物能否长时间、及时地利用成熟的 mRNA 分子翻译出蛋白质以供生长和发育的需要，是与 mRNA 的稳定性以及屏蔽状态的解除密切相关的。原核生物 mRNA 的半衰期平均约为 3min，高等真核生物迅速生长的细胞中 mRNA 的半衰期平均约为 3h。在高度分化的终端细胞中许多 mRNA 极其稳定，有的寿命可达几天或十几天，加上强启动子的转录，使一些终端细胞特有的蛋白质合成达到惊人的水平。

二、翻译水平的调控

翻译过程主要涉及细胞的四种装置：①核糖体，它是蛋白质生物合成的场所；② mRNA，它是传递信息的媒介；③tRNA，它是氨基酸的携带者；④可溶性蛋白因子，它是蛋白质生物合成所必需的因子。只有这些装置和谐统一才能完成蛋白质的生物合成。可溶性蛋白因子种类繁多，按功能可分为三类：一是起始因子，如 eIF-2、eIF-2B、eIF-3、eIF-4A、eIF-4F、eIF-5 等；二是延伸因子，如 EF-1、EF-2 等；三是终止因子，如 RF 等。这里仅就 mRNA 在蛋白质合成中的调控功能进行讨论。

1. 可溶性蛋白因子的修饰与翻译起始的调控

许多可溶性蛋白因子对蛋白质的合成起着重要作用。研究发现，对许多可溶性蛋白因子的修饰也会影响翻译起始，例如，肽链起始因子 eIF-2 在激酶的作用下发生磷酸化，可以抑制蛋白质的合成。

用兔网织红细胞粗抽提液研究蛋白质的合成时发现，如果不向这一体系中添加氯高铁血红素，几分钟之内蛋白质的合成活性将急剧下降，直到消失。即当没有氯高铁血红素存在时，兔网织红细胞粗抽提液中的蛋白质合成抑制剂 HCl 将被活化。现已查明，该抑制剂是受氯高铁血红素调节的，它其实是 eIF-2 的 α 亚基磷酸化产物，由活性变成非活性型，而没有生物学活性的 HCl 也可以通过自身的磷酸化变成活性型。氯高铁血红素能够阻断 HCl 的活化过程，但作用机制尚不清楚。

eIF-2 发生磷酸化后阻碍蛋白质合成的原因，很可能是因为 eIF-2 经 α 亚基磷酸化以后导致 eIF-2 与 eIF-2B 紧密结合，直接影响了 eIF-2 的再利用，从而影响了蛋白质合成起始复合物的生成。图 7-9 表示了 eIF-2、HCl 及氯高铁血红素的相互关系。

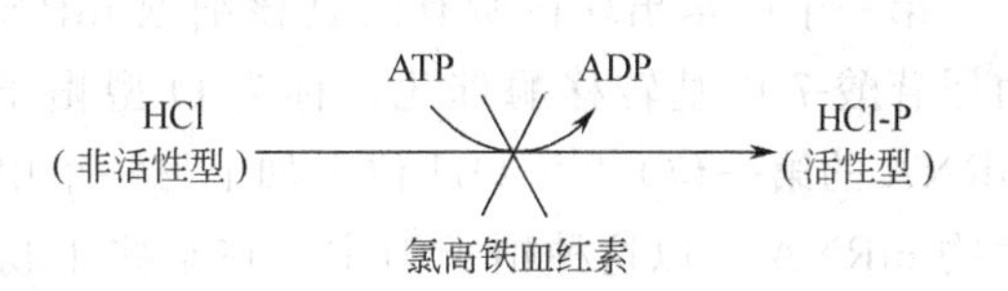

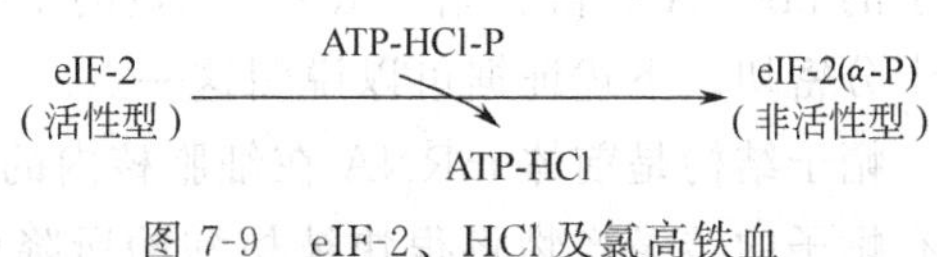

图 7-9 eIF-2、HCl 及氯高铁血红素的相互关系

2. mRNA 的“扫描模式”与蛋白质合成的起始

大量实验证明，在真核生物起始蛋白质合成时，40S 核糖体亚基及有关的合成起始因子首先与 mRNA 模板靠近 5′末端处结合，然后向 3′方向滑行，发现 AUG 起始密码子时再与 60S 大亚基形成 80S 复合物。此即 Kozak 提出的真核生物蛋白质合成起始的“扫描模式”。

在最简单的“扫描模式”中，40S 起始复合物总是在碰到第一个 AUG 时就停下来，并在这里与 60S 亚基结合，形成第一个肽键。即只有最接近 mRNA 5′末端的读码框才能被翻译。真核生物 mRNA 的这种特性与其说是由 mRNA 的结构决定的，不如说是由真核生物核糖体的性质所决定的。如果将大肠杆菌或小麦胚的核糖体与 λ 噬菌体的多聚顺反子（它具有类似于真核 mRNA 的 5′帽子结构）一起保温，会发现在大肠杆菌核糖体中，多聚顺反子的第一个和第二个 AUG 都能顺利起始蛋白质的合成，而小麦胚核糖体只能以第一个 AUG 作为起始位点。有人将大肠杆菌 gal 操纵子的多聚顺反子（它也有 5′帽子结构）放入真核生物无细胞蛋白质合成体中，发现它虽然也能被翻译，但是只读了 5′末端的第一个读码框。从这些实验可以看出，真核生物细胞的核糖体并不直接结合于 mRNA 内部的起始密码，所以在读完第一个读码框之后并不能接下去读第二个。

为什么核糖体滑行到 mRNA 的第一个 AUG，即在离 5′末端最近的起始密码子位点就停下来并起始翻译？这是由 AUG 的前（5′方向）后（3′方向）序列所决定的。在调查了 200 多种真核生物 mRNA 5′末端第一个 AUG 的前后序列后发现，除少数例外，绝大部分都是 A/GNNAUGG，说明这样的序列对起始翻译来说最为合适。如果从 mRNA 5′末端向 3′端移动的 40S 起始复合物碰到了第一个 AUG，而且这一 AUG 又处在最合适的前后序列中，核糖体小亚基就在这里与 60S 亚基会合，并开始合成蛋白质。mRNA 的“扫描模式”相当合理地说明了许多真核生物 mRNA 的单一顺反子性质，也合理地解释了为什么将 mRNA 水解之后，它内部的起始密码会被活化。

3. mRNA 5′末端帽子结构的识别与蛋白质合成

因为绝大多数真核生物 mRNA 5′末端都带有“帽子”结构，所以，核糖体起始蛋白质的合成，首先面临的问题是如何识别这顶“帽子”。

（1）帽子的类型与功能　真核生物 mRNA 5′末端可能有三种不同的帽子，即 O 型、Ⅰ型和Ⅱ型，其主要差异在于帽子中碱基甲基化程度的不同。表 7-2 列举了这三种不同类型帽子的结构。

表 7-2　真核生物 mRNA 帽子结构的类型

类型	结构	mRNA	类型	结构	mRNA
O 型	5′m^{7}GpppA/GpNp-3′	酵母、黏菌	Ⅱ型	5′m^{7}GpppN1mpN2p-3′	哺乳动物
Ⅰ型	5′m^{7}GpppA/GmpNp-3′	海胆胚、卤虫		5′m^{7}GpppN1mpN2mp-3′	哺乳动物

第一个甲基出现在所有的真核细胞 mRNA 中（单细胞真核 mRNA 主要是这种结构），由尿苷酸-7-甲基转移酶催化，称为 O 型帽子。帽子结构的下一步是在第二个核苷酸（原 mRNA 的第一位）2′—OH 位上加上另一个甲基，把这两个甲基的结构称为Ⅰ型帽子。真核生物 mRNA 中以这种帽子为主。在某些生物细胞内，mRNA 链上的第三个核苷酸的 2′—OH 位也可能被甲基化，因为这个反应只以Ⅰ型帽子为底物，所以被称为Ⅱ型帽子。有这类帽子的 mRNA 只占有帽子 RNA 总量的 10%～15%。帽子结构与 mRNA 的合成效率之间关系十分密切。下述证据可以说明这一点。

帽子结构是前体 mRNA 在细胞核内的稳定因素，也是 mRNA 在细胞质内的稳定因素，没有帽子的转录产物将很快被核酸酶所降解；帽子可以促进蛋白质生物合成起始复合物的生成，因而提高了翻译强度；没有甲基化的帽子以及用化学方法或酶学方法脱去帽子的 mRNA，其翻译活性显著下降；帽子结构的类似物，如 m^{7}GMP、m^{7}GDG 和 m^{7}G（5′）等都能强烈抑制有帽子 mRNA 的翻译，但对没有帽子 mRNA 的翻译没有影响。

大鼠胰岛素基因的表达调控，充分说明了帽子结构对蛋白质合成的重要性。大鼠有两个等量表达的胰岛素基因，可生产出等量的胰岛素 1 和胰岛素 2。但在 β 肿瘤细胞中这一平衡被打破了，胰岛素 1 的产量为胰岛素 2 的 10 倍左右。研究表明，此时胰岛素 2 的 mRNA 失去 5′帽子，因此抑制了它作为模板合成蛋白质的过程。

帽子既然如此重要，那么是否有专一因子识别这一结构，并参与 mRNA 与 40S 复合物的形成？通过对各种来源的无细胞蛋白质合成体系的研究，研究人员发现确实存在与 mR-NA 的 5′末端相互作用、能专一识别帽子结构的蛋白质，这就是帽子结合蛋白。

（2）帽子结合蛋白（CBP）　在哺乳动物细胞和部分纯化的生长因子 eIF-3 及 eIF-4B 中，找到了一个相对分子质量为 2.4×10^4、对帽子专一的多肽，称为帽子结合蛋白质Ⅰ（CBP

Ⅰ)。高度纯化的CBPⅠ可以促进有帽子mRNA的翻译，但对不戴帽子的mRNA无效。

这种能与帽子结合的蛋白质除了CBPⅠ之外，还有一种被称为CBPⅡ，又可称为eIF-4F，它是能在高盐浓度下稳定存在的蛋白质。CBPⅡ由三种多肽成分组成，其中第一种是CBPⅠ，第二种是相对分子质量为2.2×10^5的功能未知的多肽，它可能就是eIF-4A。CBPⅡ与mRNA结合后，可使珠蛋白mRNA的体外翻译水平达到最高峰。

既然CBPⅠ和CBPⅡ都有促进mRNA的蛋白质合成的活性，CBPⅡ组分中又包含了CBPⅠ，那么这两个蛋白质同时存在有什么意义？研究表明，用脊髓灰质炎病毒感染HeLa细胞后，在体内条件下，宿主产生的有帽子的mRNA不再被翻译，而没有帽子的病毒RNA却得到有效的翻译。在无细胞体系中，CBPⅡ可以恢复有帽子的mRNA的翻译活性，而高度纯化的CBPⅠ无此功能。因此，CBPⅡ并非数个蛋白质的偶然结合体，而是一个有特定生物学功能的实体。事实上，脊髓灰质炎病毒感染的细胞中有帽子的mRNA不被翻译，很可能是CBPⅡ中相对分子质量为2.2×10^5的多肽发挥了蛋白水解酶的活性，导致CBPⅡ失去了与mRNA帽子结构的能力，因而不能起始有帽子的mRNA的蛋白质合成。

另外，CBP还可能拥有依赖于ATP的解旋作用。众所周知，从mRNA的帽子到起始密码之间会形成一些二级结构，妨碍核糖体起始蛋白质合成。一般认为，CBP可能参与了RNA前导序列的解旋，或至少与解旋密切相关。在高盐浓度条件下，有帽子mRNA的翻译能力受到严重削弱，用次黄嘌呤代替鸟嘌呤，可以减少呼肠弧病毒mRNA的二级结构，恢复mRNA的翻译能力。这种高盐抑制翻译的现象，同样可以被外加的CBPⅡ所解除，说明CBPⅡ可能具有在高盐浓度下解开mRNA二级结构的功能。

4. mRNA稳定性的调节

虽然对mRNA稳定性的调节机理尚不清楚，但细胞确实可以调节各种不同mRNA的寿命。例如，蚕蛹羽化成蛾后，需要合成大量的蛋白水解酶溶解蚕丝蛋白，此时蚕丝水解酶mRNA的半衰期长达100h，而其他的mRNA的半衰期只有2.5h；催乳激素可使乳腺组织中酪蛋白mRNA的半衰期提高20倍；冬眠的种子中，各种mRNA早已存在，但它们只有在种子萌发时才被翻译；蛙卵中存在各种mRNA，但有些只在孵化前被翻译，有些只在孵化后翻译；在红细胞分化过程中，细胞可专一性降解其他mRNA，而保留珠蛋白mRNA。

5. 反义RNA对翻译的调控作用

天然反义RNA首先在原核细胞中发现，近年来，在真核生物中也发现了一些可能的天然反义RNA。例如禽类*C-myc*基因可反向不连续地转录出三个反义RNA，分别位于第一外显子上游以及第一内含子、第二内含子和第三外显子之间，推测它可与mRNA互补，参与翻译调控。

在蛋白质的生物合成过程中，特别是在起始反应中，mRNA的“可翻译性”是起决定作用的，其5′末端的帽子结构、二级结构与rRNA的互补性，以及起始密码附近的核苷酸序列都是蛋白质生物合成信号系统。蛋白质生物合成的调控，就是通过mRNA本身所固有的这些信号与可溶性蛋白质因子或者核糖体之间的相互作用而实现的。

三、翻译后水平的调控

真核生物的基因经过转录及转录后加工、mRNA的修饰、蛋白质合成等生化过程生成基因产物后，基因表达的任务还不算最终完成。这是因为初生的原始状态的蛋白质大多是没有生物学活性的，必须经过一系列的加工才能成为有活性的蛋白质。翻译后加工主要包括多肽的切割、剪接与化学修饰等。

1. 多肽的切割

多肽的切割主要包括两个方面：一是与蛋白质分泌有关的切割；二是与蛋白质活化有关的切割。

(1) 信号肽的切割　人们发现，如果将某些分泌蛋白质的 mRNA 在麦胚无细胞体系中进行翻译，其产物分子量要比预期的大得多。例如，胰岛素由 51 个氨基酸残基组成，在网织兔红细胞体系中的翻译产物为 86 个氨基酸残基组成胰岛素原，但在麦芽无细胞体系中的翻译产物则为约由 110 个氨基酸残基组成的前胰岛素原。这类分泌蛋白质有一个特点是在它们的 N 端都有一段可称为信号肽的小肽，这种带有信号肽的蛋白质称为前蛋白。前蛋白必须在切除信号之后才具有生物活性。

蛋白质的合成是在核糖体中进行的，核糖体根据 DNA 转录的 mRNA 翻译成各种蛋白质。信号肽能引导多肽链到不同的转送系统。在真核细胞中，某一多肽的 N 端刚合成不久，这种多肽合成后的去向就已被决定。一部分核糖体以游离状态停留在胞浆中，它们只合成供装配线粒体及叶绿体膜的蛋白质；另一部分核糖体，受新合成多肽 N 端的信号肽控制而进入内质网，使原来表面平滑的内质网变成有局部凸起的粗面内质网。与内质网相结合的核糖体主要合成三类蛋白质：溶酶体蛋白、分泌到胞外的蛋白和构成质膜骨架的蛋白。

信号肽的概念首先由 Salatini 等提出，后来 Milstein 和 Brownlee 在体外合成的未经加工的免疫球蛋白肽链 N 端发现了这种信号肽。但在体内合成的经过加工的成熟免疫球蛋白上却没有找到它。这是因为在体内合成后的加工过程中，信号肽被信号肽酶切除了。许多蛋白质激素就是以前体蛋白的形式合成，如胰岛素 mRNA 通过翻译得到了前胰岛素原蛋白，其前面的 23 个氨基酸残基的信号肽在转运至高尔基体的过程中被切除。后来在很多真核细胞的分泌蛋白中都出现有信号肽。信号肽在结构上具有以下特点。

① 信号肽的氨基端至少有一个带正电荷的氨基酸，为一亲水区段。不同信号肽的亲水区段所含氨基酸残基的多少不同，从而造成信号肽长短不齐，但其长度通常为 1～7 个氨基酸。

② 信号肽的中部有 10～15 个氨基酸，是由高度疏水性的氨基酸组成的肽链。常见的氨基酸有丙氨酸、亮氨酸、异亮氨酸、缬氨酸、苯丙氨酸等。该疏水区很重要，其中某一个氨基酸被极性氨基酸置换可使信号肽失去功能。该区段长 5.5nm，以侧链较短的氨基酸（如甘氨酸、丙氨酸）结尾，其结尾的氨基酸恰好在信号肽酶的切点之前。

③ 信号肽的 C 末端有一个可被信号肽酶识别的位点，此位点上游的第一个（－1）及第三个（－3）氨基酸常为具有一个小侧链的氨基酸（如丙氨酸）。

④ 信号肽无同等性及专一性。各种分泌蛋白质后的信号肽在顺序上并未发现有同等性，也未发现信号肽存在于已完成的多肽上。信号肽也无严格的专一性，表现在信号肽对所输送蛋白质结构的要求不严格，如大鼠前胰岛素原如果接上真核细胞或原核细胞的信号肽，也能通过大肠杆菌的质膜分泌到胞外，甚至信号肽的氨基端额外连接着 18 个氨基酸残基时仍可以输出。

信号肽序列的位置并非都在新生肽的 N 端，有些蛋白质（如卵清蛋白）的信号肽位于多肽链的中部，但其功能基本相同。信号肽的识别依赖于一种被称为信号识别体（SRP）的核蛋白体。SRP 相对分子质量为 325000，由 1 分子长 300nm 的 7S RNA 和 6 个不同的多肽组成。7S RNA 上有两段 Alu 序列。SRP 有两个功能区：一个识别信号肽；另一个用以干扰进入的氨基酸-RNA 和肽酰移位酶反应，终止多肽链的延伸。

信号肽与SRP的结合发生在蛋白质合成的开始时，即N端的新生肽链刚生成时，一旦SRP与带有新生肽链的核糖体相结合，肽链的延伸作用暂时终止或速度下降。SRP-核糖体复合体就移动到内质网上，并与内质网上的SRP受体停泊蛋白相结合，结合之后，蛋白质合成的延伸作用又重新开始。信号肽的识别过程如图7-10所示。

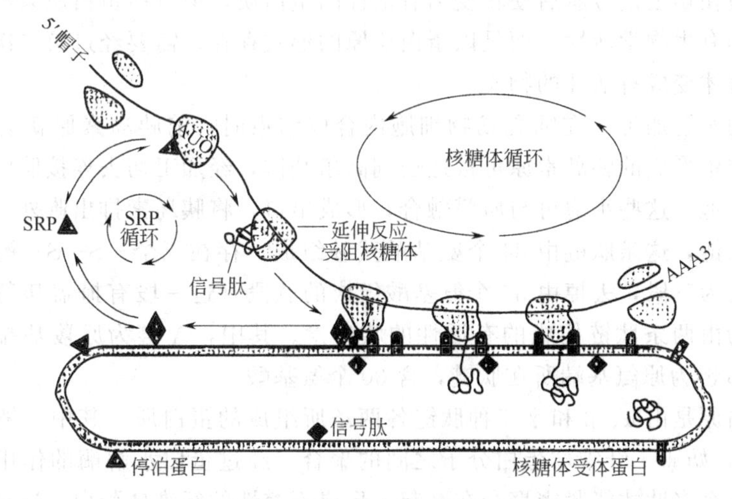

图7-10　信号肽的识别过程

(2) 前导肽的切割　通过线粒体膜的蛋白质是在合成以后进行转运的，这些蛋白质在转运之前大多数以前体的形式存在，它由成熟蛋白质和N端延伸的一段前导肽共同组成。

拥有前导肽的线粒体蛋白质前体能够跨膜转运进入线粒体，在这一过程中，前导肽被水解，前体转变为成熟蛋白，失去继续跨膜能力。因此，前导肽对线粒体蛋白质的识别过程和跨膜转运显然起着关键作用。前导肽具有下列特点。

① 含有丰富的带正电荷的氨基酸（特别是精氨酸和赖氨酸），它们分散于不带电荷的氨基酸序列之间。如果带正电荷的氨基酸被不带电荷的氨基酸代替，就不能起到牵引作用。

② 缺少或不含有带负电荷的酸性氨基酸；羟基氨基酸，特别是丝氨酸和苏氨酸的含量也较丰富。

③ 有两性分子的性质（既有亲水部分，又有疏水部分），能形成两性分子的螺旋结构，使前导肽能加强与生物膜或人工膜的直接相互作用；前导肽的不同区段作用不同。

各种前导肽不仅长度不一，所带的信息量也有所差异，不同片段含有不同信息。1986年Van Loon对细胞色素c的前导肽进行研究发现，它共含有61个氨基酸，包括N端的35个碱性氨基酸、与一般细胞器跨膜蛋白相似的肽段以及C端的19个连续的不带电荷的氨基酸。当用基因融合法将小鼠细胞质中的二氢叶酸还原酶（DHFR）基因与细胞色素c前导肽中的35个含碱性氨基酸残基的DNA片段融合后发现，杂合蛋白质在跨膜运送时能被送到基质中，但不能定位于内膜、外膜之间。只有连接细胞色素c前导肽的54个（35+19）或全部氨基酸残基的DHFR才能被准确定位。这说明细胞色素c前导肽的每一肽段各自含有导向的信息。

凡牵引蛋白质穿膜运送到线粒体基质或内膜内的前导肽，一般都含有导向基质肽段和水解部位。凡牵引蛋白质运送到膜间腔的前导肽，如细胞色素c的前导肽，则含有导向基质肽段、停止运入（内膜）肽段以及水解部位三个部分。在转运过程中，它的前导肽经历两次水解，首先是“导向基质肽段”被基质中的水解酶水解，接着在内膜、外膜之间又被另一水解酶第二次水解，从而成为成熟形式。由于它的前导肽中含有停止运入（内膜）肽段，在导向基质肽段通过内膜进入基质后结合定位于内膜，从而保证了被牵引的蛋白质定位于内膜、外膜之间。

有些蛋白质在切去信号肽后便转变为有活性的蛋白质，但有些蛋白质只经过一次加工切去信号肽还不具有生物学活性，而是以蛋白质原的形式存在，需要经过第二次加工，也即经过酶或化学水解才变成有活性的物质。

(3) 多肽的水解加工　在哺乳动物细胞内合成结束时，前胰岛素原就会转变为胰岛素原。在内质网腔中形成的胰岛素原可被运送到高尔基体，经加工切去连接肽段，即成为胰岛素，储于分泌小泡。这些小泡可与质膜融合，形成出口，将胰岛素排出胞外。已合成好的胰岛素原为一条肽链，这条肽链由84个氨基酸残基组成，存在三个—S—S—键。在酶的作用下整个肽段被切为三段，去掉由33个氨基酸组成的肽段（这一段有掩盖胰岛素活性作用），余下的部分即为由两条肽链构成的有活性的胰岛素。其中，A链为原羧基端所在肽链，含21个氨基酸；B链为原氨基端所在肽链，含30个氨基酸。

纤维球蛋白原是由α、β和γ三种肽链各两条所组成的蛋白质。其中α链和β链都有一个“中央突出”，妨碍了纤维球蛋白分子之间的聚合。经过蛋白水解酶的作用，切去这些突起的部位后，三个多肽才能紧密聚合在一起，形成不溶性的纤维球蛋白。这种由纤维球蛋白原变成纤维球蛋白的过程，就是血液凝固的最后阶段中所发生的生物化学反应。

血液凝固的过程其实是不同蛋白质因子经有限水解不断被活化的过程。血凝因子原来以非活性形式存在，当血液流出血管表面（伤口处）时，非活性的Ⅻ因子被活化。这些因子又使前凝血酶原和纤维球蛋白原活化，产生不溶性纤维球蛋白，使血液凝固。

凝血酶原是一种糖蛋白，相对分子质量为66000，含有582个氨基酸残基。在凝血酶原致活物的催化作用下，凝血酶原中的两个肽键发生断裂，释放出相对分子质量为32000的氨基酸片段，形成有活性的凝血酶。凝血酶相对分子质量为34000，由两条肽链通过一个二硫键交联而成，A链含49个氨基酸，B链含259个氨基酸。凝血酶原作用的专一性很强，只能断裂某些精氨酸-甘氨酸键。

血纤维蛋白原是一种纤维状蛋白质，长46nm，相对分子质量为340000，含有六条多肽链，由三种成对的肽链（即α、β和γ）借二硫键连接而成。纤维蛋白原在凝血酶的作用下，从两条α链和两条β链的N末端各断裂一个特定的肽键（—精氨酸—甘氨酸—），释放出两个纤维肽A（含19个氨基酸）和两个纤维肽B（21肽）。存在于血纤维肽中的这些带负电荷的氨基酸以及其他带负电荷的基团，很可能使血纤维蛋白互相分开。这些带负电荷的基团通过凝血酶的作用被脱下后，将使血纤维蛋白单体取得一个不同的表面电荷格局，从而促进纤维蛋白分子的直线聚合和侧向聚合。血纤维蛋白单体借氢键、疏水键、范德华力等非共价键聚合而成的聚合体是相当脆弱的，在$6mol/dm^3$尿素溶液中即可被解聚而溶解。但这种聚合体在有活性的凝血因子XIII（纤维蛋白稳定因子）的催化下，将转变成不溶性的纤维蛋白。目前已知这种变化是由于肽链之间发生共价交联而形成α链。

交联键发生在γ链与γ链、α链与α链之间的谷氨酰胺残基与赖氨酸残基之间，即赖氨酸残基的ε-氨基与谷氨酰胺残基的γ-酰氨基之间生成了酰胺键。这是由转酰胺酶（因子XIII的主要成分）催化的。至此，由许多不溶性血纤维蛋白多聚体所形成的血纤维蛋白细丝交织成网，包罗红细胞、白细胞、血小板和血浆，形成了凝血块，从而使伤口封闭，阻止继续出血。

2. 多肽的剪接和化学修饰

(1) 多肽的剪接　初生蛋白质接受切割、有限水解或化学修饰而成为有活性的成熟蛋白质，这就是蛋白质活化的主要机制。近年来，不少科学家还发现，蛋白质前体可以通过多肽的剪辑被切成数个片段，然后再以一定的顺序结合起来，最后形成成熟的有活性的蛋白质。

具有这种加工机制的蛋白质包括红细胞凝集素、T 细胞的促细胞分裂剂、豆类植物的凝集素和伴刀豆球蛋白等。

真核生物 mRNA 的翻译产物为单个多肽链，这一多肽链有时可裂解产生一种以上的多肽或蛋白质，因而真核生物某些 mRNA 的翻译产物具有多样性。例如，垂体激素中的促肾上腺皮质激素（ACTH）、促黑素和内啡肽均是由同一基因产物裂解而来，翻译结束时产物相对分子质量为 31000，由 265 个氨基酸残基构成。上述几种多肽或蛋白质可由靠近多肽链羧基末端的肽段裂解产生。若将氨基端的氨基酸残基编为 1 号，羧基端残基编为 265 号，经肽段裂解可以产生的蛋白质见表 7-3。

表 7-3　肽段裂解产生的蛋白质

蛋　白　质	相应肽段的位置	蛋　白　质	相应肽段的位置
ACTH	132～170	α 内啡肽	192～207
α 促黑素	132～144	β 内啡肽	192～222
β 促黑素	215～232	γ 内啡肽	192～208
γ 促黑素	76～87	蛋氨酸脑啡肽	239～253

(2) 多肽的化学修饰

① 蛋白质磷酸化。蛋白激酶能将 ATP 末端的磷酸基团分别转移到多肽中的丝氨酸、苏氨酸、酪氨酸残基上，从而使蛋白质发生磷酸化。磷酸化是蛋白质合成后广泛存在的一种化学修饰，是控制酶活性的重要步骤。许多情况下，磷酸化后蛋白质的酶活性大大提高，如 RNA 聚合酶Ⅰ被专一的蛋白激酶（NⅠ和 NⅡ蛋白）磷酸化后，其聚合活性提高了 3～4 倍，从而在 rRNA 基因的转录中起关键性作用。但在有些情况下，磷酸化以后酶活性会下降甚至消失，如在 eIF-2α 亚基上发生的情况即是如此。

实验证明，对生理活性起调节作用的主要是依赖于 cAMP 的一类蛋白激酶。cAMP 可以与没有活性的蛋白激酶相结合，使其中两个调节亚基的构象发生不利于继续保持四聚体形式的变化，从而释放出具有磷酸化活性的催化亚基。到目前为止所进行的研究表明，所有依赖于 cAMP 的蛋白激酶的催化亚基（即 C 亚基）都是相同的，而其调节亚基（即 R 亚基）却具有组织或细胞专一性。

② 蛋白质糖基化。许多重要的细胞表面蛋白、识别蛋白和分泌蛋白均带有一个或数个糖基，这类蛋白被称为糖基化蛋白或糖蛋白。这些附加的糖基有不少重要的生理功能。首先，糖基化蛋白的构型常常会发生变化，有利于抵御蛋白酶的降解反应；其次，糖蛋白上的羟基会大大提高该多肽的可溶性；第三，糖基化以后往往能使蛋白准确地进入各自的细胞器。

所有与蛋白（或脂肪）相连的糖都积聚在细胞质膜的外层或胞外，细胞质内的游离蛋白不会被糖基化。许多在膜结合核糖体上合成的蛋白质是糖基化的。通常这些寡糖通过 N 原子或 O 原子连接于天冬氨酸、丝氨酸或苏氨酸上。糖基化作用从内质网上开始，在高尔基体内完成，整个过程涉及许多酶的作用。脂多萜醇也在其中起了重要作用，它引发了蛋白质的 *N*-糖基化，并且糖基化酶也可以识别一些专一的氨基酸序列，它们是天冬酰胺-X-丝氨酸或天冬酰胺-X-苏氨酸（X表示任意一种氨基酸）。

习　题

1. 下列描述正确的是（　）。

　A. RNA聚合酶Ⅱ只转录编码蛋白的基因

　B. TATA框对转录效率有影响，但对转录起始位点的定位没有影响

　C. TCP与TATA框结合

　D. 增强子通常位于转录起始位点的上游100～200碱基处

2. 阐述真核基因表达有何特点？

3. 解释：基因丢失，基因扩增，基因重排。

4. 解释：启动子，增强子，沉寂子。并说明各自的作用。

5. 解释：反式作用因子。

6. 主要见于真核生物的调节因子是（　　）。

　A. 锌指结构域　B. 亮氨酸拉链　C. 螺旋-转角-螺旋　D. 螺旋-环-螺旋结构域

7. 翻译过程主要涉及细胞的哪几种装置？各起什么作用？

8. 蛋白质翻译后加工主要包括哪些内容？

9. 解释：信号肽序列。

第八章 分子生物学实验技术

【学习目标】

1. 掌握核酸分离纯化和分子杂交实验的基本原理及技术；
2. 掌握PCR技术的基本步骤和方法；
3. 掌握基因工程技术的基本程序和方法要领；
4. 了解基因工程技术的应用和发展前景。

科学技术高速发展的今天，生物学研究技术得到长足的发展。核酸的研究方法和技术已经形成了一个完整的、成熟的体系，从而独立出一门新的学科——分子生物学。分子生物学的操作技术可以分为两方面的内容：一方面主要包括核酸的制备、定性测定、定量测定、序列测定等基础操作技术；另一方面是对核酸分子进行人为改造的操作技术，核酸分子的改造，就是基因工程，可以被定义为在基因水平上改变遗传特性的操作技术，主要指上游操作。

第一节 DNA操作技术

一、核酸样品的提取、纯化

为了研究的需要，制备的核酸要求保证一级结构的完整，并且制备的样品溶液中尽可能地去除杂质，如无机离子、有机小分子以及蛋白质和多糖等生物大分子。只要能够满足研究的需要，核酸提取的步骤越少越好，提取时间越短越好。

制备过程中尽量避免理化、生物等因素的干扰。如机械外力可打断核酸链，pH过低或过高均可破坏核酸样品的天然构象。故制备操作中避免剧烈振荡，使用缓冲溶液控制pH；在制备RNA样品时，由于核糖核酸酶（ribonuclease，RNase）广泛存在，不易失活，所有提取的器具要高温高压灭菌，不能承受高温的器具使用焦碳酸二乙酯（DEPC）处理。

实验室小量制备核酸样品，首先是裂解细胞或菌体；采用酚/三氯甲烷/异戊醇去除细胞裂解液中的蛋白质等杂质，纯化DNA；必要时，可使用固体聚乙二醇（polyethylene glycol，PEG）浓缩制备的核酸溶液；样品溶液中的无机盐，可采用透析、色谱的方法去除；最后可采用乙醇沉淀核酸分子，再用75%的乙醇反复漂洗沉淀，去除共沉淀的杂质。

制备的核酸样品可采用紫外吸收法测定纯度和含量。样品溶液的260nm和280nm光吸收值的比值（A_{260}/A_{280}）小于1.8，含有蛋白质杂质；$A_{260}/A_{280}=1.8$，纯DNA样品；A_{260}/A_{280}在1.8～2.0之间，为DNA和RNA混合物；$A_{260}/A_{280}=2.0$，纯RNA成分。260nm的光吸收值与核酸的含量成正比，50μg/ml的双链DNA（double strand DNA，dsDNA）的光吸收值为1，40μg/ml的RNA的光吸收值为1。

制备的样品保存在冰箱中。DNA 样品，短期可保存在 4℃ TE 缓冲溶液中，长期保存在－70℃。RNA 样品短期－20℃保存，长期－70℃保存。

二、核酸的凝胶电泳

在生理 pH 条件下，核酸分子的磷酸基团解离，带负电荷，故核酸分子是多价的阴离子。外加电场的情况下，核酸分子由负极向正极泳动。电泳技术可用于核酸片段的分离、纯度鉴定、核酸样品含量和分子量的估测，以及核酸的序列测定。电泳操作简单、快速、成本较低，是核酸操作的常规技术之一。

1. 一般过程

用电泳缓冲液配制凝胶介质，将其转入电泳模具中，等待凝胶介质聚合、凝固，将核酸样品点在凝胶介质中，外加电场下，核酸分子由负极向正极迁移（图 8-1）。

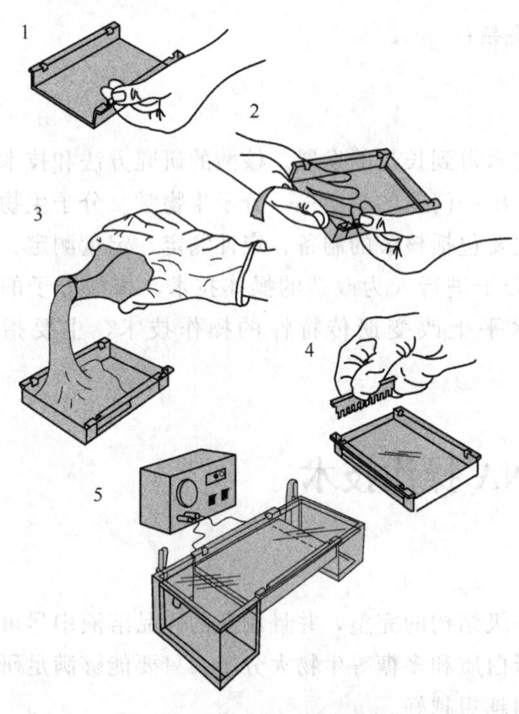

图 8-1 灌制水平琼脂糖凝胶

由于凝胶介质是高分子聚合体，内部有交联的网孔结构，核酸分子在其中的迁移受到多种因素的影响。如迁移率与核酸分子的大小相关，与相对分子质量的对数成反比，迁移率与凝胶的浓度成反比，与电压成正比；迁移率受核酸分子构象的影响，一般情况下超螺旋的共价闭合环状 DNA 迁移最快，线状 DNA 其次，开环 DNA 最慢；电泳时电流不宜太高，会使体系温度上升，缓冲溶液蒸发，引起结果异常；此外，核酸的碱基组成对电泳结果也有一定的影响。

电泳结果，将核酸样品分成不同的条带，每一条条带中所含的核酸片段大小、所带电荷数、构象等大致相同。为了后续实验的需要，回收电泳的某个条带，可选用合适的试剂盒按照说明进行回收操作。或者从凝胶中切割下将要回收的电泳条带，装在透析带中，继续电泳使凝胶中的核酸释放到透析带内的缓冲溶液中，回收核酸分子，操作见图 8-2。

2. 琼脂糖凝胶电泳（agarose electrophoresis）

核酸的分析中，常以琼脂糖为支持介质进行电泳。一般采用 1%的胶浓度，凝胶的网孔较大，胶强度较差，采用水平电泳。一般情况下，电泳电压为 5V/cm。

琼脂糖凝胶电泳用于分析 RNA 时，经常使用变性胶电泳，即在支持介质中加入变性剂，如甲醛、甲酰胺等。

电泳结束后，凝胶用溴化乙锭（ethidium bromide，EB）染色，在紫外灯下观察，可见 EB 与 DNA 结合发出的红橙色荧光条带，含量仅 1ng 的 DNA 都可以被检测到。而且，可以根据荧光的强弱初步估计样品的 DNA 含量。需要注意的是，EB 具有强致癌性，且有生物累积效应，使用时要注意安全。

根据电泳结果的条带分布，可以估测 DNA 片段的分子大小。DNA 相对分子质量标准

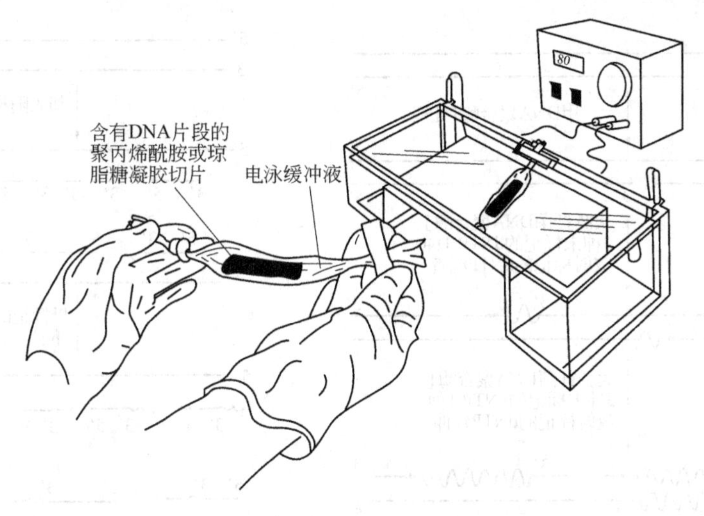

图 8-2　回收 DNA 的凝胶切片电泳

品与所制备的 DNA 样品同时电泳，样品条带与标准品比较，粗略估计制备样品的相对分子质量或所含核苷酸残基数。

3. 聚丙烯酰胺凝胶电泳（polyacrylamide gel electrophoresis，PAGE）

电泳的支持介质是聚丙烯酰胺，介质的交联度高，胶中的网孔较小，多用于相对分子质量较小的分子的分离，分辨率高。聚丙烯酰胺的机械强度好于琼脂糖，可采用垂直板电泳。

两种电泳介质的网孔大小决定了所能分离的分子的大小，PAGE 适合分离小片段 DNA，5～500bp 的片段，相差 1bp 就可区分开，分辨率高；琼脂糖交联的网孔较大，分辨率低于 PAGE，但分离的范围大，从 50～106bp 的 DNA 都可以分离。

三、核酸的分子杂交

分子杂交（molecular hybridization）是分子生物学最常用的方法之一。分子杂交指具有一定同源性的单链核酸以碱基互补配对为原则，在一定条件下形成双链的过程。分子杂交具高度特异性和灵敏性，可用于基因克隆的筛选、基因组中目的基因的定性和定量检测、DNA 测序、基因定点突变分析等。

通常，杂交的两条同源链分别是核酸片段和制备的杂交探针（probe）。用于杂交的核酸片段可以是基因组 DNA 或克隆的基因片段。这些片段电泳分离后固定在杂交膜上，即可进行杂交操作。杂交后，目的片段与探针特异性的结合，故探针需做标记，便于观察结果。

1. 探针的标记方法

探针有多种标记方法，在此介绍两种放射性标记方法，常用于标记核酸的放射性同位素是^{32}P。

双链 DNA 可用大肠杆菌 DNA 聚合酶Ⅰ进行切口平移反应（nick-translation）来标记。DNA 聚合酶Ⅰ的 5′→3′外切和 5′→3′合成活性可以将标记性的底物 α-^{32}P-dNTP 掺入到 DNA 链中［图 8-3（a）］。

随机引物法是以双链核酸或单链核酸为模板，6nt 的寡核苷酸混合物为随机引物（random primers），外加 DNA 聚合酶和标记性底物 α-^{32}P-dNTP，反应体系中引物与模板链的随机配对进行 DNA 的合成［图 8-3（b）］。新合成的核酸片段具有放射性标记，可用于杂交操作。

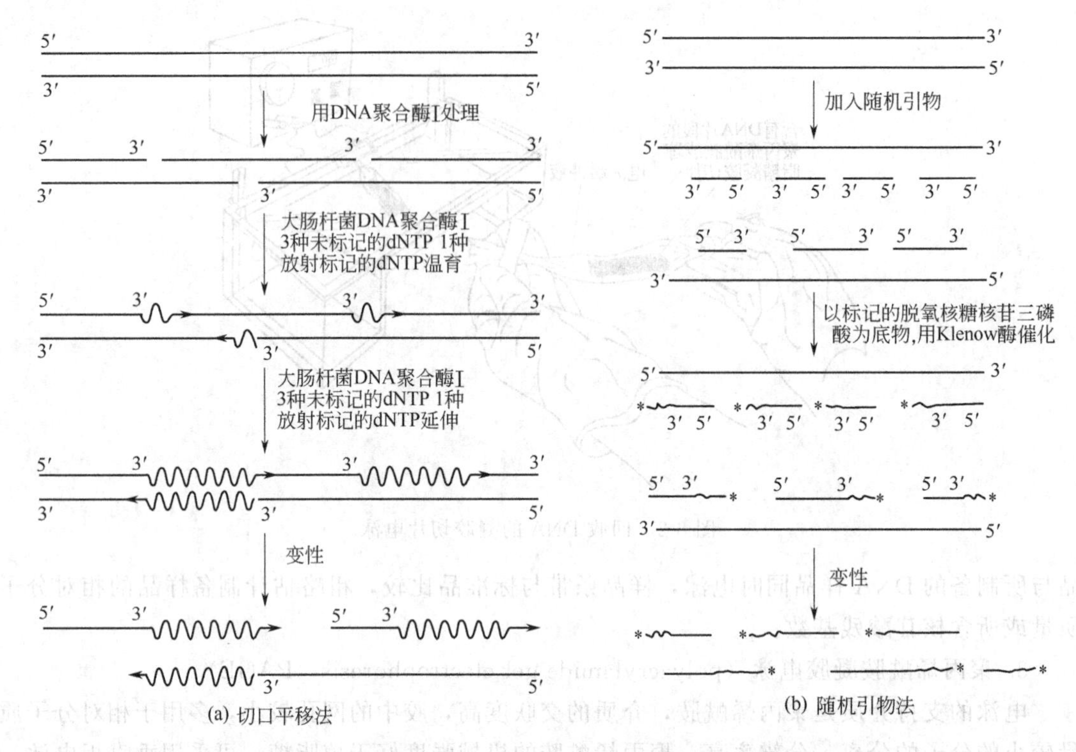

图 8-3 探针分子的切口平移法和随机引物法标记

2. 膜上印迹杂交

1975 年，Southern 发明了印迹法，用于 DNA 片段的检测，命名为 Southern 印迹（Southern blotting）。此后，相继出现了 Northern 印迹（Northern blotting）和 Western 印迹（Western blotting），分别用于检测 RNA 和蛋白质。由于 Western 印迹采用抗原-抗体的免疫反应检测蛋白成分，因此又称免疫印迹。

Southern 印迹的简要过程如下：DNA 样品→酶切成适宜的片段→进行琼脂糖凝胶电泳→碱处理使 DNA 变性→中和→吸印操作，将凝胶介质中的核酸转移至杂交介质→烘干，即杂交膜上的核酸链的固定→预杂交，屏蔽杂交背景→杂交→放射自显影（图 8-4）。

其中，用于杂交的 DNA 样品多采用普通的琼脂糖凝胶电泳；RNA 则使用变性胶电泳；蛋白质分子可使用 PAGE。

电泳的支持介质机械强度差，不能用于杂交操作，需将凝胶中的区带转移至杂交膜上。杂交膜有多种，如硝酸纤维素膜（nitrocellulose filter membrane，NC）、尼龙膜（nylon membrane）。这些杂交膜具备几方面的特点，可用于杂交操作。如膜对核酸分子有较强的结合、吸附能力；核酸结合在膜上后，仍能与其他核酸分子杂交；核酸与膜的结合较牢固，经过杂交操作不脱落；核酸分子结合在膜上后，可被洗脱，能反复使用；膜与其他大分子的非特异性吸附少；膜具有良好的柔韧性。

由凝胶介质中将待测样品转移到杂交膜上的操作称为吸印技术。根据推动样品转移的作用力不同可以分为毛细管转移法、电转移法、真空转移法。毛细管转移法装置如图 8-5，借助一叠干燥的吸水纸巾产生并维持毛细管作用，液体通过毛细管作用抽吸过凝胶，DNA 片段液流从凝胶转移至杂交膜表面。此方法转移效率低，所需时间长，一般为 8～

24h，DNA在转膜前需要进行凝胶上的原位变性处理。样品由凝胶转移至杂交膜上后，即可进行杂交操作。通过标记的探针观察结果。

基因工程中，Southern印迹法可用于基因组中目的基因的有无、含量多少的分析；Northern印迹法可用于检测外源基因的表达；Western印迹可检测外源基因的蛋白产物。

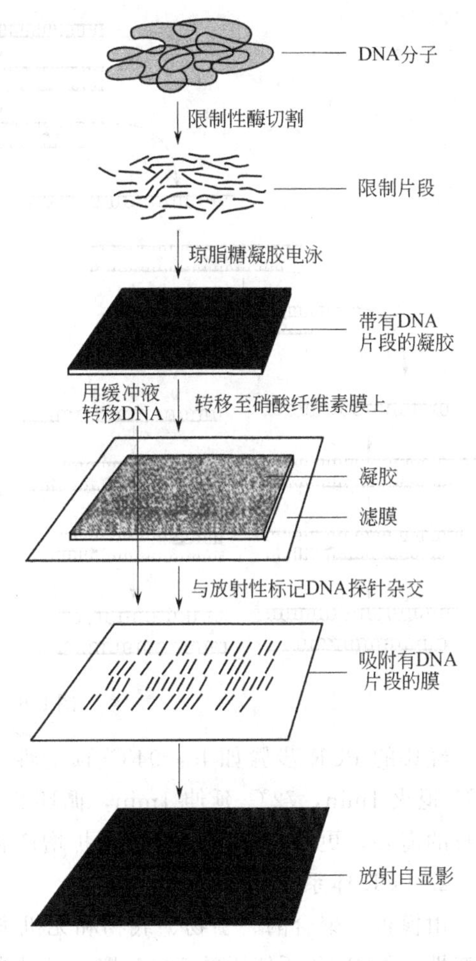

图8-4 Southern印迹法图解

四、PCR

聚合酶链反应（polymerase chain reaction，PCR）高效、快速、灵活、易于操作，是分子生物学中一项十分重要的操作技术。

1. 反应原理

温度升高，破坏氢键和碱基堆积力维持的DNA双螺旋构象，DNA分子由双链变为单链，这个过程就是DNA的变性（denaturation）。

环境温度慢慢的恢复，变性的单链DNA与互补的另一条ssDNA通过碱基互补配对，重新形成双链螺旋结构，这个过程就是核酸的复性（renaturation）。由于复性要求外界温度缓慢下降，所以此过程又称为退火（annealing）。退火时，DNA合成的引物可与DNA模板链特异性结合，DNA聚合酶作用下，在引物的3′—OH末端掺入底物dNTP进行DNA的合成。

重复进行高温变性、降低温度使模板与引物结合、DNA合成三步反应，每一次重复DNA量增加1倍，经过几十次循环，可扩增出大量的DNA片段（图8-6）。

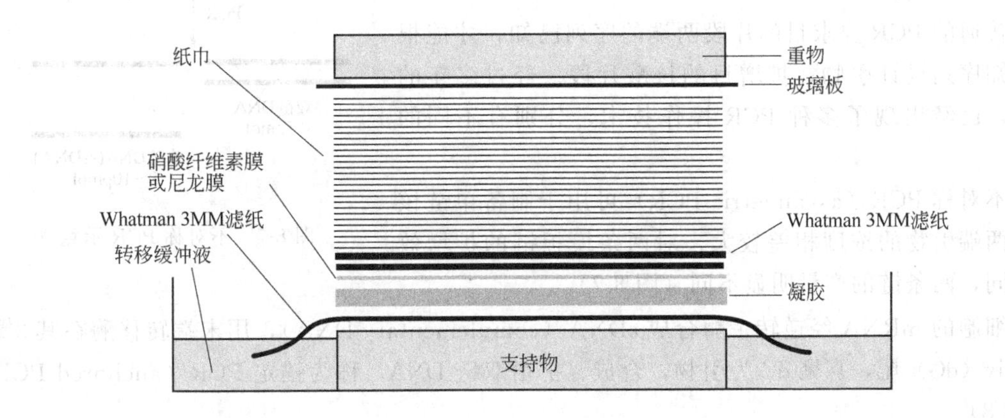

图8-5 毛细管吸印技术

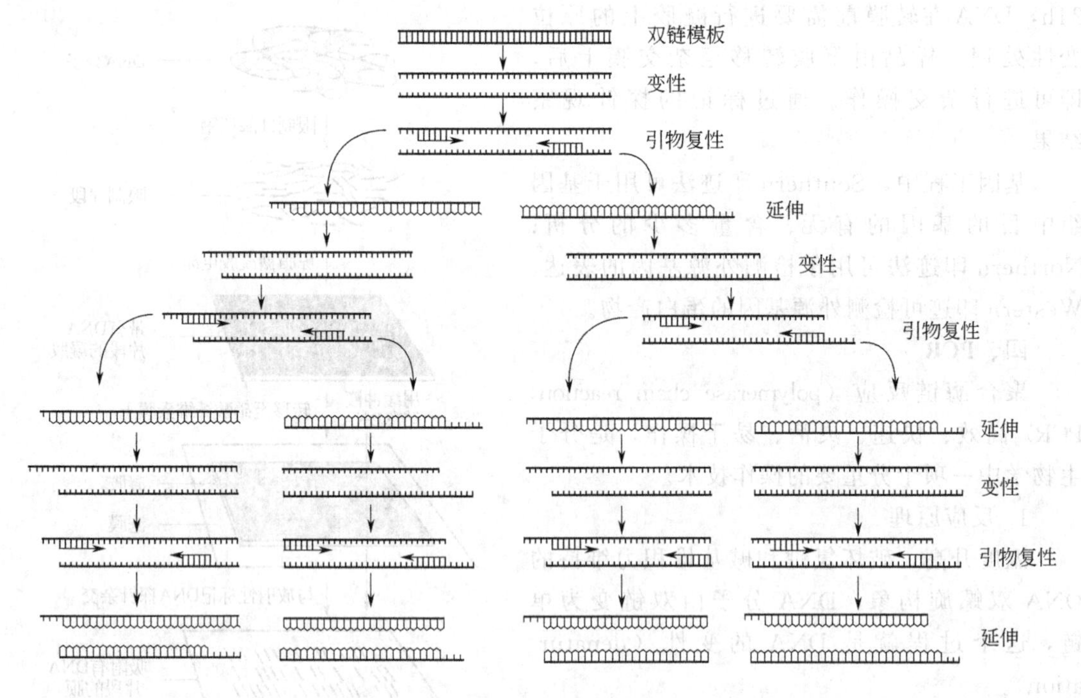

图 8-6 PCR 反应原理

经典的 PCR 步骤如下：94℃ 预变性 5～10min；热循环三步，94℃ 变性 1min，45～65℃ 退火 1min，72℃ 延伸 1min，循环 25～35 次；最后延伸 10min。PCR 灵活多变，根据自身的需要，更改实验条件。PCR 扩增产物是左端和右端两引物间的核酸片段。

2. PCR 体系成分

由模板、聚合酶、引物、底物和无机离子五种成分组成 PCR 体系。94～95℃时模板彻底变性，故 PCR 所使用的 DNA 聚合酶为热稳定的 *Taq* 酶，作用的底物是四种 dNTP，反应需要 Mg^{2+} 的催化。PCR 的引物长 15～30nt，引物对 PCR 的结果影响很大，要求引物内部不能有二级结构，两引物间不能互补配对，引物 3′端与模板严格配对，5′端可以引入限制性酶切位点和基因表达的调控序列。

3. PCR 类型

普通的 PCR 要求目的片段两端的序列已知，才能根据已知序列设计引物，扩增目的核酸片段。经过多年的发展，已经出现了多种 PCR 操作技术，分别有不同的应用。

不对称 PCR（asymmetric PCR）可用于制备单链核酸。两端引物的浓度相差较大，对两条模板链的扩增效率不同，两条链的产量明显不同（图 8-7）。

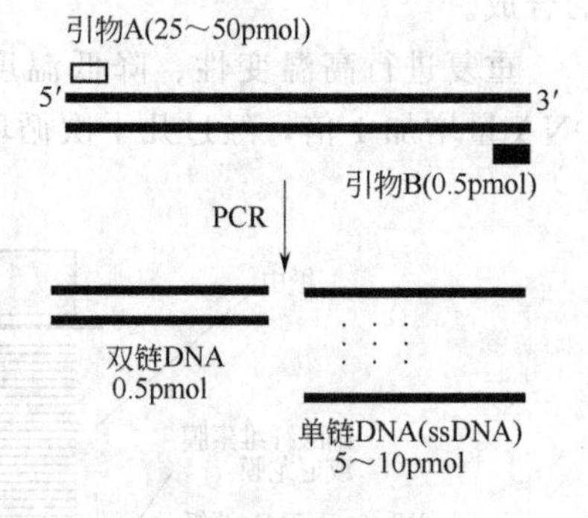

图 8-7 不对称 PCR 示意

细胞的 mRNA 经逆转录酶合成 cDNA（complementary DNA），用末端转移酶在其 3′端加 poly（dG）尾，寡聚 dC 为引物，合成、扩增双链 DNA，称为锚定 PCR（anchored PCR）（图 8-8）。

未知序列的 DNA 可用反向 PCR（inverse PCR）进行扩增，DNA 片段经限制性内切酶切后，DNA片段自身环化或插入载体，利用已知的一段序列设计引物，经PCR扩增两引物间的未知序列（图8-9）。

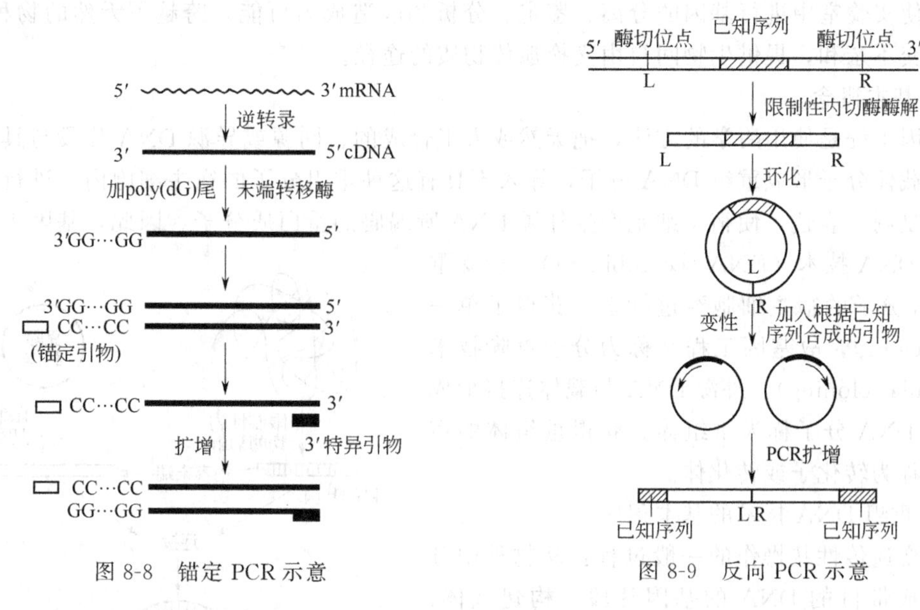

图8-8　锚定PCR示意　　　　图8-9　反向PCR示意

五、外源DNA导入宿主菌

原核生物细胞和真核生物细胞均可作为基因工程的受体细胞。原核生物的受体细胞主要有大肠杆菌，真核生物的受体细胞有酵母、哺乳动物细胞、植物细胞等。与真核生物细胞相比，原核生物细胞作为基因工程的受体细胞具有简便、高效等特点。

1. 外源DNA导入大肠杆菌

E. coli 菌株经 $CaCl_2$ 处理后，进入一种可以较高效率接受外源DNA的状态，称感受态（competent）。外源DNA进入受体细胞称转化（transformation）。转化的基本方法是将对数生长期的菌体细胞悬浮在0℃低渗的 $CaCl_2$ 溶液中，一段时间后，细胞表面的通透性增加，再经过42℃热击处理，外源DNA即可进入受体细胞，选择培养基中筛选带有外源DNA的单克隆菌落。$CaCl_2$ 与RbCl、$MnCl_2$ 等联合使用，或加入二甲基亚砜（DMSO），都可以提高转化效率。

制备的感受态细胞，悬浮于甘油中，以电击处理替代热击，同样可以使菌体细胞接受外源DNA，该方法称为电穿孔法（electroporation）。

2. 外源DNA导入酵母细胞

外源DNA导入酵母菌常使用原生质体转化法。用纤维素酶或蜗牛酶处理酵母细胞，除去细胞外的细胞壁制备原生质体。原生质体悬浮于含 Ca^{2+} 的缓冲液中，加入PEG和外源DNA，外源DNA即可进入受体细胞，并整合在染色体组中。

第二节　基因工程技术

一、基因工程概述

1973年，金黄色葡萄球菌的抗青霉素质粒成功导入大肠杆菌（*E. coli*），使得 *E. coli* 具有了青霉素抗性的遗传特性。次年，非洲爪蟾 rRNA 基因插入 pSC101 质粒，导入 *E. coli*，结果非洲爪蟾 rRNA 基因在 *E. coli* 中表达。从此，产生了基因工程（gene engineering）的方法，使实验室中进行基因的分离、鉴定、分析和改造成为可能，跨越了天然的物种屏障，克服杂交不亲和，提供生物间自由交换遗传物质的途径。

1. 基本概念

基因工程是使用酶学的方法，把天然或人工合成的、同源或异源 DNA 片段与具有复制能力的载体分子形成重组 DNA 分子，导入不具有这种重组分子的宿主细胞内，进行持久而稳定的复制、表达，使宿主细胞产生外源 DNA 所编码的蛋白质分子。因此，基因工程又称为重组 DNA 技术（DNA recombinant）。接受重组 DNA 分子的宿主细胞经过筛选，获得了单一纯系（clone），故基因工程又称为分子克隆技术（molecular cloning）。外源 DNA 与载体连接形成的重组 DNA 分子称为重组体。获得重组体的宿主细胞称为转化子或转化体。

2. 重组 DNA 技术的基本程序

改变遗传性状操作的一般过程：从物种中分离或合成带目的 DNA 的基因片段；构建载体；目的基因与载体的酶切和连接；重组 DNA 导入宿主细胞；筛选、鉴定获得重组体的宿主细胞，得到转化子；表达外源基因（图 8-10）。

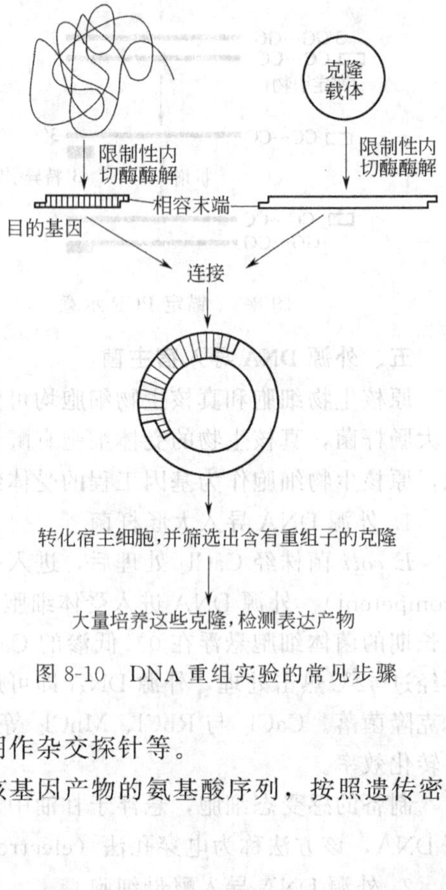

图 8-10 DNA 重组实验的常见步骤

二、目的基因的获取

重组 DNA 技术首先要获取目的核酸片段，这可以通过多种方法实现。

1. 人工合成 DNA 片段

化学反应合成 DNA，每次反应可合成长约 100bp 的 DNA 片段，通过多个片段连接形成一个长的完整基因，用于扩增目的基因、引入突变或用作杂交探针等。

如果需要合成的目的基因序列未知，可以根据该基因产物的氨基酸序列，按照遗传密码表设计该基因的核苷酸序列，进行人工合成。

2. 染色体 DNA 的限制性内切酶酶切片段

提取的染色体 DNA 一般为 20kb 的片段，这种长度可以含有若干个基因，所以需要通过限制性内切酶将其切成适宜长度的片段。如果进行酶切后，目的基因被切割成几个小片段，为了得到完整的基因可以采用部分酶切的方法。

3. 通过 mRNA 合成 cDNA

真核生物的基因由内含子和外显子组成。所以，克隆真核生物基因就需要去除基因内的非编码序列。解决方法是，使用逆转录酶（reverse transcriptase），以真核生物的 mRNA 逆转录为互补 DNA（cDNA），从而获得真核生物基因的编码序列。逆转录酶是以 RNA 为模板合成 DNA 的 DNA 聚合酶。

4. PCR 扩增特定基因片段

如果对目的基因了解较多，可以采用 PCR 的方法，设计合适的引物，从基因组或

mRNA逆转录的cDNA混合物中直接扩增目的基因片段。

三、基因工程的载体

基因工程发展几十年，在载体的构建方面已经取得了长足的进步。常见的载体有质粒载体、噬菌体载体、柯斯质粒载体、病毒载体等。

基因工程的载体用于将外源DNA转入受体细胞，必须具备一定的条件。载体是一个复制子，在受体细胞内可以自主复制。载体DNA中有一个或多个限制性内切酶的单一识别、切割位点，便于外源DNA的插入。载体应具有选择性标记，如耐药性基因、营养缺陷型等，作为转化体的筛选标记。载体中有些片段，对于其完成侵染、转化宿主细胞、自主复制等生理过程是非必需的序列，可以删除，以利于连接外源DNA。

1. 质粒载体

质粒是存在于细菌染色体组外的双链闭合环状DNA分子。可以自主复制，对宿主菌的生存无影响，可以使宿主菌具有质粒所携带的性状。

早期的基因工程多从*E. coli*中选择、改造质粒作为基因工程的载体。质粒载体可插入的外源DNA序列一般小于15kb。质粒载体可分为扩增性载体和表达性载体。扩增性载体用于快速、大量地制备克隆的基因片段，该片段要小于10kb。表达性载体可以在宿主菌内表达外源基因，得到转录产物或翻译的蛋白产物。pBR322（图8-11）和pUC18/19（图8-12）是常用的扩增性质粒载体。pUC18/19和pGEM-7ZF系列载体（图8-13）在lac启动子下游具有多克隆位点（poly cloning sites，PCS），可以构成半乳糖苷酶的蓝/白斑筛选系统。

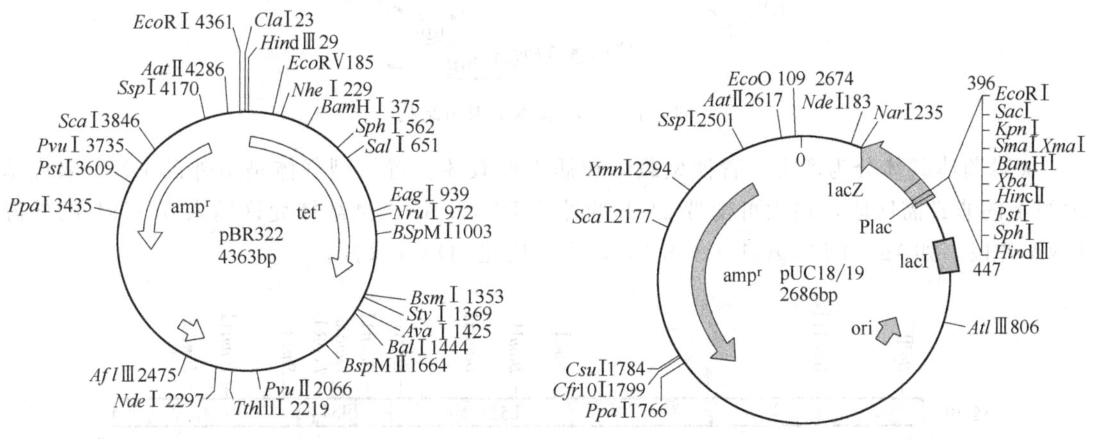

图8-11 pBR322质粒载体示意　　图8-12 pUC18/19质粒载体示意

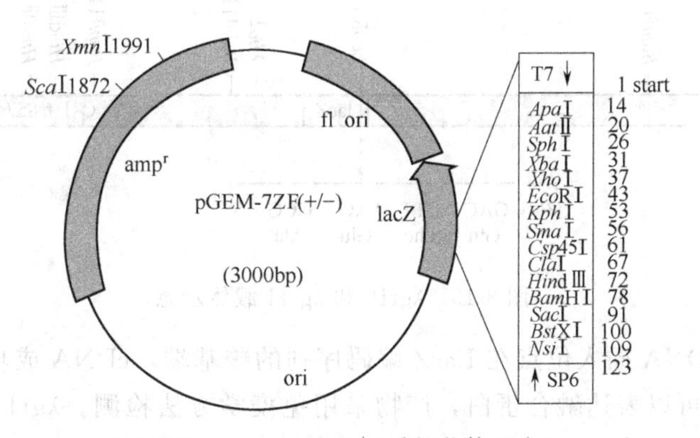

图8-13 pGEM-7ZF质粒载体示意

2. λ噬菌体载体

λ噬菌体是一种双链DNA噬菌体，从噬菌体中分离出来的DNA为线性双链分子，在分子的两端有12个核苷酸的互补单链序列，是天然的黏性末端，称为COS。λ噬菌体基因组结构如图8-14所示，全长48kb，有30～40个基因。整个基因组分为三个区段，蛋白J～N间的序列与噬菌体的溶源化生长有关，如果缺失不会对噬菌体的感染和生长造成严重影响。因此，用λ噬菌体构建载体时可以删除这一部分序列。噬菌体的衣壳蛋白要求DNA的长度在野生型λDNA的76%～105%之间，才能正确地包装成噬菌体颗粒。

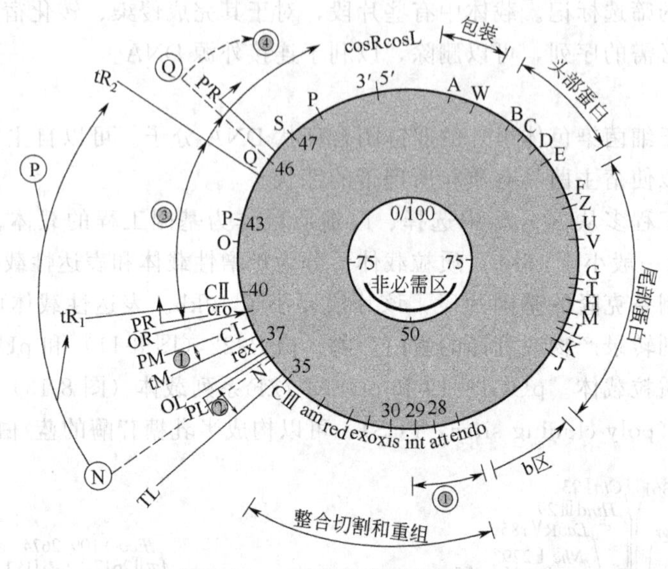

图8-14　λ噬菌体基因组结构

λ噬菌体载体分为两类：置换型载体和插入型载体。置换型载体是由外源DNA取代基因组上的非必需区段，最大可携带24kb的外源DNA；插入型载体允许插入5～7kb的外源DNA片段，如λgt10和λgt11（图8-15），适合构建cDNA文库。

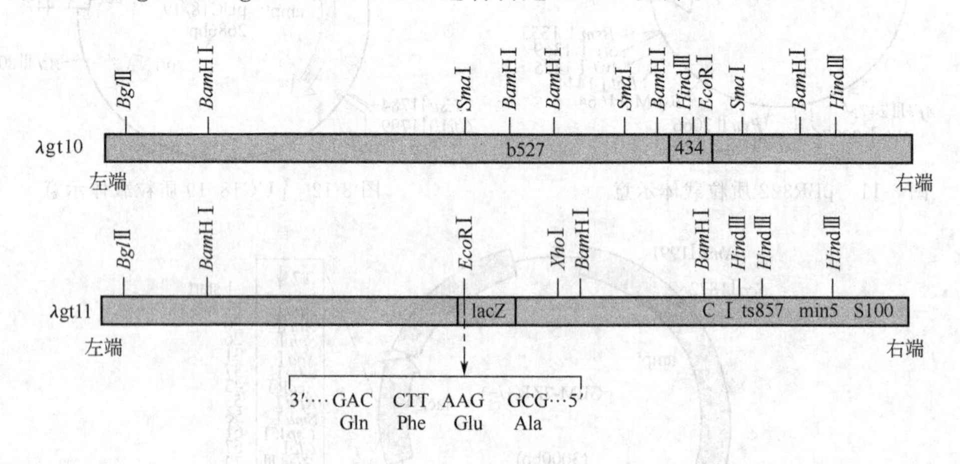

图8-15　λgt10和λgt11载体示意

λgt11的外源DNA插入位点在LacZ编码序列的羧基端，cDNA成功插入载体，并且具有正确的相位，就可以表达融合蛋白，产物采用免疫学方法检测。λgt11的CⅠ是温度敏感的，低温条件下，噬菌体溶源性生长，42℃可诱导融合蛋白的表达。

3. 柯斯质粒载体

柯斯质粒载体由四部分组成：质粒复制起始位点、一个或多个限制性内切酶的切点、抗性标记、COS黏性末端。柯斯质粒载体允许40kb的外源DNA插入，形成全长50kb的重组体，两端是COS末端，可以在体外包装成噬菌体颗粒，侵染*E. coli*，载体中的质粒复制起点保证重组体在宿主细胞中稳定存在。转化的细胞可以通过抗生素标记筛选。柯斯质粒载体适合于大片段DNA的克隆。

4. 病毒载体

动物细胞的病毒经过改造后，构建的载体具有很多优点：它能主动地感染并进入细胞，并整合在基因组中，稳定遗传；在细胞中的拷贝数较高；有强大的启动子，是哺乳动物细胞理想的基因工程载体。常用的病毒载体有SV40载体、逆转录病毒载体等。

此外，还有携带外源DNA片段最大的载体——酵母人工染色体（yeast artificial chromosome，YAC），可用于构建高等动物的基因组文库。

四、目的基因与载体的酶切和连接

获得的目的基因经过特异的酶切割后，与适当的载体连接，转入受体细胞。对目的基因和载体的核酸链进行操作的是基因工程的各种工具酶，最为特殊的是限制性内切酶，被誉为"基因的手术刀"，可以在特异位点切割核酸链，使外源DNA和载体的重组操作成为可能。

1. 基因工程中的工具酶

所有的限制性内切酶均可识别核苷酸的特定序列，在核酸链内部进行切割。但是，只有识别位点和切割位点一致的限制性内切酶在基因工程中应用较多。几种常用的限制性内切酶列在表8-1中。

限制性内切酶多数识别4～8bp的回文序列，6bp的最为常见。切割可以有两种方式：内切酶切割后，得到齐头的平末端，如*Sma*Ⅱ；内切酶交错切开两条核酸链，一条链突出的称为黏性末端（cohesiveend），3′端突出的为3′黏性末端，如*Pst*Ⅰ，5′端突出的为5′黏性末端，如*Sau*AⅠ、*Bam*HⅠ、*Eco*RⅠ、*Hind*Ⅲ、*Not*Ⅰ等。

突出的黏性末端可以在DNA聚合酶Ⅰ或T_4噬菌体DNA聚合酶的作用下变为平末端；也可由双链核酸外切酶制造3′或5′突出黏性末端。

如表8-1所示，*Sau*AⅠ和*Bam*HⅠ切割后的5′黏性末端的序列相同，均是CTAG，这种来源不同、识别序列不同、切割后产生相同黏性末端的称为同尾酶（isocaudamers）。又如，*Hind*Ⅲ和*Hsu*Ⅰ识别、切割序列完全相同，切割方式相同，称为同裂酶（isoschizomers）；*Sma*Ⅱ和*Xma*Ⅱ识别、切割序列相同，切割方式不同，称为不完全同裂酶。

在T_4噬菌体连接酶的作用下，可以进行黏性末端或平末端的连接。如上述*Sau*AⅠ和*Bam*HⅠ切割后的黏性末端的连接。

体外用于合成DNA的酶有多种，如*Taq*酶用于PCR中；*E. coli* DNA聚合酶Ⅰ用于引物标记，DNA聚合酶Ⅰ的Klenow片段用于合成DNA；T_4噬菌体DNA聚合酶用于核酸链的末端标记。

此外，核酸的修饰酶在基因工程也十分有用，如末端转移酶，可在核酸的3′—OH末端加上同聚物尾；多核苷酸激酶，在核酸链的5′—OH端加上磷酸基团，才可进行连接反应；碱性磷酸酶，切除核酸链的5′—P，保护5′端不参与链的连接反应。

2. 目的基因与载体的连接

目的基因和载体在相同的限制性内切酶的作用下，得到相同的黏性末端，可以使用T_4

表 8-1　限制性内切酶的识别序列

酶	识别序列	切割结果
*Sau*AⅠ	5′-↓GATC-3′ 3′-CTAG↓-5′	5′-　　GATC-3′ 3′-CTAG　　-5′
*Bam*HⅠ	5′-G↓GATCC-3′ 3′-CCTAG↓G-5′	5′-G　　GATCC-3′ 3′-C CTAG　　G-5′
*Eco*RⅠ	5′-G↓AATTC-3′ 3′-CTTAA↓G-5′	5′-G　　AATTC-3′ 3′-CTTAA　　G-5′
*Pst*Ⅰ	5′-CTGCA↓G-3′ 3′-G↓ACGTC-5′	5′-CTGCA　　G-3′ 3′G　　ACGTC-5′
*Hind*Ⅲ *Hsu*Ⅰ	5′-A↓AGCTT-3′ 3′-TTCGA↓A-5′	5′-A　　AGCTT-3′ 3′-TTCGA　　A-5′
*Sma*Ⅱ	5′-CCC↓GGG-3′ 3′-GGG↓CCC-5′	5′-CCC　　GGG-3′ 3′-GGG　　CCC-5′
*Xma*Ⅱ	5′-C↓CCGGG-3′ 3′-GGGCC↓C-5′	5′-C　　CCGGG-3′ 3′-GGGCC　　C-5′
*Not*Ⅰ	5′-GC↓GGCCGC-3′ 3′-CGCCGG↓CG-5′	5′-GC　　GGCCGC-3′ 3′-CGCCGG　　CG-5′

注：↓表示酶切位点。

连接酶直接进行连接（图 8-16）。如果两条核酸链经限制性内切酶切割后都产生平末端，也可使用 T_4 连接酶直接进行连接（图 8-17）。但是，平末端不能直接和黏性末端连接，可使用 DNA 聚合酶Ⅰ将平末端补平，再由 T_4 连接酶进行连接。

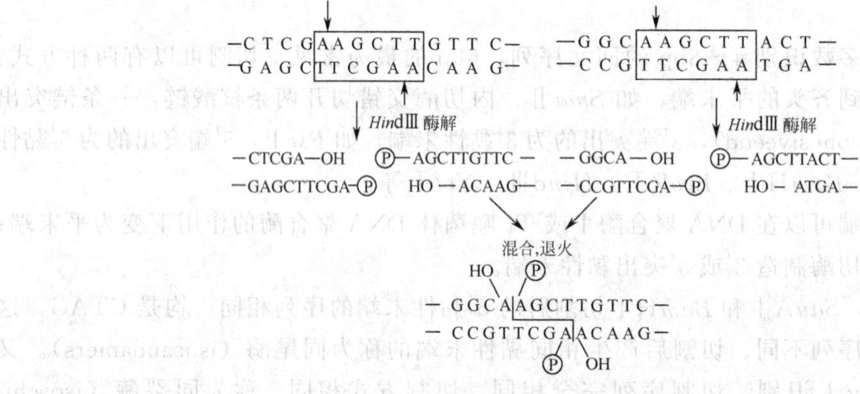

图 8-16　相同黏性末端的连接

—AA G C C C G G G T C G—
—T T C G G G C C C A G C—
—G G A G G T T A A C C T—
—C C T C C A A T T G G A—
*Sma*Ⅰ酶解
*Hpa*Ⅰ酶解
—AAGCCC—OH　Ⓟ—GGGTCG—
—TTCGGG—Ⓟ　HO—CCCAGC—
—GGAGGTT—OH　Ⓟ—AACCT—
—CCTCCAA—Ⓟ　HO—TTGGA—
混合，退火
HO Ⓟ
—GGAG GTT GGG TCG—
—C CTCCA A CCC AGC—
Ⓟ OH

图 8-17　两段平末端 DNA 的连接

外源基因和载体也可利用连接子（linker）、适配子（adaptor）技术连接。含有一个或多个限制性酶切位点的寡核苷酸双链 DNA，称接头。由 T_4 连接酶连接到外源 DNA 的平末端，在外源 DNA 末端引入限制性酶切位点，经酶切后，再与载体连接（图 8-18）。

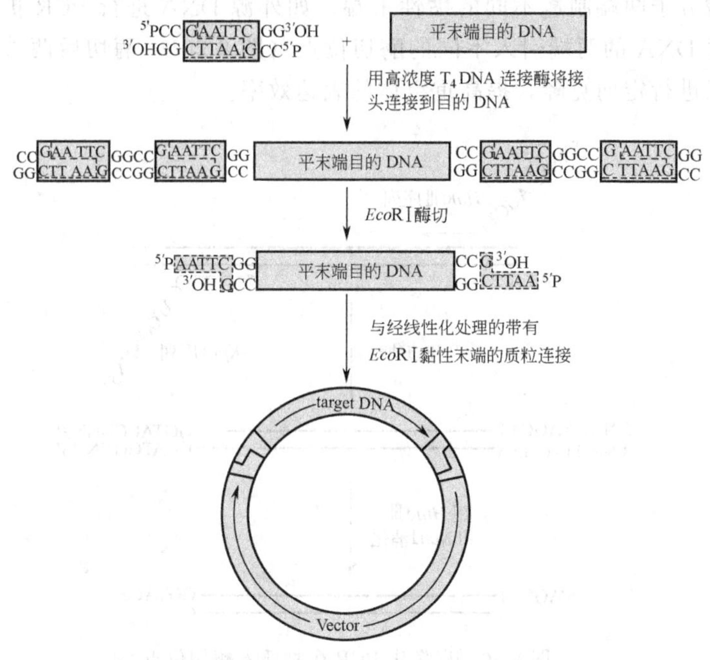

图 8-18 平末端双链 DNA 加接头与载体连接

与接头相似的，适配子是一条或两条人工合成的寡聚核苷酸片段，含有某种酶切割产生的突出黏性末端序列。适配子与其他适配子、接头组成双链，具有适宜的酶切位点或酶切黏性末端，可连接具有不同黏性末端的载体和外源 DNA 分子。

此外，末端转移酶可以在 DNA 的 3′—OH 末端添加多聚核苷酸，产生突出的 3′突出的同聚物尾，外源 DNA 和载体的 3′—OH 端的同聚物尾互补配对，就可在 T_4 连接酶的作用下连接在一起（图 8-19）。

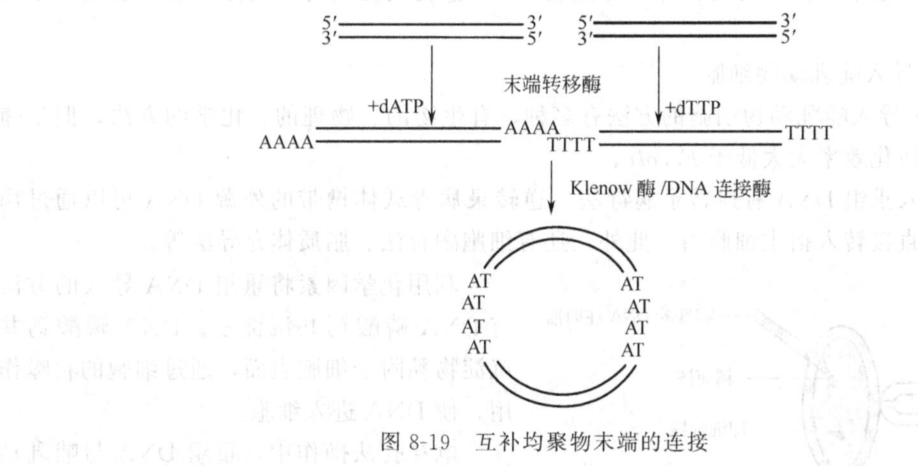

图 8-19 互补均聚物末端的连接

通过这些技术，无论外源 DNA 分子有无限制性酶切位点，均可将外源 DNA 和载体连接在一起。当外源 DNA 和载体使用相同的限制性内切酶进行切割时，两端的黏性末端序列相同，则外源DNA以两种方向插入载体，如果需要外源DNA在宿主细胞内表达，则外源DNA分子插入载体的方向会影响重组体的表达效率，因此，需要对外源DNA进行定向克隆。若同一条核酸分子两端的黏性末端序列不同，与载体连接时即可实现定向克隆。有多种方法，可在核酸分子两端制造不同的黏性末端。如外源DNA进行PCR扩增时，即可通过扩增引物在外源DNA的两端引入不同的酶切位点（图8-20），酶切后两端的突出黏性末端序列不同，可以进行定向克隆，提高重组体的表达效率。

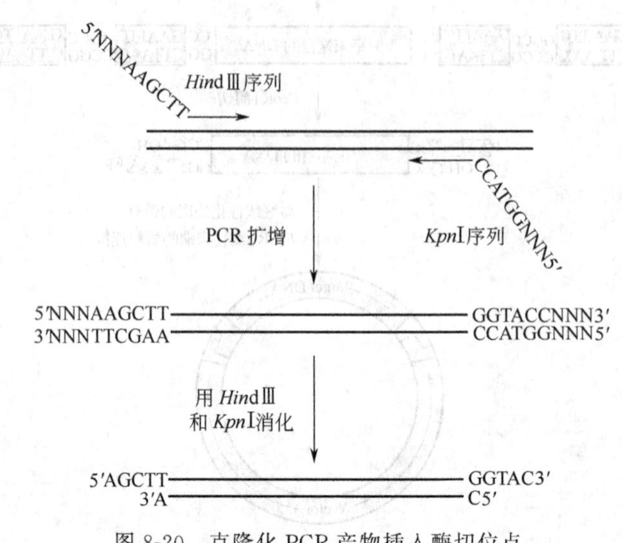

图8-20 克隆化PCR产物插入酶切位点

五、重组体导入受体细胞

重组DNA是一个复制单元，导入宿主细胞内，进行扩增，表达外源基因。受体细胞可以是原核细胞，也可以是真核细胞。

1. 重组体导入原核生物细胞

根据载体的类型以及重组子的大小，重组DNA进入受体菌的方式有所不同。质粒载体可以通过$CaCl_2$法、电击法转化宿主菌。噬菌体载体和柯斯质粒载体长约50kb，分子量较大，直接转化的效率很低，需要在体外将重组DNA包装成完整的噬菌体颗粒，感染宿主菌*E. coli*。

2. 重组体导入哺乳动物细胞

重组DNA导入哺乳动物细胞的方法有多种，有生物的、物理的、化学的方法，但是哺乳动物细胞的转化效率大大低于*E. coli*。

生物法导入重组DNA有逆转录病毒法。逆转录病毒载体携带的外源DNA可以通过病毒的感染过程直接转入宿主细胞内。此外，还有细胞融合法、脂质体介导法等。

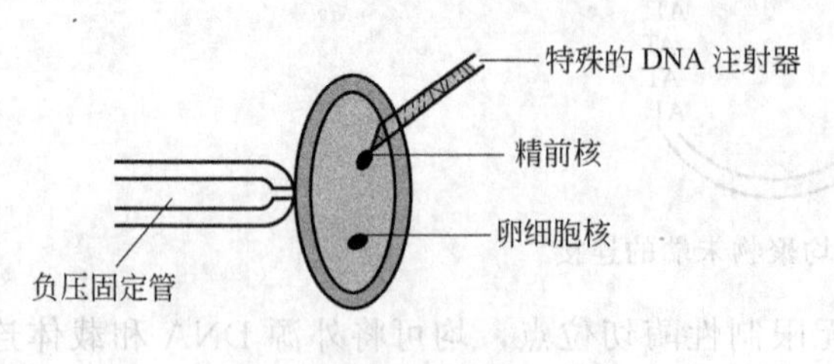

图8-21 显微注射示意

利用化学因素将重组DNA导入的方法有DNA-磷酸钙共沉淀法。DNA-磷酸钙共沉淀物黏附于细胞表面，通过细胞的吞噬作用，使DNA进入细胞。

电穿孔法操作中，重组DNA与哺乳动物细胞混合，高压脉冲电场作用下，细胞膜出现瞬间可逆性穿孔，DNA导入受体细胞。

显微注射法，通过特殊的操作直接将外源基因导入受体细胞，一般为受精卵（图8-21）。此方法对操作人员的操作熟练程度要求很高。

六、重组子的筛选和鉴定

完成重组和转化操作后，检测重组 DNA 是否已经导入受体细胞，导入受体细胞的重组 DNA 中是否含有外源目的基因片段，这就需要对转化体进行筛选、鉴定，在培养的细胞中找出阳性克隆，排除可能的假阳性结果。筛选（screening）是排除大量无关的克隆，获得和鉴定出某一细胞含有目的基因的过程。

1. 抗性标记筛选

质粒载体 pBR322 可以提供宿主菌氨苄西林抗性（amp^r）和四环素抗性（tet^r），载体的这两个基因内部均有限制性内切酶位点，可以插入外源 DNA。以外源 DNA 插入四环素抗性基因为例，如果外源 DNA 和载体重组成功，则四环素抗性丢失；重组 DNA 成功转化宿主菌后，宿主菌就可以在含有 amp 培养基中生长，而不能在含有 tet 培养基中生长；如果载体中没有插入外源 DNA，转化受体菌后，受体菌可以在含有 amp 和 tet 培养基中生长。

2. 半乳糖苷酶的蓝/白斑筛选

pUC18/19 质粒和 pGEM 系列质粒载体中，可以引入编码 *lacZ* 基因的 α 肽序列，这段序列中含有 PCS。当无外源基因插入时，质粒表达的 α 肽与宿主的基因产物互补，可以产生有活性的 β-半乳糖苷酶，在含有诱导物 IPTG 和指示剂 X-gal 的培养基中菌落呈蓝色。当外源基因成功插入载体后，不能正确表达 α 肽，因此无 β-半乳糖苷酶活性，在含指示剂 X-gal 的培养基中，菌落是白色的。这种培养基上的蓝/白斑菌落成为鉴定外源基因插入载体的常规筛选系统。

3. 营养缺陷型筛选

受体菌的营养缺陷型，如 Leu^-、His^- 等也可作为重组 DNA 的筛选标记。Leu 合成酶缺失的受体菌，不能在无 Leu 的培养基中生长，载体可携带 Leu 合成酶基因，转化受体菌后，使受体菌可以在不含 Leu 的培养基中生长。

4. 根据质粒大小检测

从转化细胞内提取重组质粒 DNA，进行琼脂糖凝胶电泳。加入非重组的载体作为阴性对照，同时加入 DNA 分子量标准品，电泳结束后，根据 DNA 分子量标准品的条带判定重组 DNA 片段是否为重组体。

5. PCR 法检测

外源基因插入载体的两侧序列已知，设计引物，扩增外源 DNA 序列，得到阳性 PCR 扩增产物，说明载体上含有目的基因片段。通过凝胶电泳、限制性酶切片段分析可以知道是否是单一的目的序列插入载体。

6. 分子杂交检测

根据已知序列设计杂交探针，可对转化体的重组 DNA 分子进行杂交检测。

七、外源基因的表达

受体细胞内表达外源基因必须具备基本的基因表达的元件。在此基础上，可以调控其他的因素加强外源基因的表达。

1. 基因表达的基本因素

原核表达体系内，外源基因的 5′端应具备启动子序列、转录起始位点、SD 序列、起始密码子等；3′端应具有不同相位的终止密码子、终止子等调控序列。这些序列间的相对位置，也会影响外源基因的表达量。外源基因插入表达载体时应具有正确的相位，才能翻译成正确的氨基酸序列。

2. 加强外源基因的表达

外源基因一般连接有强启动子序列，导入受体菌后，会在菌体细胞内大量表达，给菌体的正常生长带来沉重的负担。所以，一般选择可以诱导的启动子序列，如乳糖操纵子的启动子，当培养的菌体达到对数期时，加入义务诱导物——IPTG 诱导外源基因表达蛋白，可以减少菌体的代谢负担，控制外源基因的表达。

为了减少产物的提取、纯化步骤，表达的外源蛋白 N 端可以加上一段信号肽序列，使其以分泌蛋白的形式表达。外源蛋白也可以融合蛋白的形式表达，增加其在受体细胞内的稳定性，以增加表达量。

第三节 基因工程的应用

近年来，现代生物技术领域的研究和开发取得了显著的成绩，它为人类能更好地创造和制造有用的商品创造了条件。

一、转基因作物

从 20 世纪 80 年代初发展起来的植物基因工程技术能对植物进行精确改造，转基因作物(genetically modified crops，GMC)在产量、抗逆性和品质等方面均有显著改进；另外又可极大地降低农业生产的成本，缓解不断恶化的农业生态环境。人们将这次技术上的巨大飞跃，誉为第二次“绿色革命”，它将使全球农业生产发生深刻的变革。

自从 1985 年人类首次试种能够抵御害虫、病毒和细菌侵害的转基因作物以来，全球共有 40 多个国家进行试种。1996 年，世界转基因作物种植总面积仅为 170 万公顷，而到 2000 年就迅速增长至 4420 万公顷，占世界总耕地面积的 2%。主要种植国家为美国、加拿大、阿根廷和中国。目前，全球种植的转基因作物有很多种，如玉米、棉花、大豆、加拿大菜籽、烟草、番木瓜、土豆、西红柿、亚麻、向日葵、香蕉和瓜菜类等。从性能上区别，转基因作物分为四个种类：一是虫害作物，可抵御害虫的侵害，减少杀虫剂的使用量，该种作物可产生一种对某些害虫有毒性的蛋白，这种蛋白存在于常见的土壤细菌——芽孢杆菌属苏云金菌之中；二是抗除草剂作物；三是抗疾病作物；四是营养增强型作物，可提供更高含量的营养和维生素。

全球对于转基因作物的使用安全具有很大争议，很多国家出台了限制法规。因此，为保证转基因作物的应用必须建立起安全性保障。目前我国也建立了相关机构，制定了相应的政策法规，以确保转基因作物的安全性。

二、基因治疗

基因治疗是以改变人的遗传物质为基础的生物医学治疗，它是通过一定方式将人正常的基因或有治疗作用的 DNA 序列片段导入人体靶细胞，从而纠正基因的缺陷或者发挥治疗作用。基因治疗针对的是疾病的根源——异常的基因，因而具有重大的医疗价值和巨大的商业价值。

拥有我国自主知识产权的重组人 p53 腺病毒注射液，于 2004 年 1 月 20 日经国家批准获得准字号生产批文，正式上市。它是世界上第一个获得国家批准的基因治疗药物，拥有良好的治疗头颈部鳞癌的效果。

基因治疗安全性问题一直是个热点问题。1999 年美国宾夕法尼亚州一位鸟氨酸转甲酰酶缺乏症病人死于基因治疗，2000 年法国一位 4 岁小孩因基因治疗而患上白血病，这使人们对基因治疗安全性产生怀疑。所以，如何改造基因治疗载体，特别是解决逆转录病毒的安全性问题，使之更为安全有效，将是未来基因治疗研究和临床试验的一大热点和难点。

三、基因工程药物与疫苗

我国自从第一个基因工程一类新药重组人干扰素 α1b 于 1989 年被批准上市以来，这一领域的技术日趋成熟，无论是上游构建还是中试开发以及规模化生产，均达到或接近国际先进水平。截至 2001 年底，我国已有 17 种基因工程新药（按照品种计算）获准上市，其中有 6 种产品作为一类新药被批准上市，例如重组人碱性成纤维细胞生长因子、表皮生长因子、链激酶等均为我国率先上市的基因工程新药。另外，尚有数十种基因工程新药已被批准进入临床，其中一类新药占较大比例。

基因工程乙肝疫苗是我国 1991 年正式批准投放市场的第一种重组疫苗，获国家科技进步一等奖。继乙肝疫苗之后，我国又研制成功了具有自主知识产权的痢疾、霍乱等基因工程疫苗，经国家批准上市。十余年间，已有数十种新型疫苗被批准上市。

四、基因工程展望

总之，基因工程已在农业、医药、轻工业、食品、环保、海洋和能源等许多方面得到广泛的应用，同时，医药、农业生物技术等一些新型产业正在迅速形成。

基因工程的发展趋势主要体现在如下几个方面：新技术的开发、利用、传播；基因工程药物、疫苗产业全球化发展，市场前景光明；基因治疗取得重大进展，可能革新整个疾病的预防和治疗的理念；人类基因组序列测定，基因功能逐渐阐明，并被商业开发利用；蛋白质工程是基因工程的发展，将分子生物学、结构生物学、计算机技术结合起来，形成了一门高度综合的学科；信息技术的高度发展，渗透进生命科学，形成了用途广泛的生物信息学。

现代基因工程产品，商业化、产业化、全球化，产品不断增加，给人类的生活、社会和环境带来了不可估量的前景。

习　题

1. 制备的核酸样品的含量和纯度如何测定?
2. 分子杂交的探针有哪些标记方法?
3. 哪些方法可用于未知核酸序列的 PCR 扩增，说明过程?
4. 如何进行 mRNA 的扩增?
5. 获得真核生物目的基因的方法有哪些?
6. 如何实现载体和外源 DNA 的定向连接?
7. 简述 pBR322 质粒载体携带外源基因的筛选、鉴定。
8. 如何增强真核生物基因在受体菌中的表达?
9. 如何增强表达产物的稳定性及产量?

分子生物学实验

实验一　质粒DNA的微量制备

【实验目的】

1. 了解质粒的特性及其在分子生物学研究中的作用。

2. 掌握质粒DNA分离、纯化的原理。

3. 学习碱裂解法和煮沸法分离质粒DNA的方法。

【实验原理】

质粒（plasmid）是一种双链的共价闭环状的DNA分子，它是染色体外能够稳定遗传的因子。所有分离质粒DNA的方法都包括3个基本步骤：培养细菌使质粒扩增；收集和裂解细菌；分离和纯化质粒DNA。质粒DNA分离纯化方法有多种，但其原理和步骤大同小异，本实验着重介绍两种常用的、快速、微量方法。

1. 碱裂解法：在乙二胺四乙酸（EDTA）存在条件下，用溶菌酶破坏细菌细胞壁，同时经过NaOH和阴离子去污剂十二烷基硫酸钠（SDS）处理，使细胞膜崩解，从而达到菌体充分的裂解。此时，细菌染色体DNA缠绕附着在细胞膜碎片上，离心时易被沉淀出来；而质粒DNA则留在上清液内，其中还含有可溶性蛋白质、核糖核蛋白和少量染色体DNA，实验中加入蛋白质水解酶和核糖核酸酶，可以使它们分解，通过碱性酚（pH8.0）和氯仿-异戊醇混合液的抽提可以除去蛋白质等。异戊醇的作用是降低表面张力，可以减少抽提过程中产生的泡沫，并能使离心后水层、变性蛋白层和有机层维持稳定。含有质粒DNA的上清液用乙醇或异丙醇沉淀，获得质粒DNA。

2. 煮沸法：细胞经溶菌酶破壁后，用含有TritonX-100的缓冲溶液处理，溶解细胞膜。在高温条件下，使蛋白质变性。变性蛋白带着染色体DNA一起沉淀下来，质粒DNA仍留在上清液中。离心后的上清液再用异丙醇或乙醇处理，沉淀出质粒DNA。

以上两种制备方法的实验过程中，由于细菌裂解后受到剪切力或核酸降解酶的作用，染色体DNA容易被切断成为各种大小不同的碎片而与质粒DNA共同存在，因此，采用乙醇沉淀法得到的DNA除含有质粒DNA外，还可能有少部分染色体DNA和RNA，必要时可进一步纯化。

在细胞内，质粒以超螺旋的形式存在于细胞质内，这种DNA分子称为共价闭合环状DNA（cccDNA）。在一些条件下，如果两条链中有一条链发生一处或多处断裂，则另一条链就能自由旋转而使分子内的扭曲消除，形成松弛型的分子，称为开环DNA（ocDNA），本实验制备出的质粒为cccDNA，但由于较长时间的储存或操作等原因，会形成部分ocD-NA。

本实验制得的质粒DNA经鉴定后可直接用于限制性内切酶降解、细菌转化以及体外重组试验。

【实验材料】

1. 碱裂解法：携带pBR322质粒的大肠杆菌HB101菌株。

2. 煮沸法：携带质粒的大肠杆菌菌株，如已携带质粒的DH5α菌株。

【实验仪器】

试管，Eppendorf小离心管，移液器，微量注射器，微孔滤膜细菌滤器，电热恒温水浴，电热恒温培养箱，恒温振荡器，高速台式离心机，沸水浴，冰块，接种环，旋涡混合器。

【实验试剂】

1. LB固体和液体培养基

（1）LB液体培养基：胰蛋白胨10g/L，酵母浸膏5g/L，NaCl 10g/L，用NaOH溶液调节至pH7.5，高压灭菌。

（2）LB固体培养基：液体培养基中每升加12g琼脂粉，高压灭菌。

2. TEG缓冲溶液：称取0.3g Tris，加入0.1mol/L HCl溶液14.6ml，先配制成pH8.0 Tris-HCl缓冲溶液100ml，再加入0.37g EDTA-Na_2·$2H_2O$和0.99g葡萄糖，临用前加入400mg溶菌酶。

3. 碱裂解液：称取0.8g NaOH和1g SDS，定容至100ml。

4. 乙酸钾溶液：取60ml 5mol/L KAc，加入11.5ml冰乙酸和28.5ml蒸馏水。

5. 1mol/L pH8.0 Tris-HCl缓冲溶液：Tris 121.14g/L，用盐酸调至pH8.0。

6. 酚/氯仿（1∶1）溶液配制

（1）将商品苯酚置65℃水浴上缓缓加热熔化，取200ml熔化酚，加入等体积的1mol/L pH8.0 Tris-HCl缓冲溶液和0.2g（0.1%）8-羟基喹啉，于分液漏斗内剧烈振荡，避光静置使其分相。

（2）弃去上层水相，再用0.1mol/L pH8.0 Tris-HCl缓冲溶液与有机相等体积混匀，充分振荡，静置分相，留取有机相。

（3）配制氯仿/异戊醇混合液：将24份氯仿与1份异戊醇混合均匀。

（4）等体积的酚和氯仿/异戊醇溶液混合。放置后，上层若出现水相，可吸取弃去。有机相置棕色瓶内低温保存。

7. TE缓冲溶液：称取0.12g Tris，加适量蒸馏水溶解，用1mol/L盐酸调至pH8.0并定容至100ml，加入0.037g EDTA-Na_2·$2H_2O$。临用前加入核糖核酸酶，为了使RNase制剂中混杂的DNase失活，临用前80℃处理10min。

8. STET溶液：称取0.121g Tris、0.037g EDTA-Na_2·$2H_2O$溶于80ml蒸馏水，用1mol/L盐酸调pH8.0，并定容至100ml。称取0.584g NaCl和5g TritonX-100，用上述溶液溶解后定容至100ml。

9. 溶菌酶溶液：用10mmol/L Tris-HCl缓冲溶液（pH8.0）配制。

10. 2.5mol/L乙酸钠溶液（pH5.2）：称取34g NaAc·$3H_2O$，溶于80ml水中，用HAc调至pH5.2并定容至1000ml。

【实验步骤】

（一）碱裂解法

1. 培养细菌扩增质粒

(1) 根据质粒的抗性于 3ml LB 液体培养基内加入适当的抗生素。

(2) 用接种环挑取 1 个单菌落或吸取少量菌液于含上述双抗 LB 液体培养基的灭过菌的试管中，37℃，振荡培养 12h 左右。

2. 收集菌体和裂解细菌

(1) 取 1.5ml 培养液置 Eppendorf 小离心管内，离心，5000r/min，5min，弃去上清液，保留菌体沉淀。如菌量不足可再加入培养液，重复离心，收集菌体。

(2) 将菌体沉淀悬浮于预冷的 150μl TEG 缓冲溶液内，剧烈振荡、混匀，室温放置 10min。

(3) 加入 200μl 新鲜配制的碱裂解液，加盖，颠倒数次轻轻混匀，冰上放置 5min。

3. 分离纯化质粒 DNA

(1) 加入 150μl 冷却的乙酸钾溶液，加盖加温和颠倒数次混匀，冰浴放置 15min，使沉淀完全。

(2) 4℃下离心，12000r/min，5min，乙酸钾能沉淀 SDS 与蛋白质的复合物，并使过量的 SDS-Na^+ 转化为溶解度很低的 SDS-K^+ 一起沉淀下来。离心后，上清液若仍混浊，应混匀后再冷至 0℃，重复离心。上清液转移至另一干净的 Eppendorf 管内。

(3) 加入等体积的酚/氯仿饱和溶液，反复振荡，离心，12000r/min，2min，小心吸取上层水相溶液，转移到另一个 Eppendorf 管中。

(4) 上述溶液中加入两倍体积的预冷无水乙醇，混合摇匀，于冰上放置 10min。4℃下离心，12000r/min，5min，弃去上清液，并将 Eppendorf 管倒置在干滤纸上，空干管壁黏附的溶液。

(5) 加入 70%冷乙醇 1ml，洗涤沉淀物，离心，弃去上清液，尽可能除净管壁上的液珠，放置干燥或真空干燥，即得质粒 DNA 制品。

(6) 将 DNA 沉淀溶于 20μl TE 缓冲溶液（临用前加入 20μg/ml RNaseA），置 −20℃ 保存。

采用此方法从一个菌落大约能制得 2μg 以上的质粒 DNA，足够供给凝胶电泳以鉴定质粒 DNA。

取 10μl DNA 溶解液加入 2μl 合适的酶解缓冲溶液和适量限制性核酸内切酶，37℃保温 1～2h 后加入 2μl 终止液，即可用于凝胶电泳分析。

（二）煮沸法

(1) 把带有质粒的大肠杆菌 1 个菌落或少量培养液接种于 4ml LB 液体培养基，并根据质粒的抗性加入合适的抗生素，于 37℃振荡过夜。

(2) 取 1.5ml 培养液到 Eppendorf 管中，离心，8000r/min，5min，弃去上清液，倒扣 Eppendorf 管在干滤纸上，空干溶液。

(3) 将菌体重新悬浮于 350μl STET 缓冲溶液中，加入 25μl 新配制的溶菌酶溶液。置旋涡混合器上旋转混匀 3s。

(4) 将 Eppendorf 管放在沸水浴中煮 40s（准确）。

(5) 室温下立即离心，12000r/min，10min，将上清液吸到另一个无菌的 Eppendorf 管中。

(6) 于上清液中加入 40μl 2.5mol/L 乙酸钠溶液和 420μl（1 倍体积）异戊醇溶液（或

加入2～2.5倍体积的95%乙醇），旋涡混合器上混匀后室温放置5min。

（7）在4℃下离心，12000r/min，5min。

（8）弃去上清液，DNA沉淀用1ml 70%冷乙醇洗涤，同（7）离心，吸去上清液，倒扣离心管于干滤纸上，尽量空干管内液体，室温干燥或真空干燥。

（9）将DNA沉淀溶解在20～50μl TE缓冲溶液中（临用前加入20μg/ml RNaseA，以除去样品中可能存在的DNA），37℃保存10min后，－20℃保存。

【注意事项】

（1）实验菌种生长的好坏直接影响质粒DNA的提取，因此对存放时间较长的菌种需要事先加以活化。有关细菌培养、保存的方法请查阅微生物有关书籍。

（2）细菌培养过程要求无菌操作。抗生素等不能高温灭菌，应使用细菌滤器过滤后使用。细菌培养液、配试剂用的蒸馏水、试管和Eppendorf离心管等有关用具和某些试剂经高压灭菌处理。接触过细菌的器具用后应消毒灭菌再洗净。

（3）制备质粒的过程中，所有操作必须温和，不要剧烈振荡，以避免机械剪切力对DNA的断裂作用。同时也应防止DNase引起DNA的降解。

（4）加入乙酸钾溶液后，可用小玻璃棒轻轻搅开团状沉淀物，防止质粒DNA被包埋在沉淀物内，而不易释放出来。

（5）用酚/氯仿混合液除去蛋白效果比单独使用更好，为充分除去残余的蛋白质，可以进行多次抽提，直至两相间无絮状蛋白沉淀。

（6）提取的各步操作尽量在低温条件下进行（冰浴上）。

（7）为进一步除去残留蛋白质，可将DNA沉淀溶于适量TE缓冲溶液后，加入等体积酚/氯仿进行多次抽提，离心，吸去水相，再用乙醇沉淀DNA。

（8）沉淀DNA可用1倍体积异丙醇或2倍体积乙醇。

【思考题】

1. 碱法提取质粒的过程中，EDTA、溶菌酶、NaOH、SDS、乙酸钾、酚/氯仿等试剂的作用是什么？

2. 煮沸法有什么优缺点？

3. 质粒提取过程中，应注意哪些操作？为什么？

实验二　DNA酶切及凝胶电泳

【实验目的】

掌握质粒DNA的酶切原理及操作方法。

【实验原理】

DNA分子在琼脂糖凝胶中泳动时有电荷效应和分子筛效应。DNA分子在高于等电点的pH溶液中带负电荷，在电场中向正极移动。由于糖-磷酸骨架在结构上的重复性质，相同数量的双链DNA几乎具有等量的净电荷，因此它们能以相同的速度向正极方向移动。在一定的电场强度下，DNA分子的迁移速度取决于分子筛效应，即DNA分子本身的大小和构型。具有不同的分子量的DNA片段泳动速度不一样，可进行分离。DNA分子的迁移速度与分子量对数值成反比关系。凝胶电泳不仅可以分离不同分子量的DNA，也可以分离分子量相同但构型不同的DNA分子。如pUC19质粒，有3种构型：超螺旋的共价闭合环状DNA（covalently closed circular DNA，cccDNA）；开环DNA（open circular DNA，ocDNA），即共价闭合环状DNA一条链断裂；线状DNA（linear DNA，lDNA），即共价闭合环状DNA两条链发生断裂。这3种构型的DNA分子在凝胶电泳中的迁移率不同，因此电泳后呈3条带，超螺旋的共价闭合环状DNA泳动最快，其次为线状DNA、开环DNA。

【实验材料】

DNA：购买或自行提取纯化；重组pBS质粒或pUC19质粒；*Eco*RⅠ酶及其酶切缓冲溶液：购买成品；*Hind*Ⅲ酶及其酶切缓冲溶液：购买成品；琼脂糖（agarose）：进口或国产的电泳用琼脂糖均可。

【实验仪器】

水平式电泳装置，电泳仪，台式高速离心机，恒温水浴锅，微量移液枪，微波炉或电炉，紫外透射仪，照相支架，照相机及其附件。

【实验试剂】

1. 5×TBE电泳缓冲溶液：称取Tris 54g，硼酸27.5g，并加入0.5mol/L EDTA（pH8.0）20ml，定溶至1000ml。

2. 6×电泳载样缓冲溶液：0.25%溴酚蓝，40%（质量/体积）蔗糖水溶液，储存于4℃。

3. 溴化乙锭（EB）溶液母液：将EB配制成10mg/ml，用铝箔或黑纸包裹容器，储于室温即可。

【实验步骤】

1. DNA酶切反应

（1）将清洁干燥并经灭菌的Eppendorf管（最好0.5ml）编号，用微量移液枪分别加入DNA 1μg和相应的限制性内切酶反应10×缓冲溶液2μl，再加入重蒸水使总体积为19μl，将管内溶液混匀后加入1μl酶液，用手指轻弹管壁使溶液混匀，也可用微量离心机甩一下，使溶液集中在管底。此步操作是整个实验成败的关键，要防止错加、漏加。使用限制性内切酶时应尽量减少其离开冰箱的时间，以免活性降低。

（2）混匀反应体系后，将Eppendorf管置于适当的支持物上（如插在泡沫塑料板上），37℃水浴保温2～3h，使酶切反应完全。

（3）每管加入2μl 0.1mol/L EDTA（pH8.0），混匀，以停止反应，置于冰箱中保存备用。

2. DNA分子量标准的制备：采用*Eco*RⅠ或*Hind*Ⅲ酶切所得的λDNA片段来作为电泳时的分子量标准。λDNA为长度约50kb的双链DNA分子，其商品溶液浓度为0.5mg/ml。酶切反应操作如上述。*Hind*Ⅲ切割DNA后得到8个片段，长度分别为23.1kb、9.4kb、6.6kb、4.4kb、2.3kb、2.0kb、0.56kb和0.12kb。*Eco*RⅠ切割lDNA后得到6个片段，长度分别为21.2kb、7.4kb、5.8kb、5.6kb、4.9kb和2.5kb。

3. 琼脂糖凝胶的制备

（1）取5×TBE缓冲溶液20ml，加水至200ml，配制成0.5×TBE稀释缓冲溶液，待用。

（2）凝胶液的制备：称取0.4g琼脂糖，置于200ml锥形瓶中，加入50ml 0.5×TBE稀释缓冲溶液，放入微波炉里（或电炉上），加热至琼脂糖全部溶化，取出摇匀，此为0.8%

琼脂糖凝胶液。加热过程中要不时摇动，使附于瓶壁上的琼脂糖颗粒进入溶液。加热时应盖上封口膜，以减少水分蒸发。

(3) 胶板的制备：将有机玻璃胶槽两端分别用橡皮膏（宽约 1cm）紧密封住。将封好的胶槽置于水平支持物上，插上样品梳子，注意观察梳子齿下缘应与胶槽底面保持 1mm 左右的间隙。向冷却至 50～60℃ 的琼脂糖凝胶液中加入溴化乙锭（EB）溶液使其终浓度为 0.5μg /ml（也可不把 EB 加入凝胶中，而是电泳后再用 0.5μg/ml 的 EB 溶液浸泡染色）。用移液器吸取少量溶化的琼脂糖凝胶封橡皮膏内侧，待琼脂糖溶液凝固后将剩余的琼脂糖小心地倒入胶槽内，使胶液形成均匀的胶层。倒胶时的温度不可太低，否则凝固不均匀，速度也不可太快，否则容易出现气泡。待胶完全凝固后拨出梳子，注意不要损伤梳子底部的凝胶，然后向槽内加入 0.5×TBE 稀释缓冲溶液至液面恰好没过胶板上表面。因边缘效应样品槽附近会有一些隆起，阻碍缓冲溶液进入样品槽中，所以要注意保证样品槽中应注满缓冲溶液。

(4) 加样：取 10μl 酶解液与 2μl 6×载样液混匀，用微量移液枪小心加入样品槽中。若 DNA 含量偏低，则可依上述比例增加上样量，但总体积不可超过样品槽容量。每加完一个样品要更换 tip 头，以防止互相污染。注意上样时要小心操作，避免损坏凝胶或将样品槽底部凝胶刺穿。

(5) 电泳：加完样后，合上电泳槽盖，立即接通电源。控制电压保持在 60～80V，电流在 40mA 以上。当溴酚蓝条带移动到距凝胶前沿约 2cm 时，停止电泳。

(6) 染色：未加 EB 的胶板在电泳完毕后移入 0.5μg/ml 的 EB 溶液中，室温下染色20～25min。

(7) 观察和拍照：在波长为 254nm 的长波长紫外灯下观察染色后的或已加有 EB 的电泳胶板。DNA 存在处显示出肉眼可辨的橘红色荧光条带。紫光灯下观察时应戴上防护眼镜或有机玻璃面罩，以免损伤眼睛。经照相机镜头加上近摄镜片和红色滤光片后将相机固定于照相架上，采用全色胶片，光圈 5.6，曝光时间 10～120s（根据荧光条带的深浅选择）。

(8) DNA 分子量标准曲线的制作：在放大的电泳照片上，以样品槽为起点，用卡尺测量 λDNA 的 *Eco*RⅠ和 *Hin*dⅢ酶切片段的迁移距离，以厘米为单位。以核苷酸数的常用对数为纵坐标，以迁移距离为横坐标，在坐标纸上绘出连接各点的平滑曲线，即为该电泳条件下 DNA 分子量的标准曲线。

(9) DNA 酶切片段大小的测定：在放大的电泳照片上，用卡尺量出 DNA 样品各片段的迁移距离，根据此数值，在 DNA 分子量标准曲线上查出相应的对数值，进一步计算出各片段的分子量大小（若用单对数坐标纸来绘制标准曲线，则可根据迁移距离直接查出 DNA 片段的大小）。反之，若已知 DNA 片段的大小亦可由标准曲线查出其预计的迁移距离。

(10) DNA 酶切片段排列顺序的确定：根据单酶切、双酶切和多酶切的电泳分析结果，对照 DNA 酶切片段大小的数据进行逻辑推理，然后确定各酶切片段的排列 PDF 文件使用顺序和各酶切位点的相对位置。以环状图或直线图表示，即成该 DNA 分子的限制性内切酶图谱。

【注意事项】

(1) 酶切时所加的 DNA 溶液体积不能太大，否则 DNA 溶液中其他成分会干扰酶反应。

（2）酶活力通常用酶单位（U）表示。酶单位的定义是：在最适反应条件下，1h 完全降解 1mg lDNA 的酶量为一个单位。但是许多实验制备的 DNA 不像 lDNA 那样易于降解，需适当增加酶的使用量。反应液中加入过量的酶是不合适的，除考虑成本外，酶液中的微量杂质可能干扰随后的反应。

（3）市场销售的酶一般浓度很大，为节约起见，使用时可事先用酶反应缓冲溶液（1×）进行稀释。另外，酶通常保存在 50%的甘油中，实验中，应将反应液中甘油浓度控制在 1/10之下，否则，酶活性将受影响。

（4）观察 DNA 离不开紫外透射仪，可是紫外光对 DNA 分子有切割作用。从胶上回收 DNA 时，应尽量缩短光照时间并采用长波长紫外灯，以减少紫外光切割 DNA。

（5）EB 是强诱变剂并有中等毒性，配制和使用时都应戴手套，并且不要把 EB 洒到桌面或地面上。凡是沾污了 EB 的容器或物品必须经专门处理后才能清洗或丢弃。

（6）当 EB 太多，胶染色过深，DNA 带看不清时，可将胶放入蒸馏水中冲泡，30min 后再观察。

【思考题】

1. 如果一个 DNA 酶解液在电泳后发现 DNA 未被切动，你认为可能是什么原因？

2. 琼脂糖凝胶电泳中 DNA 分子迁移率受哪些因素的影响？

实验三　基因组 DNA 的提取与定量

【实验目的】

1. 了解基因组 DNA 提取的原理。

2. 掌握基因组 DNA 的提取方法。

【实验原理】

制备基因组 DNA 是进行基因结构和功能研究的重要步骤，通常要求得到的片段长度不小于 100～200kb。在 DNA 提取过程中应尽量避免使 DNA 断裂和降解的各种因素，以保证 DNA 的完整性，为后续的实验打下基础。一般真核细胞基因组 DNA 有 10^7～10^9 bp，可以从新鲜组织、培养细胞或低温保存的组织细胞中提取，常采用在 EDTA 以及 SDS 等试剂存在下用蛋白酶 K 消化细胞，随后用酚抽提而实现的。这一方法获得的 DNA 不仅经酶切后可用于 Southern 分析，还可用于 PCR 的模板、文库构建等实验。

根据材料来源不同，采取不同的材料处理方法，随后的 DNA 提取方法大体类似，但都应考虑以下两个原则：①防止和抑制 DNase 对 DNA 的降解；②尽量减少对溶液中 DNA 的机械剪切破坏。

【实验材料】

新鲜或冰冻组织、培养细胞。

【实验仪器】

可调微量移液器、高速冷冻离心机、台式离心机、水浴锅、玻璃匀浆器、紫外分光光度计、电泳仪、电泳槽等。

【实验试剂】

1. TE：10mmol/L Tris-HCl（pH 7.8）；1mmol/L EDTA（pH 8.0）。

2. TBS：25mmol/L Tris-HCl（pH 7.4）；200mmol/L NaCl；5mmol/L KCl。

3. 裂解缓冲溶液：250mmol/L SDS，使用前加入蛋白酶 K 至 100mg/ml。

4. 20% SDS。

5. 2mg/ml 蛋白酶 K。

6. Tris 饱和酚（pH 8.0）、酚/氯仿（酚：氯仿=1：1）、氯仿。

7. 无水乙醇、75%乙醇。

【实验步骤】

（一）材料处理

1. 新鲜或冰冻组织处理

（1）取组织块 0.3～0.5cm^3，剪碎，加 TE 0.5ml，转移到匀浆器中匀浆。

（2）将匀浆液转移到 1.5ml 离心管中。

（3）加 20% SDS 25 ml、蛋白酶 K（2mg/ml）25 ml，混匀。

（4）60℃水浴 1～3h。

2. 培养细胞处理

（1）将培养细胞悬浮后，用 TBS 洗涤一次。

（2）4000*g* 离心 5min，去除上清液。

（3）加 10 倍体积的裂解缓冲溶液。

（4）50～55℃水浴 1～2h。

（二）DNA 提取

1. 加等体积饱和酚至上述样品处理液中，温和、充分混匀 3min。

2. 5000*g* 离心 10min，取上层水相到另一 1.5ml 离心管中。

3. 加等体积饱和酚，混匀，5000*g* 离心 10min，取上层水相到另一离心管中。

4. 加等体积酚/氯仿，轻轻混匀，5000*g* 离心 10min，取上层水相到另一离心管中。如水相仍不澄清，可重复此步骤数次。

5. 加等体积氯仿，轻轻混匀，5000*g* 离心 10min，取上层水相到另一离心管中。

6. 加 1/10 体积的 3mol/L 醋酸钠（pH 5.2）和 2.5 倍体积的无水乙醇，轻轻倒置混匀。

7. 待絮状物出现后，5000*g* 离心 5min，弃上清液。

8. 沉淀用 75%乙醇洗涤，5000*g* 离心 3min ，弃上清液。

9. 室温下挥发乙醇，待沉淀将近透明后加 50～100ml TE 溶解过夜。

（三）DNA 定量和电泳检测

1. DNA 定量：DNA 在 260nm 处有最大的吸收峰，蛋白质在 280nm 处有最大的吸收峰，盐和小分子则集中在 230nm 处。因此，可以用 260nm 波长进行分光测定 DNA 浓度，OD 值为 1 相当于大约 50μg/ml 双链 DNA。如用 1cm 光径，用 H_2O 稀释 DNA 样品 *n* 倍并以 H_2O 为空白对照，根据此时读出的 OD_{260} 值即可计算出样品稀释前的浓度：DNA（mg/ml）=50×OD_{260} 读数×稀释倍数/1000。

DNA 纯品的 OD_{260}/OD_{280} 为 1.8，故根据 OD_{260}/OD_{280} 的值可以估计 DNA 的纯度。若比值较高说明含有 RNA，比值较低说明有残余蛋白质存在。OD_{230}/OD_{260} 的值应在 0.4～0.5 之间，若比值较高说明有残余的盐存在。

2. 电泳检测：取 1μg 基因组 DNA 在 0.8%琼脂糖凝胶上电泳，检测 DNA 的完整性，或多个样品的浓度是否相同。电泳结束后在点样孔附近应有单一的高分子量条带。

【注意事项】

(1) 所有用品均需要高温高压，以灭活残余的DNA酶。

(2) 所有试剂均用高压灭菌双蒸水配制。

(3) 用大口滴管或吸头操作，以尽量减少打断DNA的可能性。

(4) 用上述方法提取的DNA纯度可以满足一般实验（如Southern杂交、PCR等）目的。如要求更高，可参考有关资料进行DNA纯化。

【思考题】

1. 提取基因组DNA的原理是什么？

2. 如何检测和保证DNA的质量？

实验四 Trizol法提取RNA

【实验目的】

1. 了解Trizol法提取RNA的原理。

2. 掌握RNA的提取过程。

【实验原理】

Trizol是一种RNA提取试剂，内含异硫氰酸胍等物质，能迅速破碎细胞，抑制从细胞中释放的核酸酶。Trizol法适用于人类、动物、植物、微生物的组织或培养细菌，样品量从几十毫克至几克。用Trizol法提取的总RNA绝无蛋白和DNA污染。RNA可直接用于Northern斑点分析、斑点杂交、polyA$^+$分离、体外翻译、RNase封阻分析和分子克隆。

【实验材料】

冻存或新鲜的组织，培养细胞。

【实验仪器】

可调微量移液器、高速冷冻离心机、台式离心机、水浴锅、玻璃匀浆器、紫外分光光度计、电泳仪、电泳槽等。

【实验试剂】

1. Trizol试剂。

2. 无RNA酶灭菌水：用将高温烘烤的100ml蓝盖瓶（180℃，2h）装蒸馏水，然后加入0.1ml的DEPC（体积/体积），处理过夜。

3. 75%乙醇（在抽提时现配）：在15ml塑料离心管中加入3ml DEPC水和3ml无水乙醇，存放于低温冰箱。

4. 新打开的氯仿、异丙醇和乙醇。

5. 新配的电泳缓冲溶液，专跑RNA的琼脂糖（agarose）。

【实验步骤】

（一）材料处理

1. 从新鲜组织中提取RNA：用灭过菌的剪刀切取50～100mg组织于玻璃匀浆器，加入0.8ml Trizol，匀浆至看不见较明显的组织块后，转入1ml离心管中，用余下的0.2ml Trizol洗涤匀浆器后并入离心管中。Trizol的量不足会造成提取出的RNA混有DNA成分。

2. 从冻存组织中提取RNA：用灭过菌的剪刀切取待测组织，用锡纸包好，标记后迅速投入液氮中。液氮中冷冻2～3h后，可转入−70℃冰箱保存，或一直保存在液氮中。提取时将液氮少量多次地加入研钵中，直到液氮导入后无沸腾，无响声为止。从液氮中取出待测组织，称重后立即投入盛有液氮的研钵中。将组织研磨，期间不停地补充液氮，直至呈细粉状。用药勺转移至一离心管中，以1g组织加10ml Trizol的比例加Trizol混匀（组织的体积不能超过Trizol的10%），转入预冷的玻璃匀浆器中匀浆至黏稠状，静置5min使其充分裂解，以使核蛋白复合物充分分离，膜碎片、多糖、高分子量的DNA沉淀到下部，RNA留在上清液中，此时可转入−70℃冰箱中长期保存。

3. 从贴壁细胞中提取RNA：从贴壁细胞中提取RNA不需处理，可直接按$10cm^2/ml$加入Trizol，转入1ml离心管中，颠倒混匀10下，进行消化、裂解。

4. 悬浮细胞或微生物中提取RNA：可通过离心直接收集，颠倒混匀10下，每1ml Trizol可裂解5×10^6动物细胞、植物细胞或酵母细胞，或10^7细菌细胞。一些细菌细胞或酵母细胞需要经过匀浆器匀浆。

5. 可选步骤：如样品中含有较多蛋白质、脂肪、多糖或胞外物质（肌肉、植物结节部分等），可于2～8℃ 10000*g*离心10min，取上清液。离心得到的沉淀中包括细胞外膜、多糖、高分子量DNA，上清液中含有RNA。处理脂肪组织时，上层有大量油脂应去除。取澄清的匀浆液进行下一步操作。

（二）提取过程

1. 分离阶段：研磨液室温放置5min，然后以每0.2ml氯仿/1ml Trizol的比例加入氯仿，盖紧离心管，用手剧烈摇荡离心管15s，室温放置15min。此时DNA沉于下层有机相（粉红色），蛋白质于中间层，RNA被萃取于上层水相，约占总体积的60%。上层水相中的RNA经过一系列的离心、洗涤后，可溶解在8mmol/L NaOH中。

2. 加异丙醇沉淀RNA：小心取上层水相于一新的离心管中，加等体积异丙醇（按每1ml Trizol原液加0.5ml异丙醇），室温放置10min，2～8℃12000*g*离心10min，离心前看不出RNA沉淀，离心后在管侧和管底出现胶状沉淀，移去上清液。

3. 乙醇洗涤：弃去上清液，并倒扣于吸水纸上以除去上清液，每使用1ml Trizol至少加1ml 75%乙醇，涡旋混匀。2～8℃不超过7500*g*离心5min，弃上清液。此时RNA沉淀在75%乙醇中，可在4℃保存一周，−20℃保存一年。

4. RNA的再溶解与保存：小心弃去上清液，然后在空气中晾5～10min。注意不要过分干燥，否则会降低RNA的溶解度。加入25～200μl无RNase的水或0.5%SDS，用枪头吸打几次，55～60℃放置10min使RNA溶解。如RNA用于酶切反应，勿使用SDS溶液。RNA也可用100%的去离子甲酰胺溶解，−70℃保存。

【注意事项】

所有的组织中均存在RNA酶，人的皮肤、手指、试剂、容器等均可能污染，因此全部实验过程中均需戴手套操作并经常更换（使用一次性手套）。所用的玻璃器皿需置于干燥烘箱中200℃烘烤2h以上。凡是不能用高温烘烤的材料如塑料容器等皆可用0.1%的焦碳酸二乙酯（DEPC）水溶液处理，再用蒸馏水冲净。DEPC是RNA酶的化学修饰剂，它和RNA酶的活性基团组氨酸的咪唑环反应而抑制酶活性。DEPC与氨水溶液混合会产生致癌物，因而使用时需小心。试验所用试剂也可用DEPC处理，加入DEPC至0.1%浓度，然后剧烈振荡10min，再煮沸15min或高压灭菌以消除残存的DEPC，否则DEPC也能和腺嘌呤作用而破坏mRNA活性。但DEPC能与胺和巯基反应，因而含Tris和DTT的试剂不能用DEPC

处理。Tris 溶液可用 DEPC 处理的水配制然后高压灭菌。配制的溶液如不能高压灭菌，可用 DEPC 处理的水配制，并尽可能用未曾开封的试剂。除 DEPC 外，也可用异硫氰酸胍、钒氧核苷酸复合物、RNA 酶抑制蛋白等。

【思考题】

1. Trizol 法提取 RNA 的原理是什么？
2. 实验过程中怎样防止 RNA 的降解？

实验五 PCR 及 RT-PCR

【实验目的】

掌握聚合酶链反应（PCR）及逆转录-聚合酶链反应（RT-PCR）的基本方法。

【实验原理】

PCR 用于扩增位于两段已知序列之间的 DNA 区段。在由 *Taq* DNA 聚合酶催化的一系列合成反应中，使用两段寡核苷酸作为反应的引物。一般情况下，这两段寡核苷酸引物的序列互不相同，并分别与模板 DNA 两条链上的各一段序列互补，而这两段模板序列又分别位于待扩增的两侧。反应时 PCR 包括三个基本步骤：①变性，目的双链 DNA 片段在 94℃下解链；②退火，两种寡核苷酸引物在适当温度（50℃左右）下与模板上的目的序列通过氢键配对；③延伸，在 *Taq* DNA 聚合酶合成 DNA 的最适温度下，以目的 DNA 为模板进行合成。由这三个基本步骤组成一轮循环，理论上每一轮循环将使目的 DNA 扩增 1 倍，这些经合成产生的 DNA 又可作为下一轮循环的模板，所以经 25～35 轮循环就可使 DNA 扩增达 10^6 倍。

RT-PCR 是以 RNA 为模板，联合逆转录（RT）与 PCR，可用于检测单个细胞或少数细胞中少于 10 个拷贝的特异 DNA，为 RNA 病毒检测提供了方便；并为获得与扩增特定的 RNA 互补的 cDNA 提供了一条极为有利和有效的途径。RNA 扩增包括两个步骤：①在单引物的介导下和逆转录酶的催化下，合成 RNA 的互补链 cDNA；②加热后 cDNA 与 RNA 链解离，然后与另一引物退火，并由 DNA 聚合酶催化引物延伸生成双链靶 DNA，最后扩增靶 DNA。

在 RT-PCR 中关键步骤是 RNA 的逆转录，cDNA 的 PCR 与一般 PCR 条件一样。由于引物的高度选择性，细胞总 RNA 无需进行分级分离，即可直接用于 RNA 的 PCR。但 RT-PCR 对 RNA 制品的要求极为严格，作为模板的 RNA 分子必须是完整的，并且不含 DNA、蛋白质和其他杂质。RNA 中即使含有极微量的 DNA，经扩增后也会出现非特异性扩增；蛋白质未除净，与 RNA 结合后会影响逆转录和 PCR；残存的 RNase 极易将模板 RNA 降解掉。硫氰酸胍-CsCl 法或酸性硫氰酸胍-酚-氯仿法可获得理想的 RNA 制品，尤以后者方法为佳，适合一般实验室进行。常用的逆转录酶有两种，即禽类成髓细胞性白血病病毒（avian myeloblastosis virus，AMV）和莫洛尼鼠类白血病病毒（Moloney murine leukemia virus，Mo-MLV）的逆转录酶。一般情况下用 Mo-MLV-RT 酶较多，但模板 RNA 的二级结构严重影响逆转录时，可改用 AMV-RT 酶，因后者最适温度为 72℃，高于 Mo-MLV-RT 酶的最适温度（37℃），而较高的反应温度有助于消除 RNA 的二级结构。

一步法扩增（one step amplification）是为了检测低丰度 mRNA 的表达，利用同一种缓冲溶液，在同一体系中加入逆转录酶、引物、*Taq* 酶、4 种 dNTP 直接进行 mRNA 逆转录与PCR扩增。发现*Taq*酶不仅具有DNA多聚酶的作用，而且具有逆转录酶活性，可利用其双重作用在同一体系中直接以mRNA为模板进行逆转录和其后的PCR扩增，从而使mRNA的PCR步骤更为简化，所需样品量减少到最低限度，对临床小样品的检测非常有利。用一步法扩增可检测出总RNA中小于1ng的低丰度mRNA。该法还可用于低丰度mRNA的cDNA文库的构建及特异cDNA的克隆，并有可能与*Taq*酶的测序技术相结合，使得自动逆转录、基因扩增与基因转录产物的测序在一个试管中进行。

【实验材料】

单链或双链形式的DNA靶序列。

【实验仪器】

DNA扩增仪、台式高速离心机、电泳仪、电泳槽、Pharmacia Biotech公司的ImageMaster VDS凝胶成像仪、Eppendorf管、tip头、微量加样枪（0.5～10μl、5～40μl和40～200μl各1支）、Eppendorf管架。

【实验试剂】

1. 10×PCR缓冲溶液（不含$MgCl_2$）。
2. 5mmol/L dNTP，4种dNTP每种浓度均为2.5mmol/L。
3. *Taq* DNA聚合酶（5U/μl）。
4. $MgCl_2$，25mmol/L。
5. 5×TBE电泳缓冲溶液。
6. 10g/L溴化乙锭。
7. 1%～2%琼脂糖凝胶（浓度视待扩增的DNA片段大小而定）。

两对套叠式引物。

【实验步骤】

（一）以DNA为模板的PCR扩增反应

1. 按以下次序，将各成分在0.2ml Eppendorf管中混合：

模板DNA（100mg/L）	5.0μl
10×PCR缓冲溶液	5.0μl
2.5mmol/L dNTP	4.0μl
引物（5′端，30pmol/L）	1.0μl
引物（3′端，30pmol/L）	1.0μl
$MgCl_2$（25mmol/L）	3.0μl
*Taq*酶（5U/μl）	0.3μl。

用灭菌双蒸馏水补足体积至50μl。

2. 将溶液混匀，15000r/min离心10s。

3. 用50μl轻矿物油覆盖于反应混合液上，防止样品在重复加热-冷却过程中蒸发（这步可省略）。

4. 按以下方法进行扩增。典型的变性、退火和延伸条件如下：

循环	变性	退火	延伸
首轮循环	94℃，5min	55℃，1min	72℃，1min
后续循环	94℃，1min	55℃，1min	72℃，1min
末轮循环	94℃，1min	55℃，1min	72℃，7min

5. 末轮循环后不再变性，15000r/min 离心 2min，将反应物转入另一小管中，置－20℃保存。

6. 从反应混合液中取出扩增产物DNA进行凝胶电泳、Southern 杂交或DNA序列测定分析。

（二）以mRNA为模板的PCR扩增反应

1. 设置合成cDNA第一链的反应：

（1）4×扩增缓冲溶液	2.0μl
（2）2.5mmol/L dNTP	2.0μl
（3）oligo（dT）12～18（100mg/L）	0.5μl
（4）RNA抑制剂	20U
（5）mRNA	1μl
（6）25mmol/L $MgCl_2$	2μl
（7）加水至终体积	20μl

注：可用10～50pmol随机引物代替oligo（dT）作为引物。

2. 将溶液混匀，以15000r/min 离心 10s，将反应混合液置65℃变性5min，使mRNA均变为单链。

3. 将100～200U Mo-MLV 逆转录酶加入混合物中，混匀，将反应混合物置37℃温育30min。

4. 将温育后产物cDNA取出一部分，按照以DNA为模板的PCR扩增反应步骤进行预定循环数的扩增反应。

【注意事项】

1. PCR引物物质的量的计算。在PCR中，引物的量是以pmol表示的，而合成引物后，引物的量是以OD值表示的。因此，需经适当换算，才能配制适当浓度的引物溶液。换算公式如下：

（1）OD值为1的引物约为33μg。

（2）引物的分子量＝碱基数×330。

（3）引物 $\text{pmol}=\dfrac{\text{OD值}\times 33\times 1000000}{\text{碱基数}\times 330}=\dfrac{\text{OD值}\times 100000}{\text{碱基数}}$

2. 结果假阴性。出现假阴性结果最常见的原因是：*Taq* DNA聚合酶活力不够，或活性受到抑制；引物设计不合理；提取的模板质量或数量不过关以及PCR系统欠妥当；循环次数不够。所以在实验中出现假阴性失败时，首先在原来扩增的产物中再加入*Taq* DNA聚合酶，增加5～10次循环，一般都会获得成功。如果没有成功，应检查PCR扩增仪的温度是否准确，采集标本是否有问题。为了防止假阴性的出现，在选用*Taq* DNA聚合酶时，要注意用活力高、质量好的酶。同时在提取PCR模板时，应特别注意防止污染抑制酶活性物质（如酚、氯仿）的存在。尽管*Taq* DNA聚合酶对模板纯度要求不高，但也不允许有破坏性有机试剂的污染。PCR扩增的先决条件及特异性是引物与靶DNA良好的互补，尤其是要绝对保证引物的3′端与靶基因的互补。对变异较大的扩增对象，宜采用巢式（Nested）PCR或double PCR。在进行PCR操作时应注意Mg^{2+}的浓度要合理，PCR的各温度点的设置要合理。

3. 结果假阳性。PCR结果的假阳性是对被检测标本而言，而反应系统中所扩增的产物是真实的。因为PCR技术高度灵敏，极其微量的靶基因污染都会造成大量扩增，而造成结果判断上的失误，所以污染是PCR假阳性的主要根源。PCR的污染主要是标本间的交叉污染和扩增子的污染。出现假阳性结果的另一种可能是样品中存在有靶基因的同源序列。为了避免因污染而造成的假阳性，PCR操作时要隔离不同操作区、分装试剂、简化操作程序、使用一次性吸头。

【思考题】

1. 降低退火温度对反应有何影响？
2. 延长变性时间对反应有何影响？
3. 循环次数是否越多越好？为什么？
4. 如果出现非特异性带，可能有哪些原因？

实验六　大肠杆菌感受态细胞的制备和转化

【实验目的】

1. 了解转化的概念及其在分子生物学研究中的意义。
2. 学习氯化钙法制备大肠杆菌感受态细胞的方法。
3. 学习将外源质粒DNA转入受体菌细胞并筛选转化体的方法。

【实验原理】

在自然条件下，很多质粒都可通过细菌接合作用转移到新的宿主内，但在人工构建的质粒载体中，一般缺乏此种转移所必需的*mob*基因，因此不能自行完成从一个细胞到另一个细胞的接合转移。如需将质粒载体转移进受体细菌，需诱导受体细菌产生一种短暂的感受态以摄取外源DNA。

转化（transformation）是将外源DNA分子引入受体细胞，使之获得新的遗传性状的一种手段，它是微生物遗传、分子遗传、基因工程等研究领域的基本实验技术。

转化过程所用的受体细胞一般是限制修饰系统缺陷的变异株，即不含限制性内切酶和甲基化酶的突变体（R^-，M^-），它可以容忍外源DNA分子进入体内并稳定地遗传给后代。受体细胞经过一些特殊方法［如电击法、$CaCl_2$、RbCl（KCl）等化学试剂法］的处理后，细胞膜的通透性发生了暂时性的改变，成为能允许外源DNA分子进入的感受态细胞（compenent cells）。进入受体细胞的DNA分子通过复制，表达实现遗传信息的转移，使受体细胞出现新的遗传性状。将经过转化后的细胞在筛选培养基中培养，即可筛选出转化子（transformant，即带有异源DNA分子的受体细胞）。目前常用的感受态细胞制备方法有$CaCl_2$和RbCl（KCl）法，RbCl（KCl）法制备的感受态细胞转化效率较高，但$CaCl_2$法简便易行，且其转化效率完全可以满足一般实验的要求，制备出的感受态细胞暂时不用时，可加入占总体积15%的无菌甘油于－70℃保存（半年），因此$CaCl_2$法使用更广泛。

本实验以*E. coli* DH5α菌株为受体细胞，并用$CaCl_2$处理，使其处于感受态，然后与pBS质粒共保温，实现转化。由于pBS质粒带有氨苄西林抗性基因（amp^r），可通过amp抗性来筛选转化子。如受体细胞没有转入pBS，则在含amp的培养基上不能生长。能在amp培养基上生长的受体细胞（转化子）肯定已导入了pBS。转化子扩增后，可将转化的质粒提取出，进行电泳、酶切等进一步鉴定。

【实验材料】

E. coli DH5α 菌株：R^-，M^+，amp^-；pBS 质粒 DNA：购买或实验室自制。

【实验仪器】

恒温摇床，电热恒温培养箱，台式高速离心机，无菌工作台，低温冰箱，恒温水浴锅，制冰机，分光光度计，微量移液枪。

【实验试剂】

1. LB 液体培养基（Luria-Bertani）：称取蛋白胨 10g，酵母提取物 5g，NaCl 10g，溶于 800ml 去离子水中，用 NaOH 调 pH 至 7.5，加去离子水至总体积 1L，高压下蒸汽灭菌 20min。

2. LB 固体培养基：液体培养基中每升加 12g 琼脂粉，高压灭菌。

3. 氨苄西林（ampicillin，amp）母液：配成 50mg/ml 水溶液，－20℃保存备用。

4. 含 amp 的 LB 固体培养基：将配好的 LB 固体培养基高压灭菌后冷却至 60℃左右，加入 amp 储存液，使终浓度为 50μg/ml，摇匀后铺板。

5. 麦康凯培养基（Maconkey Agar）：取 52g 麦康凯琼脂，加蒸馏水 1000ml，微火煮沸至完全溶解，高压灭菌，待冷至 60℃左右加入 amp 储存液使终浓度为 50μg/ml，然后摇匀后涂板。

6. 0.05mol/L $CaCl_2$ 溶液：称取 0.28g $CaCl_2$（无水，分析纯），溶于 50ml 重蒸水中，定容至 100ml，高压灭菌。

7. 含 15%甘油的 0.05mol/L $CaCl_2$：称取 0.28g $CaCl_2$（无水，分析纯），溶于 50ml 重蒸水中，加入 15ml 甘油，定容至 100ml，高压灭菌。

【实验步骤】

（一）受体菌的培养

从 LB 平板上挑取新活化的 *E. coli* DH5α 单菌落，接种于 3～5ml LB 液体培养基中，37℃下振荡培养 12h 左右，直至对数生长后期。将该菌悬液以 1∶(100～50) 的比例接种于 100ml LB 液体培养基中，37℃振荡培养 2～3h 至 OD_{600}＝0.5 左右。

（二）感受态细胞的制备（$CaCl_2$ 法）

1. 将培养液转入离心管中，冰上放置 10min，然后于 4℃下 3000*g* 离心 10min。

2. 弃去上清液，用预冷的 0.05mol/L 的 $CaCl_2$ 溶液 10ml 轻轻悬浮细胞，冰上放置 15～30min 后，4℃下 3000*g* 离心 10min。

3. 弃去上清液，加入 4ml 预冷含 15%甘油的 0.05mol/L 的 $CaCl_2$ 溶液，轻轻悬浮细胞，冰上放置几分钟，即成感受态细胞悬液。

4. 感受态细胞分装成 200μl 的小份，储存于－70℃可保存半年。

（三）转化

1. 从－70℃冰箱中取 200μl 感受态细胞悬液，室温下使其解冻，解冻后立即置冰上。

2. 加入 pBS 质粒 DNA 溶液（含量不超过 50ng，体积不超过 10μl），轻轻摇匀，冰上放置 30min。

3. 42℃水浴中热击 90s 或 37℃水浴 5min，热击后迅速置于冰上冷却 3～5min。

4. 向管中加入 1ml LB 液体培养基（不含 Amp），混匀后 37℃振荡培养 1h，使细菌恢复正常生长状态，并表达质粒编码的抗生素抗性基因（amp^r）。

5. 将上述菌液摇匀后取 100μl 涂布于含 amp 的筛选平板上，正面向上放置 30min，待菌液完全被培养基吸收后倒置培养皿，37℃培养 16～24h。

同时做两个对照。

对照组 1：以同体积的无菌双蒸水代替 DNA 溶液，其他操作与上面相同。此组正常情况下在含抗生素的 LB 平板上应没有菌落出现。

对照组 2：以同体积的无菌双蒸水代替 DNA 溶液，但涂板时只取 5μl 菌液涂布于不含抗生素的 LB 平板上，此组正常情况下应产生大量菌落。

（四）计算转化率

统计每个培养皿中的菌落数。

转化后在含抗生素的平板上长出的菌落即为转化子，根据此皿中的菌落数可计算出转化子总数和转化频率，公式如下：

转化子总数＝菌落数×稀释倍数×转化反应原液总体积/涂板菌液体积

转化频率（转化子数/mg 质粒 DNA）＝转化子总数/质粒 DNA 加入量（mg）

感受态细胞总数＝对照组 2 菌落数×稀释倍数×菌液总体积/涂板菌液体积

感受态细胞转化效率＝转化子总数/感受态细胞总数

【注意事项】

本实验方法也适用于其他 *E. coli* 受体菌株的不同质粒 DNA 的转化。但它们的转化效率并不一定相同。有的转化效率高，需将转化液进行多梯度稀释涂板才能得到单菌落平板；而有的转化效率低，涂板时必须将菌液浓缩（如离心），才能较准确地计算转化率。

【思考题】

1. 制备感受态细胞的原理是什么？

2. 如果实验中对照组本不该长出菌落的平板上长出了一些菌落，你将如何解释这种现象？

实验七　重组质粒的连接、转化及筛选

【实验目的】

1. 学习重组质粒的连接方法及操作技术。

2. 学习重组质粒的转化及筛选方法和操作技术。

3. 学习鉴定重组子的方法。

【实验原理】

本实验使用 pBS 为载体质粒，*E. coli* DH5α 菌株为转化受体菌。由于 pBS 上带有 amp^r 和 *lacZ* 基因，故采用 amp 抗性筛选与 α-互补现象筛选相结合的方法筛选的重组子。

因 pBS 带有 amp^r 基因而外源片段上不带该基因，故转化受体菌后只有带有 pBS DNA 的转化子才能在含有 amp 的 LB 平板上存活下来；而只带有自身环化的外源片段的转化子则不能存活。此为初步的抗性筛选。

pBS 上带有 β-半乳糖苷酶基因（*lacZ*）的调控序列和 β-半乳糖苷酶 N 端 146 个氨基酸的编码序列。这个编码区中插入了一个多克隆位点，但并没有破坏 *lacZ* 的阅读框架，不影响其正常功能。*E. coli* DH5α 菌株带有 β-半乳糖苷酶 C 端部分序列的编码信息。在各自独立的情况下，pBS 和 *E. coli* DH5α 编码的 β-半乳糖苷酶的片段都没有酶活性。但在 pBS 和 *E. coli* DH5α融为一体时可形成具有酶活性的蛋白质。这种 *lacZ* 基因上缺失近操纵基因区段的突变体与带有完整的近操纵基因区段的 β-半乳糖苷酶阴性突变体之间实现互补的现象叫 α-互补。由 α-互补产生的 Lac^+ 细菌较易识别，它在生色底物 X-gal（5-溴-4-氯-3-吲哚-β-D-半乳糖苷）存在下被 IPTG（异丙基硫代-β-D-半乳糖苷）诱导形成蓝色菌落。当外源片段插入到 pBS 质粒的多克隆位点上后会导致读码框架改变，表达蛋白失活，产生的氨基酸片段失去 α-互补能力，因此在同样条件下含重组质粒的转化子在生色诱导培养基上只能形成白色菌落。在麦康凯培养基上，α-互补产生的 Lac^+ 细菌由于含 β-半乳糖苷酶，能分解麦康凯培养基中的乳糖，产生乳酸，使 pH 下降，因而产生红色菌落；而当外源片段插入后，失去 α-互补能力，因而不产生 β-半乳糖苷酶，无法分解培养基中的乳糖，菌落呈白色。由此可将重组质粒与自身环化的载体 DNA 分开。此为 α-互补现象筛选。

【实验材料】

1. 外源 DNA 片段：自行制备的带限制性末端的 DNA 溶液，浓度已知。

2. 载体 DNA：pBS 质粒（amp^r，*lacZ*），自行提取纯化，浓度已知。

3. 宿主菌：*E. coli* DH5α，或 JM 系列等具有 α-互补能力的菌株。

【实验仪器】

恒温摇床，台式高速离心机，恒温水浴锅，琼脂糖凝胶电泳装置，电热恒温培养箱，电泳仪，无菌工作台，微量移液枪，Eppendorf 管。

【实验试剂】

1. 连接反应缓冲液（10×）：0.5mol/L Tris · Cl（pH7.6），100mol/L $MgCl_2$，100mol/L 二硫苏糖醇（DTT）（过滤灭菌），500μg/ml 牛血清清蛋白（组分Ⅴ，Sigma 产品）（可用可不用），10mol/L ATP（过滤灭菌）。

2. T_4 DNA 连接酶（T_4 DNA ligase）：购买成品。

3. X-gal 储液（20mg/ml）：用二甲基甲酰胺溶解 X-gal，配制成 20mg/ml 的储液，包以铝箔或黑纸以防止受光照被破坏，储存于－20℃。

4. IPTG 储液（200mg/ml）：在 800μl 蒸馏水中溶解 200mg IPTG 后，用蒸馏水定容至 1ml，用 0.22μm 滤膜过滤除菌，分装于 Eppendorf 管并储于－20℃。

5. 麦康凯选择性培养基：取 52g 麦康凯琼脂加蒸馏水 1000ml，微火煮沸至完全溶解，高压灭菌，待冷至 60℃左右加入 amp 储存液使终浓度为 50mg/ml，摇匀后涂板。

6. 含 X-gal 和 IPTG 的筛选培养基：在事先制备好的含 50μg/ml amp 的 LB 平板表面加 40ml X-gal 储液和 4μl IPTG 储液，用无菌玻棒将溶液涂匀，置于 37℃下放置 3～4h，使培养基表面的液体完全被吸收。

7. 感受态细胞制备试剂：见实验六。

8. 碱裂解法快速分离质粒试剂：见实验一。

9. 质粒酶及电泳试剂：见实验二。

【实验步骤】

（一）连接反应

1. 取新的经灭菌处理的 0.5ml Eppendorf 管，编号。

2. 将 0.1μg 载体 DNA 转移到无菌离心管中，加等物质的量（可稍多）的外源 DNA 片段。

3. 加蒸馏水至体积为8μl，于45℃保温5min，以使重新退火的黏末端解链。将混合物冷却至0℃。

4. 加入10×T_4 DNA连接酶缓冲溶液1μl、T_4 DNA连接酶0.5μl，混匀后用微量离心机将液体全部甩到管底，于16℃保温8～24h。

同时做两组对照反应，其中对照组一只有质粒载体无外源DNA；对照组二只有外源DNA片段没有质粒载体。

（二）*E.coli* DH5α感受态细胞的制备及转化

每组连接反应混合物各取2μl，转化*E.coli* DH5α感受态细胞。见实验六。

（三）重组质粒的筛选

1. 每组连接反应转化原液取100μl，用无菌玻棒均匀涂布于筛选培养基上，37℃下培养半小时以上，直至液体被完全吸收。

2. 倒置平板于37℃继续培养12～16h，待出现明显而又未相互重叠的单菌落时拿出平板。

3. 放于4℃数小时，使显色完全（此步麦康凯培养基不做）。

不带有pBS质粒DNA的细胞，由于无amp抗性，不能在含有amp的筛选培养基上成活。带有pBS载体的转化子由于具有β-半乳糖苷酶活性，在麦康凯筛选培养基上呈现为红色菌落，在X-gal和ITPG培养基上为蓝色菌落。带有重组质粒的转化子由于丧失了β-半乳糖苷酶活性，在麦康凯选择性培养基和X-gal和ITPG培养基上均为白色菌落。

（四）酶切鉴定重组质粒

用无菌牙签挑取白色单菌落接种于含amp 50μg/ml的5ml LB液体培养基中，37℃下振荡培养12h。使用煮沸法快速分离质粒DNA直接电泳，同时以煮沸法抽提的pBS质粒做对照，有插入片段的重组质粒电泳时迁移率较pBS的慢。再用与连接末端相对应的限制性内切酶进一步进行酶切检验。还可用杂交法筛选重组质粒。

【注意事项】

1. DNA连接酶用量与DNA片段的性质有关，连接平末端，必须加大酶量，一般使用连接黏末端酶量的10～100倍。

2. 在连接带有黏末端的DNA片段时，DNA浓度一般为2～10mg/ml，在连接平末端时，需加入DNA浓度至100～200mg/ml。

3. 连接反应后，反应液在0℃储存数天，－80℃储存2个月，但是在－20℃冰冻保存将会降低转化效率。

4. 黏末端形成的氢键在低温下更加稳定，所以尽管T_4 DNA连接酶的最适反应温度为37℃，在连接黏末端时，反应温度以10～16℃为好，平末端则以15～20℃为好。

5. 在连接反应中，如不对载体分子进行去5′-磷酸基处理，使用过量的外源DNA片段（2～5倍）将有助于减少载体的自身环化，增加外源DNA和载体连接的机会。

6. 麦康凯选择性培养基组成的平板，在含有适当抗生素时、携有载体DNA的转化子为淡红色菌落，而携有带插入片段的重组质粒转化子为白色菌落。该产品筛选效果同蓝白斑筛选，且价格低廉。但需及时挑取白色菌落，当培养时间延长，白色菌落会逐渐变成微红色，影响挑选。

7. X-gal水解后生成的吲哚衍生物显蓝色。IPTG为非生理性的诱导物，它可以诱导*lacZ*的表达。

8. 在含有 X-gal 和 IPTG 的筛选培养基上，携带载体 DNA 的转化子为蓝色菌落，而携带插入片段的重组质粒转化子为白色菌落，平板如在 37℃培养后放于冰箱 3～4h 可使显色反应充分，蓝色菌落明显。

【思考题】

1. 蓝白斑法筛选重组质粒的原理是什么？

2. 如果实验中未出现预期的白色菌落，你从哪几个方面分析实验失败的原因？

参考文献

[1] 杨岐生. 分子生物学. 杭州：浙江大学出版社，2004.
[2] 赵亚华. 分子生物学教程. 北京：科学出版社，2004.
[3] 张玉静. 分子遗传学. 北京：科学出版社，2000.
[4] 朱玉贤，李毅. 现代分子生物学. 北京：高等教育出版社，1997.
[5] 瞿礼嘉，顾红雅，胡苹，陈章良. 现代生物技术导论. 北京：高等教育出版社，德国：施普林格出版社，1998.
[6] 郝福英，朱玉贤，朱圣庚，李云兰，周先碗，李茹. 分子生物学实验技术. 北京：北京大学出版社，1998.
[7] 萨姆布鲁克 J，拉塞尔 D W. 分子克隆实验指南. 黄培堂等译. 第 3 版. 北京：科学出版社，2002.
[8] 奥斯伯 F 等著. 精编分子生物学实验指南. 颜子颖，王海林译. 北京：科学出版社，2001.
[9] 特纳 P C 等著. 分子生物学. 刘进远等译. 北京：科学出版社，2001.
[10] 朱玉贤，李毅. 现代分子生物学. 第 2 版. 北京：高等教育出版社，2002.
[11] 德伟，李艳丽. 生物化学与分子生物学. 北京：科学出版社，2001.
[12] 斯坦基尔德 W D 等. 分子和细胞生物学. 姜招峰等译. 北京：科学出版社，2002.
[13] 沃克 J M 等编. 分子生物学与生物技术. 谭天伟等译. 北京：化学工业出版社，2003.
[14] 刘进元. 分子生物学实验指导. 北京：清华大学出版社，2002.
[15] 魏群. 分子生物学实验指导. 北京：高等教育出版社，1999.
[16] 周卫红等. 发育生物学. 北京：高等教育出版社，2002.
[17] 翟中和. 细胞生物学. 北京：高等教育出版社，1997.
[18] 陈启民等. 分子生物学. 天津：南开大学出版社，2003.